W0268440

Teubner Studienbücher

Physik

Becher/Böhm/Joos: **Eichtheorien der starken und elektroschwachen Wechselwirkung.**
2. Aufl. DM 39,80 / ÖS 311,– / SFr 39,80

Berry: **Kosmologie und Gravitation.** DM 26,80 / ÖS 209,– / SFr 26,80

Bopp: **Kerne, Hadronen und Elementarteilchen.** DM 34,– / ÖS 265,– / SFr 34,–

Bourne/Kendall: **Vektoranalysis.** 2. Aufl. DM 28,80 / ÖS 225,– / SFr 28,80

Büttgenbach: **Mikromechanik.** 2. Aufl. DM 34,– / ÖS 265,– / SFr 34,–

Carlsson/Pipes: **Hochleistungsfaserverbundwerkstoffe.**
DM 28,80 / ÖS 225,– / SFr 28,80

Engelke: **Aufbau der Moleküle.** 2. Aufl. DM 44,– / ÖS 343,– / SFr 44,–

Fischer/Kaul: **Mathematik für Physiker.**
Band 1: Grundkurs. 2. Aufl. DM 48,– / ÖS 375,– / SFr 48,–

Goetzberger/Wittwer: **Sonnenenergie.** 3. Aufl. DM 32,– / ÖS 250,– / SFr 32,–

Gross/Runge: **Vielteilchentheorie.** DM 39,80 / ÖS 311,– / SFr 39,80

Großer: **Einführung in die Teilchenoptik.** DM 26,80 / ÖS 209,– / SFr 26,80

Großmann: **Mathematischer Einführungskurs für die Physik.**
7. Aufl. DM 36,80 / ÖS 287,– / SFr 36,80

Grotz/Klapdor: **Die schwache Wechselwirkung in Kern-, Teilchen- und Astrophysik.** DM 46,– / ÖS 359,– / SFr 46,–

Heil/Kitzka: **Grundkurs Theoretische Mechanik.** DM 39,– / ÖS 304,– / SFr 39,–

Heinloth: **Energie.** DM 42,– / ÖS 328,– / DM 42,–

Henzler/Göpel: **Oberflächenphysik des Festkörpers.**
2. Aufl. DM 59,80 / ÖS 467,– / SFr 59,80

Kamke/Krämer: **Physikalische Grundlagen der Maßeinheiten.**
DM 26,80 / ÖS 209,– / SFr 26,80

Kleinknecht: **Detektoren für Teilchenstrahlung.** 3. Aufl. DM 32,– / ÖS 250,– / SFr 32,–

Kneubühl: **Repetitorium der Physik.** 5. Aufl. DM 48,– / ÖS 375,– / SFr 48,–

Kneubühl/Sigrist: **Laser.** 3. Aufl. DM 44,80 / ÖS 350,– / SFr 44,80

Kopitzki: **Einführung in die Festkörperphysik.** 3. Aufl. DM 46,– / ÖS 359,– / SFr 46,–

Kunze: **Physikalische Meßmethoden.** DM 28,80 / ÖS 225,– / SFr 28,80

Lautz: **Elektromagnetische Felder.** 3. Aufl. DM 32,– / ÖS 250,– / SFr 32,–

Lindner: **Drehimpulse in der Quantenmechanik.** DM 28,80 / ÖS 225,– / SFr 28,80

Lindner: **Grundkurs Theoretische Physik.** DM 59,80 / ÖS 467,– / SFr 59,80

Lohrmann: **Einführung in die Elementarteilchenphysik.**
2. Aufl. DM 26,80 / ÖS 209,– / SFr 26,80

Lohrmann: **Hochenergiephysik.** 4. Aufl. DM 36,80 / ÖS 287,– / SFr 36,80

B. G. Teubner Stuttgart

Atomphysik

Eine Einführung

Von Dr. rer. nat. Theo Mayer-Kuckuk
em. o. Professor an der Universität Bonn

4. durchgesehene und erweiterte Auflage
Mit 132 Figuren, 7 Tabellen und 1 Spektraltafel

B. G. Teubner Stuttgart 1994

Prof. Dr. rer. nat. Theo Mayer-Kuckuk

Studium in Heidelberg, anschließend wissenschaftlicher
Mitarbeiter am Max-Planck-Institut für Kernphysik in
Heidelberg, später am California Institute of Technology
in Pasadena. Habilitation in Heidelberg. 1964 wissen-
schaftliches Mitglied des Max-Planck-Institutes für Kernphysik. 1965 o. Professor an der Universität Bonn
(Institut für Strahlen- und Kernphysik) 1992 Emeritus.

Die Deutsche Bibliothek – CIP-Einheitsaufnahme

Mayer-Kuckuk, Theo:
Atomphysik : eine Einführung ; mit 7 Tabellen und
1 Spektraltafel / von Theo Mayer-Kuckuk. –
4., durchges. und erw. Aufl. – Stuttgart : Teubner, 1994
  (Teubner-Studienbücher : Physik)
  ISBN 978-3-519-33042-4   ISBN 978-3-322-91793-5 (eBook)
  DOI 10.1007/978-3-322-91793-5

Satz: Elsner & Behrens GmbH, Oftersheim

Vorwort

Der Inhalt dieses Buches entspricht in seinem Umfang ungefähr einer einsemestrigen Einführungsvorlesung in die Atomphysik. Vorausgesetzt werden einige Kenntnisse aus der Mechanik und Elektrodynamik sowie Grundkenntnisse in Vektor- und Differentialrechnung.

Vertrautheit mit der Quantenmechanik wird nicht unbedingt vorausgesetzt. Natürlich ist sie nützlich, und der Leser wird dann einiges überschlagen können. Aber der vorliegende Text ist vor allem auch für Studenten gedacht, die etwa gleichzeitig mit dem Studium der Atomphysik und der Quantenmechanik beginnen, oder die sich auf die Quantenmechanik erst vorbereiten wollen. Schließlich hat sich die Quantenmechanik historisch an der Atomphysik entwickelt und ist auch in der Darstellung nicht gut von ihr zu trennen. Daher werden in dem vorliegenden Text, ausgehend von den experimentellen Grundlagen, zunächst die einfachsten quantenmechanischen Begriffe erläutert. Es wird dann im weiteren hauptsächlich von der Schrödingergleichung und von einfachen Symmetrie-Betrachtungen Gebrauch gemacht. Diese Darlegungen können und sollen ein reguläres Studium der Quantenmechanik natürlich nicht ersetzen. Sie sollen aber eine gewisse Ergänzung dadurch bieten, daß die Perspektiven anders liegen als bei einer theoretischen Einführung in die Quantenmechanik. Diese Wiederholung beim Lernen schadet nicht, im Gegenteil: alle Erfahrung zeigt, daß kaum jemand in der Lage ist, Quantenmechanik auf Anhieb zu lernen und damit umzugehen. Das Verständnis der Quantenmechanik entsteht vielmehr normalerweise durch längere Gewöhnung und durch ein vielfaches Durchdenken der Probleme aus verschiedenen Blickrichtungen.

Der angestrebte Umfang dieses Buches, wie auch der einer einsemestrigen Vorlesung, erfordert eine Beschränkung des Stoffes auf die wirklich fundamentalen Erscheinungen der Atomphysik. Bei der Darstellung wurde keine Originalität angestrebt, insbesondere wurden alle Begriffe und Bezeichnungen nach Möglichkeit in der literaturüblichen Weise eingeführt, um dem Leser die weitere Orientierung zu erleichtern. Im einzelnen folgt der Aufbau des Buches folgendem Plan. Nach einem einleitenden Kapitel über die Grundlagen der Atomvorstellung wird in Kapitel 2 die Schrödingergleichung vorgestellt und an Beispielen erläutert. Dann wird in Kapitel 3 das Wasserstoffatom besprochen mit ausführlicher Diskussion der Wellenfunktionen. Das nächste Kapitel beschäftigt sich, gewissermaßen als Einschub, mit dem Spin und der Energie eines magnetischen Dipols im Magnetfeld. Dann wird in Kapitel 5 das Wasserstoffatom wieder aufgenommen unter Diskussion von Feinstruktur, Hyperfeinstruktur und quantenelektrodynamischen Effekten. Bis dahin wird nur das Einteilchensystem behandelt. Zur Vorbereitung auf die Beschreibung von Atomen mit mehreren Elektronen wird in Kapitel 6 die Emission von Quanten einschließlich des Zeeman-Effekts beschrieben und in Kapitel 7 werden die allgemeinen Gesetzmäßigkeiten für Systeme mit identischen Teilchen diskutiert. Es folgen in Kapitel 8 die Eigenschaften der Grundzustände und der angeregten Zustände von Mehrelektronen-Atomen, wobei auf die Diskussion spektroskopischer Einzelheiten verzichtet wird. In Kapitel 9 werden dann die Aufspaltungen der Zustände unter dem Einfluß von Feldern behandelt. Kapitel 10 bringt schließlich eine knappe

Übersicht über die Emissionsprozesse von Systemen mit vielen Atomen. Der gesamte Stoff des Buches ist also gewissermaßen nach steigender Zahl von Freiheitsgraden des betrachteten Systems geordnet. Das nächste Kapitel nimmt eine Sonderstellung ein. Es behandelt exotische Atome und berührt gleichermaßen Fragen der Atomphysik, der Teilchenphysik und der Prüfung der Quantenelektrodynamik. In der vorliegenden vierten Auflage wurde als letztes ein Kapitel über gebundene Atome hinzugefügt, das als Brücke zur Molekülphysik und zur Festkörperphysik dienen soll.

Es ist hier noch ein Wort vonnöten zu den in diesem Buch benutzten Einheiten und zum Maßsystem. Gesetzlich vorgeschrieben für den g e s c h ä f t l i c h e n Verkehr sind die internationalen SI-Einheiten. Diese Vorschrift ist zweifellos zur Vereinheitlichung der Einheitensysteme nützlich. Wer sich jedoch als Lernender ausschließlich auf den Umgang mit SI-Einheiten beschränkt, wird bald feststellen, daß er Schwierigkeiten hat, sich in der physikalischen Literatur zurechtzufinden. Es gibt in jedem Teilgebiet der Physik, so auch in der Atomphysik, eine Art internationaler Zunftbräuche, zu der die Benutzung von Einheiten wie Ångström oder Kayser gehört. Diese Einheiten werden auch heute noch weltweit bei wissenschaftlichen Publikationen benutzt und finden sich natürlich ebenso durchweg in der älteren Literatur. Man muß sie daher kennen. Darüber hinaus haben spezielle Einheiten in bestimmten Teilgebieten der Physik durchaus den Vorteil, daß man schnell und praktisch mit ihnen rechnen kann. Man sollte deshalb allgemein unterscheiden zwischen natürlichen Einheiten, praktischen Einheiten und internationalen Einheiten. Die n a t ü r l i c h e Längeneinheit für Atome ist $a_0 = \hbar^2/e^2 m_0$. In i n t e r n a t i o n a l e n Einheiten ist $a_0 = 0,53 \cdot 10^{-10}$ m. Es ist daher p r a k t i s c h, Längen im atomaren Bereich in Å $= 10^{-10}$ m anzugeben. Da dies ungefähr das Doppelte der natürlichen Einheit ist, erhält man sehr anschauliche Zahlenangaben. Der Verfasser hat sich in diesem Buch keinem orthodoxen System gefügt und in liberaler Weise verschiedene literaturübliche Einheiten verwendet. Einige dieser Einheiten sind in Abschn. 1.4 vergleichend zusammengestellt.

Für die Gleichungen wurde in diesem Buch das Gaußsche System verwendet. Da man es in der Atomphysik fast ausschließlich mit kugelsymmetrischen Problemen zu tun hat, bietet es den großen Vorteil, die sonst ständig auftauchenden Faktoren $4\pi\epsilon_0$ zu sparen, z. B. bei der Feinstrukturkonstanten, die nur im Gaußschen System gleich $e^2/\hbar c$ ist.

Es ist Ziel dieses Buches, eine Übersicht über die Zusammenhänge in der Atomphysik zu vermitteln, aber nicht die mathematische Beschreibung im Einzelnen darzustellen. Bei den komplizierteren Differentialgleichungen und bei einigen Integralausdrücken wird daher nur gezeigt, wie sich die Gleichung aus dem physikalischen Problem ergibt. Die Lösungsfunktion wird dann ohne detailliertere Angabe des mathematischen Lösungsverfahrens mitgeteilt und hinsichtlich ihrer physikalischen Bedeutung interpretiert. Dabei geht an physikalischem Inhalt nichts verloren. Auch von den algebraischen Verfahren zur Addition von Drehimpulsen wird kein Gebrauch gemacht.

Bonn, im Frühjahr 1994   T. Mayer-Kuckuk

Inhalt

1 Die Grundlagen

1.1 Einleitung: Was ist Atomphysik? 9
1.2 Fundamentale Experimente 12
1.3 Die Quantelung der Energie 19
1.4 Spektroskopie, praktische Einheiten 22
1.5 Grenzen der klassischen Beschreibung, Bohrsches Modell 25

2 Teilchen und Wellen

2.1 Teilcheninterferenzen 29
2.2 Wellenpakete, Unschärferelation 34
2.3 Die Schrödinger-Gleichung 40
2.4 Einfachste Anwendungen: Rechteckpotential, harmonischer Oszillator . 51

3 Einfache Zustände des Wasserstoffatoms

3.1 Die Schrödinger-Gleichung im Zentralfeld 59
3.2 Eigenzustände des Wasserstoffatoms 67
3.3 Eigenschaften des Drehimpulses 71
3.4 Diskussion der Wasserstoff-Wellenfunktionen 76

4 Magnetfeld und Spin des Elektrons

4.1 Magnetische Momente 84
4.2 Der Spin des Elektrons 87
4.3 Formale Beschreibung des Spins 89
4.4 Relativistische Behandlung des Elektrons 94

5 Vollständige Beschreibung des Wasserstoffspektrums

5.1 Spin-Bahn-Kopplung 96
5.2 Die Feinstruktur 100
5.3 Die Hyperfeinstruktur 107
5.4 Quantenelektrodynamische Effekte, Lamb-Shift 110

6 Die Emission von Lichtquanten

6.1 Empirisches zu den Auswahlregeln und den Eigenschaften der Quanten . 117
6.2 Der Zeeman-Effekt. Weiteres zu den Lichtquanten 119
6.3 Übergangswahrscheinlichkeiten, induzierte und spontane Emission . . 129
6.4 Die Lebensdauer angeregter Zustände und die Breite von Spektrallinien . 138

7 Identische Teilchen

7.1 Fermionen und Bosonen 143
7.2 Fermionensysteme, Pauli-Prinzip 149
7.3 Das Heliumatom 155

8 Atome mit mehreren Elektronen

8.1 Modelle mit unabhängigen Teilchen 161
8.2 Das Schalenmodell der Hülle 166
8.3 Röntgenspektren 175
8.4 Spektren komplexer Atome 180

9 Die Wechselwirkung der Elektronenhülle mit mangnetischen und elektrischen Feldern

9.1 Hyperfeinstruktur komplexer Atome 192
9.2 Atome im äußeren Magnetfeld 199
9.3 Die magnetische Aufspaltung der Hyperfeinstruktur-Terme . . . 201
9.4 Der Stark-Effekt 208

10 Kohärente und inkohärente Strahlungsquellen

10.1 Systeme mit vielen Bosonen 209
10.2 Hohlraumstrahlung 212
10.3 Maser und Laser 217

11 Ungewöhnliche Atome

11.1 Allgemeines 222
11.2 Positronium und Myonium 226
11.3 Myonische Atome 232
11.4 Hadronische Atome 236

12 Gebundene Atome

12.1 Übersicht 240
12.2 Die Ionenbindung 242
12.3 Das Wasserstoffmolekül, die kovalente Bindung 245
12.4 Molekülanregungen 252
12.5 Elektronenzustände im Festkörper 256

Anhang A 1. Komplexe Zahlen; Beschreibung der ebenen Welle 261

Anhang A 2. Vergleich verschiedener Darstellungsformen der quantenmechanischen Größen 264

Literaturhinweise 267

Sachverzeichnis 268

Spektraltafel 82

Verzeichnis der wichtigsten Symbole

In Klammern: Nummer der Gleichung, in der die Größe definiert wird. Griechische
Symbole am Schluß des Verzeichnisses.

A	Intervallfaktor der Hyperfeinstrukturaufspaltung (5.51), (9.7)
A_J	Intervallfaktor der Feinstruktur (8.19)
a_0	Bohrscher Radius (1.19)
a_0'	Bohrscher Radius mit reduzierter Masse (3.28)
B	magnetische Induktion
c	Lichtgeschwindigkeit
D_{mk}	Dipolmatrixelement (6.46)
E	Gesamtenergie (nichtrelativistisch)
$\mathscr{E}$	elektrische Feldstärke
e	Elementarladung
$\vec{F}, F$	Gesamtdrehimpuls des Atoms (9.1)
g	g-Faktor (4.14), (4.21)
H	Hamilton-Funktion
h	Plancksche Konstante; $\hbar = h/2\,\pi$
$\vec{I}, I$	Kerndrehimpuls
$\mathscr{Y}$	spektrale Energiedichte (10.17)
$\vec{J}, J$	resultierender Hüllendrehimpuls
$\vec{j}, j$	resultierender Drehimpuls eines Elektrons (5.11)
k	Wellenzahl; Boltzmann-Konstante
$\vec{L}$	resultierender Bahndrehimpuls
ℓ	Bahndrehimpuls eines Elektrons
m	Masse; magnetische Quantenzahl
m_r	reduzierte Masse
m_0	Ruhemasse, speziell des Elektrons
N	Teilchenzahl, Leistung
$\mathscr{N}$	Zustandszahl (10.19)
n	Hauptquantenzahl; in Kapitel 10 Teilchenzahl
$\mathscr{O}$	Operator
P	Wahrscheinlichkeitsdichte
P	Paritätsoperator (2.59)
$\mathscr{P}$	Teilchen-Austauschoperator
q	Ladung
Q	Kern-Quadrupolmoment
$\mathscr{R}$	Übergangsrate
S	1. resultierender Spin (6.8)
	2. Symbol für Bahndrehimpuls $L = 0$
$\vec{s}, s$	Elektronenspin
T	Temperatur

t	Zeit
$u(x)$	räumlicher Teil der stationären Wellenfunktion
v	Geschwindigkeit
$V(r)$	potentielle Energie
W	Gesamtenergie (relativistisch)
α	Feinstrukturkonstante (5.46)
β	$= v/c$
γ	$= 1/\sqrt{1 - \beta^2}$
Γ	Linienbreite (6.72)
$\delta_{\lambda\mu}$	Kronecker-Symbol
ϵ	Einteilchenenergien (8.5)
λ	Wellenlänge, $\lambdabar = \lambda/2\,\pi$
μ	Quantenzahl im Rechteckpotential (2.66), magnetisches Moment
μ_B	Bohrsches Magneton (4.10)
μ_K	Kernmagneton (4.11)
ν	Frequenz
$\tilde{\nu}$	Wellenzahl in cm^{-1}
π	Paritätsquantenzahl
ρ	Ladungsdichte
$\vec{\sigma}$	Spinoperator (4.30)
τ	Volumen
ψ, ϕ	Wellenfunktion
χ	Spinfunktion
$\vec{e}_x, \vec{e}_y, \vec{e}_z$	Einheitsvektoren

$$\vec{\nabla} = \frac{\partial}{\partial x}\,\vec{e}_x + \frac{\partial}{\partial y}\,\vec{e}_y + \frac{\partial}{\partial z}\,\vec{e}_z$$

Δ Laplace-Operator $\vec{\nabla}^2 = \Delta = \dfrac{\partial^2}{\partial x^2} + \dfrac{\partial^2}{\partial y^2} + \dfrac{\partial^2}{\partial z^2}$

1 Die Grundlagen

1.1 Einleitung: Was ist Atomphysik?

„Scheinbar ist Farbe, scheinbar Süßigkeit, scheinbar Bitterkeit: wirklich nur Atome
und Leeres", – dieser Satz aus dem Fragment 125 des Demokrit (geb. um 460 v. Chr.)
zeigt, wie früh die Frage, ob es letzte, unteilbare Bausteine der Materie gibt, menschliches Denken beschäftigt hat. Wenn wir von den naiven konkreten Modellvorstellungen
der antiken Philosophen absehen, so ist die eigentliche Frage, die sie aufgeworfen haben,
nämlich wie weit Materie teilbar sei, bis heute kaum beantwortet worden. Nach gegenwärtigen physikalischem Verständnis sind zwar etwa ein Elektron oder ein Photon
„unteilbar". Dennoch können wir nicht allgemein angeben, welches die letztlich unteilbaren Bausteine der Materie sind. Das Proton zum Beispiel zeigt im Experiment eine
Strukturierung seiner Ladungsverteilung. Die Beschreibung seiner Eigenschaften geschieht am besten im Rahmen eines Modells, wonach es aus „Quarks" besteht. Dies
zeigt jedoch, bis wohin sich die Grenzen verschoben haben. Die nach dem jeweiligen Stand der Experimente kleinsten Einheiten der Materie nennen wir nicht mehr
Atome, sondern „Teilchen", wobei dieses Wort eine durch die Erfahrung erzwungene
bescheidene Verkürzung der anspruchsvolleren Bezeichnung „Elementarteilchen" ist.
„Atome" sind heute wohldefinierte und auch sehr gut verstandene komplexe Systeme
aus Elektronen und Kernen, die freilich für Farbe, Süßigkeit und Bitternis viel direkter
verantwortlich sind als Elementarteilchen.

Was heute Atomphysik heißt, ist mit dem etwas allgemeineren Begriff der „Quantenphysik" auf das engste verknüpft. Die Zielsetzung der „modernen" Physik besteht darin,
die experimentell beobachtbaren Erscheinungen zurückzuführen auf wenige elementare
Wechselwirkungen und die Eigenschaften der Teilchen. Das bedeutet, daß in allen Beschreibungen nur eine Reihe von fundamentalen Naturkonstanten, wie etwa die Lichtgeschwindigkeit, das Wirkungsquantum oder die Ruhemasse des Elektrons auftritt,
im Gegensatz zu der älteren phänomenologischen Darstellung, bei der es nötig war,
Stoffkonstanten einzuführen, die nur empirisch zu ermitteln waren, wie etwa die spezifische Wärme, den Brechungsindex oder die elektrische Leitfähigkeit. Aufgabe einer
atomistischen Deutung ist es dagegen, diese Stoffkonstanten aus den fundamentalen
Naturkonstanten herzuleiten. Die Kenntnis der Fundamentalkonstanten und der
Wechselwirkungsgesetze ist hierfür allerdings noch nicht hinreichend. Vielmehr ist es
nötig, die Beobachtungsgrößen durch Anwendung ganz bestimmter, mathematisch
formulierbarer Regeln abzuleiten. Dieses Denksystem der „Quantenmechanik" ist
weitgehend beim Versuch, die Eigenschaften der Atome zu verstehen, aufgefunden
worden und muß bei einer Darstellung atomarer Systeme in seinen Grundzügen dargestellt werden.

Mit welchen Teilchen und Wechselwirkungen hat man es bei Atomen nun wirklich zu
tun? Das scheint auf den ersten Blick recht einfach zu sein, da Atome nur aus Elektronen und positiv geladenen Kernen, die für die meisten Betrachtungen als punktförmig

angenommen werden können, bestehen. Außerdem braucht man nur das wohlbekannte Gesetz der elektromagnetischen Wechselwirkung in Betracht zu ziehen. Bei näherem Hinsehen erweist sich das Ganze aber doch als recht kompliziert. Das hat folgende Gründe.

Wenn man vom Wasserstoff absieht, so enthält ein Atom stets mehrere oder sogar viele Elektronen. Wie bereits die Erfahrungen beim Versuch, die Bewegungen der Planeten im Rahmen der klassischen Mechanik zu beschreiben, gezeigt haben, ist es unmöglich, die Bewegungsgleichungen für ein Vielteilchensystem exakt zu lösen. Dies gilt auch im Rahmen der Quantenmechanik. Während sich jedoch die Himmelskörper gegenseitig nur relativ wenig beeinflussen, ist die Wechselwirkung der Elektronen untereinander für Atome von ganz erheblicher Bedeutung. Es ist daher überhaupt nur eine näherungsweise Beschreibung dieses Vielteilchensystems möglich. Diese Näherung besteht in der Einführung sogenannter „Modelle", die es meist erlauben, das Vielteilchenproblem auf ein Zweiteilchenproblem zurückzuführen. Das wird in Kapitel 8 näher erläutert. Hieraus resultiert auch die besondere Bedeutung, die der Behandlung des Wasserstoffatoms zukommt. Es ist nicht nur das einzig einigermaßen exakt beschreibbare System, sondern viele Erscheinungen, die bei komplexen Atomen auftreten, versucht man auf ein wasserstoff-ähnliches Verhalten zurückzuführen.

Die nächste Komplikation tritt dadurch auf, daß wir unsere Information über Atome überwiegend aus der Beobachtung von Spektren im weitesten Sinne beziehen. Da es sich hierbei um die Emission von Quanten handelt, müssen wir eigentlich ein System von Elektronen in Wechselwirkung mit Photonen studieren. Das ist nur mit den Mitteln der Quantenelektrodynamik möglich, deren Behandlung weit über den Rahmen dieses Textes hinausgeht. Wir werden uns daher bei der Beschreibung der Emissionsprozesse mit einer sehr vereinfachten Darstellung behelfen müssen (Abschn. 6.3 und 10.2). Mit diesem Problem im Zusammenhang steht, daß für kleinste Distanzen selbst das Coulomb-Gesetz modifiziert werden muß, was man zuerst bei atomphysikalischen Experimenten erkannt hat (Abschn. 5.4).

Schließlich beinhalten die quantenmechanischen Regeln eine Reihe von Konsequenzen, die sich für ein System von gleichartigen Teilchen wie Elektronen ergeben. Diese führen zu eigentümlichen Symmetrieregeln, die in Kapitel 7 ausführlich diskutiert werden und die es gestatten, so verschiedene Erscheinungen wie den chemischen Aufbau der Elemente und des Spektrums der Hohlraumstrahlung von einem einheitlichen Gesichtspunkt her zu verstehen (Abschn. 8.2 und 10.2).

Im Rahmen der quantenphysikalischen Beschreibung der Materieeigenschaften stellt die Atomphysik nur ein Teilgebiet dar. Es ist der Größe des betrachteten Systems nach einzuordnen zwischen die Teilchen- und Kernphysik einerseits und die Physik der Moleküle und der kondensierten Materie andererseits. In jedem dieser Bereiche treten charakteristische Anregungsenergien auf, die bei spektroskopischen Untersuchungen beobachtet werden können. In Fig. 1 sind Beispiele solcher Anregungsspektren zusammengestellt für einen Festkörper, ein Atom, einen Kern und eine Teilchenfamilie. In jedem Fall können die Anregungsstufen nach bestimmten Quantenzahlen geordnet werden. Man beachte jedoch die Energieskalen: die Größenordnung der Anregungsenergie reicht von 10^{-3} Elektronenvolt beim Festkörper bis zu 10^9 Elektronenvolt beim Spektrum der

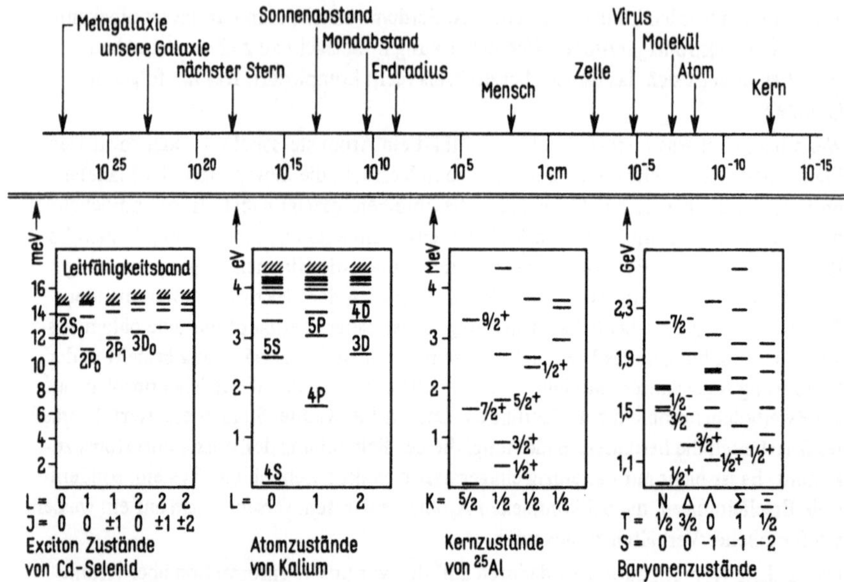

Fig. 1 Oben: Größenskala verschiedener Naturobjekte.
Unten: Anregungsspektren verschiedener Quantensysteme (nach Physics in Perspective, Vol. I (1972), Vol. II (1973), Hrsg. National Academy of Sciences, Washington, D. C.)

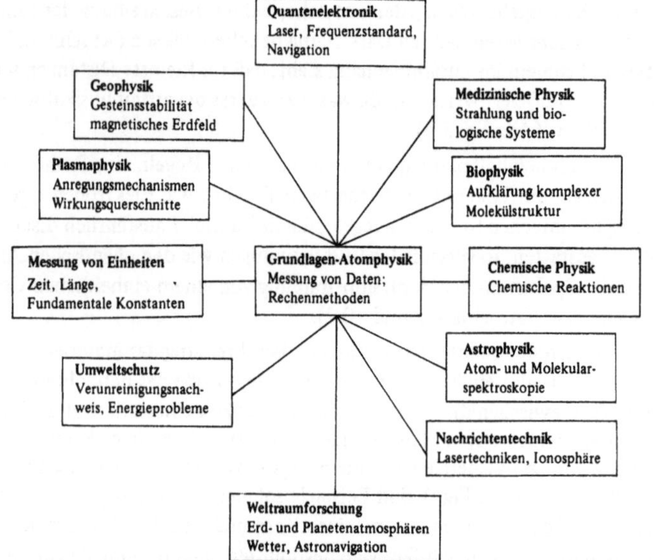

Fig. 2 Beziehung der Atomphysik zu anderen Wissenschaftsbereichen (in Anlehnung an Physics in Perspective, s. Fig. 1)

Elementarteilchen! Im Rahmen der Atomphysik interessieren uns nur die Eigenschaften und Anregungsstufen eines Atoms. Sie sind freilich deshalb besonders wichtig, weil sie in der Tat die kleinsten Einheiten sind, die die Eigenschaften der Materie in unserer natürlichen Umgebung bestimmen.

Die Atomphysik ist von erheblicher Bedeutung für Technik, angewandte Forschung und Grundlagenforschung. Sie steht in engem Zusammenhang mit vielen anderen Disziplinen. Einige dieser Beziehungen sind in Fig. 2 dargestellt. Aus diesem Diagramm wird der Bezug zu praktischen Anwendungen besonders deutlich. Der prinzipielle Aufbau eines Atoms kann heute als gut verstanden gelten. Dennoch trägt die Atomphysik auch heute noch zur Klärung ganz fundamentaler Fragen bei, etwa durch Experimente zur Quantenelektrodynamik, durch das Studium „exotischer" Atome, bei denen an Stelle eines Elektrons ein anderes Teilchen eingebaut wird oder durch Experimente zu statischen Dipolmomenten, die Aufschluß über Invarianzgesetze geben können. Von besonderer Bedeutung sind in diesem Zusammenhang neuerdings optische Experimente zum Nachweis eines „schweren Photons", dessen Existenz zuerst aufgrund der Beobachtung von Elektron-Neutrino-Streuprozessen gefordert wurde. Auch ist man nie vor Überraschungen sicher. Die stürmische Entwicklung von Teilen der Atomphysik, die der Entdeckung des Maser- und Laser-Prinzips gefolgt ist, hätte vor 1954 niemand vorhersagen können. So ist die Atomphysik ein zwar im Prinzip ganz gut verstandenes aber doch lebendiges Teilgebiet der Physik. Wir werden zunächst mit der Darstellung der experimentellen Grundlagen beginnen und dann in Kapitel 2 einige der wohlerprobten Grundregeln der Quantenmechanik darstellen, die es ermöglichen, Atome konsistent und sinnvoll zu beschreiben. „Und doch wird es klar werden, daß es seine Schwierigkeit hat zu erkennen, wie jedes Ding wirklich beschaffen ist" (Demokrit, Fragment 8).

1.2 Fundamentale Experimente

In diesem Abschnitt soll zunächst gezeigt werden, wie man überhaupt zur physikalischen Atomvorstellung gekommen ist und wie man die einfachsten Eigenschaften eines Atoms wie Masse, Größe und die Zahl der darin enthaltenen elektrischen Ladungseinheiten bestimmen kann.

Die moderne Atomistik hat viele Wurzeln. Eine davon liegt in der Erforschung der Gasgesetze. Newton hat bereits die Expansion eines Gases durch die Abstoßung der Gasteilchen zu erklären versucht. Dieser Ansatz wurde von Bernoulli präzisiert, der 1738 das Boyle-Mariottesche Gesetz durch ein kinetisches Gasmodell erklärte. Der nächste wichtige Impuls kam von der Chemie. Dalton fand das Gesetz der multiplen Proportionen, und Prout stellte 1815 die Hypothese auf, daß alle Elemente aus Wasserstoff zusammengesetzt seien. Wichtige Stationen in der zweiten Hälfte des letzten Jahrhunderts sind die Aufstellung des Periodensystems der Elemente (1868) und die Untersuchung der Gasentladungen, die 1897 in der Identifizierung des Elektrons durch J. J. Thomson gipfelte. Schließlich folgte die Entdeckung der Röntgenstrahlen (1895) und der Radioaktivität (1896). Einige wichtige Jahreszahlen sind in der Übersicht zur historischen Entwicklung zusammengestellt.

Übersicht zur historischen Entwicklung

1808 Dalton	Multiple Proportionen
1811 Avogadro	Molekültheorie der Gasgesetze
1815 Prout	Massenzahlen Vielfache des Wasserstoffs
1868 Mendeleev	Periodensystem
1869 Hittorf	Kathodenstrahlen
1895 Röntgen	„X-Strahlen"
1896 Bequerel	Radioaktivität
1897 J. J. Thomson	Elektron identifiziert
1900 Planck	$E = h\nu$
1903 Rutherford	Atomkern
1905 Einstein	$E = mc^2$
1913 Bohr	Atommodell
1926 Schrödinger	Wellengleichung
1927 Heisenberg	Unschärferelation

Wir beschäftigen uns jetzt zuerst mit der Frage nach Größe und Masse eines Atoms. Die von Dalton aufgefundene Gesetzmäßigkeit lautet: die Gewichtsverhältnisse der Elemente in verschiedenen chemischen Verbindungen sind ganzzahlige Vielfache der einfachsten Gewichtsverhältnisse. Legt man diesem Gesetz die Vorstellung zugrunde, daß sich diese Gewichtsverhältnisse durch die Verbindung von Atomen zu Molekülen ergeben, so kann man eine relative Atommasse A_r für jedes Element aus den durch Wägung bestimmten Gewichtsverhältnissen ableiten. Diese relativen Atommassen wurden zunächst auf Wasserstoff bezogen, später auf 1/16 der Masse des neutralen Sauerstoffatoms ^{16}O und seit 1960 ist international vereinbart, Atommassen anzugeben in 1/12 der Masse des neutralen Kohlenstoffatoms ^{12}C. Diese Bezugsmasse führt den Namen a t o m a r e M a s s e n - e i n h e i t mit dem Einheitzeichen u. Die relative Atommasse eines anderen Elements, die man auch häufig einfach „Atomgewicht" nennt, ergibt sich also im Prinzip aus den Gewichtsverhältnissen seiner Verbindungen mit Kohlenstoff. Die Existenz von Atomen ist hierbei einfach vorausgesetzt worden, ebenso wie die Vorstellung, daß sich bei einwertigen Verbindungen die Zahl der Atome jeder Sorte genau entspricht. Es enthalten also A_r Gramm stets gleichviele Atome. Derselbe Wert ergibt sich natürlich für die Zahl der Moleküle pro Mol, wobei die Einschränkung auf einwertige Verbindungen entfällt. Ein „Mol" sind soviel Gramm einer Verbindung, wie der Summe der relativen Atommassen für das betreffende Molekül entspricht, also z. B. 18 g für Wasser[1]). Sobald wir die Zahl der Moleküle pro Mol kennen, können wir die absoluten Atommassen angeben. Diese Zahl heißt A v o g a d r o - K o n s t a n t e N_A (manchmal in der deutschen Literatur auch „Loschmidt-Zahl" genannt). Wie kann man sie bestimmen? Offensichtlich müssen wir abzählen, wieviel Moleküle sich in einer gegebenen Substanzmenge befinden. Das geht im Prinzip mit Hilfe rein makroskopischer Beobachtungsgrößen, wie das folgende Beispiel illustriert.

---

[1]) International ist 1 Mol (Einheitszeichen 1 mol) definiert als die Stoffmenge eines Systems, das aus ebensovielen Molekülen besteht, wie Atome in genau 12 Gramm reinen Kohlenstoff-Nuklids ^{12}C enthalten sind.

Wir betrachten einen Wasserwürfel von 1 cm Kantenlänge. Wir teilen ihn im Gedankenexperiment zunächst in einer Richtung in S Scheiben zu je einer Atomlage und anschließend ebenso in den beiden anderen Richtungen, bis alle Atome voneinander separiert sind. Das erfordert insgesamt 3 S Schnitte. Der benötigte Energieaufwand ist gleich
der Verdampfungswärme E_v. Jeder einzelne Schnitt trennt bei der Zerlegung des Würfels
eine Fläche von 2 cm^2. Die hierzu erforderliche Energie ist 2 E_O, wobei E_O = (Ober-
flächenenergie/Fläche). Es ist daher 3 S $\cdot$ 2 E_O = 6 S E_O = E_v oder

$$S = \frac{1}{d} = \frac{1}{6}\frac{E_v}{E_O} \; ; \qquad \text{Zahl der Moleküle } N = S^3 .$$

Mit d ist der Abstand der Atomlagen bezeichnet. Er ergibt sich überraschenderweise aus
zwei ganz einfach zu messenden makroskopischen Größen, nämlich aus dem Verhältnis
von Verdampfungswärme zu Oberflächenenergie. Für Wasser ist E_O = 7,3 $\cdot$ 10^{-6} J/cm^2
und E_V = 2,26 $\cdot$ 10^3 J/cm^3. Damit wird S = 5,15 $\cdot$ 10^7 cm^{-1} und d = 1,9 $\cdot$ 10^{-8} cm.
Das ist jedenfalls die richtige Größenordnung. Natürlich ist das Ergebnis dieser rohen
Modellbetrachtung nicht genau und da sich der Fehler bei N zur dritten Potenz erhebt,
würde sich für die Avogadro-Konstante nur ein sehr schlechter Wert ergeben. Wir werden
auch weiter keinen Gebrauch von diesem Beispiel machen, das nur zeigen sollte, daß
man Atomradien aus ganz einfachen Meßgrößen erschließen kann, wenn man ein entsprechendes „Modell" voraussetzt.

Direkter und genauer erhält man die Avogadro-Konstante, wenn man von der Quantelung der elektrischen Ladung in Elementarladungen Gebrauch macht. Dies ist auch ein

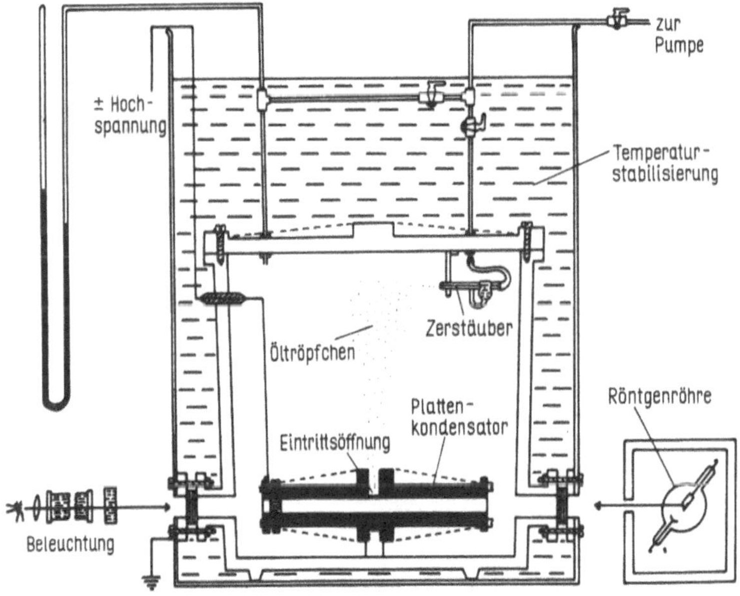

Fig. 3 Anordnung des Millikan-Versuchs (nach Phys. Rev. 2 (1913) 109)

direkter Nachweis der atomistischen Struktur der Materie. Die Quantelung der Ladung wurde von R. A. Millikan 1911 durch folgenden Versuch nachgewiesen (s. Fig. 3). Ein kleines Öltröpfchen schwebt in einem luftgefüllten Kondensator. Wenn kein Feld anliegt, bewirkt die Schwerkraft mg nach dem Stokesschen Gesetz eine konstante Fallgeschwindigkeit v_0, d. h., es gilt

$$mg = \frac{4}{3} \pi r^3 (\rho_{\text{Öl}} - \rho_{\text{Luft}})g = 6 \pi \eta r v_0$$

(ρ ist die Dichte, η die Viskositätskonstante). Durch Beobachtung der Fallgeschwindigkeit im Mikroskop kann man hieraus den Tröpfchenradius r bestimmen. Wird nun das Tröpfchen mit der elektrischen Ladung q geladen, etwa durch die jonisierende Wirkung von Röntgenstrahlung, und wird weiter ein elektrisches Feld $\mathscr{E}$ angelegt, das die Kraft q$\mathscr{E}$ auf das Tröpfchen ausübt, so gilt

$$\frac{4}{3} \pi r^3 (\rho_{\text{Öl}} - \rho_{\text{Luft}})g \pm q\mathscr{E} = 6 \pi \eta r v_1,$$

so daß sich aus der neuen Geschwindigkeit v_1 mit dem bekannten Radius r die Ladung q ableiten läßt. Die Originalanordnung von Millikan ist in Fig. 3 wiedergegeben. Die sorgfältige Temperaturstabilisierung ist nötig, um Luftströmungen zu vermeiden. Millikan fand, daß die beobachteten Ladungen innerhalb seiner Meßgenauigkeit von etwa 1% stets ganze Vielfache q = ne einer elementaren Ladung e waren. Ein neuerer Wert für die Elementarladung ist

$$e = 1{,}602\,189\,2\,(46) \cdot 10^{-19} \text{C}.$$

Die Zahl in Klammern gibt den Fehler in den letzten Dezimalen an.

Kennt man die Elementarladung, so läßt sich die Avogadro-Konstante N_A sofort angeben, wenn man das Faraday'sche Gesetz der Elektrolyse hinzunimmt, wonach eine Ladung von $Q_F = 96485$ C bei der Elektrolyse jeweils ein Mol Substanz von einfach geladenen Molekülen abscheidet. Es ist daher $N_A = Q_F/e$. Wäre man allerdings nur auf diese Art der Bestimmung von N_A angewiesen, so würde sich der Fehler in der absoluten Messung von e voll auf N_A auswirken. Es stellt sich aber beispielsweise heraus, daß folgender Weg zur Bestimmung dieser Konstanten erheblich genauer ist. Durch Röntgeninterferenzmessungen (s. Abschn. 8.3) bestimmt man den Abstand d der Atomlagen eines Kristalls, woraus sich mit der Dichte und der relativen Atommasse dann N_A ergibt. Jetzt kann man die vergleichsweise leicht meßbare Faraday-Konstante Q_F benutzen, um einen genaueren Wert für e zu erhalten. Das tatsächlich benutzte Verfahren zur Festlegung der Konstanten, wie man sie in Tabellen findet, ist jedoch wesentlich komplizierter. Viele Präzisionsexperimente führen zur Bestimmung einer Größe, die von mehr als einer wichtigen Konstanten abhängt. Man legt daher die Konstanten durch eine Ausgleichsrechnung fest, bei der die gegenseitige Abhängigkeit der Meßwerte und ihre Genauigkeit berücksichtigt wird. Diese Prozedur ist ähnlich dem Ausgleichsverfahren bei der Festlegung eines geodätischen Netzes. Wir geben daher für die Avogadro-Konstante wieder einen solchen modernen Wert an:

$$N_A = 6{,}022\,045\,(31) \cdot 10^{23}\ \text{mol}^{-1}.$$

Sobald man N_A kennt, kann man die absoluten Atommassen in Gramm ausrechnen. Sie haben in der Praxis geringe Bedeutung, da sich die relativen Atommassen in der Einheit u viel genauer bestimmen lassen, als die absoluten Massen in Gramm. Für die a t o m a r e M a s s e n e i n h e i t u ergibt sich

$$\frac{1}{12}\, m_a(^{12}C) = 1\,u = 1{,}6606 \cdot 10^{-24}\,g$$
$$= 931{,}502\,\text{MeV}/c^2 = 1822{,}89\,m_0.$$

Hier sind zwei Umrechnungen in andere Einheiten hinzugefügt, wobei m_0 die Ruhemasse des Elektrons ist.

Wir geben in Fig. 4 noch eine Übersicht über die Systematik der Atomradien, wie sie sich aus N_A und der Dichte oder direkt aus Röntgeninterferenzmessungen ergeben. Da, wie wir sehen werden, Atome keinen scharfen Rand haben, ist der Radius keine gut definierte Größe. Die Figur zeigt, daß die Radien in der Größenordnung von 10^{-8} cm liegen. Es ist häufig praktisch, für diese Länge eine besondere Bezeichnung zu wählen, nämlich 1 A n g s t r ö m = 1 Å = 10^{-8} cm. Auf die charakteristische Periodizität, die man bei den Atomradien in Fig. 4 erkennt, kommen wir in Abschn. 8.2 zu sprechen.

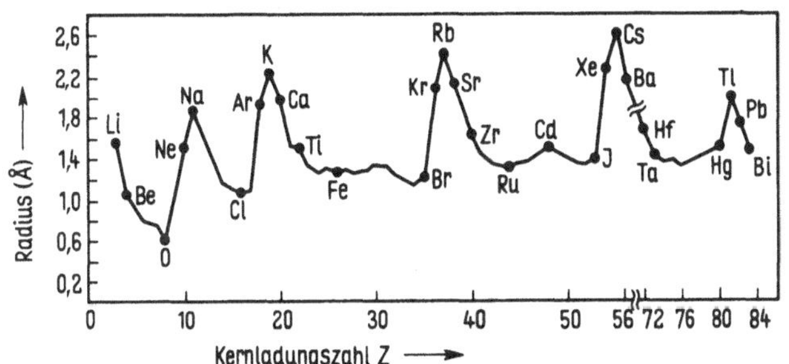

Fig. 4
Radien der Atome

Weitere grundlegende Größen haben sich aus der Physik der Gasentladungen ergeben. Hierzu gehört vor allem die wichtige Bestimmung der spezifischen Ladung e/m_0 des Elektrons (zuerst durch J. J. Thomson 1897). Zur Bestimmung von e/m läßt man einen Elektronenstrahl durch eine Kombination von einem elektrischen Feld $\mathscr{E}$ und einem Magnetfeld B laufen. Aus der Bewegungsgleichung

$$m\dot{\vec{v}} = -e\,(\vec{\mathscr{E}} + \vec{v} \times \vec{B}) \tag{1.1}$$

ist sofort zu sehen, daß man durch Beobachtung der Bahnbewegung des Elektrons nur den Quotienten e/m erhalten kann. Wir wollen dies an einem einfachen Beispiel illustrieren, bei dem wir die Bahn des Elektrons in einem Plattenkondensator und einem nachgeschalteten homogenen Magnetfeld betrachten. Dies entspricht im wesentlichen der Anordnung von Thomson. Im Kondensator erfährt das Elektron die Beschleunigung $b = (e/m)\,\mathscr{E}$. Die Flugzeit t eines Elektrons der Geschwindigkeit v im Kondensator der Länge l ist $t = l/v$. Es wird daher um eine Strecke y abgelenkt, die gegeben ist durch (s. Fig. 5)

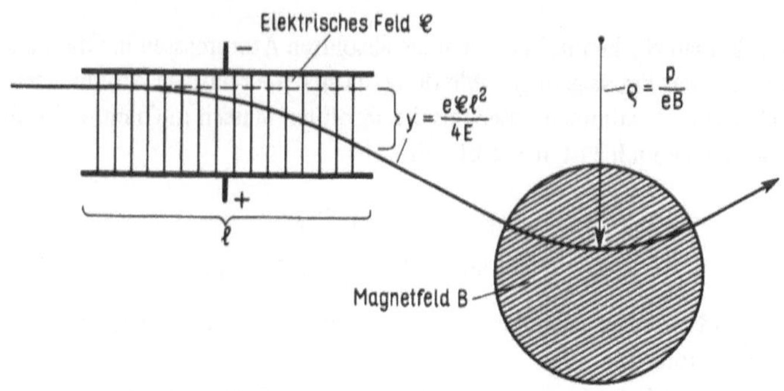

Fig. 5 Ablenkung eines Elektrons im elektrischen und magnetischen Feld

$$y = \frac{1}{2}\, bt^2 = \frac{e}{2\,m}\,\mathscr{E}\,\frac{l^2}{v^2} = \frac{e\,\mathscr{E}\,l^2}{4\,E}\,,$$

d. h., aus y erhält man die kinetische Energie $E = e\,\mathscr{E}\,l^2/4\ y$. Im Magnetfeld der Induktion B beschreiben die Teilchen eine Kreisbahn mit dem Krümmungsradius ρ, bei dem Lorentz-Kraft und Zentrifugalkraft im Gleichgewicht stehen

$$\frac{mv^2}{\rho} = ev \times B \quad \text{woraus folgt} \quad mv = p = eB\rho.$$

Der Impuls $p = mv$ ergibt sich also aus dem Krümmungsradius. Hat man y und ρ gemessen, so ist

$$m = \frac{p^2}{2\,E} = \frac{e^2 B^2 \rho^2\, 4\,y}{2\,e\,\mathscr{E}\,l^2}\,, \qquad \frac{e}{m} = \frac{\mathscr{E}\,l^2}{2\,B^2 \rho^2 y}\,.$$

Die geometrischen Verhältnisse für die Anordnung der Felder kann bei praktischen Anwendungen ganz verschieden gewählt werden. Thomson benutzte einen Kondensator mit einem gekreuzten, durch Helmholtzspulen erzeugten Magnetfeld. Dann läßt sich durch geeignete Einstellung der Felder die Ablenkung des Elektronenstrahls gerade kompensieren und aus den Feldstärken e/m berechnen.

Zwei wichtige Entdeckungen, die durch Anwendung dieses Meßprinzips sehr früh gemacht wurden, müssen hier angefügt werden. Die erste betrifft die Geschwindigkeitsabhängigkeit der Elektronenmasse. Durch sorgfältige Messungen an energiereichen Elektronen von radioaktiven Präparaten hat Kaufmann 1902 gezeigt, daß sich die Masse m_e des Elektrons mit der Geschwindigkeit ändert nach

$$m_e = m_0 \frac{1}{\sqrt{1 - \beta^2}}\,, \qquad \beta = \frac{v}{c}\,, \tag{1.2}$$

wo m_0 die Ruhemasse des Elektrons ist und c die Lichtgeschwindigkeit. Die Erklärung wurde erst später durch die spezielle Relativitätstheorie gegeben.

Die zweite wichtige Anwendung des Prinzips der (e/m)-Bestimmung besteht darin, daß sich auch die Masse positiver Ionen so ermitteln läßt. Dies führte zur Entdeckung der

Isotopie, d. h. der Tatsache, daß es Atome verschiedener Masse (Isotope) für das gleiche Element gibt (Aston 1920). Die Massen der Isotope sind von ganz kleinen Korrekturen abgesehen, die ihre Ursache in der Bindungsenergie der Kerne haben, ganzzahlige Vielfache der atomaren Masseneinheit. Da bei chemischen Elementen normalerweise ein Gemisch verschiedener Isotope vorliegt, erklären sich hieraus die nicht ganzzahligen relativen Atommassen, die man durch Wägung an Verbindungen findet und die in der Chemie gebraucht werden. Erst später hat man erkannt, daß sich Isotope durch eine verschiedene Zahl von Neutronen im Kern voneinander unterscheiden. Das Prinzip der (e/m)-Bestimmung findet noch heute vielfältige Anwendung bei modernen Massenspektrometern. Massenspektrometrisch gewonnene Werte sind in der Tat die Basis der atomaren Massenskala.

Aus dem Wert für e/m und der Elementarladung ergibt sich schließlich die Masse m_0 des Elektrons:

$$m_0 = 9,11 \cdot 10^{-28} \, g = 5,48 \cdot 10^{-4} \, u \tag{1.3a}$$

oder $1 \, u = 1822,89 \, m_0.$ $\tag{1.3b}$

Die Tatsache, daß die Elektronenmasse nur etwa 1/2000 der atomaren Masseneinheit beträgt, bedeutet, daß fast die ganze Masse eines Atoms mit der positiven Ladung verknüpft ist.

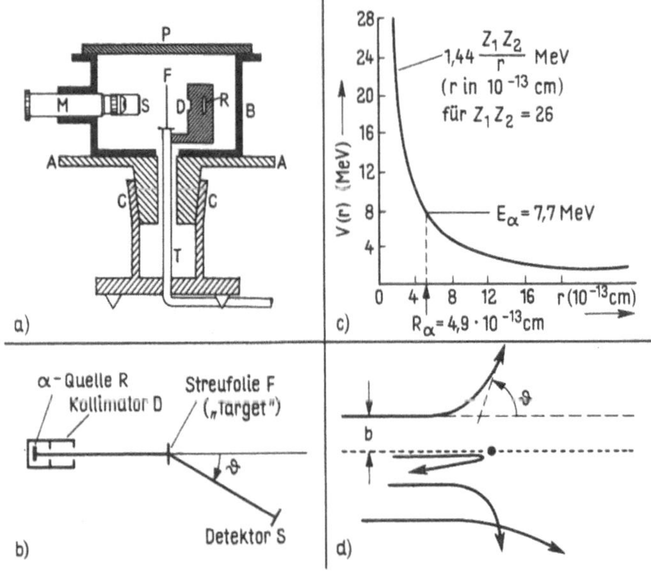

Fig. 6 Rutherford-Streuung
a) Anordnung von Rutherford. R Quelle, F Streufolie, S Szintillator als Detektor, M Mikroskop, C drehbarer Schliff, T Pumpleitung
b) Geometrie des Experiments
c) Energieverhältnisse bei 180°-Streuung (zentraler Stoß von α-Teilchen an Al)
d) Bahnkurven von α-Teilchen mit verschiedenem Stoßparameter b

Die Frage, wie die positiven und negativen elektrischen Ladungen räumlich im Atom verteilt sind, wurde schließlich durch die Streuexperimente von Rutherford (1911 bis 1913) entschieden. Rutherford hat α-Teilchen von einem radioaktiven Präparat an dünnen Folien gestreut und die Intensität der gestreuten Teilchen in Abhängigkeit vom Streuwinkel ϑ beobachtet. Fig. 6a zeigt einen Schnitt durch die Anordnung, in Fig. 6b ist die Streugeometrie skizziert. Als einfaches Modell nahm Rutherford an, daß die zweifach geladenen α-Teilchen durch das Coulomb-Feld einer Punktladung abgelenkt werden. In Fig. 6d sind einige Bahnkurven für solche Prozesse gezeichnet. Das Streuzentrum sei dabei in Ruhe gedacht. Es ist klar, daß eine eindeutige Beziehung zwischen Stoßparameter b und Streuwinkel ϑ besteht. Daraus kann man die Streuverteilung klassisch berechnen und findet für die unter dem Streuwinkel ϑ in ein Raumwinkelelement gestreute relative Intensität $I(\vartheta)$ (bezogen auf die Intensität des einfallenden Strahles)

$$I(\vartheta) = \left(\frac{ZZ'e^2}{4\,E} \right)^2 \cdot \frac{1}{\sin^4 \dfrac{\vartheta}{2}} \tag{1.4}$$

(Z, Z' Ladungen von Projektil und Streuzentrum, E kinetische Energie). Das dieser Formel entsprechende Verhalten ist von Rutherford in der Tat beobachtet worden. Daraus kann man den Schluß ziehen, daß die Projektile in den positiven „Ladungskern" des Atoms gar nicht eingedrungen sind. Die größte Annäherung findet offensichtlich unter 180° statt. Dann gilt die einfache Potentialkurve in Fig. 6c. In dem eingezeichneten Beispiel für Streuung von 7,7 MeV α-Teilchen an Al nähern sich die Teilchen dem Streuzentrum bis auf $4,9 \cdot 10^{-13}$ cm bevor sie umkehren. Der Radius des Atomkerns ist also noch kleiner. Man kann ihn aus der Energie erschließen, bei der die ersten Abweichungen von Formel (1.4) auftreten. Man findet, daß Atomkerne nur einen Radius von einigen 10^{-13} cm haben, das sind etwa 10^{-4} des Atomradius. Da wir gesehen haben, daß die Masse eines Atoms hauptsächlich mit der positiven Ladung verknüpft ist, heißt das, daß auch die Masse eines Atoms im wesentlichen im Kern konzentriert ist. Diese Einsicht war der Ausgangspunkt für die in Abschn. 1.4 zu besprechende Bohrsche Modellvorstellung. Es sei erwähnt, daß die richtige Aussage der Rutherford-Experimente dem glücklichen Umstand zu verdanken ist, daß sich in diesem Spezialfall der reinen Coulomb-Streuung bei klassischer und bei quantenmechanischer Berechnung die gleiche Streuformel ergibt.

1.3 Die Quantelung der Energie

Die wichtigste Information über den Aufbau der Atome erhalten wir aus Spektralbeobachtungen. Das Zustandekommen der Emissions- und Absorptionslinien in optischen Spektren war für lange Zeit ein völliges Rätsel. Diese Erscheinungen sind erst verständlich geworden durch die Einsicht, daß Strahlungsenergie prinzipiell gequantelt ist. Den recht komplizierten Fall der Hohlraumstrahlung, für den Max Planck gequantelte Emission erstmals postulierte (1900), wollen wir erst in Abschn. 10.2 behandeln. Wir beginnen mit der Beschreibung eines Versuches, der den fundamentalen Zusammenhang un-

mittelbar erkennen läßt. Wenn man Licht auf eine Alkalimetall-Oberfläche fallen läßt,
so werden durch Photoeffekt Elektronen ausgelöst. Man kann den Zusammenhang
zwischen Lichtfrequenz und Energie der ausgelösten Elektronen messen durch die in
Fig. 7 dargestellte Anordnung, bei der man die Photoelektronen in einer evakuierten

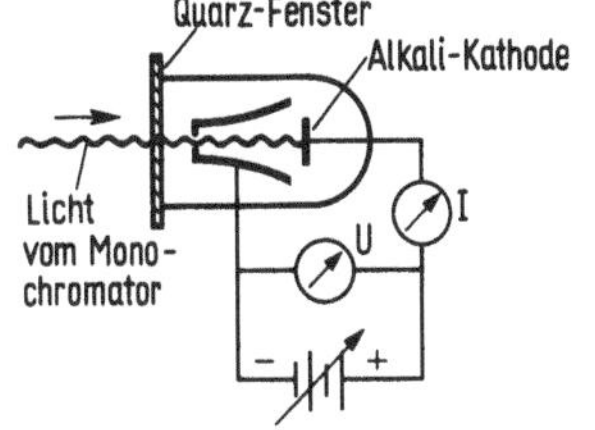

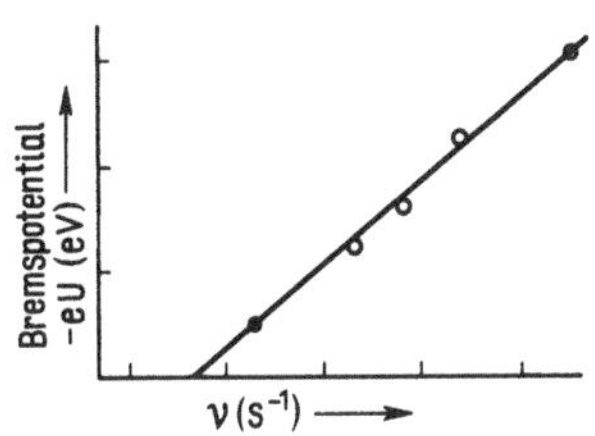

Fig. 7
Bestimmung von h aus
der Elektronenenergie
beim Photoeffekt; links:
Anordnung, rechts: Er-
gebnis (nach Millikan,
schematisch)

Röhre gegen eine Bremsspannung U anlaufen läßt und beobachtet, für welchen Wert
von U der Elektronenstrom gerade verschwindet. Die kinetische Energie T_e der Elektronen ist dann gleich dem Bremspotential $-eU$. Das überraschende Ergebnis ist in der
rechten Hälfte der Figur dargestellt: die Elektronenenergie hängt nur von der Frequenz
des eingestrahlten Lichts, nicht aber von dessen Intensität ab, d. h., es ist

$$T_e = -eU = h\nu - E_A. \tag{1.5}$$

Aus der gemessenen Steigung der Geraden ergibt sich für die Konstante h

$$h = 4,14 \cdot 10^{-15} \text{ eVs.}$$

Das Experiment ist von Einstein bereits 1905 gedeutet worden, nachdem Lenard die
Unabhängigkeit der Elektronenenergie von der Lichtintensität nachgewiesen hatte. Die
Frequenzabhängigkeit ist jedoch erst 1916 von Millikan mit der in Fig. 7 gezeigten An-
ordnung untersucht worden.

Aufgrund der klassischen Elektrodynamik ist das Ergebnis (1.5) nicht verständlich, denn
die Intensität der einfallenden Strahlung ist proportional zum Quadrat der Feldstärke
$\mathscr{E}^2$ und die auf das Elektron ausgeübte Kraft ist $e\mathscr{E}$. Daher sollte T_e von der Lichtintensität abhängen. Da dies offensichtlich nicht der Fall ist, bleibt nur die Deutung: Licht
wird in Energiepaketen, „Quanten", mit jeweils dem Energiebetrag $E = h\nu$ transportiert.
Das Gesetz (1.5) ist dann eine natürliche Folge dieser Annahme, wobei E_A die konstante
Abtrennarbeit für die Elektronen aus der Metalloberfläche ist. Die Konstante h heißt
P l a n c k s c h e s   W i r k u n g s q u a n t u m.

Der Zusammenhang $E = h\nu$ erlaubt es sofort, die Spektralserien durch diskrete Anregungsstufen der Atome zu erklären. Die erste Serienformel für das Wasserstoffspektrum
wurde von Balmer 1885 angegeben und von Rydberg 1890 erweitert. Danach lassen
sich die Frequenzen ν der beobachteten Spektrallinien wiedergeben durch

$$\nu = R_\nu \left(\frac{1}{m^2} - \frac{1}{n^2} \right). \tag{1.6a}$$

Spektroskopiker geben statt der Frequenz ν gern die Wellenzahl $\tilde{\nu} = 1/\lambda = \nu/c$ in der

Einheit cm^{-1} (1 Kayser) an, das ist die Zahl der Wellenlängen pro cm. Dann ist mit
$R_H = R_\nu/c$

$$\widetilde{\nu} = R_H \left(\frac{1}{m^2} - \frac{1}{n^2} \right) \tag{1.6b}$$

worin $R_H = 109\ 677{,}585\ 4\ (83)\ cm^{-1}$, $n \geqq m + 1$.

Die Zahl m charakterisiert jeweils eine Spektralserie, z. B. m = 2 die Balmerserie,
während die Laufzahl n die einzelnen Linien beschreibt. Die R y d b e r g k o n -
s t a n t e R_H läßt sich spektroskopisch mit großer Genauigkeit vermessen. Auch die
Spektren vieler komplexer Atome lassen sich mit einer ähnlichen, erweiterten Serienformel beschreiben, nämlich

$$\widetilde{\nu} = R_H \left[\frac{1}{(m + s)^2} - \frac{1}{(n + p)^2} \right] \tag{1.7}$$

mit zusätzlichen Konstanten, die die betreffende Serie charakterisieren. Der Aufstellung
der Serienformeln folgte das Ritzsche Kombinationsprinzip (1908), das in dessen eigener
Formulierung wiedergegeben sei: „Durch additive oder subtraktive Kombination, sei es
der Serienformeln selbst, sei es der in sie eingehenden Konstanten, lassen sich neue
Serienformeln bilden". Das alles ist verständlich, wenn man den beobachteten Frequenzen Übergänge zwischen festen Energiestufen E_n des Atoms zuordnet, d. h., wenn für
die Spektralübergänge gilt $h(\nu_2 - \nu_1) = E_2 - E_1$. Dies führt zur Aufstellung eines Term-

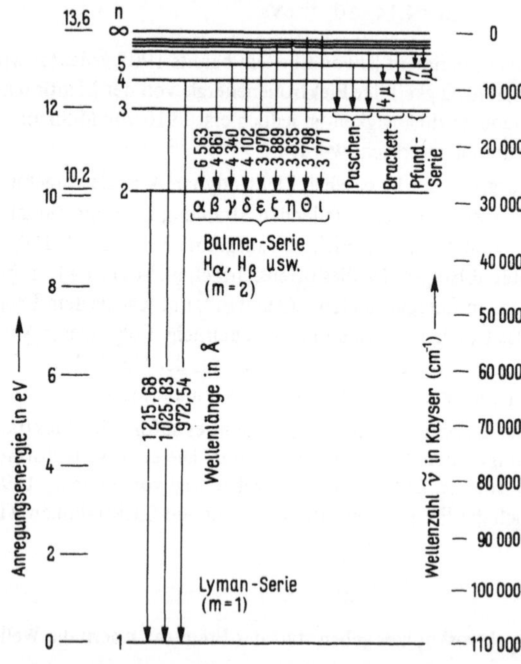

Fig. 8
Termschema und Spektralserien
des Wasserstoffs. Eine Abbildung der Balmerserie findet
sich auf der Spektraltafel

schemas für jedes Atom, bei dem jeder „Term" einer Energiestufe entspricht und aus dem sich die Spektrallinien durch die Termdifferenzen ergeben. In Fig. 8 ist als einfachstes Termschema das des Wasserstoffs mit den wichtigsten Spektralserien wiedergegeben. Eine Spektralaufnahme der Balmerserie findet sich in der Spektraltafel.

Eine direkte Bestätigung der Vorstellung, daß es sich bei den Energiestufen um angeregte Zustände der Elektronenhülle handeln muß, ergibt sich aus dem Franck-Hertz-Versuch (1914). Er ist in Fig. 9 dargestellt. Elektronen, die in einer Quecksilberdampf enthaltenden Röhre aus einer Glühkathode austreten, werden durch die Spannung U zu einem Gitter G hin beschleunigt. Zwischen dem Gitter und der Anode A liegt eine kleine Gegenspannung von etwa 0,5 V. Man beobachtet den Anodenstrom in Abhängigkeit von der Beschleunigungsspannung U. Wenn nun U gerade so groß wird, daß die Energie eU der stoßenden Elektronen kurz vor dem Gitter ausreicht, ein Elektron des Quecksilberatoms auf die niedrigste Energiestufe anzuheben, so verlieren die Stoßelektronen soviel Energie, daß sie das Gegenfeld nicht mehr überwinden können. Der Anodenstrom sinkt dann drastisch ab (Fig. 9 rechts). Das gleiche wiederholt sich, wenn die Energie eU ausreicht, zwei oder mehr sukzessive Anregungsstöße auf der Laufstrecke zu machen.

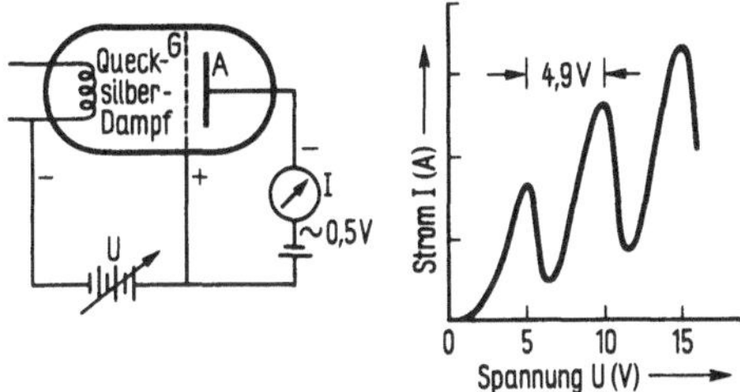

Fig. 9
Franck-Hertz-Versuch; links:
Anordnung, rechts: Ergebnis
(schematisch)

Bei Quecksilber beobachtet man einen Abstand von 4,9 eV zwischen den Maxima des Anodenstroms. Dies entspricht der Anregung der im Ultraviolett liegenden Quecksilberlinie von 2536,5 Å, deren Emission man in der Tat beim Franck-Hertz-Versuch beobachten kann. Der Versuch läßt sich natürlich auch mit anderen Atomsorten durchführen. Er hat die letzten Zweifel darüber beseitigt, daß die Spektralterme als Energiestufen angeregter Atome verstanden werden müssen.

1.4 Spektroskopie, praktische Einheiten

Der Spektrograph ist das klassische Werkzeug des Atomphysikers. Im Bereich des sichtbaren Lichts kann man einen Prismenspektrographen oder einen Gitterspektrographen benutzen. Die Wirkung des Prismas beruht auf der Dispersion des Lichts beim Durchgang durch ein Medium, d. h. auf der Abhängigkeit des Berechnungsindex n von der Wellenlänge. Die Verwendbarkeit außerhalb des sichtbaren Bereichs ist stark eingeschränkt, da entweder die Absorption der Strahlung zu groß wird oder keine Dispersion mehr vorliegt, z. B. im Röntgengebiet. Im nahen Ultraviolettbereich kann man jedoch mit Quarzprismen arbeiten und im Ultraroten mit Steinsalzprismen. Das Auflösevermögen eines Prismas ist gegeben durch $(\lambda/d\lambda) = -S(dn/d\lambda)$, worin S die Basislänge ist. Es werden keine sehr hohen Werte für die Auflösung erzielt, doch ist der nutzbare Wellenlängenbereich groß. Von größerer Bedeutung ist der Gitterspektrograph, der eine Interferenzfigur aus Beugungsbildern der Spalte entwirft. Je nach dem Gangunterschied m treten Spektren verschiedener Ordnung auf. Das Auflösevermögen ist gegeben durch $(\lambda/d\lambda) = N \cdot m$, wo N die Zahl der Öffnungen ist. Wenn man in höherer Ordnung beobachtet, erzielt man hohe Auflösung, hat jedoch nur einen kleinen nutzbaren Wellenlängenbereich. Für Untersuchungen mit höchster Auflösung benutzt man Interferenzanordnungen mit m in der Größenordnung von 10^4 bis 10^5. Ein wichtiger Vertreter dieser Gattung von Instrumenten ist das Fabry-Pérot-Interferometer (Fig. 10). Mit ihm kann man die Struktur einer einzelnen Spektrallinie untersuchen. Es besteht aus zwei halbdurchlässig verspiegelten planparallelen Glasplatten, zwischen denen Interferenzen mit hoher Ordnung auftreten. Dieses Interferometer liefert als Bild ein System konzentrischer Ringe, bei denen die untersuchte Linie in verschiedener Ordnung auftritt. Ein Beispiel ist in der Spektraltafel unter e aufgeführt. Zur Registrierung kann man ein photographisches

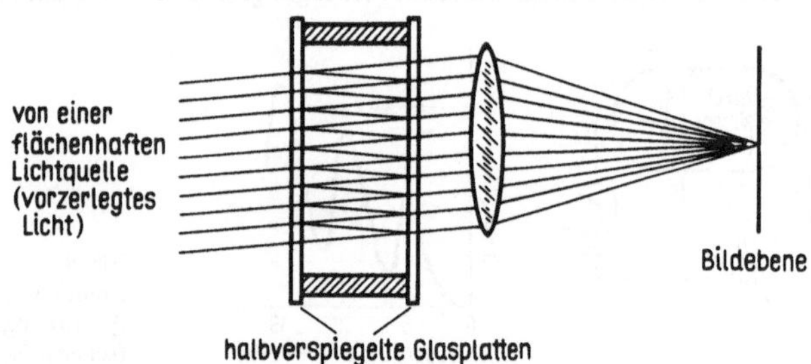

Fig. 10 Platteninterferometer nach Pérot und Fabry. Es entstehen Interferenzkurven gleicher Neigung, die ein konzentrisches Ringsystem ergeben (siehe Spektraltafel e, Seite 82). Wegen des kleinen nutzbaren Wellenlängenbereichs muß das Licht mit einem Gitter- oder Prismenspektrographen vorzerlegt werden

Bild des Ringmusters photometrisch auswerten oder man bildet einen kleinen Ausschnitt des Musters über eine schmale Ringblende auf eine Photozelle ab und durchfährt einen größeren Spektralbereich durch Variation des Gasdrucks zwischen den Platten.

In den letzten Jahren sind die Methoden zur höchstauflösenden Spektroskopie wesentlich erweitert worden. So kann man beispielsweise mit frequenzveränderlichen Farbstofflasern Licht herstellen, dessen Frequenzunschärfe wesentlich kleiner ist, als die natürliche Linienbreite von Atomübergängen. Man kann damit die Resonanzabsorption des Laserlichts in Abhängigkeit von seiner Frequenz untersuchen, am besten an einem Atomstrahl, um die Doppelverbreiterung weitgehend auszuschalten. Auf der Spektraltafel (s. Seite 82) findet sich unter f) ein Beispiel für eine solche Registrierung. Man kann mit dieser Methode die natürliche Form einer Spektrallinie (s. Abschn. 6.4) im Einzelnen vermessen. Natürlich spielt nicht nur der sichtbare Bereich in der Atomphysik eine Rolle. Auf die spektroskopische Methode in zwei weiteren wichtigen Spektralbereichen werden wir später eingehen; auf das Röntgengebiet in Abschn. 8.3 und auf das Mikrowellengebiet in Abschn. 9.3. Zunächst geben wir in Fig. 11 eine Übersicht über die Spektralbereiche des elektromagnetischen Spektrums nebst einem Vergleich der verschiedenen gebräuchlichen Einheiten. Eine Spezialität der Spektroskopiker ist die Verwendung der Wellenzahl $\tilde{\nu}$, die die Zahl der Wellenlängen pro cm angibt. Die Einheit ist 1 cm^{-1} = 1 Kayser (nach dem Bonner Physiker K a y s e r).

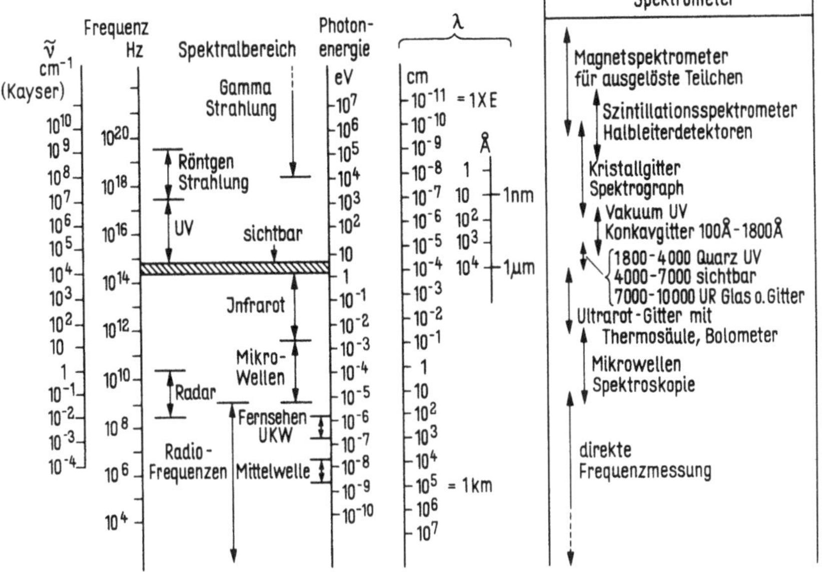

Fig. 11 Elektromagnetisches Spektrum: Bereiche, gebräuchliche Einheiten und Spektrometer

In der folgenden Tabelle sind einige Einheiten und Umrechnungsfaktoren in einer für atomphysikalische Rechnungen praktischen Form zusammengestellt. Die Anwendung solch praktischer Einheiten ist in einem speziellen Gebiet meist rationeller als die Verwendung der SI-Einheiten.

Einige Rechenbeispiele:

$$100 \text{ MHz entspricht } E = 10^8 \text{ Hz} \cdot \frac{1 \text{ eV}}{2,418 \cdot 10^{14} \text{ Hz}} = 4,1 \cdot 10^{-7} \text{ eV}$$

$$\lambda = 5000 \text{ Å entspricht } E = \frac{1,24 \cdot 10^4 \text{ eVÅ}}{5000 \text{ Å}} = 2,48 \text{ eV}$$

$$100 \text{ eV entspricht } \lambda = \frac{1,24 \cdot 10^4 \text{ eVÅ}}{100 \text{ eV}} = 124 \text{ Å}$$

$$\text{oder } \tilde{\nu} = 8066 \frac{100 \text{ eV}}{\text{eV}} \text{ Kayser} \approx 8 \cdot 10^5 \text{ Kayser}$$

Tab. 1 Praktische Einheiten und Umrechnungsfaktoren.

Größe	Einheit	Einheitenzeichen
Masse	1 Elektronenmasse $= 9{,}11 \cdot 10^{-28}$ g $= 511$ keV/c^2	m_0
Energie	1 Elektronenvolt $= 1{,}602 \cdot 10^{-12}$ erg $= 1{,}602 \cdot 10^{-19}$ J $= 1{,}96 \cdot 10^{-6}$ $m_0 c^2$	eV
Wellenlänge	1 Angström $= 10^{-10}$ m $= 10^{-8}$ cm $= 0{,}1$ nm	Å
Wellenzahl $\tilde{\nu} = 1/\lambda$	1 Kayser $= 1$ cm^{-1}	cm^{-1}
Ladung	1 Elementarladung $= 1{,}6 \cdot 10^{-19}$ C $= 4{,}80 \cdot 10^{-10}$ $\sqrt{\text{erg cm}} = 3{,}79$ $\sqrt{\text{eV Å}}$ $e^2 = 1{,}44 \cdot 10^{-7}$ eV cm $= 14{,}4$ eV Å	e
Drehimpuls (Wirkung)	h $= 4{,}14 \cdot 10^{-15}$ eVs $\hbar = h/2\pi = 6{,}58 \cdot 10^{-16}$ eVs	h, $\hbar$

$$E = h\nu = \frac{hc}{\lambda} = hc\tilde{\nu} \qquad 1 \text{ eV} \cong 2{,}418 \cdot 10^{14} \text{ Hz}$$

$$E\lambda = 1{,}24 \cdot 10^{-4} \text{ eVcm} = 1{,}24 \cdot 10^4 \text{ eV Å}$$

$$E\lambdabar = 1973 \text{ eV Å} \qquad \lambdabar = \lambda/2\pi$$

$$\tilde{\nu} = \frac{1}{\lambda} = 8066 \, \frac{E}{eV} \text{ Kayser} \qquad E = 1{,}24 \cdot 10^{-4} \, \frac{\tilde{\nu}}{cm} \text{ eV}$$

1.5 Grenzen der klassischen Beschreibung, das Bohrsche Modell

Für viele Erscheinungen, die man an Atomen beobachtet, versagen die Beschreibungs-
weisen der klassischen Mechanik und Elektrodynamik. Ein Beispiel war der Befund, daß
die Energie von Photoelektronen unabhängig von der Intensität des eingestrahlten Lichtes
ist. Das Ergebnis der Rutherford-Experimente wirft ein neues Dilemma auf. Wenn die
positive Ladung des Atoms in einem winzigen Kern konzentriert ist, weshalb stürzen
die Elektronen dann nicht in den Kern? Gibt es eine abstoßende Kraft zwischen Kern
und Elektron, die für den Durchmesser des Atoms verantwortlich ist? Auf diese Frage
gibt die klassische Physik keine Antwort.

Niels Bohr hat bereits 1913 versucht, dieses Problem zu lösen. Sein Modellansatz, in
dem einige Forderungen der Quantenmechanik als Postulate vorweg genommen wurden,
hat die Problematik erst richtig deutlich werden lassen und war daher einer der wichtigsten Schritte auf dem Weg zur Quantenmechanik. Bohr versuchte es mit einer Art von
Planetenmodell, bei dem sich die Elektronen auf Kreisbahnen bewegen, so daß Coulomb-
kraft und Zentrifugalkraft im Gleichgewicht sind. Diese Vorstellung stößt jedoch sofort
auf zwei zentrale Schwierigkeiten: (1) klassisch sind Bahnen mit beliebigem Radius möglich, d. h., es gibt ein Kontinum von Energiezuständen. Man beobachtet aber nur wenige
diskrete Energien (Spektralterme, Franck-Hertz-Versuch). (2) Elektronen auf einer Kreis-

bahn sind beschleunigt. Beschleunigte Ladungen müssen strahlen. Die Elektronen sollten
daher kontinuierlich durch Strahlung ihre Bahnenergie verlieren.

Bohr hat nun kurzerhand postuliert, daß aus noch nicht bekannten Gründen Einschränkungen für die erlaubten Bahnen gelten, daß nämlich der Betrag des Bahndrehimpulses
ℓ = pr nur ganze Vielfache von $\hbar$ = h/2π betragen kann

$$\mathrm{pr} = \mathrm{n}\hbar \qquad \mathrm{n} = 1, 2, 3 \ldots \tag{1.8}$$

und daß Strahlungsübergänge nur möglich sind zwischen Elektronenzuständen, deren
Energien E_1 und E_2 zwei solchen Bahnen entsprechen

$$\mathrm{h}\nu = \hbar\omega = E_2 - E_1. \tag{1.9}$$

Wir wollen nun für dieses Modell die Energiestufen des Wasserstoffatoms ausrechnen.
Zunächst soll jedoch an Hand von Fig. 12 festgelegt werden, wie wir die Vorzeichen
für Energien wählen. Die Gesamtenergie E = T + V ist die Summe von kinetischer Energie
T und potentieller Energie V. Die potentielle Energie V sei negativ, wenn Energie a u f -
g e w e n d e t werden muß, um die Bestandteile des Systems gegen die wirkenden

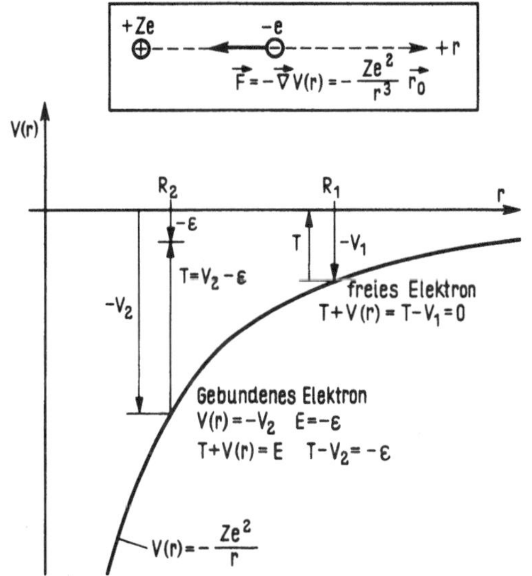

Fig. 12
Energieverhältnisse im Coulomb-
Potential

Kräfte zu trennen. Dann ergibt sich für das Potential eines Elektrons im Feld eines
Protons die in Fig. 12 gezeichnete Kurve. Die Gesamtenergie E sei gleich Null, wenn
Elektron und Proton völlig getrennt sind, also für r = ∞. Nähert sich ein Elektron vom
Unendlichen bis R_1, so ist $V(R_1) = -V_1$ und $T = V_1$ da $T + V = T - V_1 = 0$. Verliert
das System nun etwa bei R_2 den Energiebetrag ϵ durch Abstrahlung, so ist $E = -\epsilon$,
$V(R_2) = -V_2$ und $T = V_2 - \epsilon$, wie in der Figur illustriert. Für ein anziehendes Coulomb-
potential ist $V(r) = -Ze^2/r$. Für Wasserstoff ist natürlich Z = 1, wir führen aber die Kernladung Z in den Formeln mit, weil sich die Ergebnisse dann später leichter verallge-

meinern lassen. Der Zusammenhang mit der Kraft $\vec{F}$ ist in der gesonderten Skizze angedeutet.

Nach dieser Vorbereitung betrachten wir jetzt ein Wasserstoffelektron auf einer Kreisbahn, die der Bohrschen Bedingung genügt. Zunächst muß die Zentrifugalkraft gleich der Coulombkraft sein

$$\frac{Ze^2}{r^2} = \frac{m_0 v^2}{r} = \frac{pv}{r} \tag{1.10}$$

wir multiplizieren mit r^2, dividieren durch v und machen von der Bedingung (1.8) Gebrauch

$$\frac{Ze^2}{v} = pr = n\hbar. \tag{1.11}$$

Wir können hieraus sowohl v als auch r berechnen, da die Gleichung zwei unabhängige Aussagen enthält

$$v = \frac{Ze^2}{n\hbar} \qquad r = \frac{n\hbar}{m_0 v} = \frac{n^2 \hbar^2}{Ze^2 m_0} . \tag{1.12} \tag{1.13}$$

Nach dem im Zusammenhang mit Fig. 12 gesagten ergibt sich für die Energie

$$E_n = T + V = \frac{m_0}{2} v^2 - \frac{Ze^2}{r} = \frac{m_0 Z^2 e^4}{2\, n^2 \hbar^2} - \frac{Ze^2 Ze^2 m_0}{n^2 \hbar^2} = \tag{1.14}$$

$$= - \frac{m_0 Z^2 e^4}{2\, \hbar^2} \cdot \frac{1}{n^2}$$

hier sind v und r aus (1.12) und (1.13) benutzt worden. Wie man sieht, ergibt sich für jeden Wert der Quantenzahl n genau ein gebundener Zustand. Für einen Strahlungsübergang muß nach (1.9) gelten

$$\hbar\omega_{m\to n} = E_n - E_m = \frac{m_0 e^4 Z^2}{2\, \hbar^2} \left(\frac{1}{n^2} - \frac{1}{m^2} \right) \tag{1.15}$$

was in der Tat der Serienformel (1.6) entspricht. Wir müssen noch nachsehen, ob die Rydberg-Konstante richtig herausgekommen ist. Wegen $E = h\nu = hc\widetilde{\nu}$ wird aus (1.14)

$$\widetilde{\nu} = \frac{E}{hc} = \frac{m_0 e^4 Z^2}{2\, \hbar^2 hcn^2} = \frac{m_0 Z^2 e^2 \alpha}{4\, \pi\hbar^2} \cdot \frac{1}{n^2} = R_\infty \, \frac{1}{n^2} , \tag{1.16}$$

wobei wir die Abkürzung gebraucht haben

$$\frac{e^2}{\hbar c} = \alpha \approx \frac{1}{137} . \tag{1.17}$$

Auf die Bedeutung dieser F e i n s t r u k t u r k o n s t a n t e n α werden wir später zurückkommen. Einsetzen der Konstanten in (1.16) liefert $R_\infty = 109737{,}32\ \mathrm{cm}^{-1}$. Das ist noch nicht in Übereinstimmung mit dem Wert für R_H in (1.6a). Der Grund liegt darin, daß wir die kinetische Energie in (1.14) ohne Berücksichtigung der Mitbewegung des Protons angeschrieben haben. Nur für unendliche große Protonenmasse fällt der

Schwerpunkt des Systems mit dem Nullpunkt des Coulomb-Potentials exakt zusammen. Hierauf bezieht sich R_∞. Für endliche Protonenmasse m_p muß statt der Elektronenmasse die reduzierte Masse $m_r = m_0 m_p/(m_0 + m_p)$ benutzt werden, die dann anstelle von m_0 in (1.16) erscheint. Dann ist

$$R_H = R_\infty \cdot \frac{m_r}{m_0} = R_\infty \frac{m_p}{m_0 + m_p} = R_\infty \frac{1}{1 + \dfrac{1}{1836}} . \tag{1.18}$$

Mit dieser Korrektur wird die Übereinstimmung von (1.16) und (1.6a) ganz ausgezeichnet. Es ist nicht sinnvoll anzugeben, wie gut die Übereinstimmung ist, da R_H aus den Spektren äußerst genau bestimmt werden kann und die Konstanten, die in (1.16) eingehen, vergleichsweise große Fehler haben. Man benutzt deshalb umgekehrt die gemessene Rydberg-Konstante und (1.16) als wichtigen Stützpunkt in der Ausgleichsrechnung zur Festlegung eines konsistenten Satzes von Naturkonstanten. Jedenfalls wird das Termschema des Wasserstoffs (Fig. 8) durch die Formel des Bohrschen Modells exakt beschrieben.

Die Erweiterung des Bohrschen Modells auf Spektren komplizierter Atome erwies sich als schwierig. Sie ist mit großem Scharfsinn insbesondere durch A. Sommerfeld durchgeführt worden. Wir wollen diesen Weg hier nicht weiter verfolgen, da diese Modellvorstellungen zwar eine wichtige Rolle bei der Entwicklung der Quantenmechanik gespielt haben, aber schließlich eben durch diese Entwicklung überflüssig geworden sind. Andererseits zeigte der Erfolg des Bohrschen Modells, daß einige wichtige Zusammenhänge damit richtig beschrieben waren. Wir werden sehen, daß insbesondere die Annahme in (1.8), daß nämlich der Bahndrehimpuls in Einheiten von $\hbar$ gequantelt ist, Bestand hat. Von der Vorstellung des Planetenmodells allerdings werden wir uns trennen müssen.

Wir wollen noch ausrechnen, welcher „Bahnradius" $r = a_0$ sich für $n = 1$ aus (1.13) ergibt. Mit den Formeln aus Tabelle 1 findet man leicht

$$a_0 = \frac{\hbar^2}{e^2 m} = 0{,}529 \text{ Å} . \tag{1.19}$$

Diese Konstante a_0 wird in der Atomphysik oft gebraucht, sie heißt meist B o h r - s c h e r B a h n r a d i u s. Weiter können wir aus (1.15) die Bindungsenergie des Grundzustandes, die gleich der Ionisationsenergie ist, berechnen. Sie ergibt sich für $n = 1$, $m = \infty$ zu

$$E = -\frac{me^4}{2\hbar^2} Z^2 = -13{,}6 \text{ eV} \cdot Z^2 . \tag{1.20}$$

Für Wasserstoff ist natürlich $Z^2 = 1$. Die Energie 13,6 eV benutzt man manchmal als natürliche Einheit für Anregungsenergien und nennt sie dann 1 R y d b e r g. Da es sich hierbei einfach um die Rydberg-Konstante in eV handelt, können wir für die Energiewerte des Wasserstoffatoms statt (1.15) einfacher schreiben

$$E_n = (-13{,}6 \text{ eV}) \cdot \frac{Z^2}{n^2} . \tag{1.21}$$

Die für Wasserstoff überflüssige Kernladung Z ist wieder im Hinblick auf spätere Anwendungen stehen geblieben.

2 Teilchen und Wellen[1])

2.1 Teilcheninterferenzen

Das an den Gesetzen der makroskopischen Physik geschulte menschliche Vorstellungsvermögen scheitert bei dem Versuch, eine Erscheinung zu „verstehen", die uns als Ausgangspunkt für die Formulierung einiger Grundregeln der Quantenmechanik dienen soll,
nämlich die Interferenzfähigkeit von Teilchenstrahlen. Fig. 13 zeigt eine Aufnahme, die
durch Beugung eines Elektronenstrahls an einer Metallschneide gewonnen wurde sowie
die Beugungsfigur eines Elektronenstrahls an einem dünnen Draht. Man erhält ganz
ähnliche Muster, wie bei der Beugung von Licht. Ein entsprechendes Beugungsbild von
sichtbarem Licht ist mit abgebildet. Die hierdurch belegte Interferenzfähigkeit von
Teilchen hat sehr tiefgehende Konsequenzen, die wir der Einfachheit halber zuerst an
einem Gedankenexperiment diskutieren wollen, bevor wir auf Interferenzexperimente
zurückkommen.

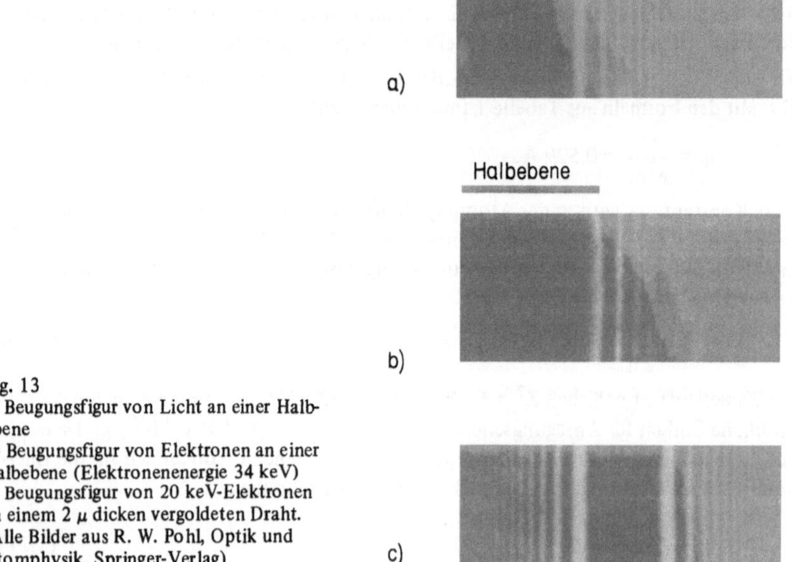

Fig. 13
a) Beugungsfigur von Licht an einer Halbebene
b) Beugungsfigur von Elektronen an einer
Halbebene (Elektronenenergie 34 keV)
c) Beugungsfigur von 20 keV-Elektronen
an einem $2\,\mu$ dicken vergoldeten Draht.
(Alle Bilder aus R. W. Pohl, Optik und
Atomphysik, Springer-Verlag)

---

[1]) Der mit der Quantenmechanik schon vertraute Leser wird dieses Kapitel überschlagen
können.

In Fig. 14 ist eine Reihe von Interferenzexperimenten an einer Doppel-Schlitz-Anordnung
für ganz verschiedene Strahlung schematisch skizziert. Beim Durchgang von kohärentem
L i c h t durch einen Doppelschlitz beobachten wir auf einem Schirm beispielsweise die
in Fig. 14a rechts gezeichnete Intensitätsverteilung $I_{1,2}$. Sie ist nicht gleich der Summe

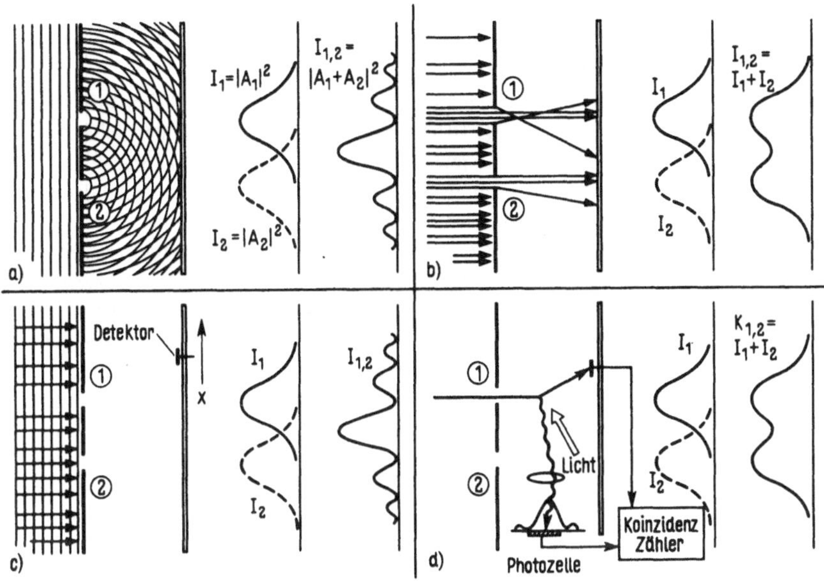

Fig. 14 Verschiedene Doppelspaltversuche zur Erläuterung der Teilcheninterferenz
a) Interferenz von Licht; b) Streuung klassischer Korpuskeln, c) Elektroneninterferenz,
d) Elektronenstreuung mit Anordnung zur Lokalisierung des Teilchens

der Intensitäten I_1 und I_2, die man beobachtet, wenn jeweils nur Schlitz 1 oder Schlitz 2
geöffnet ist, vielmehr ergibt sie sich durch kohärente Addition der von den jeweiligen
Schlitzen kommenden Amplituden A_1 und A_2 nach

$$I_{1,2} = |A_1 + A_2|^2, \quad I_1 = |A_1|^2, \quad I_2 = |A_2|^2. \tag{2.1}$$

Für Licht ist die Amplitude A proportional zur elektrischen Feldstärke, die periodisch
mit der Fequenz ω variiert

$$A_1 = \alpha_1 e^{i(\omega t + \varphi_1)} = \alpha_1 e^{i\varphi_1} e^{i\omega t}, \quad A_2 - \alpha_2 e^{i(\omega t + \varphi_2)}. \tag{2.2}$$

Es ist in diesem Fall nicht nötig, aber bequem, die Amplitude als komplexe Zahl anzuschreiben. Das Interferenzmuster ergibt sich dadurch, daß die Phasendifferenz
$\delta = \varphi_2 - \varphi_1$ der von den Schlitzen ausgehenden Wellen für verschiedene Punkte des
Bildschirms verschieden ist.

Nach (2.1) ist

$$I_{1,2} = |A_1 + A_2|^2 = |e^{i\omega t}|^2 |\alpha_1 e^{i\varphi_1} + \alpha_2 e^{i(\varphi_1 + \delta)}|^2$$

$$= \alpha_1^2 + \alpha_2^2 + \alpha_1 \alpha_2 (e^{i\delta} + e^{-i\delta}) = I_1 + I_2 + 2\sqrt{I_1 I_2}\cos\delta, \tag{2.3}$$

da $I_1 = |A_1|^2 = \alpha_1^2, \quad I_2 = \alpha_2^2.$

Wir haben hier von den in Anhang 1 angegebenen Formeln für komplexe Zahlen Gebrauch gemacht. Das Interferenzglied in (2.3) bewirkt, daß für $I_1 = I_2 = I$ die Intensität $I_{1,2}$ zwischen Null und 4 I liegen kann.

Völlig anders als Licht würden sich k l a s s i s c h e K o r p u s k e l n beim Auftreffen auf einen Doppelschlitz verhalten (Fig. 14b). Gelegentliche Streuung an den Schlitzkanten würde dazu führen, daß man für jeweils nur einen offenen Schlitz Intensitätsverteilungen der Art I_1 und I_2 beobachtet. Bei gleichzeitigem Öffnen beider Schlitze ist dann $I_{1,2} = I_1 + I_2$. Das wäre eigentlich das Verhalten, das man auch bei E l e k - t r o n e n beobachten sollte. Stattdessen tritt, wenn beide Schlitze geöffnet werden, eine Interferenzfigur ganz ähnlich wie bei Licht auf (Fig. 14c). Beim Öffnen des zweiten Schlitzes verringert sich also die Intensität an manchen Punkten des Schirms! Man könnte zunächst daran denken, daß jeweils z w e i Elektronen, die durch je einen der Schlitze hindurchgehen, irgendwie interferieren. Das Experiment zeigt aber, daß die Interferenzfigur in ihrer Struktur unverändert bleibt, wieweit man auch die Intensität des Elektronenstrahls herabsetzt. Die Verringerung der Intensität kann man leicht durch längere Registrierung ausgleichen. Das heißt, die Interferenzfigur bleibt auch dann noch bestehen, wenn es praktisch nicht mehr vorkommt, daß zwei Elektronen gleichzeitig am Schlitzpaar ankommen. Es muß also offensichtlich e i n Elektron durch beide Schlitze gleichzeitig hindurchgehen, um Interferenz zu verursachen. Wie ist das aber vorstellbar, da man niemals Bruchteile der Elektronenmasse oder -Ladung beobachtet hat, das Elektron also offenbar unteilbar ist? Es ist genau dieser Punkt, an dem wir den Versuch, uns auf das Vorstellungsvermögen zu berufen, aufgeben müssen. Das Experiment zeigt, daß b e i d e s richtig ist: das Elektron ist als Korpuskel unteilbar und dennoch kann ein einzelnes Elektron als Welle interferieren. Zur Beschreibung dieses Sachverhaltes kann man versuchen, dem Elektron, oder allgemeiner jedem Teilchen, eine interferenzfähige Amplitude zuzuschreiben, aus der man die Intensität berechnen kann. Bevor wir dies konkreter formulieren, wollen wir unser Gedankenexperiment noch erweitern. Wir wollen versuchen, durch ein Experiment zu entscheiden, durch welchen Schlitz das Elektron geht, indem wir zum Beispiel Licht an den Elektronen streuen und sie dadurch abbilden. Wir registrieren dann nur die Elektronen, die wir durch einen solchen Streuprozeß lokalisiert haben (Fig. 14d). Das Ergebnis ist überraschend: die Interferenzfigur wird zerstört und die Intensitäten addieren sich wie bei klassischen Korpuskeln. Ein solches Verhalten beobachtet man experimentell ausnahmslos, wenn man Vorkehrungen trifft, die es gestatten zu unterscheiden, über welchen der alternativen Wege ein Prozeß verläuft. In unserem Beispiel hat offensichtlich der Impulsübertrag durch das Photon das Ergebnis geändert. Man könnte ihn herabsetzen, indem man längerwelliges Licht benutzt. Das nützt aber nichts, denn man kann leicht zeigen, daß die Störung des Versuches nur dann klein ist, wenn die Lichtwellenlänge so groß wird, daß eine Lokalisierung nicht mehr möglich ist.

Wir versuchen nun, das gesagte in einfache Regeln zu fassen. Zunächst sei präzisiert, was mit Intensität gemeint ist. Wir denken uns die Elektronen, die auf ein kleines Flächenstück, z. B. die Oberfläche eines Detektors, bei der Koordinate x auftreffen, registriert. Bezogen auf die Gesamtzahl der am Experiment beteiligten Elektronen gibt das die relative Häufigkeit dafür, ein Elektron bei einer Koordinate zwischen x und (x + dx) zu finden. Als Wahrscheinlichkeit P(x) für das Eintreffen eines Elektrons bei der Koordinate x bezeichnen wir den Grenzwert dieser relativen Häufigkeit für eine sehr große Zahl von registrierten Elektronen. Dies ist ein sinnvolles Maß für die Intensität. Nach dem vorhin dargelegten soll sich P(x) als Quadrat einer interferenzfähigen Amplitude ergeben. Für die Amplitude, mit der wir das Verhalten des Elektrons beschreiben wollen, sei der Buchstabe ψ gewählt. Wir werden sehen, daß es sich in der Quantenmechanik als n o t w e n d i g erweist, ψ als k o m p l e x e Zahl anzunehmen. Diese Zahl ist keine Meßgröße, sondern eine Rechengröße, die das physikalische System so beschreibt, daß $P(x) = |\psi(x)|^2$ ist. Die eben diskutierten Elektroneninterferenz-Experimente sind nun im Einklang mit folgenden Regeln, die sich ganz allgemein als tragfähig für die Beschreibung der Natur im atomaren Bereich erwiesen haben:

(1) Die Wahrscheinlichkeit P für ein Ereignis (z. B. Auftreffen des Elektrons bei x) ist gegeben durch das Quadrat des Betrags einer komplexen Zahl, der „W a h r s c h e i n - l i c h k e i t s a m p l i t u d e" ψ

$$P = |\psi|^2 \tag{2.4}$$

(2) Wenn ein Prozeß über alternative Wege verlaufen kann (z. B. durch Schlitz 1 oder Schlitz 2), ist die Wahrscheinlichkeitsamplitude für ein Ereignis die Summe der Wahrscheinlichkeitsamplituden für jede Alternative

$$\psi = \psi_1 + \psi_2 \text{ und daher } P = |\psi_1 + \psi_2|^2. \tag{2.5}$$

Zur Bildung von P müssen also die Amplituden k o h ä r e n t addiert werden. Dies entspricht dem Interferenzausdruck für Licht (2.1).

(3) Wenn Vorkehrungen getroffen werden, die es gestatten, durch das Experiment festzulegen, über welche Alternative der Prozeß verläuft, geht die Interferenz verloren. Dann addieren sich die Amplitudenquadrate inkohärent

$$P = |\psi_1|^2 + |\psi_2|^2 - P_1 + P_2. \tag{2.6}$$

Insbesondere gilt die Vorschrift (2.5) immer dann, wenn es p r i n z i p i e l l unmöglich ist, zu entscheiden, welche Alternative realisiert wird. Die gleichen Regeln gelten, wenn mehr als zwei Möglichkeiten für den Ablauf eines Prozesses gegeben sind. Statt (2.5) ist dann $\psi = \psi_1 + \psi_2 + \psi_3 + \ldots$

Mit diesen Regeln sind zunächst nur die Voraussetzungen geschaffen, Interferenzen zu beschreiben. Jetzt muß für die Größe ψ ein sinnvoller Ausdruck gefunden werden. Wir können es mit einer Welle wie beim Licht versuchen, da ja die Interferenzerscheinungen ganz ähnlich sind. Da eine ebene, fortschreitende Welle sowohl von der Ortskoordinate x als auch von der Zeit t abhängt, schreiben wir (vgl. Anhang 1)

$$\psi = A\,e^{i(kx - \omega t)}. \tag{2.7}$$

Der Faktor A ist im allgemeinen eine komplexe Zahl. Er enthält die in (2.2) explizit
aufgeführte Phase φ, die zwar für Interferenzen wichtig ist, die aber bei dem jetzt folgenden keine Rolle spielt. Wenn dieser Ansatz für die Wahrscheinlichkeitsamplitude einer
„Teilchen-Welle" richtig ist, was bedeuten dann Kreisfrequenz ω und Wellenzahl k?
Wir können probeweise wie bei der elektromagnetischen Welle setzen $E = h\nu = \hbar\omega$.
Durch die Frequenz ω wäre also die Energie festgelegt. Nun ist die Energie eine Invariante unter Transformation der Zeitkoordinate t. Die entsprechende Invariante
unter Transformation der Ortskoordinate x wäre der Impuls p. In der Tat ist $\vec{p} \cdot \vec{r} - Et$
eine Lorentz-Invariante. Es liegt daher nahe, $\vec{k}$ mit dem Impuls $\vec{p}$ in gleicher Weise in
Verbindung zu bringen, wie ω mit E, nämlich durch $\vec{p} = \hbar\vec{k}$. Der Exponent in (2.6)
wäre dann $i(\vec{k}\vec{x} - \omega t) = (i/\hbar)(\vec{p} \cdot \vec{x} - Et)$ und ψ wäre invariant unter einer Lorentztransformation, was sicherlich physikalisch sinnvoll ist. Man kann auch leicht explizit
zeigen, daß bei einer Lorentztransformation von einem System, bei dem das Teilchen
in Ruhe ist (p = 0) in ein System, daß sich relativ dazu mit der Geschwindigkeit v bewegt, das Teilchen den Impuls $p = \hbar k$ annimmt, wenn die Ruheenergie $E_0 = \hbar\omega$ war.
Überlegungen dieser Art haben 1927 Prinz Louis de Broglie dazu geführt, Materiewellen
durch eine Amplitude der Art (2.7) zu beschreiben, mit

$$E = \hbar\omega, \qquad \vec{p} = \hbar\vec{k}. \tag{2.8a, b}$$

Diese Interpretation steht in vollem Einklang mit den Elektroneninterferenzversuchen,
von denen wir gleich einen näher beschreiben wollen. Tabelle 2 gibt einige Formeln zur
Berechnung der Wellenlänge $\lambda = 2\pi/k = 2\pi\hbar/p$ in praktischen Einheiten. Diese Wellenlänge, die einem Teilchen mit dem Impuls p zuzuordnen ist, heißt d e B r o g l i e -
W e l l e n l ä n g e. Meist dividiert man wieder durch 2π und gibt $\lambdabar = \lambda/2\pi = 1/k = \hbar/p$ an.

Tab. 2 De Broglie-Wellenlänge $\lambdabar = \dfrac{\hbar}{p}$ in praktischen Einheiten.

Aus $W = m_0 c^2 + E = \sqrt{c^2 p^2 + m_0^2 c^4}$ erhält man

$$\lambdabar = \frac{\hbar}{p} = \frac{\hbar}{\sqrt{2\,m_0 E + \dfrac{E^2}{c^2}}} = \frac{\hbar}{\sqrt{2\,E m_0}\left(1 + \dfrac{E}{2\,m_0 c^2}\right)^{1/2}}$$

Näherung für $E \ll m_0 c^2$

$$\lambdabar \to \frac{\hbar}{\sqrt{2\,E m_0}} = \frac{4{,}572}{\sqrt{m_0 E}} \cdot 10^{-13}\,\text{cm} \qquad\qquad \begin{array}{l} E \text{ in MeV} \\ m_0 \text{ in u} \end{array}$$

für langsame Elektronen gilt

$$\lambdabar \approx \frac{1{,}95}{\sqrt{E}}\,\text{Å} \qquad\qquad E \text{ in eV}$$

Näherung für $E \gg m_0 c^2$

$$\lambdabar \to \frac{\hbar c}{E} \quad \lambdabar \approx \frac{197}{E}\,10^{-13}\,\text{cm} \qquad\qquad E \text{ in MeV}$$

Die ersten Elektronen-Interferenz-Experimente sind 1927 von Davisson und Germer
ausgeführt worden. Fig. 15 a zeigt das Wesentliche ihrer Anordnung. Ein Elektronenstrahl
variabler Energie wurde von der Oberfläche eines kubisch-flächenzentrierten Nickel-
Kristalls zurückgestreut. In Fig. 15 b ist die Winkelverteilung der rückgestreuten Elektronen wiedergegeben. Bei 54 eV tritt ein scharfes Maximum unter 50° auf. Aus

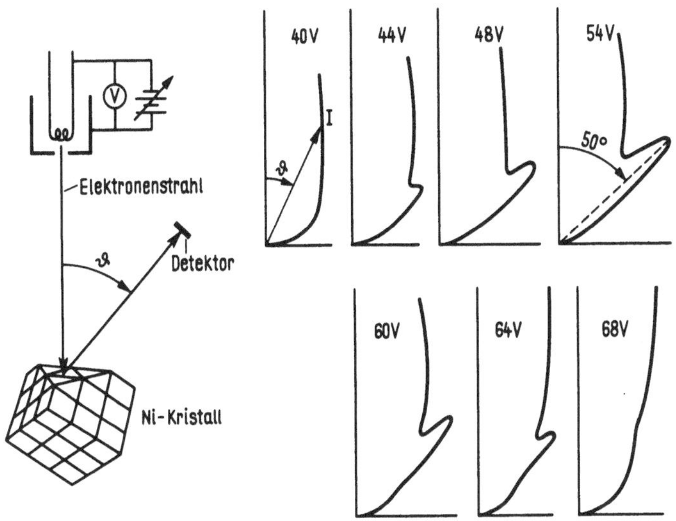

Fig. 15 Elektroneninterferenz-Experiment von Davisson und Germer, links: Anordnung, rechts: Winkelverteilung der Elektronen im Polardiagramm

Röntgeninterferenz-Versuchen weiß man, daß der Gitterabstand 2.15 Å beträgt. Die
Bragg-Bedingung liefert dann in erster Ordnung für die Elektronen-Wellenlänge
$\lambda = d \sin \vartheta = 2{,}15 \text{ Å} \cdot \sin 50° = 1{,}65 \text{ Å}$, $\lambdabar = 0{,}26 \text{ Å}$. Andererseits beträgt die de Broglie-
Wellenlänge nach der Formel aus Tab. 2 $\lambdabar = 1{,}95/\sqrt{54} = 0{,}27 \text{ Å}$. Die in diesem und
allen übrigen Experimenten gefundene vorzügliche Übereinstimmung rechtfertigt den
Ansatz (2.8).

2.2 Wellenpakete, Unschärferelation

Die ebene Welle (2.7) beschreibt zwar das Interferenzverhalten eines Elektrons richtig,
aber sie hat eine Eigenschaft, die wir jetzt näher betrachten müssen: ein freies Elektron
mit scharf definierter Energie E und festem Impuls p ist weder zeitlich noch räumlich
lokalisierbar! Dann sind nämlich sowohl ω als auch k feste Werte und wir haben

$$P(x, t) = |\psi(x, t)|^2 = |A|^2 |e^{i(kx - \omega t)}|^2$$
$$= |A|^2 = \text{const,}$$

d. h., die Wahrscheinlichkeit P ist von x und t überhaupt unabhängig. Ist das physikalisch sinnvoll? Ja. Zunächst einmal liegt bei der idealisierten elektromagnetischen Welle, die man ebenfalls in der Form (2.7) schreiben kann, der gleiche Sachverhalt vor. Das Photon der Energie $\hbar\omega$ ist nirgendwo lokalisierbar, solange ω einen exakt definierten Wert hat, d. h. für streng monochromatisches Licht, das unendlich langen Wellenzügen entspricht. Dieser Vergleich zeigt, wie eine allgemeinere Form für ψ gefunden werden kann. Um lokalisierte, sich bewegende Teilchen zu beschreiben, brauchen wir einen begrenzten Wellenzug, der nur in einem bestimmten Raum-Zeit-Gebiet eine nennenswerte Amplitude hat. Solche Wellenzüge haben aber keine fest definierte Frequenz oder Wellenlänge. Nur sie können ein Signal transportieren.

Wir studieren dieses Verhalten zunächst an einem einfachen Modell. Es sollen zwei Wellenzüge von etwas verschiedener Wellenzahl und Frequenz überlagert werden. Dann entsteht eine Schwebung. Die Frequenzen der beiden Wellenzüge seien ω_1 und ω_2, die Wellenzahlen k_1 und k_2. Als Summe ergibt sich

$$
\begin{aligned}
\psi(x, t) &= e^{i(k_1 x - \omega_1 t)} + e^{i(k_2 x - \omega_2 t)} \\[2mm]
&= e^{\frac{i}{2}\{(k_1 + k_2)x - (\omega_1 + \omega_2)t\}} \times \\[2mm]
&\qquad \left[e^{\frac{i}{2}\{(k_1 - k_2)x - (\omega_1 - \omega_2)t\}} + e^{-\frac{i}{2}\{(k_1 - k_2)x - (\omega_1 - \omega_2)t\}} \right] \\[2mm]
&= e^{i\left\{ \frac{(k_1 + k_2)}{2}x - \frac{(\omega_1 + \omega_2)}{2}t \right\}} \times 2 \cos \frac{1}{2}\{\Delta k x - \Delta\omega t\}.
\end{aligned}
\tag{2.9}
$$

Bei der letzten Zeile wurde von den Eulerschen Formeln Gebrauch gemacht, außerdem wurde gesetzt $\Delta\omega = \omega_1 - \omega_2$ und $\Delta k = k_1 - k_2$. Der erste Faktor in dieser Zeile beschreibt eine Welle von mittlerer Frequenz $(\omega_1 + \omega_2)/2$ und von mittlerer Wellenzahl $(k_1 + k_2)/2$, während der viel langsamer variierende zweite Faktor eine Modulation der Welle bewirkt (s. Fig. 16). Durch diese Modulation kommt es zur Ausbildung von

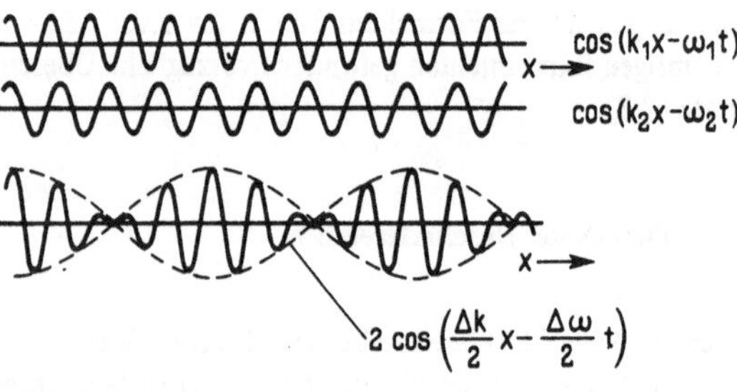

Fig. 16
Überlagerung von zwei Wellen mit etwas verschiedener Wellenzahl und Frequenz. Dargestellt ist nur die Abhängigkeit von der Ortskoordinate

Wellengruppen. Eine solche Gruppe schreitet mit der Phasengeschwindigkeit der Einhüllenden fort, nämlich nach (A1.20) mit

$$
v_g = \frac{\Delta\omega}{\Delta k} \to \frac{d\omega}{dk} \qquad \text{für kleine } \Delta\omega, \Delta k.
\tag{2.10}
$$

Dies ist die „Gruppengeschwindigkeit" in unserem einfachen Modell. Wir prüfen nach, wie groß v_g für ein Teilchen mit der Energie $W = \hbar\omega$ und $\vec{p} = \hbar\vec{k}$ ist. Wir benutzen gleich die relativistische Gesamtenergie $W = \sqrt{p^2 c^2 + E_0^2}$. Es ist

$$v_g = \frac{d\omega}{dk} = \frac{dW}{dp} = \frac{2\,pc^2}{2\sqrt{p^2 c^2 + E_0^2}} = \frac{pc^2}{W} = \frac{P}{m} = v. \qquad (2.11)$$

Es ist also v_g gleich der klassischen Teilchengeschwindigkeit v. Dieses Ergebnis zeigt, daß die Interpretation (2.8) von ω und k konsistente Ergebnisse liefert. Innerhalb der Wellengruppe läßt sich das Teilchen nicht weiter lokalisieren. Wir betrachten zunächst nur die Ortsabhängigkeit. In einer Wellengruppe läuft das Argument des Cosinus von 0 bis π. Für den räumlichen Bereich Δx, innerhalb dessen das Teilchen nicht lokalisierbar ist, gilt also

$$\frac{\Delta k}{2}\,\Delta x = \pi \quad \text{oder} \quad \Delta x\,\Delta k = 2\,\pi. \qquad (2.12)$$

Unser Modell hat leider den Nachteil, daß auch die Einhüllende des Wellenzuges rein periodisch ist, so daß nun auch die ganze Wellengruppe eigentlich nicht lokalisierbar ist. Der Nachteil wird behoben durch Überlagerung von vielen ebenen Wellen, deren Wellenzahlen innerhalb eines begrenzten Bereiches ein Kontinuum von Werten annehmen können, d. h. durch Übergang zu einer Fourier-Darstellung für eine begrenzte Wellengruppe, oder, wie man meist sagt, für ein W e l l e n p a k e t. Statt der Überlagerung (2.9) von nur 2 Wellen haben wir dann

$$\psi(x) = \frac{1}{\sqrt{2\,\pi}} \int\limits_{-\infty}^{+\infty} A(k)\,e^{ikx}\,dk. \qquad (2.13\,a)$$

Die Funktion A (k) beschreibt das Spektrum der vorkommenden Wellenzahlen und läßt sich umgekehrt als Fourier-Transformierte von ψ (x) schreiben

$$A(k) = \frac{1}{\sqrt{2\,\pi}} \int\limits_{-\infty}^{+\infty} \psi(x)\,e^{-ikx}\,dx. \qquad (2.13\,b)$$

In Fig. 17a bis d sind zur Illustration einige relativ einfache Fälle für die beiden Funktionen ψ (x) und A (k) dargestellt. Oben sind die beiden Fälle für scharf definierten Ort oder Impuls gezeichnet (a und b). Eine Rechteckverteilung der Wellenzahlen (Fall c) entspricht einem begrenzten aber oszillierenden Verhalten von ψ (x). Ohne auf die etwas umständliche Rechnung einzugehen, wollen wir den besonders interessanten Fall d eines Wellenpakets mit Gauß-Verteilung näher betrachten. Die Fourier-Transformierte ist wiederum eine Gauß-Verteilung. Der Parameter a, der die Breite der Verteilung charakterisiert, taucht jedoch einmal im Zähler und einmal im Nenner des Exponenten auf. Das bewirkt, daß die räumliche Ausdehnung des Pakets um so größer wird, je schmaler die Verteilung von k ist und umgekehrt. In der Figur sind mit Δx und Δk bezeichnete Werte für die Streuung der Gaußkurven als Maß für ihre Breiten eingetragen. Das Wellenpaket von Gauß-Form hat nun die interessante Eigenschaft, daß hierfür das Produkt

Δx · Δk ein Minimum wird. Mit den in der Figur angegebenen Werten für die Streuung ergibt sich Δx · Δk = 2. Bis auf den Faktor π ist dies das gleiche Resultat, wie in dem einfachen Beispiel, Gl. (2.12). Dieser Zusammenhang verbietet es, für irgendeine Wellen-

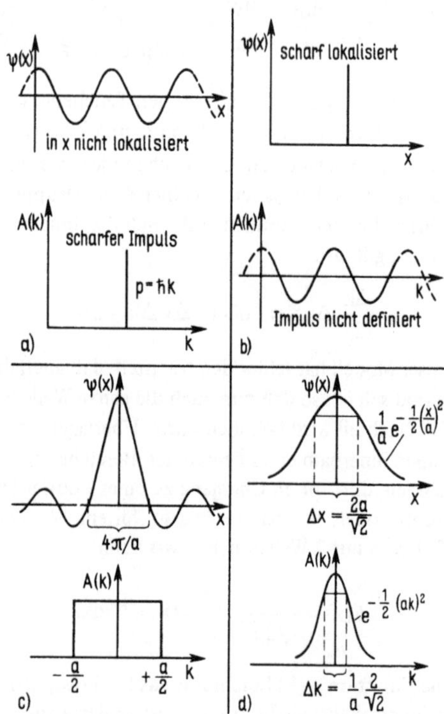

Fig. 17
Fourier-Transformierte für verschiedene Wellenpakete

erscheinung x und k gleichzeitig beliebig genau anzugeben. Wir benutzen nun p = ħk und schreiben unter Vernachlässigung des etwas willkürlichen Faktors 2

$$\Delta x\, \Delta p_x \gtrsim \hbar \tag{2.14}$$

Das ist die Heisenbergsche Unschärferelation (1927), die in der Quantenmechanik zentrale Bedeutung hat. Durch den Zusammenhang p = ħk folgt aus der oben diskutierten Eigenschaft aller Wellen, daß es unmöglich ist, Impuls und Ort eines Teilchens gleichzeitig exakt festzulegen. Wir haben in (2.14) p_x geschrieben, um darauf hinzuweisen, daß der Impuls in x-Richtung gemeint ist. Die Gleichung gilt für jede Richtung der Koordinate.

Beim Übergang zu den Wellenpaketen haben wir zunächst nur noch den Ortsabhängigen Teil von ψ, nämlich exp(ikr), benutzt. Inspektion von Gleichung (2.9) zeigt, daß wir hinsichtlich des Faktors exp($-$iωt) im Prinzip genau so argumentieren können wie bisher, daß nämlich für die zeitliche Lokalisierung analog zu (2.12) gilt

$$\frac{\Delta\omega}{2}\,\Delta t = \pi, \quad \Delta\omega\,\Delta t = 2\,\pi, \quad \Delta E\,\Delta t = 2\,\pi\hbar. \tag{2.15}$$

Weiter lassen sich die beiden Größen ω und t als wechselseitige Fourier-Transformierte analog zu (2.13) auffassen. Für ein solches Wellenpaket in der Zeitkoordinate gilt dann entsprechend zu (2.14)

$$\Delta E\,\Delta t \gtrsim \hbar. \tag{2.16}$$

In der strengeren formalen Quantentheorie ist jedoch eine Begründung von (2.16) nicht mehr in der gleichen Weise möglich wie von (2.14). Das liegt daran, daß E und t nicht in gleicher Weise wie p und x als Operatoren definiert werden können. Trotzdem kann man die Zeit-Energie-Unschärferelation (2.16) in allen praktischen Fällen ebenso unbesorgt benutzen wie (2.14). Wir werden auf die Begründung der Zeit-Energie-Unschärferelation bei der Besprechung der Breite von Spektrallinien (Abschnitt 6.4) zurückkommen.

Wir illustrieren die Unschärfe-Relation jetzt noch durch einige Beispiele. Zunächst sei die Beugung von parallel einfallenden Elektronen am einfachen Spalt der Breite B betrachtet (Fig. 18). Links vom Spalt ist $p_x = 0$, $\Delta p_x = 0$ und daher $\Delta x = \infty$. Es fallen Fronten ebener Wellen ein. Durch den Spalt wird die Ausdehnung der Wellenfront in x-Richtung begrenzt. Dann ist $\Delta x = B$ und $p_x \approx \hbar/B$. Notwendigerweise haben die Elektronen jetzt eine Impulskomponente in x-Richtung, die zum Auseinanderlaufen des Bündels führt.

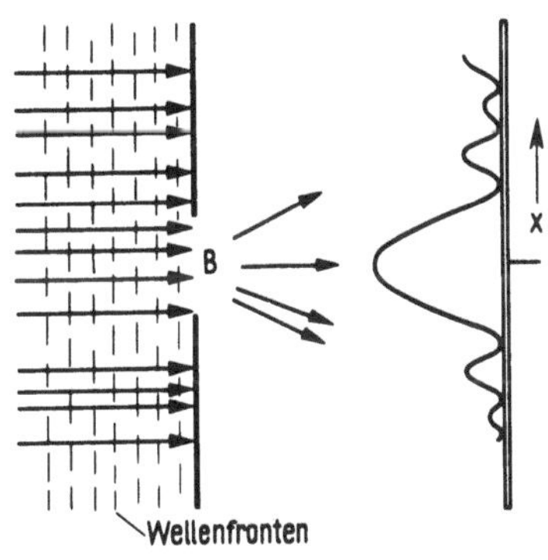

Fig. 18
Beugung von Elektronen am Spalt

Ganz allgemein laufen sich bewegende Wellenpakete mit der Zeit auseinander. Ein Teilchen bewege sich etwa längs der z-Achse. Zur Zeit $t = 0$ sei die Ausdehnung des Wellenpaketes Δz_0, dem entspricht $\Delta p_z \approx \hbar/\Delta z_0$ oder $\Delta v = \Delta p_z/m \approx \hbar/m\,\Delta z_0$. Wenn sich das Paket mit der Geschwindigkeit v bewegt, ist die zurückgelegte Strecke nach der Zeit t unscharf um $\Delta z = t\,\Delta v = t\hbar/m\Delta z_0$, d. h. die räumliche Unschärfe nimmt mit der Zeit zu und ist umso größer, je kleiner anfangs Δz_0 war.

Zum Schluß wollen wir die Größe des Wasserstoffatoms aus der Unschärferelation anhand der in Fig. 19 wiedergegebenen Potentialkurven abschätzen. Wenn sich das Elektron mit dem Impuls p innerhalb einer Kugel mit dem Radius r befindet, so ist seine räumliche Unschärfe $\Delta r \approx r$ und es können alle Impulse zwischen Null und p vorkommen, d. h. es

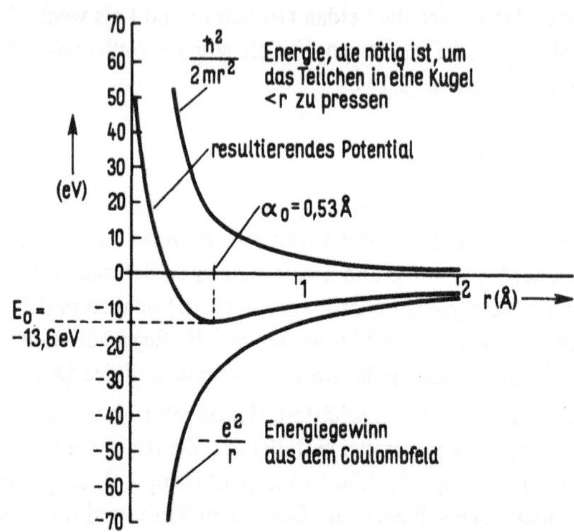

Fig. 19
Zur Herleitung der Größe des
Wasserstoffatoms aus der Un-
schärferelation

ist $\Delta p \approx p$. Die Unschärferelation liefert dann $\Delta p \cdot \Delta r \approx pr \approx \hbar$ oder $p = \hbar/r$. Je kleiner wir also den Radius wählen, ein desto größerer Impuls ist erforderlich, um das Elektron in der Kugel zu lokalisieren. Entsprechend groß muß die kinetische Energie $T = p^2/2\,m$ sein. Sie kann nur aus dem Coulomb-Potential gewonnen werden. Es ist mit $p = \hbar/r$

$$E = T + V = \frac{p^2}{2\,m} - \frac{e^2}{r} = \frac{\hbar^2}{2\,mr^2} - \frac{e^2}{r}. \qquad (2.17)$$

Aus Fig. 19 ist zu sehen, daß sich für E ein Minimum bei einem Radius a_0 ergibt. Wir berechnen ihn aus

$$\frac{dE}{dr} = \frac{-\hbar^2}{mr^3} + \frac{e^2}{r^2} = 0 \qquad \text{für } r = a_0$$

$$\text{zu} \qquad a_0 = \frac{\hbar^2}{me^2} = 0,53 \text{ Å}. \qquad (2.18) = (1.19)$$

Weiter erhalten wir hiermit für die Energie E_0 beim Wert $r = a_0$ aus (2.17)

$$E_0 = - \frac{me^4}{2\,\hbar^2} = -13,6 \text{ eV}. \qquad (2.19) = (1.20)$$

Beide Ergebnisse sind identisch mit dem Resultat des Bohrschen Modells! Von der Vorstellung irgendwelcher Planetenbahnen haben wir allerdings diesmal keinen Gebrauch gemacht. Eigentlich durften wir ein so genaues Resultat gar nicht erwarten, da die Unschärferelation nur bis auf Faktoren von der Größenordnung 2 oder π genau sein sollte.

Rückblickend auf das Paradoxon beim Doppelspaltversuch läßt sich nun folgendes sagen. Es ist der Standpunkt der klassischen Mechanik, daß Orts- und Impulskoordinaten eines Teilchens im Prinzip existieren, daß sie aber vielleicht aus meßtechnischen Gründen nicht genau angegeben werden können. Nach der eben diskutierten quantenmechanischen Vorstellung, wonach einem Teilchen ein Wellenpaket entspricht, existieren genaue Koordinatenwerte prinzipiell nicht, wobei der Unschärfebereich durch die universelle Naturkonstante $\hbar$ festgelegt ist. Die scheinbar paradoxe Situation des Doppelspalt-Versuches kommt nur zustande, wenn man versucht, im Sinne klassischer Trajektorien die Frage zu stellen, durch welchen Spalt das Teilchen läuft. Quantenmechanisch ist diese Frage innerhalb des durch die Unschärferelation eingegrenzten Bereichs sinnlos.

Kriterium für die „Richtigkeit" einer physikalischen Theorie ist ihre Fähigkeit, das Ergebnis eines Experiments wenigstens prinzipiell korrekt vorherzusagen. Das leistet die quantenmechanische Beschreibung. Es ist wichtig, das Wort „vorhersagen" wörtlich zu nehmen. Wie das Beispiel von Fig. 18 zeigt, läßt sich zwar das Auseinanderlaufen des Bündels mit Hilfe der Unschärferelation vorhersagen, sie erlaubt aber nicht, auf die Vergangenheit des Systems zurückzurechnen.

2.3 Die Schrödinger-Gleichung

Der Ansatz einer ebenen Welle für die Wahrscheinlichkeitsamplitude ψ ist nur gültig zur Beschreibung eines freien Teilchens, d. h. eines Teilchens, das keinen Kräften durch ein Potential unterworfen ist. Was uns noch fehlt, ist die Möglichkeit, Teilchen in Systemen zu beschreiben, in denen Felder wirken, die Kräfte verursachen und in denen physikalische Randbedingungen zu beachten sind. Wir suchen deshalb eine Differentialgleichung, aus der sich die Wahrscheinlichkeitsamplitude ψ in ähnlicher Weise aus den physikalischen Bedingungen des Systems ableiten läßt, wie die elektrodynamischen Feldgrößen aus den Maxwell-Gleichungen. Es ist natürlich sinnvoll, zu fordern, daß sich die bisher betrachtete ebene Welle, bzw. das Wellenpaket, als Lösung für ein freies Teilchen ergibt. Eine solche Gleichung ist von E. Schrödinger 1926 angegeben worden. Sie läßt sich nicht aus Bekanntem herleiten, vielmehr wollen wir sie als eine der Grundgleichungen der Quantenmechanik betrachten, deren Gültigkeit durch ihre Fähigkeit erwiesen ist, die richtigen Vorhersagen zu machen.

Wir wollen jetzt versuchen, zu zeigen, wie die Schrödinger-Gleichung mit dem bisher Entwickelten in natürlichem Zusammenhang steht. Wir beginnen mit der für freie Teilchen erprobten ebenen Welle

$$\psi(x, t) = Ae^{i(kx - \omega t)} \qquad \text{(frühere Gl. 2.7)},$$

die wir nach x differenzieren (mit $p = \hbar k$)

$$\frac{\partial \psi(x, t)}{\partial x} = ik\psi(x, t) = i\frac{p_x}{\hbar}\,\psi(x, t)$$

$$\text{oder} \qquad -i\hbar\frac{\partial}{\partial x}\,\psi(x, t) = p_x \cdot \psi(x, t). \tag{2.20}$$

Das bedeutet folgendes. Der Differentialoperator $-i\hbar(\partial/\partial x)$ angewendet auf die Funktion $\psi(x, t)$ erzeugt eine neue Funktion von x und t. Gleichung (2.20) sagt aus, daß für die „Teilchen-Welle" (2.7) diese neue Funktion gleich der ursprünglichen ist, aber multipliziert mit einer reellen Zahl p_x, nämlich dem Impuls des Teilchens. Oder anders ausgedrückt: der Impuls p_x läßt sich finden durch Anwendung des Differentialoperators $-i\hbar(\partial/\partial x)$ auf die Funktion $\psi(x, t)$. Er ist gleich der Zahl p_x, die nach Anwendung des Differentialoperators auf ψ als Faktor vor ψ auftritt. Eine Gleichung der Art (2.20) heißt „Eigenwertgleichung", die Zahlen p_x, die sie erfüllen, heißen „Eigenwerte". In diesem Fall, für das freie Teilchen, ist für p ein Kontinuum von Werten möglich. Wir werden jedoch sehen, daß es für viele Eigenwertgleichungen charakteristisch ist, daß sie nur durch diskrete Eigenwerte erfüllt werden, die von der Wahl der Randbedingungen abhängen.

Als nächstes differenzieren wir $\psi(x, t)$ nach t. Mit $E = \hbar\omega$ ergibt sich

$$\frac{\partial\psi(x, t)}{\partial t} = (-i\omega)\psi(x, t) = -i\frac{E}{\hbar}\psi(x, t)$$

$$\text{oder} \quad i\hbar\frac{\partial}{\partial t}\psi(x, t) = E \cdot \psi(x, t). \tag{2.21}$$

Dies ist von ganz ähnlicher Struktur, wie (2.20). Anwendung der Rechenvorschrift $i\hbar(\partial/\partial t)$ auf $\psi(x, t)$ bedeutet Multiplikation von ψ mit dem reellen Energie-Eigenwert E. Sei nun für ein freies Teilchen, das sich in der x-Koordinate bewegt, die potentielle Energie $V = 0$ gesetzt, so ist

$$E = T = \frac{p^2}{2\,m}, \quad E\psi(x, t) = \frac{p_x^2}{2\,m}\psi(x, t). \tag{2.22}$$

Wir haben einfach die linke Gleichung, die die Zahlen E und p_x verbindet, mit ψ multipliziert. Die rechts stehende Gleichung läßt sich nun mit Hilfe von (2.21) und (2.20) umschreiben in

$$i\hbar\frac{\partial}{\partial t}\psi(x, t) = \frac{1}{2\,m}\left(-i\hbar\frac{\partial}{\partial x}\right)\left(-i\hbar\frac{\partial}{\partial x}\right)\psi(x, t) = \frac{-\hbar^2}{2\,m}\frac{\partial^2}{\partial x^2}\psi(x, t). \tag{2.23}$$

Hiermit haben wir eine Differentialgleichung gewonnen, deren Lösungen offenbar die Funktionen $\psi(x, t)$ sind, die ein freies Teilchen beschreiben. Wir wollen für $\psi(x, t)$ von jetzt an auch den Ausdruck „W e l l e n f u n k t i o n" gebrauchen. Man kann sich durch Einsetzen noch einmal explizit überzeugen, daß (2.23) durch die ebene Welle (2.7) gelöst wird.

Beim Übergang von (2.22) zu (2.23) haben wir auch für die kinetische Energie T einen Differentialoperator eingeführt, nämlich $T = p^2/2\,m \to (-\hbar^2/2\,m)(\partial^2/\partial x^2)$. Die Gleichung läßt sich verallgemeinern, wenn man eine potentielle Energie $V(x)$ für das Teilchen zuläßt, die von der Koordinate x abhängt. Dann erhalten wir

$$E = T + V \to \frac{-\hbar^2}{2\,m}\frac{\partial^2}{\partial x^2} + V(x) = H. \tag{2.24}$$

Wir müssen nun auch die Funktion $V(x)$, die rechts vom Pfeil steht, als Operator auffassen. Der gesamte Differentialoperator rechts vom Pfeil wurde mit dem Buchstaben H abgekürzt. Er führt den Namen H a m i l t o n - O p e r a t o r. Wenn wir nun die rechte Seite von (2.23) durch die erweiterte Fassung (2.24) ersetzen, erhalten wir

$$i\hbar \frac{\partial}{\partial t} \psi(x, t) = \left\{ \frac{-\hbar^2}{2\,m} \frac{\partial^2}{\partial x^2} + V(x) \right\} \psi(x, t). \tag{2.25}$$

Dies ist die S c h r ö d i n g e r - G l e i c h u n g für eine Dimension. Aus den Wellenfunktionen ψ, die ihr für ein gegebenes Potential und für die jeweils vorliegenden Randbedingungen genügen, lassen sich alle beobachtbaren Größen in einer noch zu beschreibenden Weise herleiten.

Die Verallgemeinerung von (2.25) auf drei Dimensionen und auf mehr als ein Teilchen ist komplikationslos. Für drei Dimensionen ist wegen $p_x \rightarrow -i\hbar(\partial/\partial x)$

$$p^2 = p_x^2 + p_y^2 + p_z^2 \rightarrow -\hbar^2 \left\{ \frac{\partial^2}{\partial x^2} + \frac{\partial^2}{\partial y^2} + \frac{\partial^2}{\partial z^2} \right\} =$$
$$= -\hbar^2 \nabla^2 = -\hbar^2 \Delta \tag{2.26}$$

mit den beiden Schreibweisen ∇^2 oder Δ für den in Klammern stehenden Laplace-Operator. Die Schrödinger-Gleichung lautet nun

$$i\hbar \frac{\partial}{\partial t} \psi(\vec{r}, t) = \left\{ \frac{-\hbar^2}{2\,m} \Delta + V(r) \right\} \psi(\vec{r}, t) = H\psi(\vec{r}, t). \tag{2.27}$$

In geschweiften Klammern steht der Hamilton-Operator H.
Wenn N Teilchen vorliegen ist

$$T = \frac{p_1^2}{2\,m} + \frac{p_2^2}{2\,m} + \ldots \rightarrow -\frac{\hbar^2}{2} \sum_{i=1}^{N} \frac{\Delta_i}{m_i}, \tag{2.28}$$

so daß H die Form annimmt

$$H^{(N)} = \left\{ -\frac{\hbar^2}{2} \sum \frac{\Delta_i}{m_i} + V(\vec{r}_1, \vec{r}_2, \ldots \vec{r}_N) \right\} \tag{2.29}$$

Die Schrödinger-Gleichung lautet dann

$$i\hbar \frac{\partial}{\partial t} \psi(\vec{r}_1, \ldots \vec{r}_N, t) = H^{(N)} \psi(\vec{r}_1, \ldots \vec{r}_N, t). \tag{2.30}$$

Wieder soll $\psi(\vec{r}_1, \ldots \vec{r}_N, t)$ die Bedeutung einer Wahrscheinlichkeitsamplitude haben $|\psi(\vec{r}_1, \ldots \vec{r}_N, t)|^2 = P(\vec{r}_1, \ldots \vec{r}_N, t)$, wo P die Wahrscheinlichkeit angibt zur Zeit t Teilchen 1 bei der Koordinate r_1, Teilchen 2 bei r_2, usw., anzutreffen.

Um noch etwas mehr Einsicht in die Struktur der Schrödinger-Gleichung zu gewinnen, wollen wir einen formalen Lösungsansatz probieren. Wir gehen aus von der eindimensionalen Gleichung (2.25). Ein in der Mathematik üblicher Ansatz, eine solche Differentialgleichung zu lösen, besteht darin, $\psi(x, t)$ als Produkt von zwei Funktionen von jeweils nur einer Variablen anzusetzen

$$\psi(x, t) = u(x) \cdot f(t). \tag{2.31}$$

Einsetzen in (2.25) liefert

$$i\hbar \, \frac{\partial}{\partial t} \, u(x)f(t) = \left\{ \frac{-\hbar^2}{2\,m} \, \frac{\partial^2}{\partial x^2} + V(x) \right\} u(x)f(t) = Huf \qquad (2.32)$$

$u i\hbar \, \dfrac{\partial}{\partial t} \, f = fHu$ wird dividiert durch $u \cdot f$ und ergibt

$$\frac{i\hbar}{f(t)} \, \frac{\partial f(t)}{\partial t} = \frac{1}{u(x)} \left\{ \frac{-\hbar^2}{2\,m} \, \frac{\partial^2}{\partial x^2} + V(x) \right\} u(x). \qquad (2.33)$$

Nun steht links eine Funktion, die nur von t und rechts eine Funktion, die nur von x abhängt. Da die Gleichung für beliebige Werte der Variablen erfüllbar sein muß, kann der gemeinsame Funktionswert nur eine Konstante sein, die wir mit C bezeichnen. Die Gleichung separiert also in zwei getrennte Gleichungen. Integration der Gleichung für f(t) liefert

$$i\hbar \, \frac{1}{f(t)} \, \frac{\partial}{\partial t} \, f(t) = C$$

$$i\hbar \int \frac{df}{f} = \int C \, dt$$

$$i\hbar \ln f = Ct + \text{const}$$

$$f(t) = A e^{\frac{Ct}{i\hbar}} = A e^{-i\omega t} \quad \text{mit } \omega = \frac{C}{\hbar} . \qquad (2.34)$$

Die Separationskonstante C ist offensichtlich gleich $E = \hbar\omega$. Als nächstes integrieren wir die Gleichung für $u(x)$

$$\frac{1}{u(x)} \left\{ \frac{-\hbar^2}{2\,m} \, \frac{\partial^2}{\partial x^2} + V(x) \right\} u(x) = C \qquad (2.35\,\text{a})$$

multiplizieren mit $u\,2\,m/(-\hbar^2)$ gibt

$$u''(x) + \frac{2\,m}{\hbar^2} \left| C - V(x) \right| u(x) = 0. \qquad (2.35\,\text{b})$$

Die Lösungen hängen von $V(x)$ ab. Wir beschränken uns vorläufig auf den Fall $V(x) = \text{const} = V_0$ und setzen, zunächst zur Abkürzung, $(2\,m/\hbar^2)(C - V_0) = k^2$.

Dann wird aus (2.35)

$$u'' + k^2 u = 0 \qquad (2.36)$$

eine spezielle Lösung hierfür lautet

$$u(x) = \alpha e^{ikx} \qquad \text{da } u' = iku, \qquad u'' = -k^2 u \, .$$

Es bedeutet also k die Wellenzahl und wir haben

$$\frac{2\,m}{\hbar^2}(C - V_0) = k^2 = \frac{p^2}{\hbar^2} \tag{2.37}$$

oder $\quad \dfrac{p^2}{2\,m} = T = C - V_0, \quad C = T + V_0 = E.$ $\tag{2.38}$

Wieder ist die Separationskonstante identisch mit der Energie, wie zu erwarten war.

Die Lösungen der Schrödinger-Gleichung haben eine Reihe von Eigenschaften, die wir schon in früheren Abschnitten für die Beschreibung physikalischer Systeme gefordert haben. Wie die eben behandelte Separation zeigt, sind die Lösungen konsistent mit $p = \hbar k$ und $E = \hbar\omega$. Weiter ist die Gleichung linear, d. h., mit $\psi_1(x, t)$ und $\psi_2(x, t)$ ist auch

$$\psi = c_1\psi_1 + c_2\psi_2 \tag{2.39}$$

eine Lösung. Sie erfüllt daher die in Gl. (2.5) geforderte Superpositionsmöglichkeit.

Man überzeugt sich weiter durch Einsetzen leicht davon, daß auch das Wellenpaket

$$\psi(x, t) = \frac{1}{\sqrt{2\,\pi\hbar}} \int \phi(k)\, e^{i(kx - \omega t)}\, dk \tag{2.40}$$

eine Lösung darstellt.

Es ist eine Eigentümlichkeit der Quantenmechanik, daß nicht alle mathematisch möglichen Lösungen der Schrödinger-Gleichung auch physikalisch sinnvoll sind. Einige Forderungen an sinnvolle Lösungen lassen sich allgemein angeben, andere treffen nur auf spezielle Fälle zu. Eine ganz wichtige Forderung ist diese: da $|\psi(x, t)|^2 = \psi^*\psi$ gleich der Wahrscheinlichkeit $P(x, t)$ sein soll, das Teilchen bei x zu finden, und da die Wahrscheinlichkeit dafür, das Teilchen überhaupt irgendwo zu finden, gleich Eins ist, muß ψ die Bedingung erfüllen

$$\int_{-\infty}^{+\infty} \psi^*(x, t)\,\psi(x, t)\, dx = \int P(x)\, dx = 1 \tag{2.41}$$

Funktionen, die sich in dieser Weise normieren lassen, heißen quadrat-integrierbar. Der Faktor, der in (2.40) vor dem Integral steht, dient der Erfüllung dieser Normierungsforderung. Aus der Bedeutung von ψ als Wahrscheinlichkeitsamplitude folgt auch, welches der wahrscheinlichste Wert für die Koordinate des Teilchens ist. Man nennt ihn den Erwartungswert von x und bezeichnet ihn mit $\langle x \rangle$. Er ist der Mittelwert, der sich aus sehr vielen Einzelbeobachtungen der Koordinate x des Teilchens am selben System ergibt. Fig. 20 soll veranschaulichen, daß $\langle x \rangle$ gegeben ist durch

$$\langle x \rangle = \int_{-\infty}^{+\infty} xP(x)\, dx = \int_{-\infty}^{+\infty} \psi^*(x)\,x\,\psi(x)\, dx. \tag{2.42}$$

Der in Fig. 20 eingetragene Nenner $\int P(x)\,dx$ ist hier weggelassen, da er wegen der Normierungsbedingung (2.41) ohnehin gleich Eins ist. Die Zeitabhängigkeit von ψ ist in diesem Zusammenhang nicht von Interesse, wir lassen deshalb die Koordinate t fort.

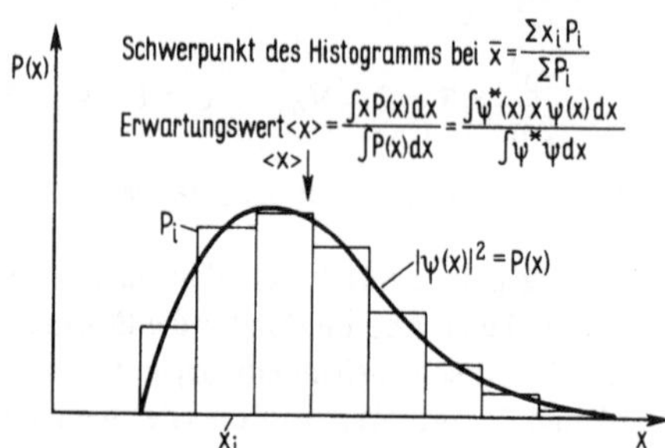

Fig. 20
Zur Definition des Erwartungswertes $<x>$

Hätten wir in Fig. 20 statt x eine Funktion f(x) für eine Meßgröße, die nur von x abhängt, eingezeichnet, so hätte sich nichts an der Argumentation geändert. Es ist also auch

$$\langle f(x) \rangle = \int \psi^*(x) f(x)\, \psi(x)\, dx. \qquad (2.43)$$

In den beiden letzten Gleichungen sind die Faktoren unter dem Integral in einer bestimmten Reihenfolge geschrieben worden. Das war hier nicht notwendig, ist aber im Hinblick auf eine gleich zu erwähnende allgemeine Regel geschehen. Wir wollen nämlich den Erwartungswert des Impulses angeben. Da $-i\hbar(\partial/\partial x)\psi = p_x \psi$ ist, (2.20), liegt es nahe, nun zu schreiben

$$\langle p_x \rangle = -\int \psi^*(x)\, i\hbar\, \frac{\partial}{\partial x}\, \psi(x)\, dx. \qquad (2.44)$$

Wie eine detailliertere quantenmechanische Behandlung zeigt, ist das in der Tat die richtige Wahl. Da der Impulsoperator die Wellenfunktion nach x differenziert, ist auch klar, daß es nun durchaus auf die Reihenfolge der Faktoren ankommt. Erwartungswerte müssen immer so berechnet werden, wie in den Gln. (2.42) bis (2.44). Was beim Erwartungswert der Koordinate gilt, gilt auch beim Impuls, daß nämlich auch der Erwartungswert für eine Funktion f(p) des Impulses in gleicher Weise berechnet werden kann. Damit haben wir eine wichtige Regel gewonnen: Für jede Meßgröße A, die sich als Funktion des Ortes und des Impulses darstellen läßt, A(x, p), ergibt sich der Erwartungswert $\langle A \rangle$ aus

$$\langle A \rangle = \int_{-\infty}^{+\infty} \psi^* A_{0p}(x, p)\, \psi\, dx. \qquad (2.45)$$

In dieser Gleichung ist der Erwartungswert $\langle A \rangle$ eine Zahl, nämlich das gemittelte Meßergebnis vieler Einzelbeobachtungen, $A_{0p}(x, p)$ unter dem Integral ist jedoch ein Differentialoperator, genau wie der Impuls in (2.44).

Operatoren spielen im Formalismus der Quantenmechanik eine zentrale Rolle. Wir müssen daher kurz etwas näher auf ihre Eigenschaften eingehen. Ein Operator erzeugt bei Anwendung auf eine Wellenfunktion eine neue Wellenfunktion. Er kann die Form eines

Differentialoperators wie in Gl. (2.20) haben, aber auch eine reelle Zahl oder die Zahl 1 kann als Operator aufgefaßt werden, wenn ψ damit multipliziert wird. Die Operatoren, die in der Quantenmechanik mit Meßgrößen in Verbindung gebracht werden, müssen ganz bestimmte Forderungen erfüllen. Die Linearität der Schrödinger-Gleichung und die daraus folgende Superpositionsmöglichkeit von Wellenfunktionen (2.39) erfordert, nur l i n e a r e O p e r a t o r e n $\mathcal{O}$ zuzulassen, die der Bedingung genügen

$$\mathcal{O}(c_1\psi_1 + c_2\psi_2) = c_1\mathcal{O}\psi_1 + c_2\mathcal{O}\psi_2. \tag{2.46}$$

Sinnvollerweise müssen die aus Operatoren nach der Vorschrift (2.45) gebildeten Erwartungswerte reelle Zahlen sein, da sie ja Meßergebnissen entsprechen sollen. Die Forderung wird erfüllt, wenn

$$\langle\mathcal{O}\rangle = \int\psi^*\mathcal{O}\psi\,dx = \{\int\psi^*\mathcal{O}\psi\,dx\}^* = \int(\mathcal{O}\psi)^*\psi\,dx \tag{2.47}$$

ist. Ein Operator, der dieser Forderung genügt, heißt „h e r m i t i s c h". Wenn wir zu einem Operator $\mathcal{O}$ den konjugierten Operator $\mathcal{O}^+$ definieren durch $\int(\mathcal{O}\psi)^*\psi\,dx = \int\psi^*\mathcal{O}^+\psi\,dx$, so gilt für einen hermiteschen Operator, nach (2.47) $\mathcal{O} = \mathcal{O}^+$, d. h., er ist „s e l b s t k o n j u g i e r t". Als konkretes Beispiel rechnet man mit $\psi = \exp(ikr)$ leicht nach, daß gilt

$$\left(i\frac{\partial}{\partial x}\right)^+ = \left(i\frac{\partial}{\partial x}\right) \qquad \left(\frac{\partial^2}{\partial x^2}\right)^+ = \left(\frac{\partial^2}{\partial x^2}\right)$$

diese bereits von uns verwendeten Operatoren sind also hermitesch.

Wir können jetzt in Verallgemeinerung des schon bei Gl. (2.20) Gefundenen folgende wichtige Regel der Quantenmechanik formulieren: zu jeder meßbaren Größe A, die sich als Funktion von x und p darstellen läßt, gibt es einen hermiteschen Operator A_{Op}. Das Ergebnis einer E i n z e l m e s s u n g an dem durch ψ beschriebenen System kann nur ein Eigenwert a von A_{Op} sein

$$A_{Op}\psi = a\psi. \tag{2.48}$$

Die Eigenwerte a von hermiteschen Operatoren sind wie die Erwartungswerte reelle Zahlen. Das gemittelte Ergebnis von vielen Messungen wird durch den Erwartungswert $\langle A\rangle$ nach (2.45) beschrieben[1]. Durch diese Regeln haben wir den Zusammenhang zwischen den Lösungen ψ der Schrödinger-Gleichung und den Meßwerten hergestellt.

In Tab. 3 sind einige in der Quantenmechanik wichtige hermitesche Operatoren zusammengestellt.

---

[1] Diese Feststellung über den Erwartungswert bezieht sich auf viele Messungen an u r s p r ü n g l i c h gleichen Systemen. Das sind physikalische Systeme mit identischer Vorgeschichte. Sobald der Meßprozeß jedoch an einem dieser Systeme den Eigenwert a ergeben hat, was nur mit einer bestimmten Wahrscheinlichkeit der Fall ist (siehe die spätere Gl. 2.78), hat sich der Zustand des Systems geändert, denn jede weitere Messung wird nun mit Sicherheit den Eigenwert a ergeben.

Tab. 3 Beispiele für hermitesche Operatoren.

Meßgröße	Klassische Beschreibung	Quantenmechanischer Operator
Ort	x	x
Impuls	$\vec{p}$	$-i\hbar\vec{\nabla}$
Kinetische Energie	$T = \dfrac{p^2}{2\,m}$	$\dfrac{-\hbar^2}{2\,m}\,\Delta$
Drehimpuls	$\vec{\ell} = \vec{r} \times \vec{p}$	$-i\hbar\,\vec{r} \times \vec{\nabla}$

Wenn zwei Operatoren sukzessiv auf eine Wellenfunktion wirken, sind sie im allgemeinen nicht vertauschbar. Man definiert häufig sogenannte Vertauschungsklammern für zwei Operatoren A und B durch

$$[A, B] = AB - BA. \tag{2.49}$$

Nach dieser Schreibweise sind A und B vertauschbar, wenn $[A, B] = 0$. Wir beschränken uns zunächst auf einen wichtigen Fall, die Vertauschbarkeit von Impuls p_x und Ortskoordinate x. Es ist

$$[p, x]\,\psi(x, t) = -i\hbar\,\frac{\partial}{\partial x}\,x\,\psi + xi\hbar\,\frac{\partial}{\partial x}\,\psi$$

$$= -i\hbar\left(\psi + x\,\frac{\partial}{\partial x}\,\psi\right) + i\hbar x\,\frac{\partial\psi}{\partial x} = -i\hbar\psi \tag{2.50}$$

also $[p_x, x]\,\psi = -i\hbar\psi.$ $\hfill (2.51)$

Nun sind p und x gerade zwei durch die Unschärferelation verbundene Größen. Dieser Zusammenhang zwischen Nichtvertauschbarkeit und der Unmöglichkeit, beide Größen gleichzeitig durch Messung mit beliebiger Genauigkeit festzulegen, gilt ganz allgemein: zu n i c h t v e r t a u s c h b a r e n Operatoren gehörige Größen sind n i c h t s i m u l - t a n b e o b a c h t b a r.

Wir kommen jetzt noch einmal auf die Lösungen der Schrödinger-Gleichung (2.25) zurück. Zunächst kann man sich klarmachen, daß die Lösungen der Gleichung im allgemeinen komplex sind, da die Gleichung im Gegensatz zur klassischen Wellengleichung ein i enthält. Das kommt daher, daß die e r s t e Ableitung nach der Zeit gleich der zweiten Ableitung nach den Raumkoordinaten gesetzt wurde, was wegen $T = p^2/2\,m$ nötig war. Da $\psi(\vec{r}, t)$ für jeden Koordinatenwert eine komplexe Zahl spezifiziert, bestehen die Lösungen eigentlich aus zwei Funktionen. Diese Eigentümlichkeit ist eine Folge der Teilchen-Welle Dualität.

Die nächste Feststellung betrifft die Zeitabhängigkeit der Lösung. Der in (2.31) benutzte Separationsansatz hat automatisch in (2.34) zu einer festen Frequenz ω und also zu einer festen Energie geführt, d. h., die Wellenfunktion ändert sich nicht mit der Zeit.

Das ist genau die Aussage der Energie-Zeit-Unschärferelation, da aus $\Delta E = 0$ für festes E nach $\Delta E \cdot \Delta t \gtrsim \hbar$ folgt $\Delta t = \infty$. Die beim Separationsansatz erhaltene Aussage ist daher umkehrbar: ein zeitlich konstantes System hat feste Energie und die Schrödinger-Gleichung ist in diesem Fall wie in Gl. (2.31) separabel. Man nennt ein solches System s t a t i o n ä r. Es ist dann völlig überflüssig, die Schrödinger-Gleichung in zeitabhängiger Form anzuschreiben, da die Lösung der abseparierten zeitabhängigen Gleichung stets die Form (2.34) mit $\omega = E/\hbar$ hat. Man braucht sich für ein stationäres Problem daher nur mit der räumlichen Gleichung (2.35) beschäftigen, die wir schreiben wollen

$$\left\{ \frac{-\hbar^2}{2\,m}\,\frac{\partial^2}{\partial x^2} + V(x) \right\} u_n(x) = H u_n(x) = E_n u_n(x) \tag{2.52}$$

Durch diese Gleichung werden die räumlichen Anteile $u(x)$ der Wellenfunktion sowie die Energien E_n als Eigenwerte des Hamilton-Operators H festgelegt. Die vollständige Lösung des stationären Falls ist dann

$$\psi_n(x, t) = u_n e^{-(i/\hbar)E_n t} \tag{2.53}$$

für jeden Wert des Parameters n, der die Eigenwerte und Eigenfunktionen charakterisiert. Da H auf $\exp(-i\omega t)$ nicht wirkt, ist natürlich wieder

$$H\psi_n(x, t) = E_n \psi_n(x, t). \tag{2.54}$$

Wir werden es meistens mit dem stationären Fall zu tun haben, nämlich immer dann, wenn wir nach Energiestufen, Dichteverteilungen und ähnlichem fragen. Nur für die Behandlung von Übergangswahrscheinlichkeiten wird die volle zeitabhängige und dann nicht mehr in einen räumlichen und einen zeitlichen Anteil separierbare Schrödinger-Gleichung erforderlich sein.

Wegen der Linearität der Schrödinger-Gleichung ist auch eine Linearkombination $a_n\psi_n + a_m\psi_m$ von zwei Lösungen der Art (2.53) mit den Eigenwerten n und m eine Lösung, wobei a_n und a_m beliebige Konstanten sind. Man überzeugt sich hiervon leicht durch Einsetzen. Daher wird die Gleichung auch durch eine Linearkombination a l l e r Eigenfunktionen gelöst und die a l l g e m e i n e Lösung der stationären Gleichung lautet

$$\Psi(x, t) = \sum_n a_n\psi_n(x, t) = \sum_n a_n u_n(x) e^{-\frac{i}{\hbar}E_n t}, \tag{2.55}$$

Die Konstanten a_n werden bei konkreten Problemen durch die Randbedingungen festgelegt. Alle Ausdrücke dieses Abschnittes gelten auch für den dreidimensionalen Fall. Der Einfachheit halber haben wir die Raumkoordinate stets nur mit x bezeichnet. Im dreidimensionalen Fall ersetzt man x durch $\vec{r}$ und entsprechend $\partial^2/\partial x^2$ durch Δ usw. Wir sollten jetzt noch eine Vorstellung davon gewinnen, wie die Lösungen $\psi(x, t)$ oder, was im stationären Fall auf das Gleiche hinausläuft, $u(x)$, von den Randbedingungen abhängen. Wir wollen dies anhand der eindimensionalen stationären Gleichung diskutieren. Wir multiplizieren (2.52) mit $2m/(-\hbar^2)$ und erhalten wie bei (2.36)

$$u''(x) + \frac{2\,m}{\hbar^2}\,\{E - V(x)\} u(x) = 0. \tag{2.56}$$

Für $V(x) = \text{const} = V$ läßt sich eine Lösung leicht angeben. Setzen wir wieder $k^2 = (2m/\hbar^2)(E - V)$ so ergibt sich

$$u''(x) + k^2 u(x) = 0 \tag{2.57}$$

mit der Lösung

$$u(x) = A\,e^{ikx} + B\,e^{-ikx}, \qquad k = \frac{1}{\hbar}\sqrt{2\,m(E - V)} \tag{2.58}$$

wie man durch Einsetzen leicht bestätigt. Die Koeffizienten A und B ergeben sich aus den Rand- und Normierungsbedingungen, wie ein konkretes Beispiel im nächsten Abschnitt zeigen wird.

Vorläufig wollen wir nur das Verhalten der Lösungen in einer qualitativen Weise anhand von Fig. 21 diskutieren. In der Figur ist Gl. (2.56) noch einmal in etwas veränderter Form

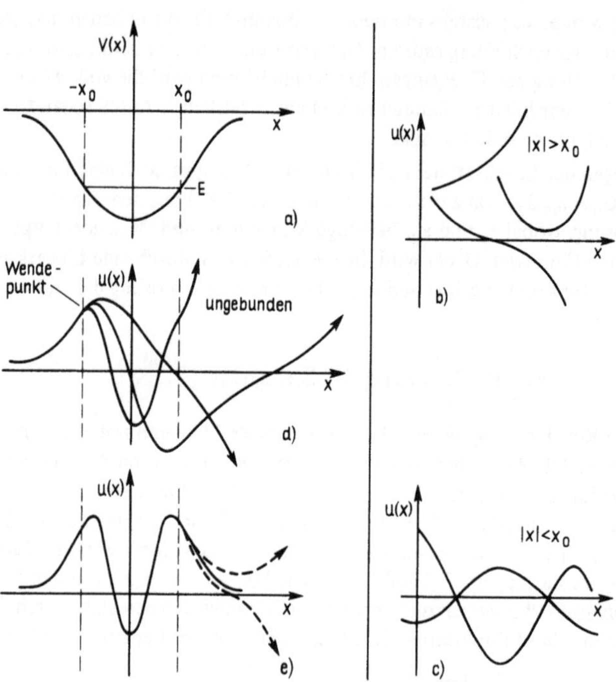

Fig. 21 Zur Diskussion der Lösungsfunktionen u(x)

angeschrieben. Ein willkürlich gewähltes Potential ist unter a) gezeichnet. Wir stellen uns vor, es gäbe in diesem Potential einen gebundenen Zustand der Energie E bei x_0. Es gilt dann die eingezeichnete Beziehung zwischen Krümmung $u''(x)$ der Wellenfunktion und ihrem Funktionswert $u(x)$. Sie hat zur Folge, daß für $|x| > x_0$ die Funktion $u(x)$ immer von der x-Achse weggekrümmt ist, wie dies unter b) für einige Kurven illustriert ist. Für $|x| < x_0$ gilt das Umgekehrte, $u(x)$ ist immer zur x-Achse hin gekrümmt (Fig. 21 c). Versuchen wir jetzt, eine Lösung für das Potential a) zu konstruieren. Weit außerhalb des Potentials muß $u(x)$ sehr nahe Null sein, da $|u(x)|^2$ die Aufenthaltswahrscheinlichkeit bei x angibt und das gebundene Teilchen ja im Potential lokalisiert sein muß. Da die Krümmung von der x-Achse weg gerichtet ist, muß $u(x)$ eine Form haben, wie unter d) links für negative x gezeichnet. Erreicht x den Wert $-x_0$ tritt ein Wendepunkt auf, $u(x)$ ist jetzt zur Achse hin gekrümmt. Drei Kurven, die dem genügen, sind eingezeichnet. Wenn sie $+x_0$ erreichen, gibt es einen neuen Wendepunkt. In den gezeichneten Fällen bewirkt er, daß $u(x)$ nun von der x-Achse wegläuft. Dies wäre keine physikalisch sinnvolle Lösung, denn natürlich muß $u(x)$ für große x wieder gegen Null gehen. Eine sinnvolle Lösung ergibt sich nur in dem unter e) gezeichneten symmetrischen Fall. Bei einer winzigen Änderung von $u(x)$ oder von E wird die Krümmung der Kurve am Wendepunkt bei $x = x_0$ etwas zu stark oder zu schwach, so daß $u(x)$ divergiert (gestrichelt). Man sieht auf diese Art ganz anschaulich, daß die Schrödinger-Gleichung nur für ganz bestimmte Eigenwerte E_n und Eigenfunktionen $u_n(x)$ sinnvoll erfüllt werden kann. Das wird noch einmal in Fig. 22 veranschaulicht, in der wiederum für ein willkürliches Potential eine Reihe von Eigenfunktionen gezeichnet ist, die entsprechend unserer Diskussion als Lösungen möglich sind. Die zugehörigen Energie-Eigenwerte liegen normalerweise umso höher, je mehr Nulldurchgänge $u(x)$ hat. Konkrete Beispiele werden folgen.

Bei den in Fig. 22 gezeichneten typischen Lösungsfunktionen ist noch eine wichtige Eigenschaft vermerkt. Es kann nämlich entweder $u(-x) = u(x)$ oder $u(-x) = -u(x)$ sein. Je nach Vorzeichen sagt man, daß die Wellenfunktion positive oder negative P a r i t ä t habe. Für die Wahrscheinlichkeitsdichten $|u(x)|^2$ spielt dieses Vorzeichen keine Rolle, es definiert aber den Symmetriecharakter der Wellenfunktion bei Raumspiegelung und hat deshalb in der Quantenmechanik große Bedeutung. Formal kann man die Situation so beschreiben, daß $\psi(-x)$ aus $\psi(x)$ durch Anwendung eines linearen Operators P hervorgeht

$$\psi(-x) = P\psi(x). \tag{2.59}$$

Nochmalige Anwendung, d. h. zweimalige Spiegelung am Nullpunkt, muß zum ursprünglichen Zustand zurückführen

$$P\psi(-x) = P^2\psi(x) = 1 \cdot \psi(x). \tag{2.60}$$

Daher ist P^2 der Einheitsoperator. Die rechts stehende 1 ist der Eigenwert von P^2. Danach hat P die Eigenwerte ± 1. Diese „Quantenzahl" ist, wie wir später sehen werden, (Gl. 3.51), eine E r h a l t u n g s g r ö ß e des Systems.

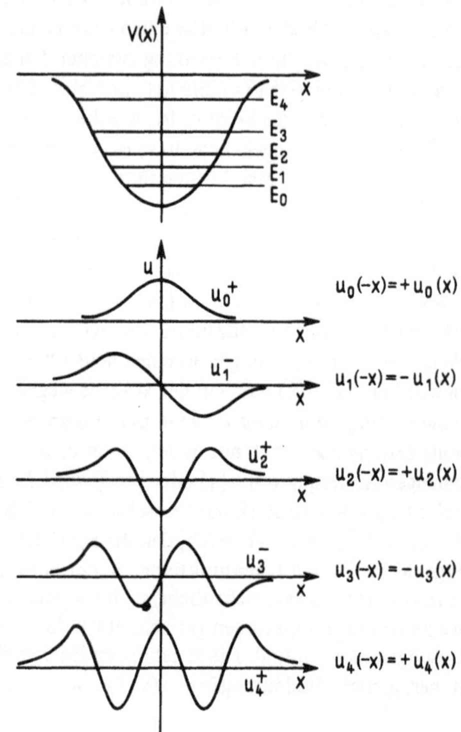

Fig. 22
Typische Form von Lösungsfunktionen der eindimensionalen stationären Schrödinger-Gleichung

Die Diskussion der Kurven in Fig. 21 und 22 hat gezeigt, daß wir unter den mathematisch möglichen Lösungen die physikalisch sinnvollen aussortieren müssen. Ganz allgemein müssen an Wellenfunktionen noch die folgenden Forderungen gestellt werden, damit sie physikalischen Lösungen entsprechen: Sowohl $\psi(x)$ als auch $\psi'(x)$ sollen endlich, einwertig und stetig sein, insbesondere auch an den Potentialgrenzen.

2.4 Einfachste Anwendungen: Rechteckpotential, harmonischer Oszillator

Nach den sehr allgemein gehaltenen Erörterungen des letzten Abschnitts wollen wir uns jetzt konkreten Beispielen für die Anwendung der Schrödinger-Gleichung zuwenden. Ein besonders einfacher Modellfall besteht darin, ein kräftefreies Teilchen in einem durch undurchdringliche Wände begrenzten Raum zu betrachten. Dieser Fall ist allerdings auch der einzige, bei dem sich Lösungen einfach und vollständig anschreiben lassen. Trotz seiner Einfachheit ist dieses Beispiel von erheblicher Bedeutung für die Diskussion ganz verschiedenartiger Probleme.

Das Potential V(x), mit dem wir es zu tun haben, ist in Fig. 23 wiedergegeben. Es ist
konstant gleich $-V_0$ innerhalb von $\pm a/2$ und wächst bei der Wand sprunghaft an. Innerhalb dieses Topfes bewegt sich ein Teilchen kräftefrei, da die Kraft $\vec{F} = -\mathrm{grad}\,V(x)$ für
konstantes $V = V_0$ verschwindet. Würde es sich um ein Problem der klassischen Mechanik
handeln, wäre es für ein gebundenes Teilchen gleichgültig, wie hoch der Potentialwall
bei $\pm a/2$ ist, es hätte auf keinen Fall eine Aufenthaltswahrscheinlichkeit außerhalb des
Topfes. Das ist quantenmechanisch bei endlicher Tiefe des Potentials nicht mehr richtig.

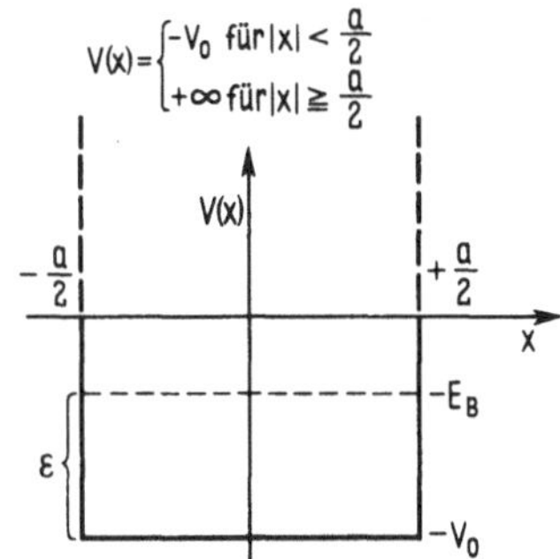

Fig. 23
Rechteckpotential

Meist ist die dadurch verursachte Korrektur, auf die wir nachher kurz zu sprechen kommen, aber klein und wir wollen jetzt bei der Rechnung die Randbedingung für die Wellenfunktionen so wählen, als ob der Potentialwall unendlich hoch wäre (gestrichelt in Fig. 32).
Wir fragen jetzt, welche Energie-Eigenwerte das Teilchen annehmen kann. Dazu lösen wir
stationäre Schrödinger-Gleichung $Hu(x) = Eu(x)$. Es genügt die eindimensionale Gleichung (2.54), da schon im eindimensionalen Fall alles wesentliche zu erkennen und die
Verallgemeinerung auf drei Dimensionen einfach ist. Das Teilchen sei mit der Energie
$-E_B$ gebunden. Dann ist in Gl. (2.56) $E = -E_B$ und $V(x) = -V_0$. Die Lösung ist nach
(2.57, 2.58)

$$u(x) = Ae^{ikx} + Be^{-ikx} \qquad \text{mit } k = \frac{1}{\hbar}\sqrt{2\,m(V_0 - E_B)}. \tag{2.61}$$

Der Nullpunkt für die potentielle Energie kann stets willkürlich gewählt werden. Die in
Fig. 23 gezeichnete Festlegung von V_0 entspricht der früher beim Wasserstoffatom benutzten Konvention, die potentielle Energie für unendlich großen Abstand vom Zentrum
einer bindenden Kraft gleich Null zu setzen. Wir können den Nullpunkt für die Energie-
messung aber ebensogut nach $-V_0$ legen und die Anregungsenergie im Potentialtopf
$\epsilon = V_0 - E_B$ betrachten (Fig. 23). Dann ist

$$k = \frac{1}{\hbar}\sqrt{2\,m\epsilon}. \tag{2.62}$$

Da das Teilchen außerhalb des Potentials für unendlich hohen Wall die Aufenthaltswahr-
scheinlichkeit $P(x) = |u(x)|^2 = 0$ haben soll, lautet die Randbedingung $u(x) = 0$ für
$x = \pm a/2$. Einsetzen in die Lösung (2.61) liefert

$$A e^{\frac{1}{2} ika} + B e^{-\frac{1}{2} ika} = 0 \qquad \text{für } x = +\frac{a}{2}$$

$$A e^{-\frac{1}{2} ika} + B e^{\frac{1}{2} ika} = 0 \qquad \text{für } x = -\frac{a}{2} .$$

$$(2.63)$$

Die beiden Gleichungen werden einmal addiert und einmal subtrahiert, das gibt

$$A\left(e^{\frac{1}{2} ika} + e^{-\frac{1}{2} ika} \right) + B\left(e^{\frac{1}{2} ika} + e^{-\frac{1}{2} ika} \right) = 0$$

$$A\left(e^{\frac{1}{2} ika} - e^{-\frac{1}{2} ika} \right) + B\left(e^{\frac{1}{2} ika} - e^{-\frac{1}{2} ika} \right) = 0$$

$$(2.64)$$

was sich mit Hilfe der Eulerschen Formeln (A1.12) leicht in die Form bringen läßt

$$2\,A\,\cos\frac{1}{2}\,ka + 2\,B\,\cos\frac{1}{2}\,ka = 0 = 2\,iA\,\sin\frac{1}{2}\,ka - 2\,iB\,\sin\frac{1}{2}\,ka. \qquad (2.65)$$

Da es kein Argument $\frac{1}{2}\,ka$ der Winkelfunktionen gibt, das beide Seiten simultan zum Verschwinden bringt, sind die Gleichungen nur erfüllbar, wenn entweder A = B oder A = −B. Setzt man dies ein, ergibt sich je eine Bedingung für $\frac{1}{2}\,ka$, nämlich

für A = B erfordert

$$2\,A\,\cos\left(\pm\frac{1}{2}\,ka \right) = 0, \text{ daß}$$

für A = −B erfordert

$$-2\,Ai\,\sin\left(\pm\frac{1}{2}\,ka \right) = 0, \text{ daß} \quad (2.66a, b)$$

$$\pm\frac{1}{2}\,ka = \frac{\mu^+}{2}\,\pi \quad \text{mit } \mu^+ = 1, 3, 5, \ldots$$

$$\pm\frac{1}{2}\,ka = \frac{\mu^-}{2}\,\pi \quad \text{mit } \mu^- = 0, 2, 4, \ldots$$

$$(2.67a, b)$$

$$\text{oder} \quad k_\mu^+ = \pm\frac{\pi\mu^+}{a}$$

$$\text{oder} \quad k_\mu^- = \pm\frac{\pi\mu^-}{a} . \qquad (2.68a, b)$$

Die Wellenzahlen k der mit der Randbedingung verträglichen Lösungen sind also „gequantelt", d. h., sie können nur diskrete Werte annehmen, die durch den ganzzahligen Parameter μ, der ein Beispiel für eine „Quantenzahl" ist, charakterisiert sind. Aus diesen Eigenwerten von k ergeben sich mit (2.62) sofort die Anregungsenergien ϵ_μ zu

$$\epsilon_\mu = \frac{k^2 \hbar^2}{2\,m} = \frac{\pi^2 \hbar^2}{2\,ma^2}\,\mu^2 . \qquad (2.69)$$

Die Energie-Eigenwerte sind also proportional zu μ^2. Zu jedem Wert der Quantenzahl μ gibt es genau eine Anregungsenergie ϵ_μ.

Bevor wir die Lösungen diskutieren, wollen wir noch die Normierungsbedingung (2.41) erfüllen

$$\int_{-a/2}^{+a/2} u^*(x)\,u(x)\,dx = 1. \qquad (2.70)$$

Wir teilen wieder auf in die Fälle A + B = 0 und A − B = 0 und bezeichnen die jeweils dazugehörenden Lösungen mit $u^+(x)$ und $u^-(x)$. Für A = B ergibt sich beispielsweise für $u^+(x)$ aus (2.61) nach Einsetzen von k^+ und Anwendung der Eulerschen Formel $u^+(x) = 2\,A\,\cos k^+x$. Die Konstante A wird nun durch die Normierung festgelegt. Für die beiden Fälle ergibt sich

A = B

$$u^+(x) = 2\,A\,\cos k^+x$$

$$1 = 4\,A^2 \int\limits_{-a/2}^{+a/2} \cos^2 kx\; dx$$

$$= 4\,A^2 \left(\frac{x}{2} + \frac{\sin 2\,kx}{4\,k}\right)\Big|_{-\frac{a}{2}}^{+\frac{a}{2}}$$

A = −B

$$u^-(x) = 2\,iA\,\sin k^-x \qquad (2.71\,a, b)$$

$$1 = 4\,A^2 \int\limits_{-a/2}^{+a/2} \sin^2 kx\; dx$$

$$= 4\,A^2 \left(\frac{x}{2} - \frac{\sin 2\,kx}{4\,k}\right)\Big|_{-\frac{a}{2}}^{+\frac{a}{2}}$$

da nach (2.68) $\sin(ka) = \sin \pi\mu = 0$ folgt

$$1 = 2\,A^2 a, \quad A = \frac{1}{\sqrt{2\,a}} \qquad\qquad 1 = 2\,A^2 a, \quad A = \frac{1}{\sqrt{2\,a}} \qquad (2.72\,a, b)$$

$$u_\mu^+(x) = \frac{2}{\sqrt{2\,a}}\cos k_\mu^+x \qquad\qquad u_\mu^-(x) = \frac{2\,i}{\sqrt{2\,a}}\sin k_\mu^-x \qquad (2.73\,a, b)$$

Dies sind die vollständigen normierten Lösungen. Sie sind in Fig. 24 nebst den zugehörigen Energieeigenwerten dargestellt. Es ist jetzt klar erkennbar, worin die Lösung des Eigenwertproblems bestand: wir haben stehende Wellen in das Potential so eingepaßt, daß sich an den Potentialrändern Knoten ergeben. Jeder möglichen stehenden Welle entspricht ein Eigenwert von $k = 2\,\pi/\lambda$, dem dann jeweils wieder ein Eigenwert der Energie entspricht. Dies ist auch in komplizierteren Fällen der wesentliche Inhalt des Lösungsverfahrens.

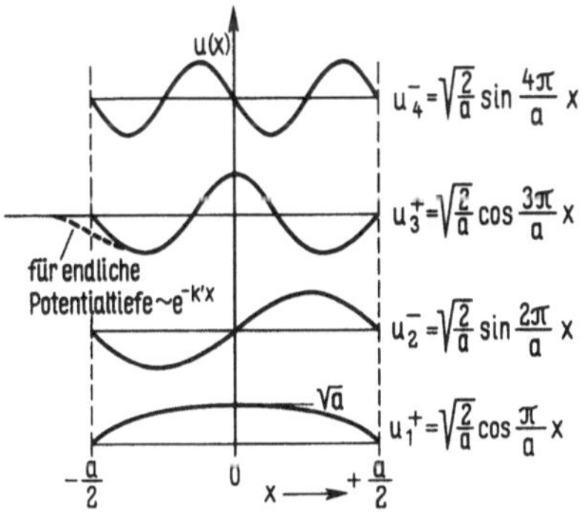

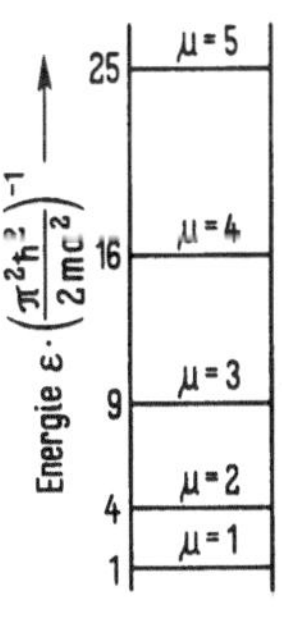

Fig. 24
Wellenfunktionen (links) und Energieniveaus (rechts) im Rechteckpotential

Es sei kurz erwähnt, welche Änderung eintritt, wenn der Potentialwall nicht unendlich hoch ist, sondern die Tiefe $-V_0$ hat. Es darf dann nicht länger $u(x) = 0$ für $|x| > a/2$ gesetzt werden. Außerhalb der Potentialgrenzen ist in der Lösung (2.61)

$k = (1/\hbar)\sqrt{-2\,m E_B}$, was für die gebundenen Zustände rein imaginär ist. Da natürlich weiterhin $u(x) \to 0$ für $x \to \infty$ gelten muß, wird nach (2.61) $u(x) \sim \exp(-k'x)$, worin k' r e e l l ist. Außerhalb der Potentialgrenze fällt die Wellenfunktion exponentiell ab. Am Potentialrand muß sie stetig an die Lösung im Innenraum angeschlossen werden. Dadurch verändert sich auch die Lösung im Inneren ein wenig. In Fig. 24 ist bei u_3^+ am linken Potentialrand die modifizierte Wellenfunktion schematisch skizziert. Es ergibt sich auch eine Korrektur für die Energie-Eigenwerte, die jedoch immer sehr klein ist, wenn die betrachteten Zustände nicht energetisch sehr dicht unter dem Potentialrand liegen.

Auch eine Lösung für den dreidimensionalen Fall läßt sich leicht angeben. Das eindimensionale Rechteckpotential wird dann durch einen Würfel ersetzt. Wenn die drei eindimensionalen Lösungen in den drei Raumrichtungen $u(x)$, $v(y)$ und $w(z)$ gegeben sind, so zeigt man durch Einsetzen in die dreidimensionale stationäre Gleichung (vgl. 2.27, 2.54)

$$\frac{-\hbar^2}{2\,m}\,\Delta\psi = \frac{-\hbar^2}{2\,m}\left(\frac{\partial^2}{\partial x^2} + \frac{\partial^2}{\partial y^2} + \frac{\partial^2}{\partial z^2}\right)\psi = E\psi$$

sofort, daß $\psi = u(x)v(y)w(z)$ eine Lösung ist mit den Energie-Eigenwerten $E = E_x + E_y + E_z$.

Noch eine kurze Anmerkung zum Erwartungswert des Impulses. Es ist $\langle p \rangle = 0$, weil die Funktionen $u(x)$ reell oder rein imaginär sind und demzufolge $\int u^* i\hbar(\partial/\partial x)u\,dx$ nur dann reell sein kann, wenn es verschwindet. Das Ergebnis ist einleuchtend, da in unserem Modell keine Impulsrichtung ausgezeichnet ist.

Wir wollen nun die Lösungen (2.73) dieses Problems zu einem Exkurs benutzen, um an diesem Beispiel eine wichtige Regel der Quantenmechanik zwar nicht abzuleiten, aber doch zu illustrieren. Die Lösungsfunktionen sind nämlich nicht nur normiert sondern auch orthogonal, das soll heißen, es gilt

$$\frac{2}{a}\int_{-a/2}^{+a/2}\cos\frac{2\pi\mu}{a}\,x\,\cos\frac{2\pi\mu'}{a}\,x\,dx = \int (u_\mu^+)^*u_{\mu'}^+\,dx = \delta_{\mu\mu'} = \begin{cases} 1 \text{ für } \mu = \mu' \\ 0 \text{ für } \mu \neq \mu' \end{cases} \qquad (2.74)$$

Daß dies für $\mu = \mu'$ gilt, sieht man sofort an dem eben durchgeführten Normierungsverfahren. Eine entsprechende Gleichung gilt für die $u^-(x)$. Die Regel, für die wir hier ein Beispiel haben, lautet nun, daß die Eigenfunktionen u_μ, die zu verschiedenen Eigenwerten irgendeines hermitischen Operators gehören, stets orthogonal sind, das heißt, daß nach Normierung gilt

$$\int u_\mu^* u_{\mu'}\,d\tau = \delta_{\mu\mu'}. \qquad (2.75)$$

Hierfür ist (2.74) ein Beispiel. Ähnlich wie wir dort nicht von $-\infty$ bis $+\infty$ integrieren brauchten, da außerhalb von $\pm a/2$ die Wellenfunktion nicht existiert, liegt die Situation häufig. Das Zeichen $d\tau$ in (2.75) soll daher Integration über den physikalisch relevanten Bereich der Raumkoordinaten bedeuten.

Für jede vernünftige innerhalb $x = \pm a/2$ definierte Funktion kann man eine Fourier-Entwicklung nach den Cosinusfunktionen, die in (2.74) vorkommen, angeben. Auch dies gilt allgemein für jedes vollständige System orthogonaler Funktionen u_μ, so daß sich eine beliebige quadratintegrierbare Wellenfunktion $\psi(x)$ immer nach den u_μ entwickeln läßt, wenn sie im gleichen Koordinatenbereich definiert ist

$$\psi(x) = \sum_{\mu=1}^{\infty} a_\mu u_\mu(x). \tag{2.76}$$

So würde sich also beispielsweise jede im besprochenen Rechteckpotential zwischen $\pm a/2$ definierte Wellenfunktion nach den Lösungen u^+ und u^-, d. h. nach Cosinus- oder Sinus-Funktionen, entwickeln lassen. Die Entwicklungskoeffizienten a_μ haben eine wichtige Bedeutung. Wir können die a_μ berechnen, wenn wir (2.76) von links mit u_λ^* multiplizieren und über dx integrieren

$$\int u_\lambda^*(x)\psi(x)\,dx = \int u_\lambda^* \sum_\mu a_\mu u_\mu\,dx = \sum_\mu a_\mu \int u_\lambda^* u_\mu\,dx = a_\lambda. \tag{2.77}$$

Der letzte Schritt folgt aus der Orthogonalitätsbedingung (2.75). Wir machen uns die Bedeutung der a_μ klar, indem wir beispielsweise den Erwartungswert der Energie $\langle E\rangle$ für ein System mit der Wellenfunktion $\psi(x)$ betrachten und nach Eigenfunktionen u_μ des Hamilton-Operators entwickeln. Die u_μ sind definiert durch $Hu_\mu = E_\mu u_\mu$. Damit ergibt sich

$$\langle E\rangle = \int \psi^* H\psi\,dx = \int (\sum_\lambda a_\lambda^* u_\lambda^*)(\sum_\mu E_\mu a_\mu u_\mu)\,dx = \sum_\lambda E_\lambda\,|a_\lambda|^2. \tag{2.78}$$

Wir haben einfach $\psi(x)$ nach (2.76) eingesetzt und von der Orthogonalität Gebrauch gemacht. Ähnlich läßt sich zeigen, daß aus $\int \psi^*\psi\,dx = 1$ folgt $\sum |a_\lambda|^2 = 1$. Damit ist die Interpretation klar: die Faktoren $|a_\lambda|^2$ in (2.78) sind offensichtlich die Gewichte, mit denen die einzelnen Energie-Eigenwerte E_λ bei der Bildung des Erwartungswertes $\langle E\rangle$ eingehen. Oder umgekehrt, und gleich allgemein formuliert: die Entwicklungskoeffizienten a_λ in der Entwicklung einer Wellenfunktion $\psi(x)$ nach Eigenfunktionen einer Observablen A haben die Bedeutung, daß durch $|a_\lambda|^2$ die Wahrscheinlichkeit angegeben wird, mit der man bei einer Einzelmessung an dem durch ψ beschriebenen System den Eigenwert α_λ von A findet, der nach $A_{Op}u_\lambda = \alpha_\lambda u_\lambda$ zu u_λ gehört. Dieser wichtige Satz wird oft benutzt.

Da Integrale von der Art $\int \phi^*\psi\,d\tau$, wie sie in (2.77) vorkommen, in der Quantenmechanik oft benutzt werden, bedient man sich häufig einer Kurzschrift. Man definiert das Symbol $\langle\phi|\psi\rangle$ durch

$$\int \phi^*\psi\,d\tau = \langle\phi|\psi\rangle. \tag{2.79}$$

Ein solches Integral heißt S k a l a r p r o d u k t der beiden Funktionen ϕ und ψ, es ist eine im allgemeinen komplexe Zahl. Offensichtlich ist

$$\langle\phi|\psi\rangle^* = (\int \phi^*\psi\,d\tau)^* = \int \psi^*\phi\,d\tau = \langle\psi|\phi\rangle. \tag{2.80}$$

Wir stellen diese Schreibweise der bisher gebrauchten in einer Wiederholung der zuletzt benutzten Gleichungen gegenüber. (Wir benutzen jetzt nur noch λ als Index):

$$a_\lambda = \int u_\lambda^* \psi \, dx \qquad (2.77) \qquad a_\lambda = \langle u_\lambda \mid \psi \rangle \qquad (2.77a)$$

$$\psi(x) = \Sigma \, a_\lambda u_\lambda(x) \qquad\qquad \psi(x) = \Sigma \, a_\lambda u_\lambda(x)$$

$$= \sum_\lambda \left(\int u_\lambda^* \psi \, dx \right) u_\lambda \quad (2.76) \qquad = \sum_\lambda u_\lambda \langle u_\lambda \mid \psi \rangle \qquad (2.76a)$$

diese letzte Gleichung, von links mit ϕ^* multipliziert und über dx integriert liefert

$$\langle \phi \mid \psi \rangle = \sum_\lambda \langle \phi \mid u_\lambda \rangle \langle u_\lambda \mid \psi \rangle. \qquad\qquad (2.81)$$

Das bedeutet folgendes. Gleichung (2.76) besagt, daß sich jede Wellenfunktion als Linear-kombination von gewissen Basiszuständen u_λ darstellen läßt. Als Basis eignet sich jeder vollständige Satz von Eigenfunktionen eines hermiteschen Operators. Die u_λ sind die Komponenten von ψ in dieser Basis, wobei die a_λ die eben beschriebene Bedeutung haben. Fassen wir ϕ als neue Basisfunktion auf, so besagt Gleichung (2.81), daß die Komponente von ψ nach ϕ als Basisfunktion gegeben ist, wenn die Komponenten von ϕ und von ψ nach einer Basis u_λ alle bekannt sind. Für ϕ kann man der Reihe nach wieder alle möglichen Eigenfunktionen eines geeigneten Operators wählen. Daher beschreibt (2.81) die Transformation für die Darstellung von ψ beim Übergang von einer Basis in eine andere. Die Schreibweise mit spitzen Klammern erlaubt, dies in sehr kompakter Weise auszudrücken. Sie hat jedoch weitergehende Bedeutung und ist Teil eines von Dirac eingeführten Systems zur Darstellung quantenmechanischer Größen, dessen Anwendung oft bequemer ist, als das Arbeiten mit Wellenfunktionen. Im Anhang A2 ist in Anknüpfung an den hier erläuterten Entwicklungssatz diese Darstellung mit Zustandsvektoren $\mid \psi \rangle$ und der Zusammenhang mit den in diesem Buch vorwiegend be-nutzten Wellenfunktionen näher beschrieben.

Wir wenden uns jetzt dem zweiten Beispiel dieses Abschnitts zu, dem harmonischen Oszillator. In der klassischen Mechanik wird eine harmonische Schwingung verursacht durch eine rücktreibende Kraft $-Dx$, so daß die Bewegungsgleichung lautet $m\ddot{x} = -Dx$ oder $\ddot{x} + \omega^2 x = 0$ mit $\omega = \sqrt{D/m}$. Eine Lösung ist $x = A \cos \omega t$. Für kinetische Energie T und potentielle Energie $V(x)$ gilt

$$T = \frac{m}{2} \dot{x}^2 = \frac{p^2}{2\,m}, \quad V(x) = \frac{1}{2} Dx^2, \quad T + V = \frac{1}{2} DA^2. \qquad (2.82)$$

Für den quantenmechanischen harmonischen Oszillator setzen wir dementsprechend die Schrödinger-Gleichung (2.56) mit $V(x) = \frac{1}{2} Dx^2$ an. Das Potential hat also jetzt parabelförmigen Verlauf (vgl. Fig. 25). Die Energie-Eigenwerte ergeben sich durch Lösen der stationären Gleichung

$$\frac{d^2 u(x)}{dx^2} + \frac{2\,m}{\hbar^2} \left(E - \frac{1}{2} Dx^2 \right) u(x) = 0, \qquad\qquad (2.83)$$

was man meist vereinfacht durch die Abkürzungen

$$\lambda = \frac{2\,mE}{\hbar^2} \qquad \alpha^2 = \frac{mD}{\hbar^2} \qquad\qquad\qquad (2.84a, b)$$

zu $\qquad u''(x) + (\lambda - \alpha^2 x^2) u(x) = 0.$ $\hfill$ (2.85)

Die Lösung dieser Gleichung erfordert bereits eine so umständliche Prozedur, daß wir uns im wesentlichen auf die Angabe der Lösungen beschränken wollen. Man erkennt zunächst, daß für $x \to \infty$ das Glied $\alpha^2 x^2$ in der Klammer dominiert. Unter Vernachlässigung von λ erhalten wir daher als asymptotische Lösung u_∞, die natürlich für große x gegen Null gehen muß,

$$u_\infty(x) = A e^{-\frac{\alpha x^2}{2}}.$$ $\hfill$ (2.86)

Für $\lambda = \alpha$ ist dies sogar eine exakte Lösung. Unter Verwendung der Form (2.86) für das asymptotische Verhalten macht man nun einen Potenzreihenansatz

$$u(x) = A e^{-\frac{1}{2}\alpha x^2} (a_0 x + a_1 x^2 + a_2 x^3 + \ldots + a_{n-1} x^n)$$ $\hfill$ (2.87)

und sucht Polynome, die Gleichung (2.85) erfüllen. Die Potenzreihe muß endlich sein, damit die Lösung quadratintegrierbar bleibt. Die Lösungspolynome führen den Namen h e r m i t e s c h e P o l y n o m e. Sie haben folgende wichtige Eigenschaft. Als Lösungsparameter tritt eine ganze Zahl n auf, die α und λ in der Weise verbindet, daß $\lambda_n = \alpha(2n - 1)$ ist. Für jedes n gibt es genau eine Lösung. Da nach (2.84a) $\lambda_n = 2\,mE_n/\hbar^2$ ist, folgt für die Energie-Eigenwerte

$$E_n = \left(n + \frac{1}{2}\right)\hbar\omega \qquad n = 0, 1, 2, \ldots$$ $\hfill$ (2.88)

Demnach ist die niedrigste Energie, die ein harmonischer Oszillator annehmen kann $\frac{1}{2}\hbar\omega$. Man bezeichnet sie als N u l l p u n k t s e n e r g i e des Oszillators. Alle höheren Anregungsenergien liegen äquidistant mit dem Abstand $\hbar\omega$. Die ersten vier vollständigen und normierten Lösungen lauten:

$$
\begin{aligned}
u_0^+(x) &= \left(\frac{\alpha}{\pi}\right)^{\frac{1}{4}} e^{-\frac{1}{2}\alpha x^2} & E_0 &= \frac{1}{2}\hbar\omega \\[2mm]
u_1^-(x) &= \left(\frac{4\alpha^3}{\pi}\right)^{\frac{1}{4}} x e^{-\frac{1}{2}\alpha x^2} & E_1 &= \frac{3}{2}\hbar\omega \\[2mm]
u_2^+(x) &= \left(\frac{\alpha}{4\pi}\right)^{\frac{1}{4}} (1 - 2\alpha x^2) e^{-\frac{1}{2}\alpha x^2} & E_2 &= \frac{5}{2}\hbar\omega \\[2mm]
u_3^-(x) &= \left(\frac{9\alpha^3}{\pi}\right)^{\frac{1}{4}} \left(x - \frac{2\alpha}{3}x^3\right) e^{-\frac{1}{2}\alpha x^2} & E_3 &= \frac{7}{2}\hbar\omega.
\end{aligned}
$$ $\hfill$ (2.89)

Wie bei den Lösungen im Rechteckpotential beziehen sich die Indizes + und − wieder auf die Parität der Funktion. Instruktiver als die Gleichungen ist eine graphische Darstellung. In Fig. 25a sind gegen x gleichzeitig aufgetragen die Potentialform $V(x)$, die Energie-Eigenwerte E_n und die Wellenfunktionen $u_n(x)$ bzw. $|u_n(x)|^2$ für die ersten vier Wellenfunktionen (2.89). Die Form der Lösungen entspricht der qualitativen Diskussion von Ende des letzten Abschnitts (Fig. 22). Wieder tritt als Lösung eine Art von stehenden Wellen auf, nur diesmal von komplizierterer Struktur als beim Rechteckpotential. In Fig. 25b ist noch $|u_{14}|^2$ gezeigt. Gestrichelt eingezeichnet ist die Aufent-

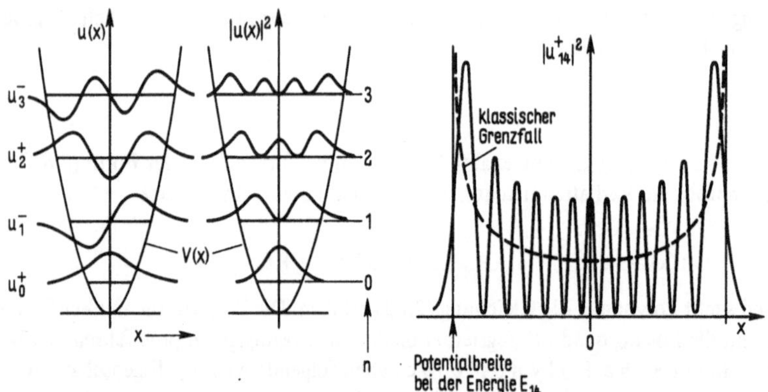

Fig. 25 Wellenfunktionen und Aufenthaltswahrscheinlichkeiten für den harmonischen Oszillator

haltswahrscheinlichkeit bei der Koordinate x für ein Teilchen, das der klassischen Oszillatorgleichung genügt. Man sieht, wie für hohe Quantenzahlen n die quantenmechanische Aufenthaltswahrscheinlichkeit $|u|^2$ gegen die klassische konvergiert. Die Wellenfunktionen für den dreidimensionalen harmonischen Oszillator sind noch wesentlich komplizierter. Es ist jedoch wichtig zu wissen, daß auch dann die Energieniveaus entsprechend (2.88) äquidistant mit dem Abstand $\hbar\omega$ liegen.

Mit dieser Diskussion des in der gesamten Quantenphysik außerordentlich wichtigen harmonischen Oszillators beschließen wir die Zusammenstellung einfacher quantenmechanischer Regeln und Beispiele und wollen uns jetzt wieder dem Wasserstoffatom zuwenden.

3 Einfache Zustände des Wasserstoffatoms

3.1 Die Schrödinger-Gleichung im Zentralfeld

Wir wollen jetzt die Schrödinger-Gleichung benutzen, um Energiestufen und Wellenfunktionen des Wasserstoffatoms quantenmechanisch zu berechnen. Dabei gehen wir in der gleichen Weise vor wie beim Rechteck- und Oszillator-Potential, nur daß wir diesmal das Coulomb-Potential benutzen, das ein Elektron im Feld des Protons erfährt. Im Gegensatz zu den Beispielen des letzten Abschnitts, die sich eindimensional sinnvoll behandeln ließen, müssen wir jetzt ein dreidimensionales Problem lösen. Da das Coulomb-Potential kugelsymmetrisch ist, bieten sich Polarkoordinaten r, ϑ, φ als angemessenes System zur Beschreibung an (Fig. 26). Der Koordinaten-Nullpunkt soll im Schwerpunkt des Systems liegen. Wir tragen der Beschreibung in Schwerpunktkoordinaten weiter dadurch Rechnung, daß wir die reduzierte Masse

$$m_r = \frac{m_1 m_2}{m_1 + m_2} \tag{3.1}$$

verwenden, die sich im Fall des Wasserstoffatoms mit $m_1 = m_0$, $m_2 = m_p$ nur wenig von der Ruhemasse des Elektrons m_0 unterscheidet.

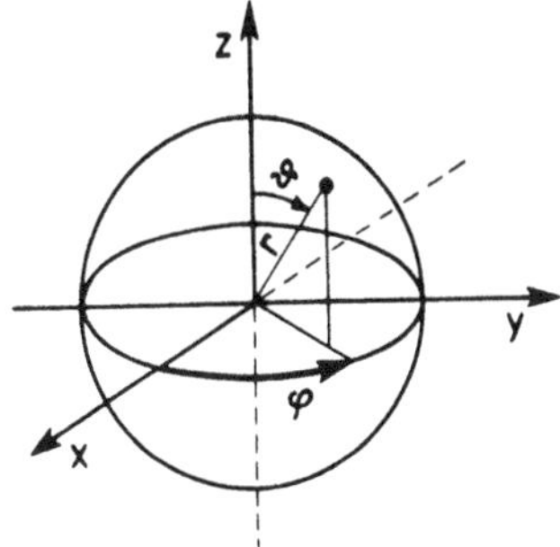

Fig. 26
Räumliche Polarkoordinaten

Wir müssen nun die stationäre Schrödinger-Gleichung $H\psi = E\psi$ lösen, die wir in dreidimensionaler Form analog (2.56) schreiben

$$\Delta\psi(r, \vartheta, \varphi) + \frac{2m_r}{\hbar^2} [E - V(r)]\psi(r, \vartheta, \varphi) = 0. \tag{3.2a}$$

Wenn wir für $V(r)$ das Coulombpotential einsetzen, erhalten wir Wellenfunktionen $\psi(r, \vartheta, \varphi)$ und Energie-Eigenwerte des Wasserstoffatoms. Zunächst müssen wir aber den in (3.2) vorkommenden Laplace-Operator Δ (vgl. 2.26, 2.27) von rechtwinkligen in Kugelkoordinaten umschreiben. Dann lautet die Gleichung[1])

$$\left\{ \frac{1}{r^2} \frac{\partial}{\partial r} \left(r^2 \frac{\partial}{\partial r} \right) + \frac{1}{r^2 \sin\vartheta} \frac{\partial}{\partial\vartheta} \left(\sin\vartheta \frac{\partial}{\partial\vartheta} \right) + \frac{1}{r^2 \sin^2\vartheta} \frac{\partial^2}{\partial\varphi^2} \right\} \psi +$$

$$+ \frac{2m_r}{\hbar^2} \left\{ E - V(r) \right\} \psi = 0 \tag{3.2b}$$

Wir setzen jetzt für $V(r)$ noch nicht das Coulomb-Potential ein, sondern vollziehen erst einen viel allgemeineren Schritt, der für jedes kugelsymmetrische Potential $V(r)$, das

---

[1]) Die Umformung ist in vielen Mathematikbüchern im Einzelnen beschrieben. Vgl. z. B. Großmann, Mathematischer Einführungskurs für die Physik, 2. Aufl., Stuttgart 1976, Abschn. 7.2.3.

nicht von den Koordinaten ϑ, φ abhängt, durchführbar ist. Dann führt nämlich der Ansatz

$$\psi(r, \vartheta, \varphi) = R(r) \cdot Y(\vartheta, \varphi) \tag{3.3}$$

weiter, durch den man die Lösung als Produkt einer nur von r abhängigen Funktion $R(r)$ und einer Winkelfunktion $Y(\vartheta, \varphi)$ anschreibt. Wir setzen den Ansatz (3.3) in (3.2b) ein und erhalten

$$\frac{1}{r^2} \frac{\partial}{\partial r} \left(r^2 \frac{\partial R}{\partial r} \right) Y + \frac{2m_r}{\hbar^2} (E - V)RY =$$

$$- \left\{ \frac{1}{r^2 \sin \vartheta} \frac{\partial}{\partial \vartheta} \left(\sin \vartheta \frac{\partial Y}{\partial \vartheta} \right) R + \frac{1}{r^2 \sin^2 \vartheta} \frac{\partial^2 Y}{\partial \varphi^2} R \right\} \tag{3.4}$$

Dies dividieren wir durch das Produkt RY der beiden Lösungsfunktionen und multiplizieren mit r^2. Das gibt

$$\frac{1}{R} \frac{d}{dr} \left(r^2 \frac{dR}{dr} \right) + \frac{2m_r r^2}{\hbar^2} (E - V) = -\frac{1}{Y} \left\{ \frac{1}{\sin \vartheta} \frac{\partial}{\partial \vartheta} \left(\sin \vartheta \frac{\partial Y}{\partial \vartheta} \right) + \frac{1}{\sin^2 \vartheta} \frac{\partial^2 Y}{\partial \varphi^2} \right\} \tag{3.5}$$

Der links stehende Ausdruck hängt nun nur noch von der Koordinate r ab, während rechts vom Gleichheitszeichen eine Funktion von ϑ und φ steht. Da die Koordinaten der linken und der rechten Seite unabhängig variiert werden können, ist eine solche Gleichung nur erfüllbar, wenn der gemeinsame Wert eine Konstante ist. Die Gleichung s e p a r i e r t daher in zwei Differentialgleichungen, nämlich je eine für $R(r)$ und $Y(\vartheta, \varphi)$, die beide gleich einer gemeinsamen Konstanten sind, die man S e p a r a t i o n s - k o n s t a n t e nennt. Ähnlich wie bei den Beispielen im letzten Abschnitt können wir erwarten, daß es nicht nur je eine Lösungsfunktion gibt, sondern eine ganze Reihe. Dementsprechend kann auch die Separationskonstante verschiedene Werte annehmen. Wir bezeichnen die Separationskonstante statt mit einem einfachen Buchstaben mit $\ell(\ell + 1)$. Das sieht etwas umständlich aus, wird sich aber im Hinblick auf die Lösungsfunktionen als bequem herausstellen.

Wir wenden uns jetzt zuerst dem rechts stehenden Teil von Gl. (3.5) zu und setzen ihn gleich der Separationskonstanten $\ell(\ell + 1)$.

$$\frac{1}{\sin \vartheta} \frac{\partial}{\partial \vartheta} \left(\sin \vartheta \frac{\partial Y}{\partial \vartheta} \right) + \frac{1}{\sin^2 \vartheta} \frac{\partial^2 Y}{\partial \varphi^2} = -Y\ell(\ell + 1). \tag{3.6}$$

Diese Gleichung ist noch einmal separabel. Wenn wir nämlich setzen

$$Y(\vartheta, \varphi) = \Theta(\vartheta)\Phi(\varphi), \tag{3.7}$$

so liefert dies eingesetzt in (3.6) nach einfacher Umformung

$$\sin^2\vartheta\left\{\frac{1}{\Theta\sin\vartheta}\,\frac{d}{d\vartheta}\left(\sin\vartheta\,\frac{d\Theta}{d\vartheta}\right)+\ell(\ell+1)\right\}=-\frac{1}{\Phi}\,\frac{d^2\Phi}{d\varphi^2}\,. \tag{3.8}$$

Diesmal sei die Separationskonstante mit m^2 bezeichnet. Dann erhält man aus (3.8) die beiden Gleichungen

$$-\frac{1}{\Phi}\,\frac{d^2\Phi}{d\varphi^2}=m^2\qquad\frac{d^2\Phi}{d\varphi^2}+m^2\Phi=0\qquad\text{A z i m u t a l g l e i c h u n g}\tag{3.9}$$

und
$$\frac{1}{\Theta\sin\vartheta}\,\frac{d}{d\vartheta}\left(\sin\vartheta\,\frac{d\Theta}{d\vartheta}\right)+\ell(\ell+1)-\frac{m^2}{\sin^2\vartheta}=0\qquad\text{P o l a r g l e i c h u n g}$$
$$\tag{3.10}$$

Jetzt setzen wir noch die linke Seite von (3.5) gleich $\ell(\ell+1)$ mit dem Resultat

$$\frac{1}{R}\,\frac{d}{dr}\,r^2\,\frac{dR}{dr}\;+\;\frac{2m_r r^2}{\hbar^2}\,[E-V(r)]=\ell(\ell+1)$$

oder
$$\frac{1}{r^2 R}\,\frac{d}{dr}\left(r^2\,\frac{dR}{dr}\right)+\frac{2m_r}{\hbar^2}\left[E-V(r)-\frac{\ell(\ell+1)\hbar^2}{2m_r r^2}\right]=0\qquad\text{R a d i a l -}$$
$$\text{g l e i c h u n g}$$
$$\tag{3.11}$$

Wie schon gesagt, gilt dieses Resultat ganz allgemein: für jedes Zentralpotential $V(r)$ läßt sich die Lösung nach Funktionen der einzelnen Koordinaten faktorisieren $\psi(r,\vartheta,\varphi)=R(r)Y(\vartheta,\varphi)=R(r)\Theta(\vartheta)\Phi(\varphi)$, so daß sich drei Gleichung (3.9–3.11) ergeben, die durch zwei Separationskonstanten verknüpft sind, die wir vorderhand mit $\ell(\ell+1)$ und m^2 bezeichnet haben.

Da nun das Potential $V(r)$ nur in der Radialgleichung (3.11) vorkommt, sind die winkelabhängigen Funktionen davon überhaupt unabhängig, also im Prinzip für jedes Zentralpotential die gleichen. Allerdings müssen wieder aus allen mathematisch möglichen Lösungen die physikalisch sinnvollen ausgesondert werden. Wir stellen daher zumindest die folgenden drei Forderungen an die Lösungen: a) sie sollen für $r\to\infty$ verschwinden, b) sie sollen eindeutig auf der Kugel und c) quadratintegrierbar sein.

Für die Azimutalgleichung (3.9) läßt sich sofort eine Lösung angeben, nämlich

$$\alpha e^{im\varphi}+\beta e^{-im\varphi}, \tag{3.12}$$

wie man durch Einsetzen bestätigt. Die Lösung soll aber noch eine spezielle Forderung erfüllen, die sich aus der Symmetrie des Problems ergibt. Da wir für ein freies Wasserstoffatom physikalisch höchstens e i n e Achse auszeichnen wollen, etwa durch ein Magnetfeld in z-Richtung, sind Lösungen, bei denen die Aufenthaltswahrscheinlichkeit des Elektrons vom Azimutwinkel φ abhängt, nicht angemessen. Wir wählen daher die speziellere Lösung

$$\Phi_m(\varphi)=A\,e^{\pm im\varphi}. \tag{3.13}$$

Bei dieser Wahl hängt $|\Phi|^2$ nicht von φ ab. Die Forderung nach Eindeutigkeit bedeutet

$$\Phi_m(\varphi + 2\,\pi) = \Phi_m(\varphi),$$

so daß folgt m = 0, 1, 2, ... Wir normieren die Lösung durch

$$\int_0^{2\pi} |\Phi|^2 d\varphi = 1 = |A|^2 \int_0^{2\pi} d\varphi = 2\,\pi\,|A|^2, \tag{3.14}$$

so daß sie schließlich lautet

$$\Phi_m(\varphi) = \frac{1}{\sqrt{2\,\pi}}\, e^{im\varphi} \qquad m = 0, \pm 1, \pm 2, \ldots \tag{3.15}$$

Der ganzzahlige Parameter m, der in der Lösung auftaucht, führt den Namen m a g n e -
t i s c h e   Q u a n t e n z a h l. Auf seine physikalische Bedeutung werden wir etwas
später zurückkommen. Hätten wir in der allgemeineren Lösung (3.12) etwa $\alpha = \beta$ gesetzt,
so wäre $\Phi = 2\,\alpha \cos m\varphi$ geworden. Lösungen mit einer solchen Abhängigkeit vom Azimut
spielen bei Atomen eine Rolle, die im Molekül oder Kristall gebunden sind, wobei mehrere
ausgezeichnete Achsen entstehen und die axiale Symmetrie der Elektronenverteilung aufgehoben wird.

Wir wenden uns jetzt der Polargleichung (3.10) zu. Leider läßt sie sich nicht in ebenso
einfacher Weise lösen, wie die Azimutalgleichung. Wir bemerken zunächst, daß sie die
einzige der drei Gleichungen ist, die beide Separationskonstanten, ℓ und m, enthält.
Die Gleichung führt in der Mathematik den Namen L e g e n d r e s c h e   D i f f e r e n -
t i a l g l e i c h u n g und kann durch einen Potenzreihenansatz in cos ϑ gelöst werden.
Da sie von zweiter Ordnung ist, hat sie, ebenso wie die Azimutalgleichung (vgl. 3.12)
zwei linear unabhängige Lösungen. Aber wiederum müssen aus den Lösungen die physikalisch sinnvollen ausgesondert werden. Da die meisten Lösungen für cos $\vartheta = \pm 1$, d. h.
entlang der z-Achse, singulär werden, müssen diese verworfen werden. Wir wollen diesen
mathematischen Überlegungen nicht im einzelnen folgen, sondern nur als Ergebnis mitteilen, daß physikalisch sinnvolle, d. h. insbesondere endliche, eindeutige und stetige
Lösungen nur existieren für $\ell(\ell + 1) = 0, 2, 6, 12, \ldots$, oder einfacher ausgedrückt für

$$\ell = 0, 1, 2, 3, \ldots, \tag{3.16}$$

wobei gleichzeitig für m die Bedingung erfüllt sein muß

$$|m| \leqq \ell,$$

d. h., m kann für jeden Wert der Konstanten ℓ die insgesamt $(2\,\ell + 1)$ Werte

$$m = -\ell, (-\ell + 1), (-\ell + 2), \ldots, (\ell - 1), \ell \tag{3.17}$$

durchlaufen. Die Lösungsfunktionen selbst findet man, ebenso wie ihre Funktionswerte,
in mathematischen Tabellenwerken.

Für den einfachen, aber physikalisch wichtigen Fall m = 0 heißen sie L e g e n d r e -
P o l y n o m e $P_\ell(\cos \vartheta)$.

Die ersten vier lauten

$$P_0(\cos \vartheta) = 1$$
$$P_1(\cos \vartheta) = \cos \vartheta$$
$$P_2(\cos \vartheta) = \frac{1}{2}(3\cos^2 \vartheta - 1) \tag{3.18}$$
$$P_3(\cos \vartheta) = \frac{1}{2}(5\cos^3 \vartheta - 3\cos \vartheta).$$

Die Lösungen für $m \neq 0$ heißen z u g e o r d n e t e   L e g e n d r e - P o l y n o m e $P_\ell^m(\cos \vartheta)$ und werden durch die erzeugende Funktion definiert

$$P_\ell^m(\cos \vartheta) = \frac{(-1)^m}{2^\ell \, \ell!}(1 - \cos^2 \vartheta)^{\frac{m}{2}} \frac{d^{\ell+m}(\cos^2 \vartheta - 1)}{(d\cos \vartheta)^{\ell+m}}. \tag{3.19}$$

Diese Funktionen sind noch nicht in unserem Sinne normiert. Normiert lautet die Lösung der Polargleichung (3.10)

$$\Theta_\ell^m(\vartheta) = N_\ell^m P_\ell^m(\cos \vartheta) \qquad \text{mit } N_\ell^m = \sqrt{\frac{2\ell+1}{2}\frac{(\ell-m)!}{(\ell+m)!}}. \tag{3.20}$$

Wenn wir das mit der bereits normierten Lösung (3.15) der Azimutalgleichung multiplizieren, ergibt sich nach (3.7) die Lösung $Y_{\ell m}(\vartheta, \varphi)$ für den gesamten winkelabhängigen Anteil (3.6) der Schrödinger-Gleichung im Zentralfeld

$$Y_{\ell m}(\vartheta, \varphi) = \Theta(\vartheta)\Phi(\varphi) = \frac{1}{\sqrt{2\pi}} N_\ell^m P_\ell^m(\cos \vartheta)e^{im\varphi}. \tag{3.21}$$

Die $Y_{\ell m}$ heißen K u g e l o b e r f l ä c h e n f u n k t i o n e n und sind ebenfalls tabelliert. Die Funktionen bilden ein normiertes Orthogonalsystem, d. h., es gilt

$$\int_0^\pi \int_0^{2\pi} Y_{\ell'm'}^*(\vartheta, \varphi)Y_{\ell m}(\vartheta, \varphi)\sin \vartheta \, d\vartheta \, d\varphi = \delta_{\ell\ell'}\delta_{mm'}. \tag{3.21a}$$

Speziell für $m = 0$ ist

$$Y_{\ell 0}(\vartheta) = \sqrt{\frac{2\ell+1}{4\pi}} P_\ell(\cos \vartheta). \tag{3.21b}$$

Die Funktionen $Y_{\ell m}$ bilden also eine zweiparameterige Schar von Lösungen entsprechend den Quantenzahlen ℓ und m, auf deren Bedeutung wir gleich zu sprechen kommen. Da es sich bei den $Y_{\ell m}$ um den Teil der Wellenfunktion handelt, der von den Winkelkoordinaten abhängt, beschreibt $|Y_{\ell m}|^2$ die Winkelabhängigkeit der Wahrscheinlichkeitsdichte des Elektrons. Um eine Vorstellung vom Verlauf dieser wichtigen Funktion zu gewinnen, sind in Fig. 33 (Seite 80) die Funktionen $|\Theta_\ell^m(\vartheta)|^2$ für verschiedene Werte von ℓ und m als Polardiagramm aufgetragen. Wir haben für die Darstellung

$|\Theta^m_\ell(\vartheta)|^2$ statt $|Y_{\ell m}(\vartheta,\varphi)|^2$ gewählt, da die Quadrate ohnehin nicht mehr vom Azimut φ abhängen. Wie aus (3.20, 3.21) ersichtlich, unterscheidet sich $|\Theta^m_\ell|^2$ von $|Y_{\ell m}|^2$ nur durch den Faktor $1/2\,\pi$. Ein volles dreidimensionales Bild der Funktionen, die die Winkelabhängigkeit der Wahrscheinlichkeitsdichte beschreiben, erhält man, wenn man sich die Figuren um die z-Achse rotiert denkt. Dieses Bild gilt übrigens für j e d e s Zentralpotential V(r), da beim Lösungsansatz nur vorausgesetzt war, daß das Potential nicht von ϑ und φ abhängt.

Noch eine wichtige Eigenschaft der Kugelfunktionen sei hier angemerkt. Wenn man den zu einem Punkt der Kugeloberfläche zeigenden Radius-Vektor $\vec{r}$ am Nullpunkt spiegelt, so daß er in $-\vec{r}$ übergeht, dann geht ϑ über in $\pi - \vartheta$ und φ in $\varphi + \pi$. Je nach dem Wert von ℓ kann sich dann das Vorzeichen der Funktion ändern und zwar ist

$$Y_{\ell m}(\pi - \vartheta, \varphi + \pi) = (-1)^\ell Y_{\ell m}(\vartheta, \varphi). \tag{3.22}$$

daraus folgt nach Definition (2.59) der Parität, daß ein zur Quantenzahl ℓ gehöriger Zustand die Parität $(-1)^\ell$ hat.

Wir müssen als letztes nun noch die Radialgleichung (3.11) betrachten. Sie enthält nur die Separationskonstante ℓ. Wir spezifizieren vorläufig das Potential V(r) noch nicht, sondern führen eine Umformung durch, die zu einer Vereinfachung führt und die es uns erlaubt, der Quantenzahl ℓ eine konkrete physikalische Bedeutung zuzuschreiben. Wir setzen R(r) = u(r)/r, substituieren also

$$u(r) = rR(r). \tag{3.23}$$

Die neue Funktion u(r) hat die Eigenschaft, daß $|u(r)|^2\,dr = |R(r)|^2 r^2\,dr$ die Aufenthaltswahrscheinlichkeit für das Elektron in einer Kugelschale mit den Radien r und r + dr angibt. Die Substitution führt zu

$$\frac{1}{r}\frac{d}{dr}\left\{r^2\frac{d}{dr}\left(\frac{u}{r}\right)\right\} + \frac{2m_r}{\hbar^2}\left[E - V(r) - \frac{\ell(\ell+1)\hbar^2}{2m_r r^2}\right]u = 0$$

$$r^2\left(\frac{ru' - u}{r^2}\right) = ru' - u \tag{3.24}$$

$$\frac{1}{r}\frac{d}{dr}(ru' - u) = \frac{1}{r}\left(r\frac{d^2u}{dr^2} + \frac{du}{dr} - \frac{du}{dr}\right) = \frac{d^2u}{dr^2}.$$

Wir erhalten also für u(r) die e i n d i m e n s i o n a l e Schrödinger-Gleichung

$$\frac{d^2u(r)}{dr^2} + \frac{2m_r}{\hbar^2}\left[E - V(r) - \frac{\ell(\ell+1)\hbar^2}{2m_r r^2}\right]u(r) = 0. \tag{3.25}$$

Sie sieht ganz ähnlich aus wie (2.56), nur daß neben dem Zentralpotential V(r) noch der Term

$$V_\ell = \frac{\ell(\ell+1)\hbar^2}{2m_r r^2} \tag{3.26}$$

auftaucht. Wir können das so auffassen, als ob auf das Teilchen das e f f e k t i v e
P o t e n t i a l

$$V_{eff} = V(r) + V_\varrho$$

wirkt. Die Bedeutung des Termes V_ϱ können wir aus einer klassischen Analogie erschließen. Ein Teilchen der Masse μ, das auf einer Kreisbahn um ein Zentrum rotiert,
hat die Rotationsenergie

$$E_{rot} = \frac{1}{2}\,\theta\omega^2 = \frac{(\theta\omega)^2}{2\,\theta} = \frac{\vec{\ell}^{\,2}}{2\,\theta} = \frac{\vec{\ell}^{\,2}}{2m_r r^2}\,,$$

worin $\theta = \mu r^2$ das Trägheitsmoment und $\vec{\ell} = \theta\vec{\omega}$ der Bahndrehimpuls sind. Das legt
es nahe, (3.26) ebenfalls als Rotationsenergie aufzufassen mit dem Drehimpuls

$$\vec{\ell}^{\,2} = \ell(\ell+1)\,\hbar^2 \qquad |\vec{\ell}\,| = \hbar\sqrt{\ell(\ell+1)}. \tag{3.27}$$

Die Quantenzahl ℓ charakterisiert demnach den Bahndrehimpuls des Teilchens und
heißt B a h n d r e h i m p u l s - Q u a n t e n z a h l. Aus dem Potential V_ϱ ergibt sich
die Zentrifugalkraft in gleicher Weise wie aus dem Coulombpotential die Coulomb-Kraft,
nämlich durch Gradientenbildung. Es heißt daher Z e n t r i f u g a l p o t e n t i a l.

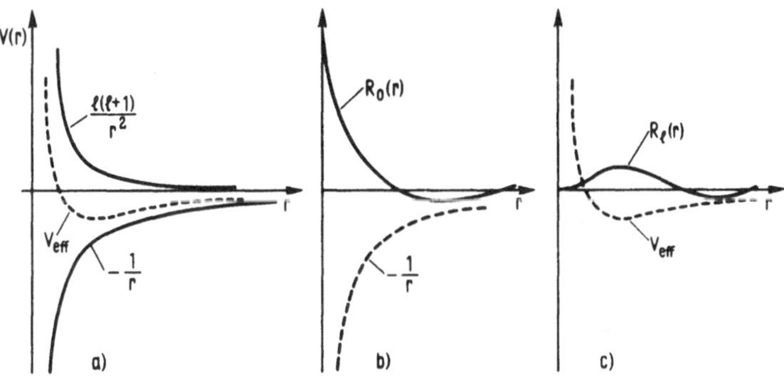

Fig. 27 Zum Zentrifugalpotential. a) Zustandekommen des effektiven Potentials,
b, c) Wirkung der Potentialform auf die radiale Wellenfunktion R (r) (schematisch)

Seine Wirkung ist in Fig. 27 qualitativ illustriert, wo V_ϱ gemäß (3.26) und außerdem ein
effektives Potential V_{eff} für $V(r) \sim -1/r$ gezeichnet ist. Unter a) ist gezeigt, wie sich bei
$\ell > 0$ für V_{eff} eine Potentialmulde ausbildet. Unter b) ist eine Lösung $R_0(r)$ der Radialgleichung für $\ell = 0$, d. h. für $V_\varrho = 0$, schematisch skizziert. Die gleich näher zu besprechende Radialfunktion hat ein Maximum bei der tiefsten Stelle des Potentials, nämlich
bei $r = 0$. Das ändert sich für $\ell > 0$ wie unter c) gezeichnet. Die Radialfunktion hat ihr
Maximum jetzt weiter außen, d. h., die Aufenthaltswahrscheinlichkeit für ein Teilchen
mit Bahndrehimpuls ℓ ist am größten bei einem radialen Abstand, den wir vage als

„Bahnradius" bezeichnen könnten. Jedenfalls können wir den Radius r_ϱ für das Minimum der potentiellen Energie leicht berechnen, indem wir die Ableitung von V_{eff} gleich Null setzen. Das Ergebnis ist für $V(r) = -e^2/r$

$$r_\varrho = \ell(\ell + 1)a_0' \quad \text{mit } a_0' = \frac{\hbar^2}{m_r e^2} = 0{,}53 \text{ Å}. \tag{3.28}$$

Mit a_0' wollen wir hier und im folgenden den Bohrschen Bahnradius bezeichnen, der mit der reduzierten Masse m_r statt mit m_0 wie in Gl. (1.19) berechnet ist. Der Unterschied ist gering.

3.2 Eigenzustände des Wasserstoffatoms

Abgesehen von der Erörterung des effektiven Potentials in Zusammenhang mit Fig. 27 gelten alle Ergebnisse des letzten Abschnitts für ein beliebiges Zentralpotential. Wir müssen jetzt das Coulomb-Potential $V(r) = -e^2/r$ in die Radialgleichung (3.25) einsetzen, um die Radialfunktionen für das Wasserstoffatom zu erhalten. Die Gleichung lautet zunächst

$$\frac{d^2 u_n(r)}{dr^2} + \frac{2m_r}{\hbar^2} \left[E_n + \frac{e^2}{r} - \frac{\ell(\ell + 1)\hbar^2}{2m_r r^2} \right] u_n(r) = 0. \tag{3.29a}$$

Wir haben hier sowohl bei den Wellenfunktionen als auch bei den Energie-Eigenwerten den Index n hinzugefügt, da wir ähnlich wie beim Rechteck- und Oszillator-Potential erwarten, mehr als eine Eigenfunktion zu erhalten. Es ist üblich, den Inhalt der geschweiften Klammer in eine dimensionslose Form zu bringen. Das wird erreicht durch die Substitutionen

$$E_n = -\frac{m_r e^4}{2\hbar^2}\frac{1}{n^2} = -\frac{e^2}{2a_0'}\frac{1}{n^2} \quad \text{und} \quad r = na_0'\rho = \frac{n\hbar^2\rho}{m_r e^2}.$$

Wir geben also die Energie in Einheiten der Bohrschen-Energiestufen (1.14) und den Radius $\rho = r/na_0'$ in Einheiten von a_0' an. Unter Beachtung von $(d^2 u/d\rho^2) = n^2 a_0'^2 (d^2 u/dr^2)$ ergibt sich dann

$$\frac{d^2 u(\rho)}{d\rho^2} - \left\{ 1 - \frac{2n}{\rho} + \frac{\ell(\ell + 1)}{\rho^2} \right\} u(\rho) = 0. \tag{3.29b}$$

Man beachte, daß die Bedeutung der drei Terme in der Klammer die gleiche wie in (3.29a) ist, nämlich der Reihe nach Gesamtenergie, Coulomb-Energie und Zentrifugal-Energie. Auch bei dieser Differentialgleichung wollen wir das Lösungsverfahren nicht im einzelnen durchführen, da es zu mühsam ist, sondern uns auf die Angabe der wesentlichen Resultate beschränken. Für große Werte von ρ dominiert der erste Term in der Klammer, die Gesamtenergie. Dann können die beiden anderen Terme vernachlässigt werden und es bleibt für die asymptotische Lösung u_∞ die Gleichung $u_\infty'' - u_\infty = 0$ übrig. Da die Lösung für $r \to \infty$ verschwinden soll, ist nur $u_\infty = \exp(-\rho)$ akzeptabel. Umgekehrt dominiert für sehr kleine ρ der Zentrifugalterm mit $1/\rho^2$. Die Lösung der Differentialgleichung, die nur diesen Term enthält, wird von $\rho^{\ell+1}$ dominiert. Daher sucht man eine allgemeine Lösung durch den Potenzreihenansatz

$$u_n(\rho) = \rho^{\ell+1}\, e^{-\rho}\, G_{n_r}^\ell(\rho), \tag{3.30}$$

worin $G(\rho)$ ein Polynom vom Grade $n_r + 1$ ist, das außerdem vom Parameter ℓ abhängt. Die Potenzreihe muß endlich sein, um das richtige asymptotische Verhalten für $r \to \infty$ sicherzustellen. Als Lösungen resultieren für die Potenzreihe dann die sogenannten zugeordneten L a g u e r r e s c h e n   P o l y n o m e $L_{n+\ell}^{2\ell+1}(\rho)$, die man tabelliert findet. Entscheidend sind die Bedingungen unter denen sich die physikalisch akzeptablen Eigenfunktionen von (3.29b) ergeben. Es muß nämlich n eine positive ganze Zahl sein und für jedes n sind die Werte von ℓ beschränkt auf $\ell = 0, 1, 2, \ldots (n-1)$. Die Energieeigenwerte sind dann automatisch durch E_n entsprechend der oben durchgeführten Substitution gegeben, d. h., sie sind mit dem Resultat des Bohrschen Modells identisch. Wir fassen dies zusammen:

$$E_n = - \frac{m_r e^4}{2\hbar^2}\, \frac{1}{n^2}$$
$$n = 1, 2, 3, \ldots \tag{3.31}$$
$$\ell = 0, 1, 2, \ldots, (n-1)$$
$$m = -\ell, (-\ell+1), \ldots, \ell \quad \text{(nach 3.17)}.$$

Das heißt, die Energien hängen nur von dem neuen Parameter n aus der Radialgleichung ab. Er heißt H a u p t q u a n t e n z a h l. Da zu jedem Wert von n die beiden Quantenzahlen ℓ und m den durch (3.31) gegebenen Bereich durchlaufen können, gibt es zu jedem Wert von n

$$\sum_{\ell=0}^{n-1} (2\ell+1) = n^2. \tag{3.32}$$

Kombinationen der anderen Quantenzahlen, die zur gleichen Energie führen, d. h. es gibt n^2 verschiedene Eigenfunktionen, die zum gleichen Eigenwert des Hamilton-Operators gehören. Wenn ein solcher Fall auftritt, nennt man das System e n t a r t e t. In unserem Fall tritt eine n^2-fache Entartung hinsichtlich der Quantenzahlen ℓ und m auf. Die Entartung nach ℓ-Werten ist eine Folge des Coulombpotentials, für andere Radialabhängigkeiten des Potentials wird sie aufgehoben. Dann hängen die Energiewerte sowohl von n als auch von ℓ ab.

Das durch (3.31) beschriebene Termschema des Wasserstoffatoms ist in Fig. 28 links wiedergegeben. Die Zustände für die verschiedenen Bahndrehimpuls-Quantenzahlen ℓ sind getrennt gezeichnet, obwohl sie zur gleichen Energie gehören. Man benutzt häufig die in der Figur wiedergegebenen Buchstabenbezeichnungen s, p, d, f usw. für die verschiedenen Bahndrehimpulse. Rechts in der Figur ist angedeutet, wie sich die Zahl der Entartungen ergibt. In eine entsprechende Zahl von Energieniveaus können die Terme aufspalten, wenn die ℓ-Entartung durch Abweichungen vom Coulombpotential und die m-Entartung durch ein Magnetfeld aufgehoben wird.

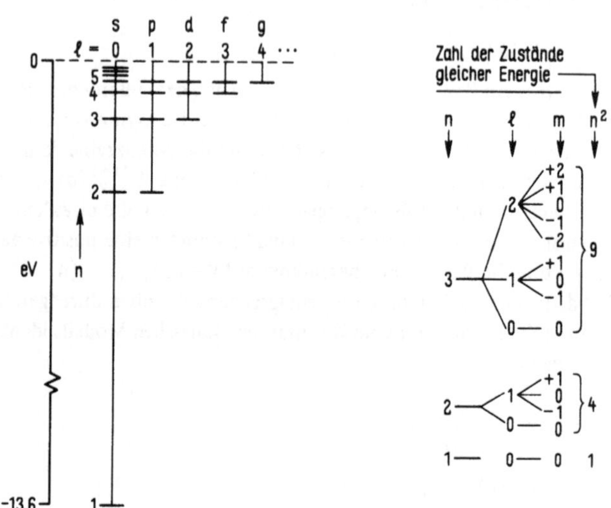

Fig. 28 Links: Termschema des Wasserstoffs. Die nach ℓ entarteten Terme zum gleichen n sind getrennt gezeichnet. Rechts: schematische Darstellung der möglichen Quantenzahlen ℓ und m zum gleichen n. Wenn keine äußeren Felder wirken, haben die Zustände mit gleichem n gleiche Energie

Einige der Radialfunktionen $R_{n\ell}(r) = u(r)/r$ sowie die radialen Dichteverteilungen $|u(r)|^2$, die sich aus der Lösung (3.30) mit den Laguerreschen Polynomen ergeben, sind in Fig. 34 auf Seite 80 dargestellt. Wir wollen dort das Verhalten der Wellenfunktionen ausführlicher diskutieren. Vorläufig wollen wir in Tabelle 4 noch einige vollständige normierte Wellenfunktionen des Wasserstoffatoms angeben. Nach (3.3) ist, unter Hinzufügung der Quantenzahlen, von denen die Funktionen abhängen,

$$\psi_{n\ell m}(r, \vartheta, \varphi) = R_{n\ell}(r)\,Y_{\ell m}(\vartheta, \varphi). \tag{3.33}$$

Da $\rho = r/na_0'$ gesetzt war und $R = u/r$ ist, ist nach (3.30)

$$R(r) \sim N \cdot r^\ell \cdot e^{-\frac{r}{na_0}} \times \text{Polynom},$$

wo mit N die Normierungskonstante gemeint ist. Man erkennt diese Struktur der Radialfunktionen leicht in Tab. 4 wieder. Der Winkelanteil der Funktionen ergibt sich aus (3.18) und (3.21). Bevor wir die Diskussion dieser Lösungen in Abschn. 3.4 wieder aufnehmen, müssen wir uns im nächsten Abschnitt noch mit den Quanteneigenschaften des Drehimpulses näher vertraut machen.

Abschließend zur Besprechung der Energieniveaus seien in Fig. 29 noch einmal die drei bisher behandelten wichtigen Potentiale dargestellt zusammen mit der jeweils charakteristischen Abhängigkeit der Energiestufen von der betreffenden Quantenzahl.

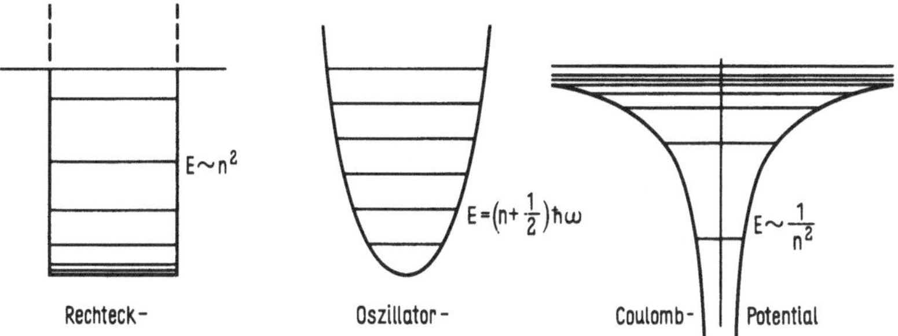

Fig. 29 Vergleich der Energiestufen in verschiedenen Potentialen

Tab. 4 Einige vollständige Eigenfunktionen des Wasserstoffatoms.

| Quantenzahlen | | | Eigenfunktionen $\psi_{n\ell m}(r, \vartheta, \varphi)$ |
n	ℓ	m	
1	0	0	$\psi_{100} = \dfrac{1}{\sqrt{\pi}} \left(\dfrac{Z}{a_0}\right)^{3/2} e^{-Zr/a_0}$
2	0	0	$\psi_{200} = \dfrac{1}{4\sqrt{2\,\pi}} \left(\dfrac{Z}{a_0}\right)^{3/2} \left(2 - \dfrac{Zr}{a_0}\right) e^{-Zr/2a_0}$
2	1	0	$\psi_{210} = \dfrac{1}{4\sqrt{2\,\pi}} \left(\dfrac{Z}{a_0}\right)^{3/2} \dfrac{Zr}{a_0} e^{-Zr/2a_0} \cos\vartheta$
2	1	± 1	$\psi_{21\pm 1} = \dfrac{1}{8\sqrt{\pi}} \left(\dfrac{Z}{a_0}\right)^{3/2} \dfrac{Zr}{a_0} e^{-Zr/2a_0} \sin\vartheta\, e^{\pm i\varphi}$
3	0	0	$\psi_{300} = \dfrac{1}{81\sqrt{3\,\pi}} \left(\dfrac{Z}{a_0}\right)^{3/2} \left(27 - 18\dfrac{Zr}{a_0} + 2\dfrac{Z^2 r^2}{a_0^2}\right) e^{-Zr/3a_0}$
3	1	0	$\psi_{310} = \dfrac{\sqrt{2}}{81\sqrt{\pi}} \left(\dfrac{Z}{a_0}\right)^{3/2} \left(6 - \dfrac{Zr}{a_0}\right) \dfrac{Zr}{a_0} e^{-Zr/3a_0} \cos\vartheta$
3	1	± 1	$\psi_{31\pm 1} = \dfrac{1}{81\sqrt{\pi}} \left(\dfrac{Z}{a_0}\right)^{3/2} \left(6 - \dfrac{Zr}{a_0}\right) \dfrac{Zr}{a_0} e^{-Zr/3a_0} \sin\vartheta\, e^{\pm i\varphi}$
3	2	0	$\psi_{320} = \dfrac{1}{81\sqrt{6\,\pi}} \left(\dfrac{Z}{a_0}\right)^{3/2} \dfrac{Z^2 r^2}{a_0^2} e^{-Zr/3a_0}(3\cos^2\vartheta - 1)$
3	2	± 1	$\psi_{32\pm 1} = \dfrac{1}{81\sqrt{\pi}} \left(\dfrac{Z}{a_0}\right)^{3/2} \dfrac{Z^2 r^2}{a_0^2} e^{-Zr/3a_0} \sin\vartheta\cos\vartheta\, e^{\pm i\varphi}$
3	2	± 2	$\psi_{32\pm 2} = \dfrac{1}{162\sqrt{\pi}} \left(\dfrac{Z}{a_0}\right)^{3/2} \dfrac{Z^2 r^2}{a_0^2} e^{-Zr/3a_0} \sin^2\vartheta\, e^{\pm 2i\varphi}$

3.3 Eigenschaften des Drehimpulses

Die Quantenzahlen ℓ und m sind bei der Lösung der Schrödinger-Gleichung für ein kugelsymmetrisches Potential in recht formaler Weise als Separationskonstanten der Differentialgleichung aufgetreten. Die Quantenzahl ℓ haben wir bereits über die Interpretation des Ausdrucks (3.26) als Zentrifugalpotential mit dem Bahndrehimpuls in Verbindung gebracht. Um aber etwas tiefere Einsicht in die Bedeutung von ℓ und m zu gewinnen, müssen wir die Eigenschaften des Drehimpulses in der Quantenmechanik noch ein wenig ausführlicher betrachten.

Entsprechend den quantenmechanischen Regeln muß sich der Beobachtungsgröße „Drehimpuls" ein Operator zuordnen lassen, mit dem sich eine Eigenwertgleichung gemäß (2.48) aufstellen läßt, durch die Eigenfunktionen des Drehimpulses und reelle Eigenwerte als die einzig möglichen Ergebnisse einer Einzelbeobachtung festgelegt werden. Bei der Suche nach einem solchen Operator, dessen Eignung sich aus dem Erfolg bei der Anwendung ergibt, können wir uns vom klassischen Ausdruck für einen Drehimpuls $\vec{\ell}$

$$\vec{\ell} = \vec{r} \times \vec{p} \tag{3.34}$$

leiten lassen (Fig. 30). Das Vektorprodukt können wir in Form einer Determinante mit den Einheitsvektoren $\vec{e}_x, \vec{e}_y, \vec{e}_z$ schreiben

$$\vec{\ell} = \begin{vmatrix} \vec{e}_x & \vec{e}_y & \vec{e}_z \\ x & y & z \\ p_x & p_y & p_z \end{vmatrix} \tag{3.35}$$

gleichbedeutend mit

$$\ell_x = y p_z - z p_y \quad \ell_y = -(x p_z - z p_x) \quad \ell_z = x p_y - y p_x.$$

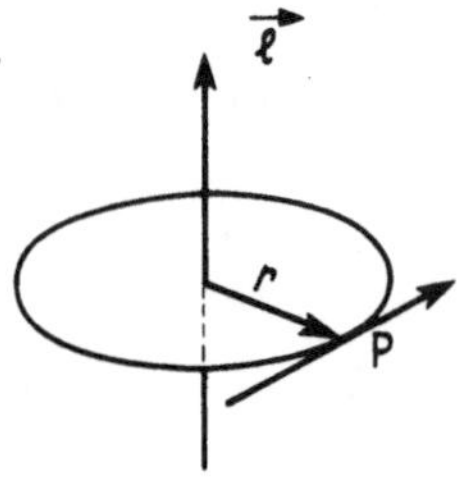

Fig. 30
Zur Definition des klassischen Bahndrehimpulses $\vec{\ell}$. (Man beachte, daß $\vec{\ell}$ ein axialer Vektor ist und daß die Zuordnung des Vektorpfeils zu $\vec{\ell}$ auf der durch Gl. 3.35 ausgedrückten Konvention beruht)

Es ist naheliegend, dies in einen Operatorausdruck umzuformen durch die bereits bei der Schrödinger-Gleichung erprobte Substitution $p_x = -i\hbar(\partial/\partial x)$ usw. Das führt in der Tat zu den quantenmechanisch sinnvollen Ausdrücken. Man erhält statt (3.34), (3.35)

$$\vec{\ell} = -\vec{r} \times i\hbar\vec{\nabla} = -i\hbar \begin{vmatrix} \vec{e}_x & \vec{e}_y & \vec{e}_z \\ x & y & z \\ \dfrac{\partial}{\partial x} & \dfrac{\partial}{\partial y} & \dfrac{\partial}{\partial z} \end{vmatrix} \tag{3.36}$$

oder $\quad \ell_z = -i\hbar\left(x\,\dfrac{\partial}{\partial y} - y\,\dfrac{\partial}{\partial x}\right), \quad \ell_y = i\hbar\left(x\,\dfrac{\partial}{\partial z} - z\,\dfrac{\partial}{\partial x}\right), \quad \ell_x = -i\hbar\left(y\,\dfrac{\partial}{\partial z} - z\,\dfrac{\partial}{\partial y}\right)$

Wir wollen diese Ausdrücke in das gleiche Polarkoordinatensystem umschreiben, das wir im letzten Abschnitt bei der Separation der Schrödinger-Gleichung benutzt haben. Das Ergebnis der Transformation ist

$$\ell_z = -i\hbar\,\frac{\partial}{\partial \varphi} \tag{3.37}$$

und $\quad \ell_x = i\hbar\left(\sin\varphi\,\dfrac{\partial}{\partial\vartheta} + \cot\vartheta\,\cos\varphi\,\dfrac{\partial}{\partial\varphi}\right), \quad \ell_y = i\hbar\left(-\cos\varphi\,\dfrac{\partial}{\partial\vartheta} + \cot\vartheta\,\sin\varphi\,\dfrac{\partial}{\partial\varphi}\right).$

$$\tag{3.38}$$

Hieraus bilden wir einen Operator für $\vec{\ell}^{\,2}$

$$\vec{\ell}^{\,2} = \ell_x^2 + \ell_y^2 + \ell_z^2 = -\hbar^2\left\{\frac{1}{\sin\vartheta}\frac{\partial}{\partial\vartheta}\left(\sin\vartheta\,\frac{\partial}{\partial\vartheta}\right) + \frac{1}{\sin^2\vartheta}\frac{\partial^2}{\partial\varphi^2}\right\} \tag{3.39}$$

Vergleich des rechts stehenden Ausdrucks mit Gl. (3.6) zeigt nun, daß wir Eigenfunktionen und Eigenwerte dieses Operators bereits kennen, nämlich

$$\vec{\ell}^{\,2}Y_{\ell m}(\vartheta, \varphi) = \ell(\ell + 1)\,\hbar^2 Y_{\ell m}(\vartheta, \varphi), \tag{3.40}$$

da die linke Seite von Gleichung (3.6) gerade entsteht, wenn wir den Operator $-\vec{\ell}^{\,2}/\hbar^2$ auf $Y_{\ell m}$ anwenden. Es sind also die Funktionen $Y_{\ell m}$ die Eigenfunktionen zum Quadrat des Bahndrehimpulses. Die Eigenwerte von $\vec{\ell}^{\,2}$, also die einzig möglichen Ergebnisse einer Einzelbeobachtung sind $\ell(\ell + 1)\,\hbar^2$ in Übereinstimmung mit unserer früheren Folgerung (3.27).

Als nächstes bilden wir mit (3.37)

$$\ell_z^2 = \ell_z(\ell_z) = -\hbar^2\,\frac{\partial^2}{\partial\varphi^2}\,. \tag{3.41}$$

Wir vergleichen das mit (3.13) und erkennen, daß die Azimutalgleichung gerade entsteht, wenn ℓ_z^2 auf die Lösungsfunktionen Φ_m angewandt wird

$$\left(-\frac{1}{\hbar^2}\right)\ell_z^2\Phi_m = -m^2\Phi_m, \quad \ell_z^2\Phi_m = \hbar^2 m^2\Phi_m, \quad \ell_z\Phi_m = m\hbar\Phi_m. \tag{3.42}$$

Auch hier kennen wir also bereits Eigenfunktionen und Eigenwerte. Damit ist die Bedeutung der Quantenzahl m klar: sie gibt die z-Komponente des Drehimpulses an, die in der Einzelbeobachtung nur die Meßwerte $m\hbar$ liefern kann, wobei m nach (3.17) auf die $(2\ell + 1)$ Werte zwischen $-\ell$ und $+\ell$ beschränkt ist.

Um zu sehen, wie es mit den anderen Komponenten des Drehimpulses, ℓ_x und ℓ_y, steht, müssen wir kurz die Vertauschbarkeit der Drehimpulsoperatoren untersuchen. Wir betrachten beispielsweise ℓ_z und die Koordinate x und setzen für ℓ_z den entsprechenden Ausdruck aus (3.35) in die Vertauschungsklammer ein

$$[\ell_z, x] = \ell_z x - x\ell_z = (xp_y - yp_x)x - x(xp_y - yp_x)$$

$$= \underline{xp_y x} - yp_x x - \underline{x^2 p_y} + xyp_x = y(xp_x - p_x x) = i\hbar y, \tag{3.43}$$

da nach (2.51) $[p_x, x] = -i\hbar$ ist. Die unterstrichenen Terme in der dritten Zeile heben sich weg, da x mit p_y vertauscht werden darf. Wir dürften jedoch keineswegs zur gleichen Koordinate gehörende Größen wie y und p_y miteinander vertauschen. Gleichung (3.43) lehrt also, daß ℓ_z mit x nicht vertauschbar ist. Es ist jedoch $[\ell_z, z] = 0$ wie man in gleicher Weise zeigt. Weiter zeigt man nach Umordnung unter Beachtung der eben genannten Regel

$$[\ell_y, \ell_z] = (zp_x - xp_z)(xp_y - yp_x) - (xp_y - yp_x)(zp_x - xp_z)$$

$$= \underbrace{(yp_z - zp_y)}_{\ell_x}\underbrace{(xp_x - p_x x)}_{i\hbar} = i\hbar\ell_x \tag{3.44}$$

Die Operatoren für diese beiden Komponenten des Drehimpulses sind also nicht vertauschbar. Nach der früher mitgeteilten Regel heißt das aber, daß man die zugehörigen Beobachtungsgrößen nicht gleichzeitig durch eine Messung am gleichen System festlegen kann. Eine Festlegung der Drehimpulskomponente ℓ_z schließt eine Angabe von ℓ_x aus. Das gleiche gilt für ℓ_z und x, nicht aber für ℓ_z und z. Man kann nun alle Kombinationen von Operatoren durchprobieren und den vollständigen Satz von Vertauschungsrelationen aufstellen. Das Ergebnis für die Komponenten von $\vec{\ell}$ läßt sich in der von Dirac angegebenen Merkregel zusammenfassen

$$i\hbar\vec{\ell} = \vec{\ell} \times \vec{\ell}, \tag{3.45}$$

die man zur Benutzung als Determinante ausschreiben muß

$$i\hbar\vec{\ell} = \begin{vmatrix} \vec{e}_x & \vec{e}_y & \vec{e}_z \\ \ell_x & \ell_y & \ell_z \\ \ell_x & \ell_y & \ell_z \end{vmatrix} \tag{3.46}$$

Man liest zum Beispiel ab $i\hbar\ell_z = \ell_x\ell_y - \ell_y\ell_x = [\ell_x, \ell_y]$. Weiter findet man mit ein wenig Algebra

$$[\vec{\ell}^2, \ell_x] = [\vec{\ell}^2, \ell_y] = [\vec{\ell}^2, \ell_z] = 0. \tag{3.47}$$

Zusammengefaßt ist die Aussage der Vertauschungsrelationen für den Drehimpuls, daß nur $\vec{\ell}^2$ und jeweils e i n e Komponente, z. B. ℓ_z, gleichzeitig beobachtbare Größen sind. Die weiter oben in diesem Abschnitt angegebenen Eigenfunktionen und Eigenwerte des Drehimpulses sind also bereits vollständig und können nicht durch Angaben über die anderen Komponenten ergänzt werden.

Wir haben hier die Vertauschungsrelationen gefunden ausgehend von einem plausiblen Ansatz für den Operator des Bahndrehimpulses. Da Vertauschungsrelationen eine sehr zentrale Bedeutung in der Quantenmechanik haben, ist es sinnvoll, umgekehrt zu definieren: Meßgrößen, die zu Operatoren gehören, die die Relationen (3.45) erfüllen, sind Drehimpulse. Eine Untersuchung der mathematischen Struktur der Gleichungen zeigt, daß die Bahndrehimpulsoperatoren nicht die einzigen sind, die diese Vertauschungsrelationen erfüllen. Es gibt auch Drehimpulsoperatoren, die zu halbzahligen Eigenwerten führen. Wir werden sie in Abschnitt 4.3 besprechen. Für a l l e Drehimpulse gilt die Regel, daß die z-Komponenten immer den Abstand $\hbar$ haben müssen, d. h., daß sich die einzelnen m-Werte immer um 1 unterscheiden, gleichgültig ob m ganz- oder halbzahlig ist.

Es ist noch wichtig festzustellen, daß sowohl $\vec{\ell}^2$ als auch ℓ_z mit dem Hamilton-Operator H vertauschbar sind. Wir überzeugen uns hiervon am speziellen Beispiel der Wasserstoff-Wellenfunktionen

$$[H, \ell_z]\psi = H\ell_z\psi - \ell_z H\psi = m\hbar H\psi - E\ell_z\psi = m\hbar E\psi - Em\hbar\psi = 0 \qquad (3.48)$$

in gleicher Weise sieht man, daß

$$[H, \vec{\ell}^2] = 0. \qquad (3.49)$$

Die Vertauschbarkeit eines Operators mit dem Hamilton-Operator hat eine wichtige Bedeutung. Man erkennt sie, wenn man die zeitliche Änderung des Erwartungswertes $\langle \mathcal{O} \rangle = \int \psi^* \mathcal{O} \psi \, dx$ eines hermiteschen Operators betrachtet. Es ist nämlich

$$\frac{\partial \langle \mathcal{O} \rangle}{\partial t} = \int \psi^* \mathcal{O} \frac{\partial \psi}{\partial t} \, dx + \int \frac{\partial \psi^*}{\partial t} \mathcal{O} \psi \, dx$$

$$= \int \psi^* \mathcal{O} \left(\frac{-i}{\hbar} H\psi \right) dx + \int \left(\frac{-i}{\hbar} H\psi \right)^* \mathcal{O} \psi \, dx \qquad \left(\text{mit } \frac{\partial \psi}{\partial t} = \frac{-i}{\hbar} H\psi \right)$$

$$= -\frac{i}{\hbar} \int \psi^* \mathcal{O} H\psi \, dx + \frac{i}{\hbar} \int \psi^* H\mathcal{O} \psi \, dx \qquad (3.50)$$

$$= \frac{i}{\hbar} \langle [H, \mathcal{O}] \rangle .$$

Daraus folgt: wenn $\mathcal{O}$ mit H vertauschbar ist, so ist $\partial \langle \mathcal{O} \rangle / \partial t = 0$, d. h., $\mathcal{O}$ beschreibt eine K o n s t a n t e d e r B e w e g u n g . Demnach sind ℓ^2 und ℓ_z Konstanten der Bewegung und (3.48) und (3.49) drücken den Satz von der Erhaltung des Drehimpulses in quantenmechanischer Form aus.

Hier sei nebenbei angemerkt, daß normalerweise die durch Spiegelung des Koordinatensystems $\vec{r} \to -\vec{r}$ erzeugten Wellenfunktionen die gleichen Energie-Eigenwerte liefern, wie die ursprünglichen. Beschreiben wir die Spiegelung wie in (2.59) mit dem Operator P, so ist demnach

$$H(P\psi) = E(P\psi) = P(E\psi) = P(H\psi) \qquad (3.51)$$

weil E eine Zahl ist und daher mit jedem Operator vertauscht werden darf. P und H sind also vertauschbar. Der Eigenwert von P, die P a r i t ä t s q u a n t e n z a h l $\pi = \pm 1$ ist daher in gleicher Weise eine Erhaltungsgröße wie der Drehimpuls.

Wir wollen jetzt die Drehimpulsregeln noch einmal zusammenstellen und anhand von Fig. 31 veranschaulichen. Wir haben folgende Regeln gefunden:

(1) Der Bahndrehimpuls wird beschrieben durch den Operator

$$\vec{\ell} = -i\hbar\,\vec{r} \times \vec{\nabla}.$$

(2) Die Eigenwerte von $\vec{\ell}^{\,2}$ sind

$$\vec{\ell}^{\,2} = \ell(\ell+1)\hbar^2, \qquad |\vec{\ell}| = \hbar\sqrt{\ell(\ell+1)}$$

wobei $\ell = 0, 1, 2, 3, \ldots$

(3) Es gelten die Vertauschungsregeln

$$\vec{\ell} \times \vec{\ell} = i\hbar\vec{\ell} \quad \text{und} \quad [\vec{\ell}^{\,2}, \ell_z] = 0.$$

Gleichzeitig beobachtbar sind nur $\vec{\ell}^{\,2}$ und e i n e Komponente, etwa ℓ_z.

(4) Die Komponente ℓ_z nimmt die Werte $m_\varrho\hbar$ an, wobei m_ϱ eine der folgenden $(2\ell + 1)$ Zahlen ist

$$m_\varrho = -\ell, (-\ell+1), \ldots, \ell \qquad (2\,\ell + 1 \text{ Werte}).$$

Wir fügen hinzu

(5) Als „Bahndrehimpuls" gibt man gewöhnlich einfach die Quantenzahl ℓ an. Das ist immer gleich der Maximalkomponenten von ℓ_z in Einheiten von $\hbar$

$$\ell = \frac{1}{\hbar}\,\text{Max}\,\ell_z = \text{Max}\,m_\varrho.$$

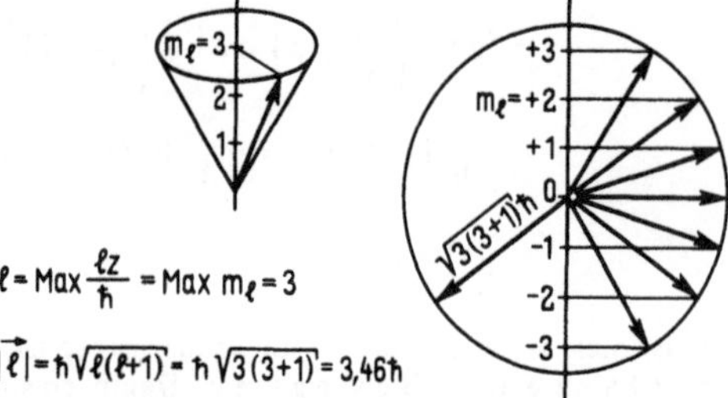

$$\ell = \text{Max}\,\frac{\ell_z}{\hbar} = \text{Max}\,m_\ell = 3$$

$$|\vec{\ell}| = \hbar\sqrt{\ell(\ell+1)} = \hbar\sqrt{3(3+1)} = 3{,}46\hbar$$

Fig. 31
Illustration zum quantenmechanischen Drehimpuls für das Beispiel $\ell = 3$

In Fig. 31 ist links illustriert, welche Größen bei Wahl einer z-Achse beobachtbar sind, nämlich $|\vec{\ell}|$ und ℓ_z. Da ℓ_x und ℓ_y nicht gleichzeitig definiert sind, muß man sich den Vektorpfeil für $\vec{\ell}$ an beliebiger, nicht festlegbarer Stelle auf dem eingezeichneten Kegel denken. Der Kegel ist daher ein besseres Bild als ein Vektorpfeil. Rechts in der Figur sind die verschiedenen Einstellmöglichkeiten für einen Bahndrehimpuls mit $\ell = 3$ hinsichtlich der z-Achse gezeichnet. Man muß einen Vektor der Länge $\sqrt{\ell(\ell+1)}$ so orientieren, daß sich die ganzzahligen z-Komponenten ergeben. Man erkennt, wie die $2\,\ell + 1 = 7$ verschiedenen Orientierungen mit den z-Komponenten -3 bis $+3$ zustandekommen. Zu jeder dieser Einstellungen muß man sich einen Kegel wie im linken Bilde vorstellen. Es ist bemerkenswert, daß auch für „Parallelstellung" von $\vec{\ell}$ und z, d. h., für $m_\ell = \ell$ ein Kegel mit endlicher Öffnung übrigbleibt, daß also der Drehimpulsvektor nie im klassischen Sinne exakt in die z-Richtung zeigen kann. Das kommt daher, daß die z-Komponente den Betrag $\ell\hbar$, der Drehimpulsvektor jedoch den Betrag $\hbar\sqrt{\ell(\ell+1)}$ hat. Dies wird in Fig. 31 deutlich.

Im Gegensatz zu gewöhnlichen Vektoren gilt n i c h t $|\vec{\ell}| = \ell$. Vielmehr ist ℓ eine reine Zahl und $|\vec{\ell}| = \hbar\sqrt{\ell(\ell+1)}$. Das gleiche gilt entsprechend für alle quantenmechanischen Drehimpulse.

3.4 Diskussion der Wasserstoff-Wellenfunktionen

Uns sind jetzt die Wellenfunktionen, Eigenwerte und Quantenzahlen des Wasserstoffatoms bekannt. Da sie sich bei der Lösung der Schrödinger-Gleichung in etwas formaler Weise ergeben, wollen wir versuchen, im Rahmen des Möglichen jetzt ein etwas anschaulicheres Bild zu gewinnen. Die Wellenfunktionen $\psi_{n\ell m}(r, \vartheta, \varphi) = R_{n\ell}(r)Y_{\ell m}(\vartheta, \varphi)$ hängen von drei Quantenzahlen ab. Das dreidimensionale Problem mit drei Koordinaten hat auch drei Quantenzahlen geliefert. Wir haben gesehen, daß ℓ den Bahndrehimpuls des Elektrons angibt, m seine z-Komponente und daß n eine Quantenzahl der Radialgleichung ist, von der allein die mehrfach entarteten Energie-Eigenwerte abhängen. Wir wollen jetzt die Wellenfunktionen anhand der einander gegenübergestellten Figuren 33 bis 35 noch einmal ausführlicher betrachten. Wir beginnen wieder mit den Winkelfunktionen $\Theta_\ell^m(\vartheta)$. In Fig. 33 sind die Quadrate $|\Theta_\ell^m(\vartheta)|^2$ aufgetragen, die nicht mehr vom Azimut φ abhängen. Als einzige sind die Zustände mit $\ell = 0$ kugelsymmetrisch. Waagerecht folgen in der Figur die Fälle mit höherem ℓ aber z-Komponente m = 0. Das entspricht einem Drehimpulsvektor irgendwo senkrecht zur z-Achse (vgl. Fig. 31). Wenn man sich dementsprechend ein Teilchen auf einer Kreisbahn mit der z-Achse als Durchmesser umlaufend denkt und dann die Bahnebene um die z-Achse rotiert, sieht man, daß die größte Aufenthaltswahrscheinlichkeit bei den Polen liegt. Die Verteilungen $|\Theta_\ell^m(\vartheta)|^2$ sind für diese Situation der quantenmechanische Ausdruck. Abgesehen von der Normierungskonstanten handelt es sich übrigens um die Quadrate der P_ℓ von Gl. (3.18). In der Diagonalen von Fig. 33 befinden sich die Fälle für $\ell = m$, also „Parallelstellung" von Bahndrehimpuls und z-Achse. Klassisch würde sich in diesem Fall das Elektron auf einer Kreisbahn in der x,y-Ebene bewegen. Quantenmechanisch ergibt sich eine keulenförmige Verteilung für den Winkelanteil der Aufenthaltswahrscheinlichkeit, die um so schlanker wird, je größer ℓ wird. Das ist anschaulich in qualitativer Übereinstimmung mit Fig. 31, denn wenn man sich zu dem Vektorpfeil für $\ell = m$ eine dazu senkrecht stehende Kreisbahn denkt und den Vektorpfeil auf dem Kegel bewegt, so überstreicht die Kreisbahn einen Bereich außerhalb der x,y-Ebene der um so kleiner ist, je schlanker der Kegel, also je größer ℓ ist. Die restlichen Fälle in Fig. 33 gehören zu den dazwischen liegenden Orientierungen von $\vec{\ell}$. Auch diese Verteilungen kann man in der gleichen Weise wie eben mit dem entsprechenden klassischen Bilde in grobe Beziehung bringen.

Wir wenden uns jetzt den Radialfunktionen $R_{n\ell}$ zu. Sie hängen vom Drehimpuls ℓ und der Hauptquantenzahl n ab. In Fig. 34 oben rechts sind die Funktionen R_{10} sowie $R_{3\ell}$

für $\ell = 0$, 1, 2 wiedergegeben. Der radiale Abstand ist in Einheiten des Bohrschen Radius a_0 angegeben. Der kugelsymmetrische $\ell = 0$ Zustand hat immer bei $r = 0$ die größte Amplitude. Bei den $n = 3$ Funktionen erkennt man dagegen die Wirkung des Zentrifugalpotentials, die wir schon anhand von Fig. 27 besprochen haben: je größer der Bahndrehimpuls, desto weiter außen liegt das erste Maximum der Wellenfunktion.

Im allgemeinen zeigen die Radialfunktionen eine periodische Oszillation um die r-Achse. Qualitativ entspricht das dem Verhalten, das auch die Wellenfunktionen von Rechteckpotential und Oszillator zeigten. Nur war bei diesen beiden Systemen die Zahl der Nulldurchgänge der Wellenfunktion direkt mit der die Energie kennzeichnenden Quantenzahl verbunden. Bei den Wasserstoff-Radialfunktionen scheint dies nicht der Fall zu sein. Das liegt jedoch an der Wahl der Quantenzahl n. Wir können die Radialfunktionen ebensogut nach einer Radialquantenzahl n_r klassifizieren, die dem Grad des Polynoms in $R(r)$ entspricht und die Zahl der Nulldurchgänge angibt (vgl. den Polynomansatz in (3.30) für $u = rR$).

Es ist eine Eigenschaft der Funktionen $R_{n\ell}$, daß

$$n = n_r + \ell \qquad (3.52)$$

ist. Beispielsweise ist für die $n = 3$ Funktionen in Fig. 34 $n = n_r + \ell = 3 + 0, 2 + 1$ und $1 + 2$ (die asymptotische Nullstelle wird mitgezählt). Es ist gerade die dem Coulombpotential eigentümliche Entartung die bewirkt, daß alle drei Funktionen demselben Energieniveau entsprechen. Nur deshalb ist die Hauptquantenzahl in der Spektroskopie nützlich. Bei Potentialen, die stark vom Coulombpotential abweichen, ist meist die Angabe der Zahl der radialen Knoten n_r der Wellenfunktion nützlicher.

Die Wahrscheinlichkeit dafür, das Elektron bei den Koordinaten r, ϑ, φ zu finden, ist gegeben durch die Wahrscheinlichkeitsdichte

$$P(r, \vartheta, \varphi) = |\psi(r, \vartheta, \varphi)|^2 = R^2(r)\,|Y_{\ell m}(\vartheta, \varphi)|^2. \qquad (3.53)$$

Nach Multiplikation mit der Elementarladung e erhält man daraus die Ladungsdichteverteilung. Oft interessiert aber nicht nur $P(r, \vartheta, \varphi)$ sondern auch die Wahrscheinlichkeit $P(r)$ dafür, das Elektron i r g e n d w o im Abstand r, also innerhalb einer dünnen Kugelschale zwischen r und r + dr zu finden. Sie ergibt sich durch Multiplikation von $R^2(r)$ mit dem Volumen der Kugelschale, ist also proportional zu $r^2\,|R(r)|^2 = u^2(r)$. Genau genommen müssen wir die Wellenfunktionen ψ über eine Kugelschale integrieren (Fig. 32)

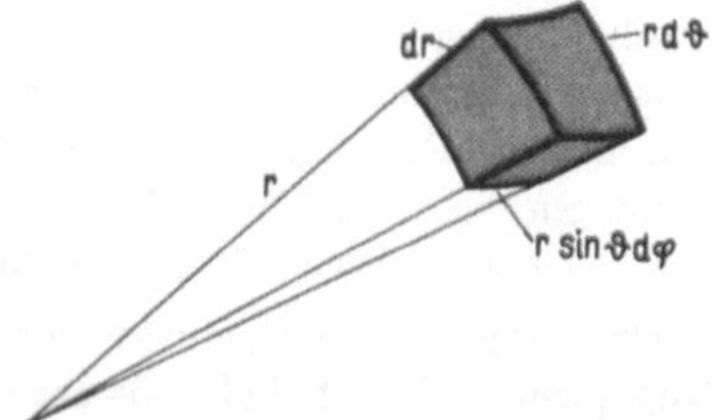

Fig. 32
Integrationselement zur Berechnung der
radialen Dichteverteilung

$$P_{n\ell}(r)\,dr = \int\limits_0^\pi \int\limits_0^{2\pi} |\psi_{n\ell m}|^2\, r^2\, dr\, \sin\vartheta\, d\vartheta\, d\varphi$$

$$= r^2 |R(r)|^2\, dr \int\limits_0^\pi \int\limits_0^{2\pi} |Y_{\ell m}|^2 \sin\vartheta\, d\vartheta\, d\varphi \qquad (3.54)$$

$$= r^2 |R(r)|^2\, dr = u^2(r)\, dr \qquad \text{(für } u(r) \text{ aus 3.23)}$$

Unter dem Integral steht gerade die auf Eins normierte Wahrscheinlichkeit dafür, daß
die Winkelkoordinaten irgendwo auf der Kugeloberfläche liegen (vgl. (3.21 a)). In der
unteren Hälfte von Fig. 34 sind die Wahrscheinlichkeiten $P(r)$ für einige Fälle dargestellt.
Da das Volumen der Kugelschale für $r \to 0$ verschwindet, hat jetzt auch die Grundzu-
standsverteilung ihr erstes Maximum bei $r > 0$. Wie die Figur zeigt, liegt es beim Bohrschen Radius a_0. In krassem Gegensatz zum Bohrschen Modell hat jedoch dieser Zustand
den Drehimpuls Null und damit eine kugelsymmetrische Dichteverteilung. Für die höheren
Quantenzahlen zeigt $(rR)^2$ ein charakteristisches Verhalten. Die $\ell = 0$ Zustände haben ein
separates Maximum bei ganz kleinen Radien, das bei höheren ℓ-Werten fehlt. Im übrigen
zeigen aber die $n = 3$ Funktionen, daß der wahrscheinlichste Wert $\langle r \rangle$ für den radialen
Abstand, in dem das Teilchen zu finden ist, um so kleiner wird, je größer ℓ für gegebenes
n ist. Dieser Erwartungswert für den Radialabstand läßt sich für die Wasserstoffwellenfunktionen in geschlossener Form angeben. Das Ergebnis ist

$$\langle r_{n\ell} \rangle = \int \psi^* r\, \psi\, d\tau = \int r P_{n\ell}(r)\, dr =$$

$$= \frac{n^2 a_0}{Z} \left\{ 1 + \frac{1}{2}\left[1 - \frac{\ell(\ell+1)}{n^2} \right] \right\}. \qquad (3.55)$$

Den zweiten Term in der geschweiften Klammer kann man als eine Korrektur zum
klassisch berechneten Bohrschen Bahnradius $r_n = n^2 a_0/Z$ (vgl. 1.13) auffassen. Einige
Werte für $\langle r \rangle$ sind in Fig. 34 eingezeichnet.

Um nun eine Vorstellung von der Elektronendichteverteilung im Wasserstoffatom zu
gewinnen, muß man sich die Quadrate der Radialfunktionen $R^2(r)$ mit den in Fig. 33
dargestellten $|Y_{\ell m}|^2$ gemäß (3.53) multipliziert denken. Es entstehen dann recht
komplizierte räumliche Gebilde. Einige dieser Verteilungen sind in Fig. 35 dargestellt.
Sie sind so ausgewählt, daß sie direkt mit den Funktionen in Fig. 33 und 34 (Seite 80)
verglichen werden können. Die kugelsymmetrischen $\ell = 0$ Zustände geben eine konzen-
trische Schalenstruktur mit n-Schalen. Für $\ell \neq 0$ ändern sich erstens die Radialvertei-
lungen bei gleichem n, und zweitens werden durch die Winkelfunktionen aus den Kugel-
schalen räumliche Figuren herausprojiziert, wie dies in Fig. 35 (Seite 81) zu erkennen ist.

Das Ganze stellt ein System räumlich stehender Wellen dar. Für alle Nullstellen von
$R(r)$ ergeben sich Knoten-Kugeloberflächen, auf denen ψ überall verschwindet. Ähnlich
ergeben sich für die Winkel ϑ, bei denen die Funktionen in Fig. 33 gleich Null sind,
Knotenachsen (z. B. für $\ell = 1$, $m = 1$), Knotenebenen (z. B. für $\ell = 1$, $m = 0$) oder
Knotenkonusse (z. B. für $\ell = 2$, $m = 0$).

Was bedeutet nun eigentlich die z-Achse, die wir zur Rechnung eingeführt haben? Das Coulombpotential ist ja kugelsymmetrisch und es ist keine Achse durch irgendwelche physikalischen Bedingungen ausgezeichnet.

Für den Grundzustand ist diese Frage nicht von Belang, da er ohnehin kugelsymmetrisch ist. Es hat sich aber ergeben, daß angeregte Atome einen Bahndrehimpuls haben können, der sich mathematisch in natürlicher Weise beschreiben läßt mit einem Koordinatensystem, dessen z-Achse gleich der Symmetrieachse für $\vec{\ell}$ ist. Wenn wir uns das Atom als klassischen Kreisel vorstellen, wäre also die z-Achse unserer Beschreibung einfach die Achse des Bahndrehimpulses. Da auch in diesem Bild keine Raumrichtung a priori ausgezeichnet sein kann, müßten bei einem Ensemble solcher Kreisel alle Raumorientierungen gleichwahrscheinlich sein. Bei der quantenmechanischen Beschreibung muß nun folgendes bedacht werden. Wie immer wir eine Richtung im Laboratorium definieren, das Ergebnis einer Einzelmessung der Orientierung eines Atoms kann immer nur ein ganzzahliger Wert der Komponente m des Drehimpulses in dieser Richtung sein. Die Wahrscheinlichkeit dafür, einen speziellen Wert vom m zu messen, ergibt sich aus der Amplitude, mit der sich das Atom in diesem Zustand befindet, also aus einem Entwicklungskoeffizienten von ψ nach Eigenfunktionen von m (vgl. (2.77), (2.77a)), den wir symbolisch $\langle m|\psi\rangle$ schreiben können. Nun haben bei Atomen, auf die kein weiteres Feld wirkt, alle m-Unterzustände zum gleichen ℓ exakt die gleiche Energie, d. h., sie sind durch ein Meßverfahren gar nicht zu unterscheiden, d. h. aber, alle $|\langle m|\psi\rangle|^2$ sind gleich. Diese Aussage über die d i s k r e t e n Orientierungsgrößen bei Messung in jeder beliebigen Richtung ist das Äquivalent zur Gleichverteilung der Orientierung bei klassischen Kreiseln. Man muß ein Ensemble von freien Atomen daher durch Mittelbildung über alle m-Werte beschreiben. Mathematisch findet die sich ergebene Isotropie ihren Ausdruck durch

$$\sum_{m=-\ell}^{\ell} |Y_{\ell m}(\vartheta, \varphi)|^2 = \frac{2\ell + 1}{4\pi} = \text{const} \tag{3.56}$$

was bedeutet, daß das Ensemble-Mittel kugelsymmetrisch ist. Diese Eigenschaft kann man auch in Fig. 35 direkt erkennen. Fügt man bei gleichem n und ℓ die Strukturen für alle m-Werte zusammen, so ergibt sich immer gerade eine Kugel. Das gilt übrigens wieder für jedes Zentralpotential und hat deshalb eine wichtige Anwendung bei Atomen mit mehreren Elektronen. Wenn man einen Zustand vom Drehimpuls ℓ mit $2\ell + 1$ Elektronen besetzt, d. h. für jedes m ein Elektron einbaut, so ist der resultierende Zustand kugelsymmetrisch. Er hat außerdem den Drehimpuls Null, weil die Elektronen mit +m und −m gegensinnig umlaufen. Wir kommen hierauf in Abschn. 8.2 zurück.

Erst wenn das Atom in ein äußeres Feld gebracht wird, wird die m-Entartung aufgehoben und die Zustände mit verschiedenem m haben verschiedene Energie. Eine Messung der Orientierung ist dann möglich. Es ist natürlich und bequem, aber keinesfalls notwendig, die z-Achse des zur Beschreibung der Atomzustände benutzten Koordinatensystems dann in Feldrichtung zu legen. Die bereits eingeführten Lösungsfunktionen lassen sich dann ohne weiteres benutzen. Solange nur e i n e Feldrichtung gegeben ist, bleibt die

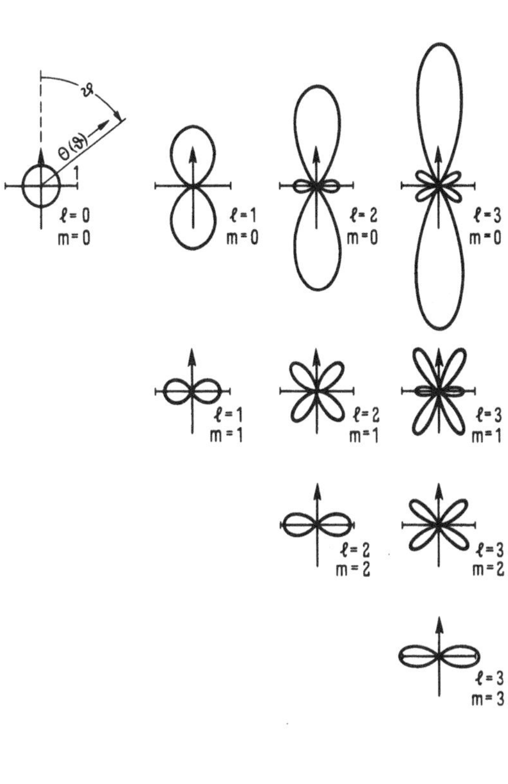

Fig. 33
Quadrate der Winkelfunktionen

$$|\Theta_\ell^m(\vartheta)|^2 = 2\,\pi\,|\,Y_{\ell m}(\vartheta, \varphi)|^2$$

als Polardiagramm. Die Funktionen sind gemäß (3.20) normiert. Sie geben ein Bild von der Winkelabhängigkeit der Wahrscheinlichkeitsdichte für ein Zentralpotential

Fig. 34 (unten)
Oben rechts: normierte Radialfunktionen $R_{n\ell}(r)$ für n = 0 und n = 3, ℓ = 0, 1, 2. Man kann die Funktionen nach Abspalten der Winkelfunktionen aus Tab. 4 entnehmen. Unten links: normierte radiale Wahrscheinlichkeitsdichten

$$P_{n\ell}(r) = u_{n\ell}^2(r) = [rR(r)]^2$$

gemäß Gl. (3.54) für verschiedene Werte von n und ℓ. Der Erwartungswert des Radialabstandes $\langle r_{n\ell}\rangle$ ist für einige Funktionen eingetragen (s. Gl. (3.55))

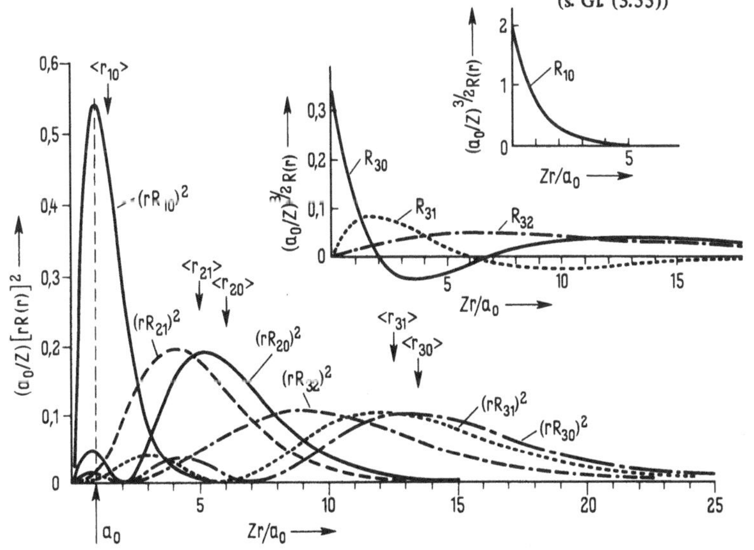

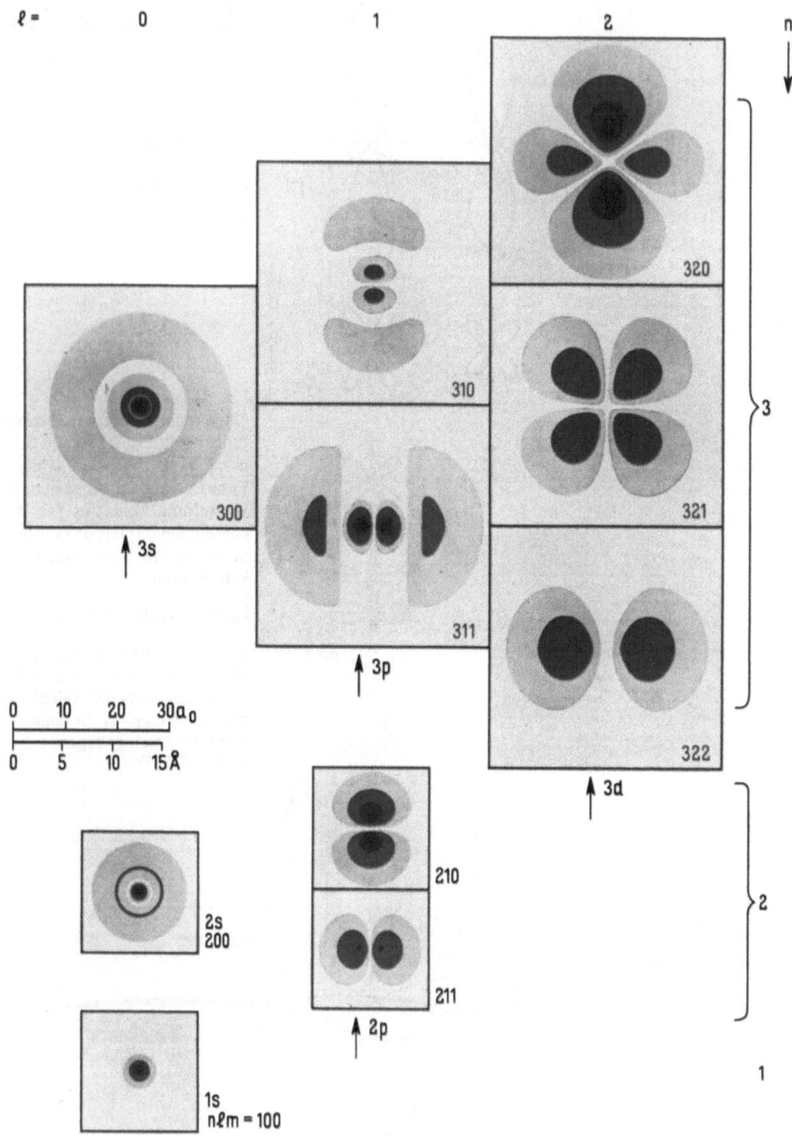

Fig. 35. Schnitte durch die Elektronen-Dichteverteilung $|\psi_{n\ell m}(r, \vartheta)|^2$ verschiedener Zustände des Wasserstoffatoms. Die räumliche Verteilung ergibt sich durch Rotation um die z-Achse, die nach oben zeigt. Die Konturen der Graustufen entsprechen Linien gleicher Wahrscheinlichkeitsdichte. Die äußere Begrenzung liegt bei 1% der maximalen Wahrscheinlichkeitsdichte (jeweils für gleiches n und ℓ), die anderen Konturen entsprechen 10%, 50% und 90%

Spektraltafel

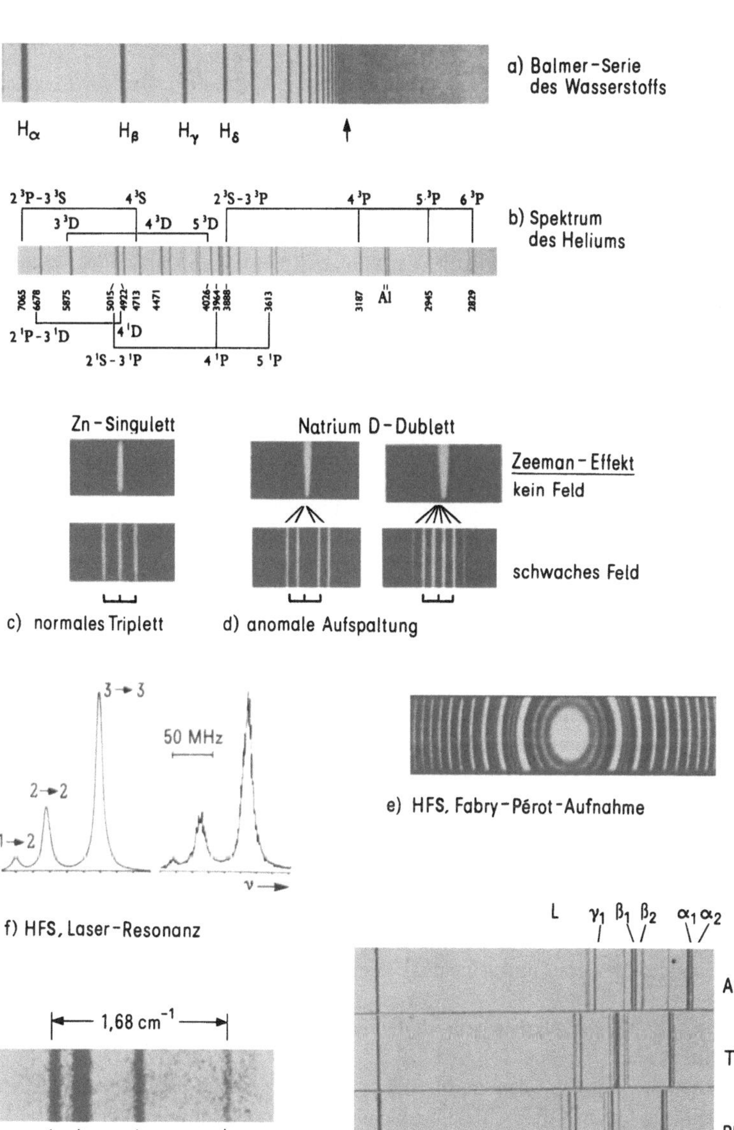

Erläuterungen zur Spektraltafel.

a) Spektroskopische Aufnahme der Balmer-Serie des Wasserstoffs. Das Termschema ist in Fig. 8 wiedergegeben. Die Seriengrenze ist durch den Pfeil markiert. Rechts schließt sich das Grenzkontinuum an, das Übergängen aus ungebundenen Elektronenzuständen entspricht. b) Emissionsspektrum des Heliums, aufgenommen mit einem Quarzspektrographen. Zum Termschema siehe Fig. 66. Die spektroskopische Zuordnung einiger Linien ist angegeben (nach H. G. Kuhn). c) Zeeman-Aufspaltung einer Spektrallinie aus dem Singulett-System des Zinks beobachtet senkrecht zum Magnetfeld. Da beim Singulett-System die Elektronen-Spins zu Null koppeln, entsteht ein normales Zeeman-Triplett. d) Zeeman-Aufspaltung der beiden Komponenten der NaD-Linie $3\,P_{3/2} \rightarrow 3\,S_{1/2}$ und $3\,P_{1/2} \rightarrow 3\,S_{1/2}$. Es tritt anomale Aufspaltung auf, wie für diesen Übergang in Fig. 55 skizziert (nach H. I. White). e) Aufnahme der Hyperfeinstruktur-Aufspaltung der Quecksilberlinie von 3383 Å mit einem Fabry-Pérot-Interferometer (nach H. Kopfermann). f) Ein Beispiel für moderne Spektroskopie höchster Auflösung: Drei Komponenten der Hyperfeinstruktur-Aufspaltung der NaD_2-Linie $3\,P_{3/2} \rightarrow 3\,S_{1/2}$ beobachtet durch Registrierung der Resonanzstrahlung bei Anregung eines Na-Atomstrahls mit Hilfe eines frequenzveränderlichen Farbstoff-Lasers. Der Kerndrehimpuls von Natrium beträgt 3/2. Die F-Werte für die Übergänge sind angegeben. Links abgebildet ist die auf Grund der natürlichen Linienbreite berechnete Intensitätsverteilung, rechts das Meßergebnis. Die beobachtete Linienbreite von 15 MHz liegt sehr nahe bei der natürlichen Linienbreite (nach Lange et. al. Optics Communs. 8 (1973) 157). g) Isotopie-Aufspaltung der 4244 Å-Linie von Uran beobachtet in sechster Ordnung mit einem 9 m-Gitterspektrographen. (Aufnahme von Fred u. Tompkins, nach H. G. Kuhn). h) Aufnahme einer Reihe von L-Röntgenlinien verschiedener Elemente mit Hilfe eines Drehkristall-Spektrographen. Die Linie links in den Spektren ist der durchgehende Strahl (nach M. Siegbahn, Spektroskopie der Röntgenstrahlung, Berlin 1931).

Zylinder-Symmetrie um die z-Achse erhalten, d. h., die Lösung (3.15) für $\Phi(\varphi)$ behält ihre Gültigkeit. Erst beim Auftreten einer zweiten Feldrichtung, etwa beim Einbau des Atoms in ein Molekül oder Kristall, muß für die Azimutal-Funktion eine allgemeinere Form gewählt werden, die dann zu einer Abhängigkeit der Elektronendichteverteilung von φ und zum Auftreten weiterer Knotenebenen führt.

Wir schließen hiermit die Diskussion der Wasserstoffzustände ab, soweit sie sich aus dem Coulombpotential ergeben. Wir müssen aber später das Termschema noch um wichtige Details erweitern, denn wir haben folgende Effekte noch nicht berücksichtigt:

1. den Spin des Elektrons und seine magnetische Wechselwirkung mit dem Bahndrehimpuls,
2. Korrekturen für das relativistische Verhalten des Elektrons (beide Effekte führen zur Feinstruktur),
3. die Wechselwirkung mit dem magnetischen Moment des Protons (Hyperfeinstruktur),
4. Korrekturen für das Coulombfeld bei kleinen Distanzen (Lamb-Shift).

Bevor wir in der Lage sind, hierüber zu sprechen, müssen wir uns den magnetischen Momenten und dem Spin des Elektrons zuwenden.

4 Magnetfeld und Spin des Elektrons

4.1 Magnetische Momente

Wenn die im letzten Kapitel gegebene Interpretation richtig ist, haben viele Elektronenzustände einen Bahndrehimpuls. Das sollte äquivalent zu einem elektrischen Kreisstrom
sein, und folglich sollte ein magnetisches Dipolfeld entstehen. Das ist auch wirklich der
Fall, und wir wollen jetzt eine geeignete Beschreibung suchen. Wir betrachten zunächst
wieder den klassischen Fall einer Punktladung $-e$ (Elektron), die auf einer Kreisbahn
mit der Geschwindigkeit v umläuft (Fig. 36). Sie erzeugt einen Kreisstrom

$$I = \frac{q}{t} = -\frac{e}{T} = \frac{-ev}{2\,r\pi} \,, \tag{4.1}$$

der ein magnetisches Dipolmoment vom Betrag μ zur Folge hat (Gaußsches Maßsystem)

$$\mu = \frac{1}{c}\,I \cdot \text{Fläche} = \frac{I\pi r^2}{c} \tag{4.2}$$

mit (4.1) und $\ell = mv \cdot r$ oder $v = \ell/mr$ schreiben wir dies um in

$$\vec{\mu} = \frac{-e}{2\,mc}\,\vec{\ell}. \tag{4.3}$$

Bringen wir diesen magnetischen Dipol in ein Magnetfeld der Induktion $\vec{B}$, so hat er die
potentielle magnetische Energie

$$V_{mag} = -\vec{\mu} \cdot \vec{B}. \tag{4.4}$$

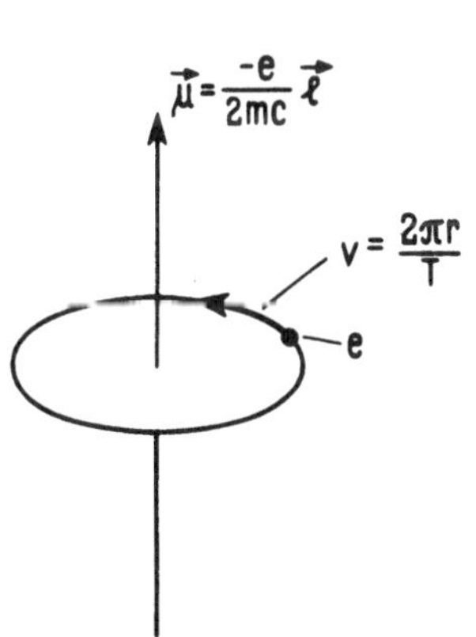

Fig. 36 Zum klassischen magnetischen
        Dipolmoment

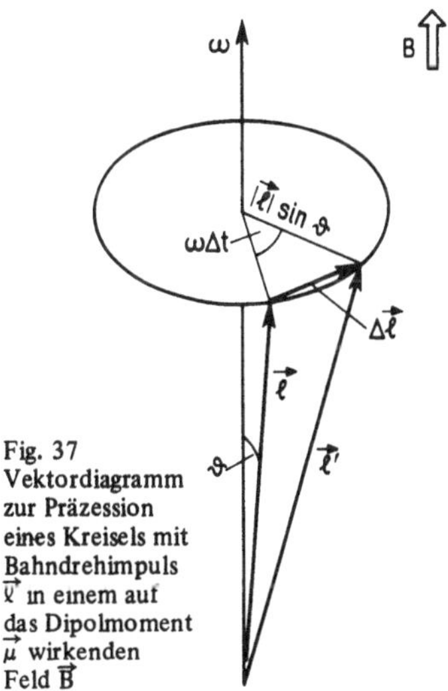

Fig. 37
Vektordiagramm
zur Präzession
eines Kreisels mit
Bahndrehimpuls
$\vec{\ell}$ in einem auf
das Dipolmoment
$\vec{\mu}$ wirkenden
Feld $\vec{B}$

Dabei übt das Feld ein Drehmoment auf den Dipol aus, das gegeben ist durch

$$\vec{\tau} = \vec{\mu} \times \vec{B}. \tag{4.5}$$

Es bewirkt eine Präzession des Drehimpulsvektors $\vec{\ell} = (-2\,mc/e)\,\vec{\mu}$ mit der Frequenz ω um die Feldrichtung von B, deren Zustandekommen in Fig. 37 erläutert ist. Mit $\vec{\tau}$ steht auch $\Delta\vec{\ell}$ senkrecht zu $\vec{\ell}$ und $\vec{B}$. Aus der Figur liest man ab

$$\Delta\ell = \ell \sin\vartheta \cdot \omega\Delta t, \qquad \frac{d\ell}{dt} = \omega\ell \sin\vartheta = \tau = \mu B \sin\vartheta \tag{4.6}$$

$$\omega = \frac{\mu B}{\ell} = \frac{-eB}{2\,mc}$$

wobei wir davon Gebrauch gemacht haben, daß nach dem 2. Newtonschen Gesetz $\tau = d\ell/dt$ ist. Soviel zur Situation beim klassischen System.

Wir müssen nun nach einem geeigneten Weg suchen, magnetische Dipolmomente quantenmechanisch zu beschreiben. Es gibt aber keine allgemeine Vorschrift, die man benutzen könnte, um zu Ausdrücken der klassischen Physik den korrespondierenden quantenmechanischen Ausdruck zu finden. Vielmehr müssen die Gesetze, die in atomaren Dimensionen gelten, neu aufgefunden werden. Allerdings muß man umgekehrt an sie die Forderung stellen, daß sie in makroskopischer Näherung in richtiger Weise in die Gesetze der klassischen Physik übergehen, etwa im Grenzfall hoher Quantenzahlen. Der harmonische Oszillator war ein Beispiel dafür. Diese Zuordnung von klassischer Physik und Quantenphysik hat als „K o r r e s p o n d e n z - P r i n z i p" (Bohr 1923) bei der Entwicklung der Quantenmechanik große Bedeutung gehabt.

Die zentrale Rolle bei der quantenmechanischen Formulierung spielt der Hamilton-Operator, da sich die Wellenfunktionen aus ihm ergeben. Wir müssen daher einen Ausdruck suchen, der als Hamilton-Operator die richtigen Energien eines magnetischen Dipols im Feld liefert. Ob der Ausdruck richtig ist, zeigt der Vergleich mit den experimentellen Daten. Es liegt nun nahe, dem bisher gebrauchten Hamilton-Operator für das Elektron eine magnetische potentielle Energie der Form (4.4) hinzuzufügen und für $\vec{\mu}$ einen sinnvollen Ausdruck zu suchen. Klassisch gilt Gl. (4.3). Wegen des Korrespondenzprinzips ist es daher vernünftig, daß $\vec{\mu}$ ein $\vec{\ell}$ proportionaler Vektor sein soll. Wir versuchen es daher mit

$$V_{mag} = -\vec{\mu} \cdot \vec{B} = -(\text{const} \cdot \vec{\ell}) \cdot \vec{B}. \tag{4.7}$$

Die Konstante muß sich aus dem Experiment ergeben. Wir schreiben sie in folgender Weise

$$\vec{\mu} = (\text{const} \cdot \vec{\ell}) = \pm g_\ell \mu_M \frac{\vec{\ell}}{\hbar}. \tag{4.8}$$

Dabei soll μ_M ein als Bezugsgröße eingeführtes magnetisches „Einheits-Moment" sein, das so gewählt ist, daß sich für eine klassische mit dem Bahndrehimpuls $\ell = \hbar$ umlaufende Punktladung gerade das Resultat (4.3) ergibt, sofern $g = 1$ ist. Dann ist g für das quantenmechanische Moment ein Zahlenfaktor, dessen Abweichung von Eins angibt, wie sehr sich das quantenmechanische magnetische Moment vom klassisch berechneten unterscheidet. Das Vorzeichen in (4.8) entspricht dem Vorzeichen der rotierenden Ladung. Vergleich von (4.8) mit (4.3) ergibt

$$\mu_M = \frac{e\hbar}{2\,mc}\,. \tag{4.9}$$

Diese Größe heißt M a g n e t o n. Sie entspricht dem magnetischen Moment einer klassisch mit Drehimpuls $\ell = \hbar$ rotierenden Ladung. Man kann das Magneton für ein Elektron (Masse m_0) oder ein Proton (Masse m_p) angeben. Dementsprechend unterscheidet man

$$\mu_B = \frac{e\hbar}{2\,m_0 c} = 0{,}579 \cdot 10^{-4}\,\text{eV/T} \qquad \text{B o h r s c h e s   M a g n e t o n} \tag{4.10}$$

$$\mu_K = \frac{e\hbar}{2\,m_p c} = 3{,}152 \cdot 10^{-8}\,\text{eV/T} \qquad \text{K e r n m a g n e t o n} \tag{4.11}$$

Werte in praktischen Einheiten sind angefügt.

Die Definition des Vektors $\vec{\mu}$ durch (4.7) oder (4.8) ist keineswegs trivial. Da wir nämlich das quantenmechanische $\vec{\mu}$ bis auf einen Faktor gleich $\vec{\ell}$ gewählt haben, hat das magnetische Moment alle Eigenschaften eines Drehimpulses. Insbesondere heißt das, daß die entsprechenden Vertauschungsrelationen gelten. Genau diese Beschreibung erweist sich als richtig. Damit haben wir die „neue" Gesetzmäßigkeit für magnetische Momente im atomaren Bereich angegeben. Insbesondere sind demnach vom magnetischen Moment nur beobachtbar der Betrag $|\vec{\mu}|$ beziehungsweise $\vec{\mu}^2$, und e i n e Komponente μ_z. Fig. 31 gilt analog.

Wenn wir $\vec{\mu}$ in Einheiten von μ_M angeben, wird es ebenso dimensionslos wie $\vec{\ell}$ in Einheiten von $\hbar$

$$\frac{\vec{\mu}}{\mu_M} = g_\ell\,\frac{\vec{\ell}}{\hbar}\,. \tag{4.12}$$

Ähnlich wie man als Drehimpuls meist angibt die Z a h l $\ell = \text{Max}(\ell_z/\hbar)$ (vgl. Fig. 31), kann man als M a g n e t i s c h e s   M o m e n t μ angeben

$$\mu = \frac{\text{Max}(\mu_z)}{\mu_M}\,, \tag{4.13}$$

dann gilt

$$\mu = g_\ell \ell, \qquad g_\ell = \frac{\mu}{\ell}\,. \tag{4.14}$$

Die Konstante g nennt man g - F a k t o r. Aus der in Kapitel 6 zu besprechenden Aufspaltung der Spektrallinien im Magnetfeld kann man seinen Wert entnehmen. Für ein einzelnes Elektron mit Bahndrehimpuls ℓ findet man

$$g_\ell = 1 \quad \text{(für Bahndrehimpuls)}. \tag{4.15}$$

Das bedeutet, daß das mit dem Bahndrehimpuls verknüpfte magnetische Moment der Erwartung aufgrund der klassischen Formel (4.3) entspricht. In ähnlicher Weise kann man g-Faktoren für andere Drehimpulsgrößen angeben. Es handelt sich immer um das Verhältnis von magnetischem Moment (in Magnetonen) zum Drehimpuls (in der Einheit $\hbar$).

Wir fügen noch eine Bemerkung zur Präzessionsfrequenz im Magnetfeld an. Trägt man (4.8) in (4.6) ein, so ergibt diese klassische Betrachtung

$$\omega_L = \frac{g\mu_B B}{\hbar} . \tag{4.16}$$

Diese Frequenz heißt L a r m o r - F r e q u e n z. Sie hat unter anderem folgende Bedeutung. Drehen wir den magnetischen Dipol aus seiner ursprünglichen Lage gegen die Richtung des Feldes B so, daß sich die z-Komponente des Drehimpulses gerade um eine Einheit ändert, $\Delta\ell_z/\hbar = \Delta m_\ell = 1$, so ändert sich die potentielle Energie um

$$\Delta V_{mag} = \Delta\mu_z \cdot B = g\mu_B(\Delta\ell_z) \cdot B = g\mu_B B = \hbar\omega_L . \tag{4.17}$$

Wir haben die z-Achse in Richtung von B gewählt. Wird die Änderung der Energie des magnetischen Dipols durch Absorption oder Emission eines Lichtquants verursacht, so muß das Quant offensichtlich mit der Larmor-Frequenz schwingen. Das hier klassisch gewonnene Resultat erhält man auch bei der angemesseneren Behandlung mit Hilfe der zeitabhängigen Schrödinger-Gleichung.

4.2 Der Spin des Elektrons

Die Tatsache, daß man für die z-Komponente eines Drehimpulses nur diskrete, gequantelte Werte beobachten kann, wie immer man auch die Beobachtungsrichtung wählt, ist durch den Stern-Gerlach-Versuch (1922) in höchst eindrucksvoller Weise demonstriert worden. Die zwanglose Interpretation dieses Experiments in unserem Sinne hat sich dann erst etwas später aus der quantenmechanischen Behandlung ergeben. Wir beschreiben zunächst das Experiment, das in Fig. 38 skizziert ist. Ein Strahl von neutralen Silberatomen wurde durch ein stark inhomogenes Magnetfeld geschickt und

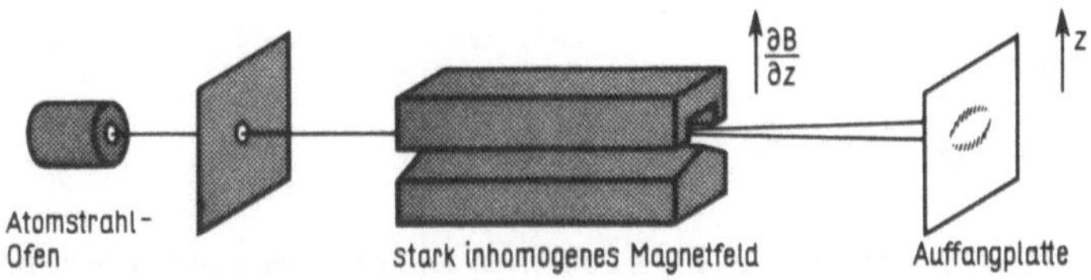

Fig. 38 Stern-Gerlach-Versuch (schematisch)

anschließend auf einer Photoplatte registriert. Auf der Platte erschienen genau zwei
in Richtung des Feldgradienten getrennte Flecke. Das muß offenbar auf einer Wechselwirkung mit dem magnetischen Moment der Silberatome beruhen. Aus dem Potential
$V_m = -\vec{\mu} \cdot \vec{B}$ ergibt sich die Kraft, die das inhomogene Feld auf die Atome in z-Richtung
ausübt

$$F_z = - \frac{\partial V_m}{\partial z} = \mu_z \frac{\partial B}{\partial z} \ . \tag{4.18}$$

Das Experiment zeigt, daß es genau zwei diskrete Werte von μ_z gibt, daß also die
z-Komponente von $\vec{\mu}$ in der Tat gequantelt ist. Wenn aber unsere Behauptung, daß $\vec{\mu}$
alle Eigenschaften eines Drehimpulses hat, richtig ist, dann ist nach allem, was wir über
den Bahndrehimpuls gesagt haben, völlig unverständlich, daß sich gerade z w e i
z-Komponenten ergeben. Zu jedem Bahndrehimpuls ℓ gibt es $2\ell + 1$ z-Komponenten,
und das ist immer eine ungerade Zahl. Einige Jahre später ist das Experiment auch am
neutralen Wasserstoff-Atomstrahl durchgeführt worden (Phipps and Taylor 1927),
– mit dem gleichen Resultat, nämlich 2 z-Komponenten. Da für den Grundzustand des
Wasserstoffs aber $\ell = 0$ ist, kann hier $\vec{\mu}$ überhaupt nichts mit einem Bahndrehimpuls zu
tun haben. Es bietet sich daher die Deutungsmöglichkeit an, dem Elektron einen
i n n e r e n Drehimpuls, der eine Teilcheneigenschaft ist, zuzuschreiben. Man nennt
ihn S p i n . Der Spin soll durch einen Drehimpulsvektor beschrieben werden, der den
Drehimpuls-Vertauschungsrelationen genügt, aber seine maximale z-Komponente soll
$\frac{1}{2}$ betragen. Wir müssen dann statt mit ℓ mit der Quantenzahl $s = \frac{1}{2}$ rechnen und erhalten, da sonst alle algebraischen Beziehungen die gleichen bleiben, $2s + 1 = 2$
z-Komponenten, wie im Experiment beobachtet.

Man kann den Drehimpuls des Elektrons auch in direkterer Weise experimentell demon-
strieren, nämlich durch den R i c h a r d s o n - E i n s t e i n - d e H a a s - E f f e k t
(Fig. 39). Ein in einer Spule aufgehängter Eisenstab wird plötzlich ummagnetisiert.
Aus der entstehenden Drehschwingung läßt sich die durch das Umklappen der Spins
verursachte Drehimpulsänderung bestimmen. Die quantitative Interpretation setzt
allerdings ein detailliertes Verständnis der ferromagnetischen Erscheinungen voraus.

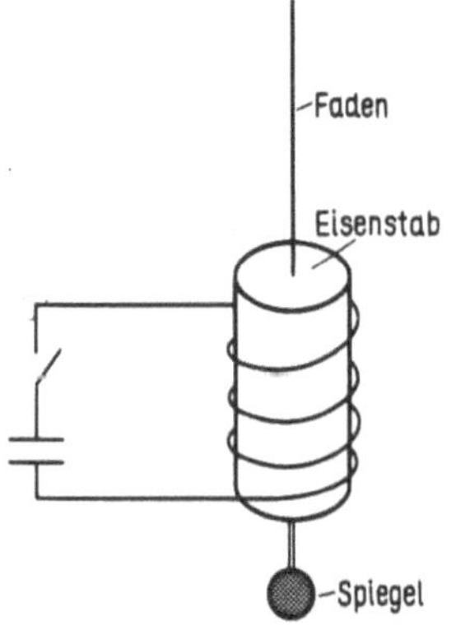

Fig. 39
Beobachtung des Richardson-Einstein-de Haas
Effekts (schematisch)

Der Spin und sein magnetisches Moment äußern sich weiter in zwei wichtigen Erscheinungen bei den Atomspektren, die wir später ausführlich beschreiben werden. Das eine ist die Feinstruktur der Spektrallinien (Abschn. 5.2), zu deren Deutung die Existenz des Elektronenspins zum ersten Mal vorgeschlagen wurde (Goudsmit und Uhlenbeck 1925), das andere der Zeeman-Effekt (Abschn. 6.2), dessen Aufspaltungsmuster ohne den Elektronenspin nicht erklärbar ist.

Wir haben bereits stillschweigend vorausgesetzt, daß auch mit dem inneren Drehimpuls ein magnetisches Moment verknüpft ist. Aus den bei den verschiedenen Experimenten beobachteten magnetischen Wechselwirkungsenergien findet man für den Wert seiner z-Komponente e i n Bohrsches Magneton $\mu_z = \pm 1\,\mu_B$. Als Drehimpulsvektor muß der Spin $\vec{s}$ den gleichen Regeln gehorchen wie in Fig. 31 für $\vec{\ell}$ skizziert, nur mit der Quantenzahl $s = \frac{1}{2}$. Es ist also

$$s_z = \pm \frac{1}{2}\,\hbar \qquad\qquad (4.19a)$$

und $\quad \vec{s}^{\,2} = \hbar^2\,\frac{1}{2}\left(\frac{1}{2}+1\right), \qquad |\vec{s}| = \hbar\sqrt{\frac{3}{4}}. \quad (4.19b)$

Man muß den Spin wieder als Kegel darstellen, da die x- und y-Komponenten nicht gleichzeitig mit der z-Komponente beobachtbar sind, — nur gibt es diesmal lediglich die beiden Einstellungen $m_s = \pm\frac{1}{2}$, da $s = \frac{1}{2}$ ist. Das ist in Fig. 40 noch einmal illustriert.

Das magnetische Moment des Elektrons können wir in der gleichen Weise mit dem Drehimpuls in Verbindung bringen, wie im letzten Abschnitt gezeigt. Da das Experiment

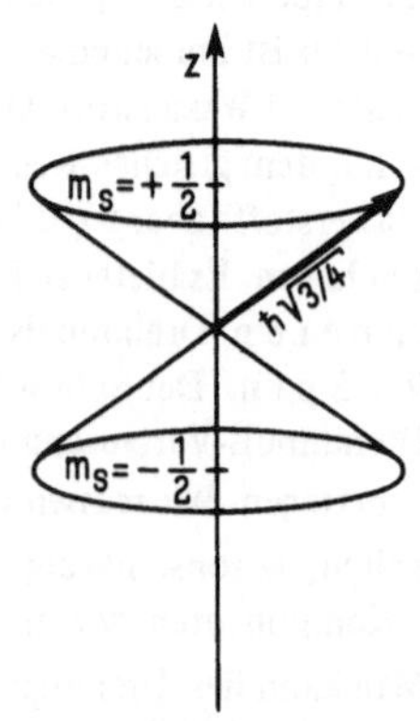

Fig. 40 Zum Spin des Elektrons

$\mu_z = \mu_B$, also $\mu = 1$ liefert, ist nach (4.14) mit s statt ℓ

$$\mu = g_s \cdot s = g_s \cdot \frac{1}{2} = 1 \quad \text{oder} \quad g_s = 2. \qquad (4.20)$$

Der g-Faktor für den Spin des Elektrons, den wir mit g_s bezeichnen, ist gleich zwei. Der Spin erzeugt ein d o p p e l t so großes magnetisches Moment wie eine klassische mit dem Drehimpuls $\frac{1}{2}\,\hbar$ rotierende geladene Kugel. Diese Teilcheneigenschaft hat kein Analogon in der klassischen Physik.

4.3 Formale Beschreibung des Spins

Wie immer man experimentell eine Bezugsrichtung festlegt, bei einer Einzelbeobachtung des Elektronenspins kann man als Meßwert nur entweder $+\frac{1}{2}\,\hbar$ oder $-\frac{1}{2}\,\hbar$ als Komponente von $\vec{s}$ in dieser Richtung erhalten. Eine andere Beobachtung am Spin ist nicht möglich. Das einzige, was die quantenmechanische Beschreibung zusätzlich liefern kann, ist eine Aussage über die Wahrscheinlichkeit dafür, einen bestimmten Eigenwert, etwa $+\frac{1}{2}\hbar$, zu erhalten. Für ein nicht speziell präpariertes, also „unpolarisiertes" Ensemble von Meßobjekten, sind die Wahrscheinlichkeiten für die beiden Eigenwerte $\pm\frac{1}{2}\hbar$ bei jeder Wahl der z-Richtung gleich. Dann ist keine Raumrichtung ausgezeichnet, oder anschaulicher ausgedrückt, die Spins zeigen mit gleicher Wahrscheinlichkeit in jede Richtung.

Wenn wir den Spin bei der Beschreibung etwa des Wasserstoffatoms mit in Betracht ziehen, bedeutet das die Einführung eines weiteren Freiheitsgrads. Da es aber nur zwei mögliche Meßwerte gibt, genügt es, eine weitere Koordinate einzuführen, die nur genau zwei diskrete Werte annehmen kann. Mit dieser Koordinate kann man eine Spinfunktion χ nach Art einer Wellenfunktion so einführen, daß die zwei einzig möglichen Eigenwerte bei Anwendung eines geeigneten Drehimpulsoperators gerade $\pm\frac{1}{2}\hbar$ sind. Dann haben wir eine Beschreibung, die sich konsistent in den bisherigen Rahmen einfügt. Das soll jetzt im einzelnen ausgeführt werden.

Wir stellen uns eine z-Richtung als gegeben vor, die im Laboratorium beispielsweise nach oben orientiert sein soll. Da es genau zwei Eigenwerte für die Spinkomponente gibt, muß es auch genau zwei orthogonale Eigenfunktionen geben, zu denen die Eigenwerte $+\frac{1}{2}\hbar$ (Spin zeigt nach oben) und $-\frac{1}{2}\hbar$ (Spin zeigt nach unten) gehören, bei Anwendung eines geeigneten Operators für s_z, auf den wir gleich zu sprechen kommen. Wir nennen diese beiden Eigenfunktionen χ^+ und χ^-, je nach dem Vorzeichen des Eigenwerts. Diese Funktionen betreffen nur die Spinkoordinate des Elektrons und wir wollen annehmen, daß wir sie unabhängig von den anderen Koordinaten untersuchen können. Das ist zum Beispiel der Fall, wenn es keinen Energieterm gibt, der gleichzeitig von den Orts- und den Spin-Koordinaten abhängt. Ein Elektron, dessen Spin nach oben beziehungsweise nach unten zeigt, würde dann beschrieben durch

$$\psi_\uparrow = \psi \cdot \chi^+ \quad \text{bzw.} \quad \psi_\downarrow = \psi \cdot \chi^-, \tag{4.21}$$

wo ψ die bisher diskutierte nur von $\vec{r}$ abhängige Wellenfunktion ist und $\chi^\pm$ nur von der Spinkoordinate s_z abhängt. Natürlich ist definitionsgemäß für einen Zustand, der durch χ^+ beschrieben wird, die Wahrscheinlichkeit dafür, daß der Spin nach oben zeigt, gleich Eins. Das heißt, es muß gelten

$$|\chi^+|^2 = 1 \quad \text{und entsprechend} \quad |\chi^-|^2 = 1. \tag{4.22}$$

Für die gesamte Wellenfunktion (4.21) bedeutet das $|\psi_\uparrow|^2 = |\psi(\vec{r})|^2 |\chi^+|^2$, was gleichbedeutend ist mit der Aussage: die Wahrscheinlichkeitsverteilung des Elektrons wird durch $|\psi(\vec{r})|^2$ beschrieben, sofern $s_z = +\frac{1}{2}$ ist. Das definiert ja gerade den Zustand $\psi_\uparrow$. Eine Wellenfunktion für beliebige Spinorientierung ist in dieser Schreibweise gegeben durch die „Entwicklung"

$$\Psi = \alpha^+ \psi_\uparrow + \alpha^- \psi_\downarrow = \psi(\alpha^+ \chi^+ + \alpha^- \chi^-) = \psi\chi(\vec{s}), \tag{4.23}$$

wobei wir eingeführt haben

$$\chi(\vec{s}) = \alpha^+ \chi^+ + \alpha^- \chi^-. \tag{4.24}$$

Die Koeffizienten $\alpha^\pm$ geben die Amplitude an, mit der sich das Elektron in einem der beiden Orientierungszustände befindet und dementsprechend ist durch $|\alpha^+|^2$ die Wahrscheinlichkeit gegeben, bei einer Messung an einem Ensemble gleichartiger Teilchen die Spinrichtung $+\frac{1}{2}$ zu finden. Es gilt

$$|\chi(\vec{s})|^2 = |\alpha^+|^2|\chi^+|^2 + |\alpha^-|^2|\chi^-|^2 \quad \text{und} \quad |\alpha^+|^2 + |\alpha^-|^2 = 1. \quad (4.25\,a,b)$$

Das erste folgt aus (4.24) unter Beachtung der Orthogonalität der $\chi^\pm$, das zweite ist die Normierungsforderung für Wahrscheinlichkeiten. Das Ganze ist ein weiteres Beispiel für die in Abschn. 2.4 erläuterte allgemeine Gesetzmäßigkeit. Für unpolarisierte Elektronen ist $\alpha^+ = \alpha^-$, für vollständig in +z-Richtung polarisierte Elektronen ist $\alpha^- = 0$.

Wir haben bis jetzt einfach gefordert, daß es Funktionen $\chi^\pm$ mit den gewünschten Eigenwerten geben soll. Bevor wir eine mathematische Repräsentation für diese Funktionen angeben, wenden wir uns jetzt zunächst den Operatoren zu, die den Spin quantenmechanisch beschreiben sollen und als deren Eigenfunktionen die Spinfunktionen $\chi^\pm$ auftreten sollen. Der Operator für den Spindrehimpuls sei mit $\vec{s}$ bezeichnet, in Komponenten

$$\vec{s} = \vec{s}_x + \vec{s}_y + \vec{s}_z . \qquad (4.26)$$

Dann müssen offensichtlich die $\chi^\pm$ den Bedingungen genügen

$$s_z \chi^\pm = \pm \frac{\hbar}{2} \chi^\pm \qquad (4.27)$$

und $\quad \vec{s}^{\,2} \chi^\pm = \frac{3}{4} \hbar^2 \chi^\pm, \qquad (4.28)$

damit sich die gewünschten Eigenwerte für die z-Komponente und für $\vec{s}^{\,2}$ ergeben (vgl. (4.19), (4.20)). Da $\vec{s}$ aber ein quantenmechanischer Drehimpuls sein soll, müssen seine Komponenten die Vertauschungsrelationen erfüllen, die in der Kurzschrift von Gl. (3.45) lauten

$$\vec{s} \times \vec{s} = i\hbar\vec{s}. \qquad (4.29)$$

Damit ist automatisch sichergestellt, daß nur $\vec{s}^{\,2}$ und s_z als simultane Beobachtungswerte auftreten. Der Unterschied zu $\vec{\ell}$ besteht darin, daß jetzt ein halbzahliger Wert der Quantenzahl vorliegt. Um die algebraischen Beziehungen etwas übersichtlicher zu formulieren, ist es meist üblich, statt $\vec{s}$ einen dimensionslosen Vektor $\vec{\sigma}$ einzuführen, der definiert wird durch

$$\vec{s} = \frac{1}{2}\hbar\vec{\sigma}, \qquad \vec{\sigma} = \frac{2}{\hbar}\vec{s}. \qquad (4.30)$$

Mit dieser Änderung der Zahlenfaktoren lauten die Gln. (4.27) bis (4.29)

$$\sigma_z \chi^\pm = \pm 1\, \chi^\pm \qquad (4.31)$$
$$\vec{\sigma}^{\,2} \chi^\pm = 3\, \chi^\pm \qquad (4.32)$$

und ferner $2\,i\vec{\sigma} = \vec{\sigma} \times \vec{\sigma}$ oder ausgeschrieben

$$\left.\begin{aligned}
2\,i\sigma_x &= \sigma_y\sigma_z - \sigma_z\sigma_y \\
2\,i\sigma_y &= \sigma_z\sigma_x - \sigma_x\sigma_z \\
2\,i\sigma_z &= \sigma_x\sigma_y - \sigma_y\sigma_x .
\end{aligned}\right\} \tag{4.33}$$

Wir wollen hier noch einige weitere algebraische Eigenschaften dieser Operatoren anfügen. Wegen (4.31) führt zweimalige Anwendung von σ_z zum ursprünglichen Zustand zurück. Das gilt für jede Komponente. Daher ist

$$\sigma_x^2 = \sigma_y^2 = \sigma_z^2 = 1 \qquad \text{(Einheitsoperator)} \tag{4.34}$$

Deshalb gilt auch

$$\sigma_y^2\sigma_z - \sigma_z\sigma_y^2 = 0$$

$$\underbrace{\sigma_y(\sigma_y\sigma_z - \sigma_z\sigma_y)}_{2\,i\sigma_x} + \underbrace{(\sigma_y\sigma_z - \sigma_z\sigma_y)\sigma_y}_{2\,i\sigma_x} = 0$$

oder $\qquad \sigma_y\sigma_x + \sigma_x\sigma_y = 0, \qquad \sigma_y\sigma_x = -\sigma_x\sigma_y. \tag{4.35}$

Man nennt Größen, die dieses Verhalten zeigen, a n t i k o m m u t a t i v. Analoge Ausdrücke gelten für die Produkte der anderen Komponenten. Damit lassen sich die Vertauschungsrelationen (4.33) umschreiben in

$$\begin{aligned}
\sigma_x\sigma_y &= -\sigma_y\sigma_x = i\sigma_z \\
\sigma_z\sigma_x &= -\sigma_x\sigma_z = i\sigma_y \\
\sigma_y\sigma_z &= -\sigma_z\sigma_y = i\sigma_x .
\end{aligned} \tag{4.36}$$

Multipliziert man alle drei Relationen miteinander, so folgt mit (4.34)

$$\sigma_x\sigma_y\sigma_z = i. \tag{4.37}$$

Die Antikommutativität und die daraus folgenden Gleichungen gelten nicht für die Bahndrehimpuls-Operatoren, sondern sind eine Folge der halbzahligen Eigenwerte. Sie sind daher nur für den Spin gültig.

Wir stellen jetzt mathematische Objekte vor, mit denen wir die Spinfunktionen und Spinoperatoren in einfacher Weise repräsentieren können. Die beiden Eigenfunktionen χ^+ und χ^- stellen wir durch einen zweikomponentigen Spaltenvektor dar

$$\chi^+ = \begin{pmatrix} 1 \\ 0 \end{pmatrix}, \qquad \chi^- = \begin{pmatrix} 0 \\ 1 \end{pmatrix} \tag{4.38}$$

Ein Operator, der aus einem solchen Vektor einen anderen erzeugt, ist dann eine zweireihige Matrix. Die Komponenten von $\vec{\sigma}$ müssen sich also durch zweireihige Matrizen darstellen lassen, die so konstruiert sein müssen, daß sie die Vertauschungsrelationen erfüllen. Eine mögliche Wahl lautet

$$\sigma_x = \begin{pmatrix} 0 & 1 \\ 1 & 0 \end{pmatrix}, \quad \sigma_y = \begin{pmatrix} 0 & -i \\ i & 0 \end{pmatrix}, \quad \sigma_z = \begin{pmatrix} 1 & 0 \\ 0 & -1 \end{pmatrix} \tag{4.39}$$

Wir rechnen leicht nach, daß unsere Forderungen erfüllt sind:

$$\sigma_z\chi^+ = \begin{pmatrix} 1 & 0 \\ 0 & -1 \end{pmatrix} \begin{pmatrix} 1 \\ 0 \end{pmatrix} = \begin{pmatrix} 1 \\ 0 \end{pmatrix} = \chi^+, \qquad \sigma_z\chi^- = \begin{pmatrix} 1 & 0 \\ 0 & -1 \end{pmatrix} \begin{pmatrix} 0 \\ 1 \end{pmatrix} = -\chi^- \ \text{(vgl. 4.31)}$$

$$\sigma_x^2 = \begin{pmatrix} 0 & 1 \\ 1 & 0 \end{pmatrix} \begin{pmatrix} 0 & 1 \\ 1 & 0 \end{pmatrix} = \begin{pmatrix} 1 & 0 \\ 0 & 1 \end{pmatrix} = \mathbf{1} \ \text{(Einheitsmatrix)}$$

ebenso $\quad \sigma_y^2 = 1, \qquad \sigma_z^2 = 1,$

so daß $\quad \sigma^2 = \sigma_x^2 + \sigma_y^2 + \sigma_z^2 = 3 \begin{pmatrix} 1 & 0 \\ 0 & 1 \end{pmatrix}, \qquad \sigma^2\chi = 3\,\chi \hfill \text{(vgl. 4.32)}$

für jeden zweikomponentigen Vektor χ. Ebenso verifiziert man leicht, daß die Vertauschungsrelationen erfüllt sind. Die Matrizen (4.39) führen den Namen P a u l i s c h e S p i n - M a t r i z e n. Sie bilden übrigens zusammen mit der Einheitsmatrix eine Basis von 4 linear unabhängigen Matrizen.

Wir müssen noch zeigen, daß die $\chi^\pm$ normiert und orthogonal sind. Dazu ist es notwendig zu wissen, daß wir für $(\chi^+)^*$ den Zeilenvektor (1 0) schreiben müssen. Am natürlichsten benutzt man die Vektorschreibweise der Zustandsfunktionen (Anhang A2). Dann sieht man sofort

$$|\chi^+\rangle = \begin{pmatrix} 1 \\ 0 \end{pmatrix}, \quad \langle\chi^+| = (1 \ \ 0), \quad |\chi^-\rangle = \begin{pmatrix} 0 \\ 1 \end{pmatrix}, \quad \langle\chi^-| = (0 \ \ 1)$$

$$\hfill \text{(4.40)}$$

$$\langle\chi^+|\chi^+\rangle = (1 \ \ 0)\begin{pmatrix} 1 \\ 0 \end{pmatrix} = 1, \qquad \langle\chi^+|\chi^-\rangle = (1 \ \ 0)\begin{pmatrix} 0 \\ 1 \end{pmatrix} = 0 \ \text{usw.}$$

Der Vektor $\vec{\sigma}$ erlaubt es uns, die magnetische Energie eines Elektrons im Feld B in eleganter Weise zu schreiben. Wir müssen in $V_m = -\vec{\mu} \cdot \vec{B}$ das magnetische Moment des Elektrons eintragen, das sich ergibt, wenn wir in (4.8) $\vec{\ell}$ durch $\vec{s}$ und g_ℓ durch g_s ersetzen. Dann erhalten wir (mit 4.21 und 4.30)

$$\vec{\mu}_s = -g_s\mu_B \frac{\vec{s}}{\hbar} = -\mu_B\vec{\sigma} \hfill \text{(4.41)}$$

und $\quad V_m = -\vec{\mu}_s\vec{B} = \mu_B\vec{\sigma} \cdot \vec{B}. \hfill \text{(4.42)}$

Das ist der Beitrag, den das magnetische Moment des Spins im Feld B zur Hamilton-Funktion liefert. Da aber $\vec{\sigma}$ eine zweireihige Matrix ist, kann (4.42) nur auf eine zweikomponentige Wellenfunktion angewendet werden. Wir kennen sie bereits, denn wenn wir in (4.23) die Schreibweise (4.38) für $\chi^\pm$ benutzen, haben wir

$$\Psi = \psi\chi(\vec{s}) = \psi\left\{\alpha^+\begin{pmatrix} 1 \\ 0 \end{pmatrix} + \alpha^-\begin{pmatrix} 0 \\ 1 \end{pmatrix}\right\} = \psi\begin{pmatrix} \alpha^+ \\ \alpha^- \end{pmatrix} \quad \text{mit } \chi(\vec{s}) = \begin{pmatrix} \alpha^+ \\ \alpha^- \end{pmatrix}. \quad \text{(4.43)}$$

Diese Produktdarstellung gilt wieder dann, wenn die Hamilton-Funktion keine Terme enthält, die von Spin- und Ortskoordinaten gleichzeitig abhängen. Eine Wellenfunktion des Wasserstoffatoms könnten wir unter Einbeziehung der Spinkoordinate z. B. schreiben

$$\psi(r, \vartheta, \varphi, \vec{s}) = \psi_{n\ell m}(\vec{r})\chi(\vec{s}) = \psi_{n\ell m} \begin{pmatrix} \alpha^+ \\ \alpha^- \end{pmatrix} = \begin{pmatrix} \alpha^+ \, \psi_{n\ell m} \\ \alpha^- \, \psi_{n\ell m} \end{pmatrix}. \tag{4.44}$$

Durch die Koeffizienten $\alpha^\pm$ ist die Spinrichtung in dem Sinne beschrieben, daß wir die Wahrscheinlichkeit kennen, bei der Beobachtung an e i n e m Elektron eines Ensembles die Komponente $\hbar/2$ in einer vorgegebenen Richtung zu finden. Diese Spinrichtung können wir ausrechnen als Erwartungswert des Spins

$$\langle \vec{s} \rangle = \langle \chi | \vec{s} | \chi \rangle. \tag{4.45}$$

Die Komponenten des Erwartungswertes lassen sich als Funktion der $\alpha^\pm$ entweder unter Benutzung der allgemeineren Relationen oder unter Benutzung der Vektor- und Matrix-Schreibweise leicht berechnen, z. B. ist

$$\langle s_x \rangle = \frac{\hbar}{2} \langle \chi | \sigma_x | \chi \rangle = \frac{\hbar}{2} (\alpha^+ \alpha^-) \begin{pmatrix} 0 & 1 \\ 1 & 0 \end{pmatrix} \begin{pmatrix} \alpha^+ \\ \alpha^- \end{pmatrix} = \tag{4.46}$$

$$= \frac{\hbar}{2} \{(\alpha^+)^* \alpha^- + (\alpha^-)^* \alpha^+\}.$$

Ebenso kann man $\langle s_y \rangle$ und $\langle s_z \rangle$ berechnen und hat damit den Vektor $\langle \vec{s} \rangle$ bestimmt.

4.4 Relativistische Behandlung des Elektrons

Die Schrödinger-Gleichung, die wir im folgenden ausschließlich zur Beschreibung der Atome verwenden wollen, trägt dem relativistischen Charakter des Elektrons nicht Rechnung. Zwar ist der Faktor $(v/c)^2$ für die Bindungsenergien der äußersten Atomelektronen, die bei etwa $10 \, \text{eV}$ liegen, recht klein, nämlich $4 \cdot 10^{-5}$, trotzdem sind relativistische Effekte bei der hohen Genauigkeit, die in der Spektroskopie erreicht sind, relativ leicht zu beobachten. Wir werden diese Effekte durch Korrekturen zur Schrödinger-Gleichung behandeln, wollen aber in diesem Abschnitt kurz referieren, wie eine korrekte relativistische Behandlung erfolgen müßte.

In der Schrödinger-Gleichung für das freie Teilchen haben wir für die kinetische Energie gesetzt $T = p^2/2\,m = (-\hbar^2/2\,m)\Delta$. Aus dem Ausdruck für die relativistische Energie W

$$W = \sqrt{(pc)^2 + (m_0 c^2)^2} \tag{4.47}$$

würden wir bei analogem Verfahren, nämlich Ersetzen von p durch $-i\hbar(\partial/\partial x)$, erhalten

$$-\hbar^2 \, \frac{\partial^2 \psi}{\partial t^2} = \{-\hbar^2 c^2 \Delta + (m_0 c^2)^2\} \, \psi$$

oder nach Division durch $-\hbar^2 c^2$

$$\frac{1}{c^2}\,\frac{\partial^2 \psi}{\partial t^2} = \left\{\Delta - \left(\frac{m_0 c}{\hbar}\right)^2\right\}\psi\,. \tag{4.48}$$

Diese sogenannte K l e i n - G o r d o n - G l e i c h u n g ist nicht linear in der Zeitkoordinate und eignet sich nicht zur Beschreibung des Elektrons. Dirac hat nun einen linearisierten Ansatz gemacht, bei dem eine Hamiltonfunktion für W dadurch gebildet wird, daß auf der rechten Seite von (4.47) die Wurzel für jeden Summanden separat gezogen wird

$$H = c\vec{\alpha}\cdot\vec{p} + \beta m_0 c^2 \qquad \text{mit } \vec{p} = i\hbar\vec{\nabla}\,, \tag{4.49}$$

so daß die Gleichung entsteht

$$i\hbar\,\frac{\partial \psi}{\partial t} = \{c\vec{\alpha}\cdot\vec{p} + \beta m c^2\}\psi\,. \tag{4.50}$$

Dies ist die D i r a c - G l e i c h u n g. Es stellt sich heraus, daß sie in der Tat relativistisch invariant ist. Der Koeffizient $\vec{\alpha}$ ist ein 3-komponentiger Vektor, mit dem das Skalarprodukt $\vec{\alpha}\cdot\vec{p}$ gebildet wird. Eine mathematische Analyse der Gleichung zeigt, daß sie nur erfüllt werden kann, wenn alle Komponenten von $\vec{\alpha}$ sowie β 4-reihige Matrizen sind. Dementsprechend ist die Lösung ψ ein 4-komponentiger Vektor, der sich als Spaltenvektor aus 4 Funktionen schreiben läßt

$$\psi = \begin{pmatrix} u_1 \\ u_2 \\ u_3 \\ u_4 \end{pmatrix} \tag{4.51}$$

Das Ganze stellt also eine Art Erweiterung der zweikomponentigen Wellenfunktionen dar, die wir im letzten Abschnitt behandelt haben. Die vier Komponenten von ψ haben näherungsweise folgende Bedeutung. Die relativistische Energie (4.47) kann wegen des Wurzelausdrucks mit positivem und negativem Vorzeichen auftreten. Entsprechend enthält die Lösung (4.48) jeweils zwei Komponenten, die zu positiver bzw. negativer Energie gehören. Die Lösungen mit negativer Energie gehören zum Antiteilchen, also zum Positron, wenn die positiven Lösungen das Elektron beschreiben. Für jede Teilchensorte haben wir dann noch zwei Komponenten, die als Spinfunktion dienen.

Wir wollen die Dirac-Gleichung wegen ihrer komplizierten mathematischen Struktur weiter nicht benutzen. Es ist aber wichtig zu wissen, daß sich viele Zusammenhänge, die mit Hilfe der Schrödinger-Gleichung nicht abgeleitet werden können, in ganz natürlicher Weise aus der Dirac-Gleichung ergeben. So enthält sie automatisch den Spin des Elektrons, und auch der Spin-g-Faktor $g_s = 2$ läßt sich aus ihr herleiten.

5 Vollständige Beschreibung des Wasserstoffspektrums

5.1 Spin-Bahn-Kopplung

Die schon mit relativ einfachen Spektralapparaten beobachtbaren Spektralterme des
Wasserstoffs (Fig. 8) werden durch die in Kapitel 3 abgeleitete Formel
$E_n = (-13,6)(1/n^2)$eV hinreichend gut beschrieben. Vergrößert man jedoch die spektroskopische Auflösung, werden eine Reihe feinerer Effekte sichtbar, die alle von prinzipieller Bedeutung sind und die wir in diesem Kapitel behandeln wollen. Dabei müssen
zusätzlich zur Coulomb-Wechselwirkung mit der Punktladung des Protons noch andere
elektromagnetische Effekte in Betracht gezogen werden. Die Voraussetzungen haben
wir durch die Behandlung des Spins geschaffen.

Wir wollen zunächst die F e i n s t r u k t u r der Spektrallinien behandeln. Sie äußert
sich darin, daß alle Spektrallinien des Wasserstoffs und vieler anderer Atome bei entsprechend hoher Auflösung als Doppellinien, D u b l e t t s, auftreten. Das liegt daran,
daß sowohl mit dem Spin des Elektrons als auch mit seinem Bahndrehimpuls ein magnetisches Moment verbunden ist. Je nachdem, ob die beiden magnetischen Momente
parallel oder antiparallel stehen, haben sie eine etwas verschiedene magnetische Energie,
die zusammen mit einer relativistischen Korrektur für die Energie des Elektrons zur Feinstrukturaufspaltung führt. Wir beginnen in diesem Abschnitt damit, einen allgemeinen
Ausdruck für die Wechselwirkung zwischen Spin und Bahndrehimpuls anzugeben. Die
Entstehung der Feinstrukturaufspaltung wird dann in Abschn. 5.2 im einzelnen diskutiert.

Wir wollen also versuchen, die Energie zu berechnen, die der vom Spin verursachte magnetische Dipol in dem Magnetfeld B_ϱ hat, das von Ladung und Bahndrehimpuls des Elektrons hervorgerufen wird. Diese zusätzliche Energie müssen wir dann bei der Berechnung
der Spektralterme in Betracht ziehen. Nach (4.42) ist die gesuchte magnetische Energie
$V_{\varrho s}$ des Elektrons im Felde B_ϱ gegeben durch

$$V_{\varrho s} = \mu_B \vec{\sigma} \cdot \vec{B}_\varrho. \tag{5.1}$$

Die Schwierigkeit besteht darin, das Magnetfeld B_ϱ anzugeben. Der Anschaulichkeit
und Einfachheit halber lassen wir uns zunächst wieder von der Vorstellung eines punktförmigen Elektrons auf einer Kreisbahn leiten. Das „innere" magnetische Moment des
Elektrons $\mu_B \vec{\sigma}$ haben wir für ein ruhendes Elektron abgeleitet, es gilt daher im R u h e -
s y s t e m d e s E l e k t r o n s. In diesem System erzeugt das Elektron natürlich
keinen Kreisstrom. Statt dessen läuft aber nun das Proton auf einer Kreisbahn um das
Elektron, siehe Fig. 41. Wir berechnen sein Feld am Ort des Elektrons nach dem Biot-
Savartschen Gesetz

$$d\vec{B} = \frac{i}{c} \frac{d\vec{s} \times \vec{r}}{r^3}$$

(vgl. Fig. 41 c, Gaußsches System), womit wir erhalten

$$\vec{B} = \frac{i}{c} \int_0^{2r\pi} \frac{d\vec{s} \times \vec{r}}{r^3} = \frac{2\pi r i}{c}\, \frac{\vec{s}_0 \times \vec{r}}{r^3} = -\frac{e}{c}\, \frac{\vec{v} \times \vec{r}}{r^3} . \qquad (5.2)$$

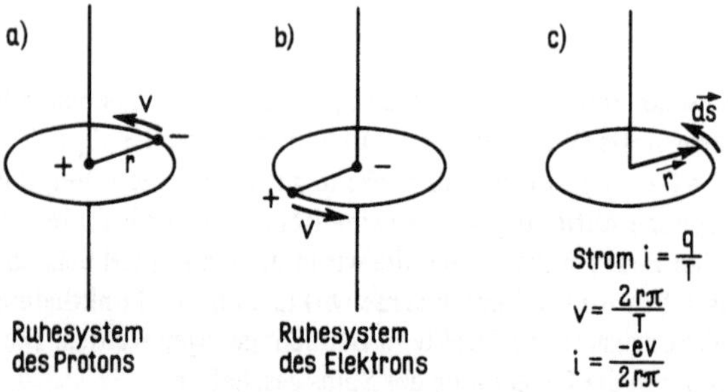

Fig. 41 a, b) Koordinatentransformation zur Herleitung von B; c) zum Biot-Savartschen Gesetz

Da die elektrische Feldstärke bei $\vec{r}$ gegeben ist durch $\vec{\mathscr{E}} = e(\vec{r}/r^3)$ können wir auch schreiben

$$\vec{B} = -\frac{1}{c}\, \vec{v} \times \vec{\mathscr{E}} . \qquad (5.3)$$

Mit dieser Gleichung, die in der Elektrodynamik eine sehr allgemeine Bedeutung hat, hätten wir auch beginnen können. Wir formen sie weiter um, indem wir $\vec{\mathscr{E}}$ durch die Kraft $\vec{F}$ ersetzen, die der Gradient des Potentials V(r) ist

$$\vec{F} = -e\vec{\mathscr{E}} = -\frac{\partial V(r)}{\partial r}\, \frac{\vec{r}}{r} , \qquad (5.4)$$

so daß

$$\vec{B} = \frac{-1}{ec}\, \vec{v} \times \vec{r}\, \frac{1}{r}\, \frac{dV(r)}{dr} . \qquad (5.5)$$

Durch Einführen des Drehimpulses $-\vec{\ell} = m\vec{v} \times \vec{r}$ erhalten wir schließlich

$$\vec{B} = \frac{1}{mecr}\, \frac{dV(r)}{dr}\, \vec{\ell} . \qquad (5.6)$$

Anscheinend sind wir am Ziel, denn wir haben $\vec{B}$ ausgedrückt durch den Bahndrehimpuls und das Potential des Elektrons im Coulombfeld. Was aber noch fehlt, ist die Rücktransformation auf das Schwerpunktsystem des Atoms, also im wesentlichen auf das Ruhesystem des Protons. Diese Transformation, die Lorentzinvariant durchgeführt werden muß, ist nicht trivial, denn das sich auf einer Kreisbahn bewegende Teilchen ist beschleunigt. Es ist auch anschaulich klar, daß vom Proton aus gesehen das Ruhe-Koordinatensystem des Elektrons bei jedem Umlauf einmal zusätzlich um seine eigene Achse rotiert. Wir wollen die etwas umständliche Transformation hier nicht durchführen, sondern mitteilen, daß als Resultat in (5.6) ein Faktor $\frac{1}{2}$ angebracht werden muß. Er ist von Thomas (1926) zum ersten Mal abgeleitet worden und führt daher den Namen T h o m a s - F a k t o r, entsprechend heißt der Rotationseffekt der Koordinaten T h o m a s - P r ä z e s s i o n. Unter Einschluß dieses Faktors ist $B_\varrho = \frac{1}{2} B$ (nach 5.6) und wir erhalten mit (5.1)

$$V_{\varrho s} = \mu_B \vec{\sigma} \cdot \vec{B_\varrho} = \frac{\mu_B}{2\,mec}\,\frac{1}{r}\,\frac{dV(r)}{dr}\,(\vec{\sigma}\cdot\vec{\ell}) = \xi(r)(\vec{s}\cdot\vec{\ell}) \qquad (5.7)$$

mit der Abkürzung

$$\xi(r) = \frac{\mu_B}{mec\hbar}\,\frac{1}{r}\,\frac{dV(r)}{dr} = \frac{1}{2\,m^2 c^2}\,\frac{1}{r}\,\frac{dV(r)}{dr}\,. \qquad (5.8)$$

Das ist der gewünschte Ausdruck für die magnetische Energie. Die Thomas-Transformation gilt für alle r. Wir können daher den Ausdruck (5.7) als O p e r a t o r in der Hamilton-Funktion in gleicher Weise benutzen wie etwa das Coulomb-Potential. Die magnetischen Energien selbst ergeben sich dann als Erwartungswerte dieses Operators mit den jeweiligen Elektronen-Wellenfunktionen. Das wird im nächsten Abschnitt ausgeführt. Wir haben in unserer Formulierung das Zentralpotential V(r), in dem sich das Elektron befindet, offen gelassen. Sie gilt daher auch für das abgeschirmte Coulomb-Potential komplexer Atome. Solange wir uns auf ein reines Coulomb-Potential, also z. B. auf Wasserstoff beschränken, können wir setzen

$$V(r) = -\frac{Ze^2}{r}\,, \qquad \xi(r) = +\frac{Ze^2}{2\,m^2 c^2}\,\frac{1}{r^3}\,. \qquad (5.9)$$

Mit dieser Zusatzenergie lautet die Radialgleichung für ein Elektron im Zentralpotential jetzt (vgl. (3.29a))

$$\frac{d^2 u(r)}{dr^2} + \frac{2m_r}{\hbar^2}\left[E - V(r) - \frac{\ell(\ell+1)\hbar^2}{2m_r r^2} - \xi(r)(\vec{\ell}\cdot\vec{s})\right]u(r) = 0. \qquad (5.10)$$

Die gesamte Potentielle Energie des Elektrons hängt also von der relativen Orientierung von $\vec{\ell}$ und $\vec{s}$ ab. Die Zusatzenergie bewirkt eine Kopplung zwischen den Vektoren $\vec{\ell}$ und $\vec{s}$, die man als S p i n - B a h n - K o p p l u n g bezeichnet. Sie hat folgende Wirkung. Solange $\vec{\ell}$ in der Hamilton-Funktion nur mit den Ortskoordinaten verknüpft ist und $\vec{s}$ nur mit den Spinkoordinaten, handelt es sich um zwei unabhängige Drehimpulsvektoren, sie sind separat beobachtbar und daher vertauschbar $[\vec{\ell}, \vec{s}] = 0$. Die Eigenfunktionen $Y_{\ell m}$ und $\chi(\vec{s})$ sind dabei beide Eigenfunktionen von H, daher ist H mit jedem der Operatoren $\vec{\ell}$ und $\vec{s}$ vertauschbar, d. h. beide sind separat Erhaltungsgrößen. Das Auftreten der Spin-Bahn-Kopplungsenergie $V_{\varrho s}$, die von Orts- u n d Spinkoordinaten abhängt, in der Hamilton-Funktion hebt diese Trennung auf, und $\vec{\ell}$ und $\vec{s}$ sind keine Erhaltungsgrößen mehr. Durch das Drehmoment $\vec{\tau} = \vec{B_\varrho} \times \mu_s$ (vgl. (4.5)) tritt vielmehr eine Präzessionsbewegung auf, die die Richtung der Vektoren ständig verändert. Da nun in der

Quantenmechanik stets für die gleichen Größen Erhaltungssätze gelten, wie in der klassischen Physik, ist zu erwarten, daß als neue Konstante der Bewegung der neue Gesamtdrehimpuls, nämlich die Vektorsumme

$$\vec{j} = \vec{\ell} + \vec{s} \tag{5.11}$$

auftritt, für die dann $[\vec{j}, H] = 0$ gilt. Man nennt $\vec{j}$ den resultierenden Drehimpuls. Die Spin-Bahn-Energie bewirkt also eine Kopplung von $\vec{\ell}$ und $\vec{s}$ zu $\vec{j}$. Für die z-Komponenten von (5.11) gilt

$$j_z = \ell_z + s_z = \hbar m_j = \hbar m_\ell + \hbar m_s \tag{5.12}$$

oder $m_j = m_\ell + m_s$.

Wie jeder Drehimpuls muß $\vec{j}$ den Vertauschungsrelationen (3.45) genügen, und es muß gelten

$$\vec{j}^2 = \hbar^2 j(j + 1), \tag{5.13}$$

wobei m_j die $(2j + 1)$ Werte durchlaufen kann

$$m_j = -j, (-j + 1), \ldots, (j - 1), j. \tag{5.14}$$

Die Quantenzahl $j = \mathrm{Max}(m_j)$ kann wegen (5.12) offenbar nur die beiden Werte annehmen

$$j = \ell \pm \frac{1}{2} \tag{5.15}$$

entsprechend „Parallelstellung" und „Antiparallelstellung" von $\vec{\ell}$ und $\vec{s}$. Simultan beobachtbar, d. h. vertauschbar, sind die folgenden Größen: $\vec{j}^2, \vec{\ell}^2, \vec{s}^2$ und $j_z = \hbar m_j$. Wegen der vorhin erwähnten Präzessionsbewegung sind die z-Komponenten von $\vec{\ell}$ und $\vec{s}$ nicht beobachtbar. Alle diese Zusammenhänge werden durch eine sorgfältige mathematische Analyse unter Benutzung der Vertauschungsrelationen bestätigt. Sie erfordert

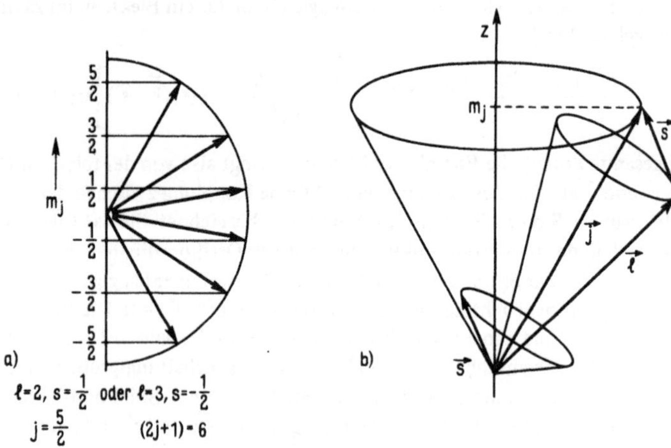

Fig. 42 a) Orientierungsmöglichkeiten eines Drehimpulses j = 5/2, b) Kopplung von $\vec{\ell}$ und $\vec{s}$ zu $\vec{j}$

die Benutzung der algebraischen Methoden zur Addition quantenmechanischer Drehimpulsvektoren, auf die wir hier verzichten wollen. Statt dessen soll in Fig. 42 das Verhalten des resultierenden Drehimpulses durch ein Vektordiagramm illustriert werden. Links sind die verschiedenen Einstellmöglichkeiten eines Drehimpulses j = 5/2 relativ zu einer z-Achse gezeigt, rechts ist die Kopplung von $\vec{s}$ und $\vec{\ell}$ zu $\vec{j}$ veranschaulicht unter Benutzung einer Darstellung wie in Fig. 31. Man beachte, daß zwischen $\vec{s}$ und $\vec{\ell}$ eine bestimmte feste Phasenbeziehung existieren muß, damit sie zu $\vec{j}$ koppeln.

Abschließend sei bemerkt, daß Spin-Bahnkopplung nicht nur bei Atomelektronen auftritt, sondern z. B. auch bei den Nukleonen eines Atomkerns oder beim Quark-Modell der Teilchen. Dabei werden Ausdrücke gebraucht, die zu (5.7) ganz analog sind.

5.2 Die Feinstruktur

Wie ändern sich nun die Energieniveaus des Wasserstoffs unter dem Einfluß der Spin-Bahn-Kopplungsenergie? Bevor wir das untersuchen, wollen wir uns eine Vorstellung von der Größenordnung der auftretenden Energien und Felder verschaffen. Wir gehen aus von (5.7) und beachten, daß $(\vec{s} \cdot \vec{\ell})$ gleich ist $\hbar^2$ mal einem Faktor von der Größenordnung 1, wenn ℓ niedrig ist, etwa $\ell = 1$, $s = \frac{1}{2}$ (den genauen Faktor geben wir nachher unter 5.32 an). Für $\xi(r)$ benutzen wir (5.9) mit Z = 1. Dann ist die Wechselwirkungsenergie

$$V_{\ell s} \approx \frac{e^2 \hbar^2}{2\,m^2 c^2} \cdot \frac{1}{r^3}. \tag{5.16}$$

Das läßt sich am schnellsten berechnen, wenn man weiß, daß die Konstantenkombination $\hbar/m_0 c = \lambdabar_e = 3,86 \cdot 10^{-3}$ Å ist (Compton-Wellenlänge des Elektrons). Dann haben wir $V_{\ell s} = e^2 \lambdabar_e^2 / 2\,r^3$. Mit $e^2 = 14,4$ eVÅ (Tabelle 1) und für den Abstand r = 1 Å ergibt sich

$$V_{\ell s} \approx \frac{14,4}{2}\,(3,86)^2 \cdot 10^{-6}\ \text{eV} \approx 10^{-4}\ \text{eV}.$$

Das ist sehr klein gegen die niedrigste Anregungsenergie des Wasserstoffs von etwa 10 eV. Wir schätzen gleich noch die vom Bahndrehimpuls erzeugte Feldstärke ab. Nach (5.7) ist $V_{\ell s} = \mu_B \cdot B_\ell \cdot 1,73$, wobei wir mit dem Zahlenfaktor $1,73 = 2\sqrt{3/4}$ dem Betrag von σ Rechnung tragen. Da wir $V_{\ell s}$ in etwa kennen, ergibt sich (mit $\mu_B = 0,58 \cdot 10^{-4}$ eV/T)

$$B_\ell \approx (10^{-4}\ \text{eV})/(0,6 \cdot 1,7 \cdot 10^{-4}\ \text{eV/T}) - 1\ \text{Tesla} = 10^4\ \text{Gauß},$$

– eine Feldstärke wie sie von einem normalen, kräftigen Laboratoriumsmagneten gerade noch bequem erzeugt werden kann.

Zur Berechnung der neuen, sich unter Hinzunahme der $\vec{\ell} \cdot \vec{s}$-Wechselwirkung ergebenden Energieniveaus müßten wir eigentlich nun die Radialgleichung in der Form (5.10) neu lösen. Das ist aber unnötig, da die zusätzliche Energie sehr klein ist gegen die ursprüngliche. Wir können vielmehr ein einfaches Näherungsverfahren anwenden, das im folgenden kurz beschrieben wird.

Eine Hamilton-Funktion lasse sich als Summe von zwei Termen schreiben, deren einer sehr klein ist,

$$H = H_0 + H' \qquad \text{mit } H' \ll H_0 \tag{5.17}$$

(in unserem konkreten Fall wäre $V_{\varrho s} = H'$). Dann führt man einen zwischen 0 und 1 kontinuierlich veränderbaren Parameter λ als Hilfsgröße ein und betrachtet

$$H = H_0 + \lambda H' \qquad 0 \leqq \lambda \leqq 1. \tag{5.18}$$

Mit Hilfe des Parameters λ kann man die durch H' am ursprünglichen System verursachte Störung sozusagen von Null bis zum vollen Wert einschalten. Man kann sich das ganz konkret vorstellen, wenn die Störung H' durch ein äußeres Feld verursacht wird, das man langsam einschalten kann. Seien nun E_n und ψ_n Eigenwerte bzw. normierte Eigenfunktionen des gestörten System und weiter ϵ_n und u_n solche des ungestörten Systems

$$H\psi_n = E_n\psi_n, \qquad H_0 u_n = \epsilon_n u_n, \tag{5.19a, b}$$

so geht für $\lambda \to 0$ offenbar $\psi_n \to u_n$ und $E_n \to \epsilon_n$. Man denkt sich nun ψ_n und E_n, – das sind die Größen, die wir suchen –, in folgender Weise entwickelt

$$\psi_n = u_n + \lambda \psi_n^{(1)} + \lambda^2 \psi_n^{(2)} + \dots \tag{5.20}$$

$$E_n = \epsilon_n + \lambda \epsilon_n^{(1)} + \lambda^2 \epsilon_n^{(2)} + \dots \tag{5.21}$$

Die hier eingeführten $\psi_n^{(k)}$ und $\epsilon_n^{(k)}$ sind die gesuchten Korrekturen zu u_n und ϵ_n, und zwar geordnet nach der Potenz, mit der diese Korrekturen für kleines λ gegen Null gehen. Der Index k charakterisiert also die Größenordnung der Korrektur. Einsetzen von (5.20, 5.21) und von (5.18) in (5.19a) gibt

$$(H_0 + \lambda H')(u_n + \lambda \psi_n^{(1)} + \dots) = (\epsilon_n + \lambda \epsilon_n^{(1)} + \dots)(u_n + \lambda \psi_n^{(1)} + \dots). \tag{5.22}$$

Dieser Ansatz soll für jeden Wert von λ, also etwa der Störungsfeldstärke, erfüllt sein, daher müssen die Koeffizienten gleicher Potenzen von λ auf beiden Seiten gleich sein. Der Koeffizientenvergleich führt in der ersten Ordnung, auf die wir uns beschränken, zu

$$H_0 u_n = \epsilon_n u_n \tag{5.23}$$

$$H_0 \psi_n^{(1)} + H' u_n = \epsilon_n \psi_n^{(1)} + \epsilon_n^{(1)} u_n. \tag{5.24}$$

Die erste Zeile (nullte Ordnung) ist mit (19b) identisch. Die zweite Zeile multiplizieren wir von links mit u_n^* und integrieren über alle Koordinaten $\int u_n^* \dots d\tau = \langle u_n | \dots \rangle$

$$\langle u_n | H_0 | \psi_n^{(1)} \rangle + \langle u_n | H' | u_n \rangle = \langle u_n | \epsilon_n | \psi_n^{(1)} \rangle + \langle u_n | \epsilon_n^{(1)} | u_n \rangle \tag{5.25}$$

nun ist aber mit (19b)

$$\langle u_n | H_0 | \psi_n^{(1)} \rangle = \langle \psi_n^{(1)} | H_0 | u_n \rangle^* = \epsilon_n \langle u_n | \psi_n^{(1)} \rangle = \langle u_n | \epsilon_n | \psi_n^{(1)} \rangle, \tag{5.26}$$

daher heben sich die ersten Glieder auf der linken und rechten Seite von (5.25) weg, und es bleibt unter Beachtung der Normierung

$$\langle u_n | \epsilon_n^{(1)} | u_n \rangle = \epsilon_n^{(1)} \langle u_n | u_n \rangle = \epsilon_n^{(1)}$$

$$\epsilon_n^{(1)} = \langle u_n | H' | u_n \rangle = \int u_n^* H' u_n d\tau = \langle H' \rangle. \tag{5.27}$$

Nach (5.21) ist $\epsilon_n^{(1)}$ die erste Korrektur zum Eigenwert ϵ_n des ungestörten Systems bei voll eingeschalteter Störung, d. h. $\lambda = 1$. Das Ergebnis (5.27) besagt daher: in erster Näherung ergibt sich die Energie des gestörten Systems, indem man zur ungestörten Energie den Erwartungswert des Störoperators, und zwar berechnet mit den ungestörten Eigenfunktionen, hinzuaddiert. Dieses Resultat der s t a t i o n ä r e n S t ö r u n g s - r e c h n u n g wird oft benutzt. Wir haben bei der Herleitung vorausgesetzt, daß keine Entartungen vorliegen. Ist dies der Fall, muß für die Wellenfunktionen ein sogenanntes Orthogonalisierungsverfahren angewandt werden, auf das wir hier nicht eingehen wollen.

Wir sind jetzt in der Lage, die energetische Aufspaltung $\Delta E_{\varrho s}$ der Spektralterme unter dem Einfluß der Spin-Bahn-Energie $V_{\varrho s}$ relativ leicht anzugeben, nämlich als Erwartungswert von (5.8)

$$\Delta E_{\varrho s} = \langle V_{\varrho s}\rangle = \int \psi^*_{n\varrho j m_j} V_{\varrho s} \psi_{n\varrho j m_j}\, d\tau$$

$$= \underbrace{\int_0^{2\pi}\int_0^{\pi} \phi^*_{\varrho j m_j}(\vec{\ell}\cdot\vec{s})\phi_{\varrho j m_j}\sin\vartheta\, d\vartheta\, d\varphi}\cdot \underbrace{\int_0^{\infty} R^*_{n\varrho}\xi(r) R_{n\varrho}r^2\, dr}\ . \qquad (5.28)$$

$$= \qquad\qquad \langle\vec{\ell}\cdot\vec{s}\rangle_{\varrho j m_j} \qquad\qquad\cdot\qquad\qquad \langle\xi(r)\rangle_{n\varrho}$$

Da der Operator $V_{\varrho s}$ ebenso wie die Wasserstoffwellenfunktion ein Produkt von einer Radialfunktion und einer Drehimpulsfunktion ist, läßt sich auch der Erwartungswert als Produkt des Erwartungswertes $\langle\vec{\ell}\cdot\vec{s}\rangle$ berechnet mit den Drehimpulsfunktionen und des Erwartungswertes $\langle\xi(r)\rangle$ berechnet mit der Radialfunktion angeben. Da $\vec{j}$ die neue Erhaltungsgröße des Drehimpulses ist, ist es zweckmäßig, für den winkelabhängigen Anteil der Wellenfunktion nun Eigenfunktionen von $\vec{j}^{\,2}$ und j_z zu wählen. Wir haben sie mit $\phi_{\varrho j m_j}$ bezeichnet. Man kann sie aus unseren früheren Eigenfunktionen zu ℓ, m_ϱ und m_s nämlich $Y_{\ell m_\varrho}\cdot\chi_{m_s} = \phi_{\ell m_\varrho m_s}$ (Winkelanteil von 4.44) entwickeln

$$\phi_{\varrho j m_j} = \sum_{m_s, m_\varrho} \langle m_s m_\varrho | j m_j\rangle \phi_{\ell m_\varrho m_s}, \qquad (5.29)$$

wobei in den spitzen Klammern ein Symbol für den Entwicklungskoeffizienten steht. Es ist für uns nicht nötig, diese Entwicklung durchzuführen und die $\phi_{\varrho j m_j}$ explizit auszuschreiben. Es genügt zu wissen, daß die Entwicklung für ein vollständiges System durchführbar ist und daß die Eigenfunktionen zu j existieren.
Wir bilden nun mit dem Operator $\vec{j}$ das Produkt

$$\vec{j}\cdot\vec{j} = (\vec{\ell}+\vec{s})(\vec{\ell}+\vec{s}) = \vec{\ell}^{\,2} + \vec{s}^{\,2} + 2\,\vec{\ell}\cdot\vec{s}, \qquad (5.30)$$

woraus wir erhalten

$$\vec{\ell}\cdot\vec{s} = \frac{1}{2}\{\vec{j}^{\,2} - \vec{\ell}^{\,2} - \vec{s}^{\,2}\}. \qquad (5.31)$$

Die Funktionen $\phi_{\varrho j m_j}$ sind Eigenfunktionen zu allen Operatoren auf der rechten Seite von (5.31). Für einen Eigenzustand mit den Quantenzahlen ℓ, j, m_j sind daher die Erwartungswerte der Drehimpulsoperatoren gleich deren Eigenwerten. Es ist zum Beispiel $\vec{j}^{\,2}|\phi\rangle = \hbar^2 j(j+1)|\phi\rangle$ und daher der Erwartungswert

$$\langle \vec{j}^2 \rangle = \langle \phi | \vec{j}^2 | \phi \rangle = \langle \phi | \hbar^2 j(j+1) | \phi \rangle = \hbar^2 j(j+1) \langle \phi | \phi \rangle = \hbar^2 j(j+1)$$

wegen der Normierung. Wir können den Erwartungswert von $\vec{\ell} \cdot \vec{s}$ daher ohne Umstände angeben

$$\langle \vec{\ell} \cdot \vec{s} \rangle = \frac{\hbar^2}{2} \{ j(j+1) - \ell(\ell+1) - s(s+1) \}, \tag{5.32}$$

und der erste Faktor von Gl. (5.28) ist bekannt. Die Zusatzenergie ist nun

$$\Delta E_{\ell s} = \left\{ j(j+1) - \ell(\ell+1) - \frac{3}{4} \right\} \zeta_{n\ell}$$

$$\zeta_{n\ell} = \frac{\hbar^2}{2} \langle \xi_{n\ell}(r) \rangle \tag{5.33a, b}$$

mit der neuen Abkürzung $\zeta_{n\ell}$. Die Quantenzahl j kann genau die beiden Werte $\ell + \frac{1}{2}$ und $\ell - \frac{1}{2}$ annehmen. Daher ergibt sich

$$\Delta E_{\ell + \frac{1}{2}} = \ell \, \zeta_{n\ell} \qquad \text{für } j = \ell + \frac{1}{2}$$

$$\Delta E_{\ell - \frac{1}{2}} = -(\ell+1) \zeta_{n\ell} \qquad \text{für } j = \ell - \frac{1}{2}. \tag{5.34}$$

Jedes Niveau mit gegebenen Quantenzahlen n, ℓ spaltet daher in zwei Niveaus auf (ausgenommen für $\ell = 0$), wobei der relative Abstand der aufgespaltenen Linien von der ursprünglichen nach (5.34) nur von ℓ abhängt, während die absolute Größe durch die von n und ℓ abhängige Radialfunktion $\zeta_{n\ell}(r)$ gegeben ist. Das ist in Fig. 43a, b illustriert. Unter (a) ist der allgemeine Fall gezeichnet, (b) zeigt als konkretes Beispiel die Aufspaltung des 2 p Niveaus im Wasserstoff (vgl. Fig. 28). In diesem Teil der Figur

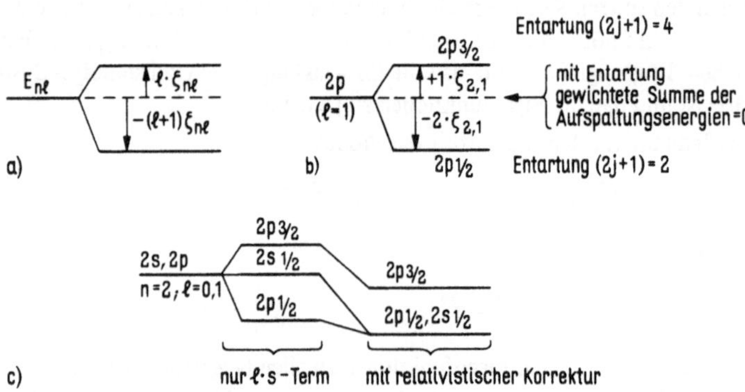

Fig. 43 Niveauaufspaltung bei der Feinstruktur a), b) ohne relativistische Effekte, c) mit relativistischer Behandlung

ist noch eine allgemeine Regel erläutert: wenn man die Aufspaltungsenergien mit der Entartung des Niveaus hinsichtlich der magnetischen Quantenzahl m_j gewichtet und addiert, dann ist die Summe gleich Null, d. h., der „Linienschwerpunkt" ändert sich durch die Aufspaltung nicht. Das ist eine sogenannte „Summenregel".

Die absolute Größe der Aufspaltung ergibt sich aus $\zeta_{n\ell}$. Durch Zusammenfassen der Gleichungen (5.33b), (5.28, zweiter Faktor) sowie (5.9) ergibt sich für ein Coulomb-Potential

$$\zeta_{n\ell} = \frac{\hbar^2}{2} \langle \xi(r) \rangle = \frac{Ze^2\hbar^2}{4\,m^2c^2} \int_0^\infty R_{n\ell}^* \frac{1}{r^3} R_{n\ell} r^2 \, dr. \tag{5.36}$$

Das Integral ist gleich dem Erwartungswert von $1/r^3$ für die Wasserstofffunktionen $u(r) = rR(r)$ (vgl. 3.23, 3.54). Es läßt sich für alle n, $\ell \neq 0$ aus den erzeugenden Funktionen für die Radialfunktionen herleiten mit dem Ergebnis

$$\left\langle \frac{1}{r^3} \right\rangle_{\ell n} = \frac{Z^3}{a_0^3} \frac{1}{n^3\ell(\ell + \frac{1}{2})(\ell + 1)}. \tag{5.37}$$

Mit $a_0 = \hbar^2/e^2 m$ und $\alpha = e^2/\hbar c$ ergibt sich nach Einsetzen in (5.36)

$$\zeta_{n\ell} = \frac{mc^2}{4} (Z\alpha)^4 \frac{1}{n^3\ell(\ell + \frac{1}{2})(\ell + 1)}. \tag{5.38}$$

Das ist die Größe der energetischen Aufspaltung durch die Spin-Bahn-Kopplung für ein Coulomb-Potential ohne relativistische Korrekturen.

Die berechnete Dublettaufspaltung ist noch nicht in quantitativer Übereinstimmung mit dem Experiment. Wie wir zu Anfang abgeschätzt haben, beträgt sie etwa 10^{-5} der Energie des niedrigsten angeregten Zustands. In dieser Größenordnung liegen aber auch die relativistischen Korrekturen. Für ein 10 eV Elektron ist $(v^2/c^2) = 4 \cdot 10^{-5}$. Wir müssen daher den relativistischen Charakter des Elektrons berücksichtigen. Eigentlich müßten wir dazu die Dirac-Gleichung benutzen. Aber für kleine Impulse liefert auch eine nicht-lorentzinvariante Näherung zur Schrödinger-Gleichung das richtige Ergebnis. Wir setzen in der Hamilton-Funktion statt

$$H = \frac{p^2}{2\,m} + V \quad \text{jetzt} \quad H = \sqrt{p^2c^2 + m_0^2c^4} - m_0c^2 + V, \tag{5.39}$$

d. h., wir ziehen von der relativistischen Gesamtenergie die Ruheenergie m_0c^2 wieder ab, um die kinetische Energie zu erhalten. Wir entwickeln die Wurzel bis zum zweiten Glied nach $\sqrt{1 + x} = 1 + \frac{1}{2}x - \frac{1}{8}x^2 + \dots$ und erhalten

$$\begin{aligned} H &= m_0c^2 \left[1 + \left(\frac{p^2}{m_0^2c^2}\right)\right]^{\frac{1}{2}} - m_0c^2 + V \\ &= m_0c^2 \left\{1 + \frac{p^2}{2\,m_0^2c^2} - \frac{1}{8} \frac{p^4}{m_0^4c^4}\right\} - m_0c^2 + V \\ &= \frac{p^2}{2\,m_0} - \frac{1}{8} \frac{p^4}{m_0^3c^2} + V. \end{aligned} \tag{5.40}$$

Ohne den zweiten Term ist das gerade die nicht-relativistische Hamilton-Funktion. Der zweite Term ist sicher klein, da wir $p \ll m_0 c$ vorausgesetzt haben und dies in unserem Falle auch erfüllt ist. Daher können wir ihn wieder als Störung nach (5.27) behandeln und den Erwartungswert

$$\Delta E_{rel} = -\int \psi^*_{n\ell m} \left(\frac{\hbar^4}{8\, m_0^3 c^2} \right) \Delta^2 \psi_{n\ell m} \, d\tau \tag{5.41}$$

als relativistische Korrektur zum früheren Ergebnis addieren. Beim Übergang zu (5.41) haben wir für p^2 die Operatorform eingesetzt. Die Ausführung des Integrals mit Wasserstoffwellenfunktionen ergibt

$$\Delta E_{rel} = -\frac{mc^2}{2} (Z\alpha)^4 \left\{ \frac{1}{n^3 \left(\ell + \frac{1}{2} \right)} - \frac{3}{4\, n^4} \right\}. \tag{5.42}$$

Diese Korrektur hat interessanterweise den gleichen Koeffizienten wie (5.38). Das weist darauf hin, daß beide Effekte im Grunde die gleiche Wurzel haben, nämlich die relativistische Natur des Elektrons. In den Lösungen der Dirac-Gleichung sind sie auch beide automatisch enthalten. Wir addieren jetzt (5.34) und (5.42) und setzen $j = \ell \pm \frac{1}{2}$. Das ergibt die Feinstruktur-Aufspaltung

$$\Delta E_{FS} = \Delta E_{\ell s} + \Delta E_{rel} = -\frac{1}{2} mc^2 (Z\alpha)^4 \frac{1}{n^3} \left\{ \frac{1}{j + \frac{1}{2}} - \frac{3}{4\, n} \right\}. \tag{5.43}$$

Dieses Ergebnis ist in Übereinstimmung mit der Dirac-Theorie. Unter Benutzung der Termenergie (1.14) $E_n = -mc^2 (Z\alpha)^2 / 2\, n^2$ können wir noch umschreiben in

$$\Delta E_{n,j} = E_n \cdot \frac{(Z\alpha)^2}{n} \left\{ \frac{1}{j + \frac{1}{2}} - \frac{3}{4\, n} \right\} \tag{5.44}$$

oder

$$E_{n,j} = E_n + \Delta E_{nj} = E_n \left\{ 1 + \frac{(Z\alpha)^2}{n} \left(\frac{1}{j + \frac{1}{2}} - \frac{3}{4\, n} \right) \right\}. \tag{5.45}$$

Der zweite Term in der geschweiften Klammer läßt die relative Größe der Aufspaltungsenergie deutlich werden. Da der Faktor in runden Klammern mit den Quantenzahlen j und n im allgemeinen von der Größenordnung Eins ist, wird die Größe der Aufspaltung durch das Quadrat der dimensionslosen F e i n s t r u k t u r - K o n s t a n t e n α bestimmt. Es ist

$$\alpha = \frac{e^2}{\hbar c} \approx \frac{1}{137}, \quad \alpha^2 = 5{,}3 \cdot 10^{-5}, \quad \frac{1}{\alpha^2} = 18770 \tag{5.46}$$

($\alpha = e^2/\hbar c$ gilt nur im Gaußschen System!). Die Größenordnung von ΔE ist in Übereinstimmung mit unserer früheren Abschätzung. Die Konstante α, die im Zusammenhang mit der Beschreibung der Feinstruktur nach der älteren Quantentheorie zuerst von Sommerfeld gebraucht wurde, hat große allgemeine Bedeutung. Sie kann als die Kopplungskonstante der elektromagnetischen Wechselwirkung in natürlichen Einheiten aufgefaßt werden. Auch ist beispielsweise die klassische Geschwindigkeit eines Elektrons auf der Bohrschen Bahn gerade $v_{Bohr} = \alpha c$.

Besonders interessant an den Formeln (5.43) bis (5.45) ist, daß nach Zusammenfassung der beiden Korrekturen das Ergebnis außer von n nur noch von der Quantenzahl j abhängt, aber nicht mehr von ℓ. Das bedeutet das Auftreten einer neuen Entartung, da nun zum Beispiel die Terme $2\,p_{1/2}$ und $2\,s_{1/2}$ die gleiche Energie haben (der j-Wert ist als Index angehängt). Fig. 43c zeigt das endgültige Bild der Feinstrukturaufspaltung. Die ungestörten Terme 2 s und 2 p haben die gleiche Energie (vgl. wieder Fig. 28). Die Spin-Bahn-Kopplung wirkt nur auf den p-Term mit $\ell = 1$. Hinzunahme der relativistischen Korrektur wirkt auf beide, aber so, daß die Energie nur von j abhängt und jetzt $2\,p_{1/2}$ und $2\,s_{1/2}$ entartet sind. In Fig. 44 ist das neue Termschema des Wasserstoffs für die

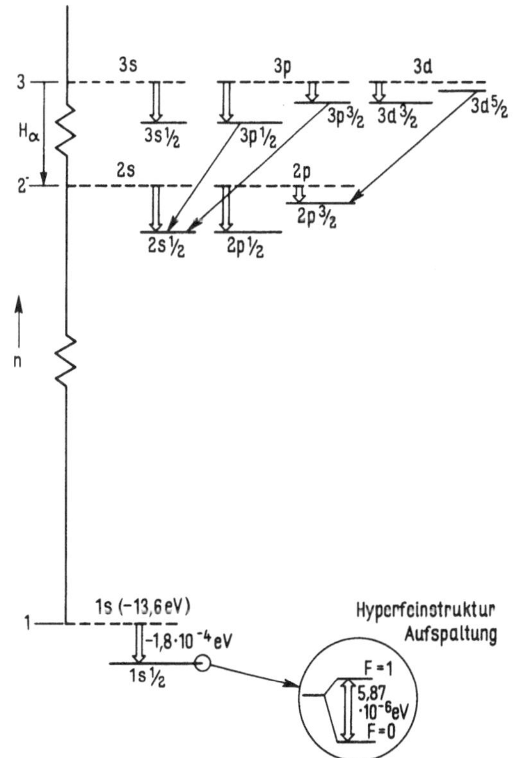

Fig. 44
Feinstrukturaufspaltung der n = 1, 2, 3 Zustände beim Wasserstoff. Nicht maßstäblich! Die energetische Verschiebung durch die Feinstruktur gegenüber den ursprünglichen Niveaus ist durch offene Pfeile angedeutet. Man beachte die Entartung nach j. Die durchgezogenen Pfeile sind Komponenten der H_α-Linie (näheres in Fig. 51). Die Hyperfeinstrukturaufspaltung ist vergrößert eingezeichnet

Hauptquantenzahlen bis n = 3 gezeigt — aber nicht mehr maßstäblich. Einige Komponenten der H_α-Linie (n = 3 → n = 2) sind eingezeichnet. Die Dirac-Theorie bestätigt, was der Ausdruck (5.43) formal enthält: auch der Grundzustand ist entsprechend $j = \frac{1}{2}$ gegenüber der nicht-relativistischen Behandlung um $1,8 \cdot 10^{-4}$ eV abgesenkt. Die experimentelle Beobachtung dieser Effekte erfordert hohe spektroskopische Auflösung. Vor dem Vergleich mit dem Experiment müssen jedoch noch weitere Effekte berücksichtigt werden, die in den nächsten zwei Abschnitten beschrieben werden.

5.3 Die Hyperfeinstruktur

Bis jetzt haben wir außer acht gelassen, daß auch das Proton, oder allgemeiner der Atomkern, ein magnetisches Moment hat, das in Wechselwirkung mit dem magnetischen Moment der Elektronenhülle treten kann. Den allgemeineren Fall eines komplexen Atoms wollen wir später behandeln (Abschn. 9.1) und uns hier zunächst wieder auf den Wasserstoff beschränken.

Wir beginnen wieder mit einer Abschätzung über die Größe der zu erwartenden Korrektur zu den Energieniveaus. Auch das Proton ist ein Teilchen mit Spin $\frac{1}{2}$. Sein magnetisches Moment sollte von der Größenordnung des Kernmagnetons (4.11) sein, das wegen des Massenverhältnisses m_0/m_p 1836 mal kleiner ist als das Bohrsche Magneton. Der durch Messung bestimmte g-Faktor des Protons ist allerdings „anomal", er beträgt $g_p = 5,58$. Daher ist $\mu_p = 2,79$ (nach 4.14). Das Verhältnis der magnetischen Momente von Elektron und Proton ist daher $\mu_e/\mu_p = \mu_B/2,79\,\mu_K = 658$.

Das magnetische Moment des Protons ist also immer noch sehr viel kleiner als die magnetischen Momente von Elektronen-Spin oder Elektronen-Bahndrehimpuls. Wir können daher erwarten, daß die energetisch stärkere $\vec{\ell} \cdot \vec{s}$ Kopplung erhalten bleibt und sich der Spinvektor des Protons relativ zum Vektor $\vec{j}$ orientieren wird. Für den Wasserstoffgrundzustand mit $\ell = 0$ schätzen wir die magnetische Energie ab als Wechselwirkungsenergie zweier Dipole mit $\vec{\mu}_p$ und $\vec{\mu}_e$ im Abstand $a_0/2$ (das trägt dem größeren Gewicht kleiner Abstände bei der magnetischen Dipol-Dipol Wechselwirkung grob Rechnung). Für die magnetische Energie zweier klassischer Dipole gilt in praktischen Einheiten die Formel

$$E_m = (1,59 \cdot 10^{-11})\mu_1\mu_2/r^3 \qquad \mu \text{ in } \mu_B, \text{ r in Å, E in eV.}$$

Das gibt in unserem Falle

$$E_m \approx (1,59 \cdot 10^{-11})\, 2,79 \cdot 1836/(0,26)^3 = 4,6 \cdot 10^{-6} \text{ eV.}$$

Diese Energie ist wesentlich kleiner als die Spin-Bahn-Energie.

Zur quantitativen Behandlung schlagen wir einen anderen Weg ein. Da der Kern praktisch punktförmig ist im Vergleich zur Ausdehnung der Elektronendichte-Verteilung, können wir das vom Elektron erzeugte Magnetfeld als konstant im Bereich des Kernvolumens annehmen. Wir betrachten daher die magnetische Energie des Protons in dem von der Hülle erzeugten Feld. Dieses Magnetfeld müssen wir zunächst angeben. Nach zeitlicher Mittelung über die Präzessionsbewegung von $\vec{s}$ und $\vec{\ell}$ wird das mittlere Feld $\bar{B}_0$ in Richtung von $\vec{j}$ stehen. Nehmen wir an, $\vec{j}$ und daher auch $\vec{B}_0$ zeige in z-Richtung. Da die x- und y-Komponenten von $\vec{j}$ nicht beobachtbar sind, heißt das, genauer ausgedrückt, daß z die Richtung ist, bei der eine Messung von j_z den Erwartungswert $j\hbar$ liefert. Die magnetische Feldstärke ist dementsprechend proportional zum Erwartungswert $\bar{B}_0$ des zeitlichen Mittelwerts B_z für den Elektronenzustand mit $m_j = j$. Wir können daher für B_0 setzen

$$\vec{B}_0 = \bar{B}_0 \, \frac{\vec{j}}{j\hbar} \qquad \text{mit } \bar{B}_0 = \langle \psi_{j,m_j=j} \,|\, \bar{B}_z \,|\, \psi_{j,m_j=j} \rangle. \qquad (5.47)$$

Die Größe $\bar{B}_0$ läßt sich allerdings nur in sehr einfachen Fällen aus den Wellenfunktionen berechnen.

Mit dem magnetischen Moment des Protons $\vec{\mu}_p$ ergibt sich damit die magnetische Energie

$$V_{HFS} = -\vec{\mu}_p \cdot \vec{B}_0. \qquad (5.48)$$

Diese neue Wechselwirkungsenergie führt wieder, analog zur Wirkung der Spin-Bahn-Energie, zu einer Kopplung der Drehimpulsvektoren des Protons $\vec{s}_p$ und des Elektrons $\vec{j}$. Die Vektorsumme, die wir $\vec{F}$ nennen, ist die neue Konstante der Bewegung

$$\vec{F} = \vec{s}_p + \vec{j}. \qquad (5.49)$$

Wie üblich muß $\vec{F}$ den Drehimpulsregeln gehorchen, d. h. es gilt

$$\vec{F}^2 = \hbar^2 F(F + 1); \quad F_z = m_F\hbar;$$

$$m_F = -F, -F + 1, \ldots, F \qquad \text{(insgesamt } 2F + 1 \text{ Werte)}.$$

Speziell für den Grundzustand des Wasserstoffs gibt es nur 2 mögliche Werte für F, da Proton und Elektron beide den Spin $\frac{1}{2}$ haben und sich die beiden Spins nur entweder parallel oder antiparallel stellen können. In Quantenzahlen heißt das

$$j = s = \frac{1}{2}, \quad s_p = \frac{1}{2}, \quad F = j \pm s_p$$

also $F = 0$ (antiparallel) oder $F = 1$ (parallel). Der Index p steht für das Proton. Analog zu (4.41) schreiben wir für das magnetische Moment des Protons

$$\vec{\mu}_p = g_p \mu_K \vec{s}_p/\hbar = \frac{\mu_p \mu_K}{\hbar} \frac{\vec{s}_p}{s_p},$$

wobei wir entsprechend (4.21) $g_p = \mu_p/s_p$ eingeführt haben. Setzen wir dies in (5.48) · ein, so ergibt sich

$$V_{HFS} = -\vec{\mu}_p \cdot \vec{B}_0 = \frac{-\mu_p\mu_K}{s\hbar}\,\vec{s}_p \cdot \vec{j}\,\frac{\vec{B}_0}{j\hbar}$$

$$= \frac{-\mu_p\mu_K\overline{B}_0}{s_pj\hbar^2}\,(\vec{s}_p \cdot \vec{j}\,) = \frac{-\mu_p\mu_K\overline{B}_0}{2\,s_pj\,\hbar^2}\,(\vec{F}^2 - \vec{j}^2 - \vec{s}_p^2)\,.$$

(5.50)

Das Operatorprodukt $(\vec{s}_p \cdot \vec{j}\,)$ wurde, wie bei (5.31), durch Quadrieren der Identität $\vec{F} = \vec{s}_p + \vec{j}$ erhalten. Da die Wechselwirkungsenergie sehr klein ist, dürfen wir sie sicher als Störung behandeln, und auch der nächste Schritt, der Übergang zum Erwartungswert, vollzieht sich ganz wie früher, indem wir uns Eigenfunktionen zum neuen Gesamtdrehimpuls $\vec{F}$ konstruiert denken. Der Erwartungswert von $\vec{F}^2$ ist dann $\hbar^2 F(F+1)$ usw. Wir erhalten daher für die Hyperfeinstruktur-Aufspaltungsenergie

$$\Delta E_{HFS} = \langle V_{HFS}\rangle = \frac{A}{2}\,\{F(F+1) - j(j+1) - s_p(s_p+1)\}\,,$$

(5.51)

worin $\quad A = \dfrac{-\mu_p\mu_K}{s_pj}\,\overline{B}_0\,.$

Speziell für den Wasserstoffgrundzustand ist $s_p = j = 1/2$ und aus A wird $A_H = 4\,\mu_p\mu_K\overline{B}_0$. Für den Wasserstoffgrundzustand erhalten wir weiter aus (5.51)

$$\Delta E_{HFS}^{(1)} = +\frac{A}{4} \qquad \text{für } j = \frac{1}{2},\ s_p = \frac{1}{2},\ F = 1$$

$$\Delta E_{HFS}^{(0)} = -3\,\frac{A}{4} \qquad \text{für } j = \frac{1}{2},\ s_p = \frac{1}{2},\ F = 0$$

(5.52)

Die Größe A führt aus Gründen, die später deutlicher werden, den Namen I n t e r v a l l - F a k t o r [1]).

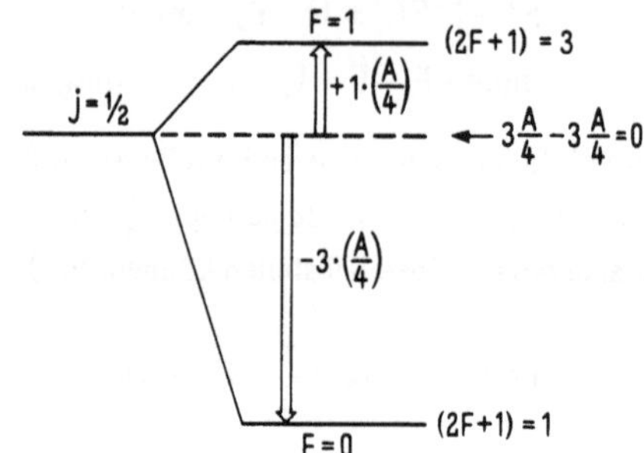

Fig. 45
Hyperfeinstruktur-Aufspaltung beim Grundzustand des Wasserstoffs. Rechts ist gezeigt, daß die mit der Entartung gewichtete Summe der Aufspaltungsenergien gleich Null ist

Fig. 45 zeigt das sich hieraus ergebende Aufspaltungsbild. Wieder ist die mit der Entartung gewichtete Summe der magnetischen Energien gleich Null. Die Größe der Aufspaltung hängt vom Faktor A ab, der das Feld $\overline{B}_0$ enthält. Es ist im allgemeinen Fall schwer zu

---

[1]) Der Index p bei s_p ist hier eigentlich unnötig, da die Spins von Proton und Elektron beide gleich 1/2 sind. Bei schwereren Atomen muß s_p jedoch durch die Spinquantenzahl I des Kerns ersetzt werden. Die hier gewählte Schreibweise erleichtert daher den Vergleich mit den Ausdrücken in Abschnitt 9.1 .

berechnen. Für die einfachste Situation, den Grundzustand des Wasserstoffs, erhält man $\overline{B}_0$ durch folgende Überlegung. Das Feld im Zentrum einer Kugel, deren Oberfläche gleichmäßig magnetisiert ist, läßt sich klassisch leicht berechnen. Es hängt nur von der Magnetisierung und nicht vom Radius ab und gilt daher für jede kugelsymmetrische Ladungsverteilung. Für eine s-Elektronenverteilung ist die Magnetisierung $\vec{\mathfrak{P}} = \vec{\mu}_e |\psi_{no}(0)|^2$. Damit ergibt sich unter Verwendung von (4.20) das Feld $\overline{B}_0$

$$\overline{B}_0 = \frac{8\pi}{3}\mathfrak{P} = g_s s \mu_B \frac{8\pi}{3} |\psi_{no}(0)|^2. \tag{5.53}$$

Aus Tab. 4 entnimmt man

$$|\psi_{no}(0)|^2 = \frac{Z^3}{\pi a_0^3 n^3}, \tag{5.54}$$

so daß man für den Grundzustand ($n = 1$, $Z = 1$) erhält

$$A_H = 4\,\mu_p \mu_K \mu_B \frac{8\pi}{3} |\psi_0|^2 = \frac{16\,\mu_p \mu_K \mu_B}{3\,a_0^3}, \tag{5.55}$$

die gesamte Aufspaltung beträgt gerade A_H (Fig. 45). Nach Einsetzen der Werte erhält man

$$\Delta E_{HFS} = A_H = 5{,}87 \cdot 10^{-6}\ \text{eV}. \tag{5.56}$$

Übrigens entspricht dies unserer anfangs gemachten klassischen Abschätzung der Dipol-Dipol-Wechselwirkung.

Die Hyperfeinstruktur-Aufspaltung ist in Fig. 44 im vergrößerten Ausschnitt eingezeichnet. Die zugehörige Übergangsfrequenz liegt im Mikrowellenbereich und läßt sich deshalb sehr genau vermessen (siehe auch Abschnitt 10.3). Man beobachtet eine Frequenz von 1420,4 MHz, entsprechend einer Wellenlänge von 21 cm. Dieser Übergang wird im Wasserstoff-Maser als Frequenzstandard benutzt (Abschn. 10.3). Er spielt auch in der Radioastronomie eine erhebliche Rolle, da die Ionosphäre im Bereich der 21 cm Linie für Radiowellen durchlässig ist.

Wenn man in (5.55) genaue Werte der Konstanten einsetzt, ergibt sich übrigens nicht ganz die beobachtete Frequenz, sondern 1418,9 MHz. Das war ein wichtiger Hinweis darauf, daß noch eine Korrektur fehlt. Sie besteht darin, daß der g-Faktor des Elektrons nicht exakt den Dirac-Wert g = 2 hat. Über die Ursache müssen wir im nächsten Abschnitt sprechen.

5.4 Quantenelektrodynamische Effekte, Lamb-Shift

Die in diesem Abschnitt zu besprechenden Effekte gehören insofern nur am Rande zur eigentlichen Atomphysik, als sie einerseits die generelle Struktur der elektromagnetischen Wechselwirkung betreffen, also übergreifenden Charakter haben, und andererseits in den Spektren so kleine Korrekturen liefern, daß sie nur in den allerpräzisesten Experimenten beobachtet werden können. Die grundsätzliche Bedeutung ist aber sehr groß. Wir müssen uns, was die theoretischen Grundlagen betrifft, aufs Referieren beschränken und wollen dann hauptsächlich zwei wichtige Experimente besprechen.

Wie wir gesehen haben, ist die Beschreibung durch einen Teilchen-Welle Dualismus die einzige Möglichkeit, die Erscheinungen der Quantenphysik zu deuten. Wir haben das Elektron als Welle beschrieben, ohne seinen Teilchencharakter aufzugeben. Umgekehrt müssen wir den elektromagnetischen Wellen auch Teilchencharakter zuordnen. Der photoelektrische Effekt (Fig. 7) und der Compton-Effekt lassen sich am angemessensten als Stoßprozesse von Photonen der Energie $\hbar\omega$ beschreiben. Die Behandlung der Quanteneigenschaften des elektromagnetischen Feldes ist Gegenstand der Quantenelektrodynamik. Sie geht davon aus, daß man in den Maxwellschen Gleichungen die Ladungsdichte durch $\rho = e \, | \, \psi(r) \, |^2$ und den Strom durch $\vec{j} = e\psi^* \vec{v} \psi$ ersetzt, bzw. durch die entsprechenden relativistischen Ausdrücke der Dirac-Gleichung. Diesen Weg können wir hier nicht verfolgen, aber wir können einige der Konsequenzen aufzählen. Wie kann man etwa das Coulomb-Gesetz im Teilchenbilde beschreiben? Es zeigt sich, daß alle elektromagnetischen Wechselwirkungen zustande kommen durch Emission und Absorption von Quanten. Die Coulomb-Kraft nimmt dabei den Charakter einer „Austauschkraft" an, verursacht durch den Austausch von Photonen. Ein geladenes Teilchen, ein Elektron etwa, emittiert und absorbiert ständig Quanten

$$e \rightarrow e + \text{Photon} \rightarrow e. \qquad (5.57)$$

Das ist natürlich nur unter Verletzung des Energiesatzes möglich, die für eine sehr kurze Zeit nach $\Delta W \Delta t \approx \hbar$ erlaubt ist. Die Energie des Photons ist dabei negativ und sein Impuls imaginär, man spricht von einem „virtuellen" Photon. Ein Wechselwirkungsprozeß zwischen zwei Elektronen tritt auf, wenn ein virtuelles Photon ausgetauscht wird. In Fig. 46a ist das in einer Darstellung repräsentiert, die man Feynman-Graph nennt und die neben ihrer Anschaulichkeit zugleich eine Kurzschrift für die Rechenvorschriften darstellt, nach denen man die Amplitude für den Prozeß angeben kann.

Aus der Amplitude für den einfachen Austausch eines virtuellen Quants erhält man die charakteristische r-Abhängigkeit des Coulombschen Gesetzes. Als weiteres Beispiel zeigt Fig. 46b den Compton-Effekt, die Streuung eines Lichtquants an einem Elektron.

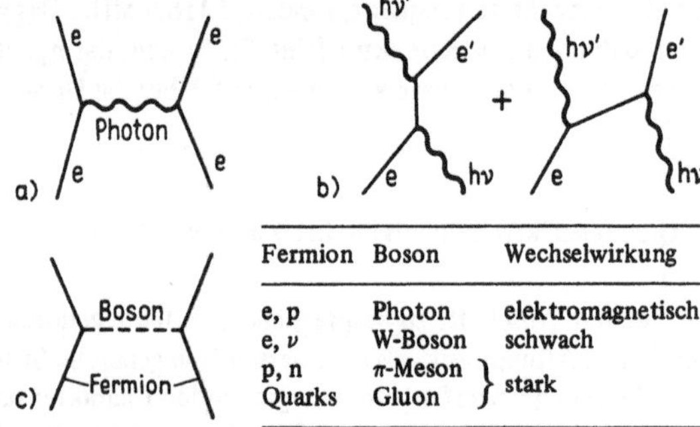

Fig. 46 Graphen für a) Coulombstreuung zweier Elektronen, b) Photon-Elektron-Streuung (Compton-Effekt), c) allgemeines Prinzip der Wechselwirkungen

Der Prozeß kann sich in verschiedener Weise abspielen. Entweder wird das reelle Quant erst absorbiert und später ein anderes emittiert (links), oder es wird vom Elektron erst das Streuquant emittiert und dann das einlaufende Quant absorbiert. Die beiden Amplituden, die zum gleichen Endzustand führen, müssen bei der Rechnung addiert werden. In diesem Fall ist das Ergebnis die „Klein-Nishina-Formel". In Fig. 46c haben wir noch angedeutet, daß die Quantenelektrodynamik das Muster für die Beschreibung aller fundamentalen Wechselwirkungen geliefert hat, die nach heutigem Verständnis zwischen Fermionen (Abschn. 7.1) durch den Austausch eines Bosons hervorgerufen werden.

Nach dieser Vorbereitung sehen wir uns in Fig. 47 einige Prozesse höherer Ordnung an, die zur Coulomb-Wechselwirkung eines Elektrons beitragen können. Unter a) bis c) handelt es sich um die vorübergehende Emission eines virtuellen Quants unter dem Einfluß des Potentials. Die Wirkung besteht gewissermaßen in einer Ausschmierung des Punktpotentials über etwa eine Compton-Wellenlänge $\lambda_e = \hbar/m_0 c$. Dazu kommt der unter d) gezeichnete Prozeß, bei dem das Austauschquant ein virtuelles Elektron-Positron-Paar bildet. Man nennt diesen Prozeß „Vakuumpolarisation". Er bewirkt eine Reduktion der effektiven Ladung in unmittelbarer Nähe der Feldquelle. Wir können all das zusammenfassen in der Aussage: das Coulombsche Gesetz ist eine Näherung für relativ große Distanzen. Bei sehr kleinen Abständen der Ladungen treten Abweichungen auf, die sich aus der Quantisierung des elektromagnetischen Feldes ergeben.

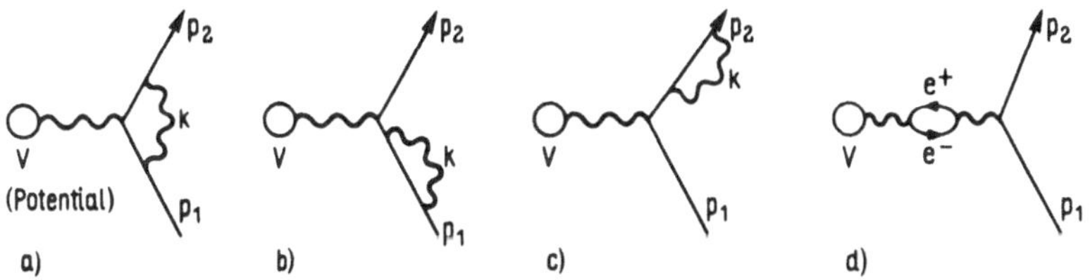

Fig. 47 Prozesse höherer Ordnung bei der elektromagnetischen Wechselwirkung

Es ist von großer prinzipieller Bedeutung zu fragen, welche meßbaren Konsequenzen sich aus diesen Vorstellungen ergeben. Haben die Graphen von Fig. 47 etwas mit der realen Natur zu tun, oder sind sie ein Irrweg der Theorie? Im Bereich der Atomphysik gibt es nun vor allem zwei meßbare Effekte, die auf die beschriebenen Korrekturen zurückgehen und die es gestatten, die Vorhersagen der Quantenelektrodynamik zu prüfen:

(1) die Abweichung des g-Faktors des Elektrons vom Wert 2

(2) die Aufhebung der Entartung zwischen dem $2\,s_{1/2}$ und $2\,p_{1/2}$ Niveau im Wasserstoff.

Wir wollen diese beiden Effekte jetzt besprechen.

Die Rechenmethoden der Quantenelektrodynamik werden ständig verfeinert. Daher haben auch die Vorhersagen einen gewissen Kurswert. Für den g-Faktor des Elektrons liefert eine neuere Rechnung

$$g_s = 2\left(1 + \frac{\alpha}{2\pi} - 0{,}328\,\frac{\alpha^2}{\pi^2} + \ldots\right), \tag{5.58}$$

so daß sich als Differenz zum Dirac-Wert 2 ergibt

$$(g_s - 2)_{theor} = 0{,}002319310(6). \tag{5.59}$$

Die Messung ist wiederholt mit großer Genauigkeit durchgeführt worden. Fig. 48 zeigt eine Meßanordnung, die auf W i l k i n s o n und C r a n e zurückgeht. Das Prinzip ist unter a) skizziert. Ein zur Zeit 0 in x-Richtung polarisiertes Elektron bewege sich auf einer Kreisbahn in einem Feld B, das senkrecht zur Zeichenebene steht. Seine Spinrichtung präzessiert um B mit der Larmorfrequenz (4.16)

$$\omega_L = \frac{g_s \mu_B B}{\hbar} = \frac{g_s}{2}\frac{eB}{mc}. \tag{5.60}$$

Die Umlauffrequenz ω_C auf der Kreisbahn ergibt sich aus dem Gleichgewicht von Lorentz-Kraft und Zentrifugalkraft $m\omega^2 r = evB/c = e\omega rB/c$ zu

$$\omega_C = \frac{eB}{mc} \tag{5.61}$$

Man nennt sie Zyklotronfrequenz. Vergleich von (5.60) und (5.61) zeigt, daß für $g_s = 2$ die Larmorfrequenz exakt gleich der Zyklotronfrequenz ist und daher der Spin immer senkrecht zum Impuls des Elektrons stehen bleibt (siehe Figur). Wegen der Abweichung des g-Faktors von 2 tritt aber eine zusätzliche Präzession von $\vec{s}$ um $\vec{p}_e$ auf, die eine empfindliche Messung ermöglicht. Man kann zeigen, daß das Ganze auch relativistisch richtig bleibt. Im Experiment (Fig. 48 b) wird ein von links kommender Elektronenpulk von 100 ns Dauer und 100 keV Energie zunächst an einer Goldfolie gestreut. Die durch

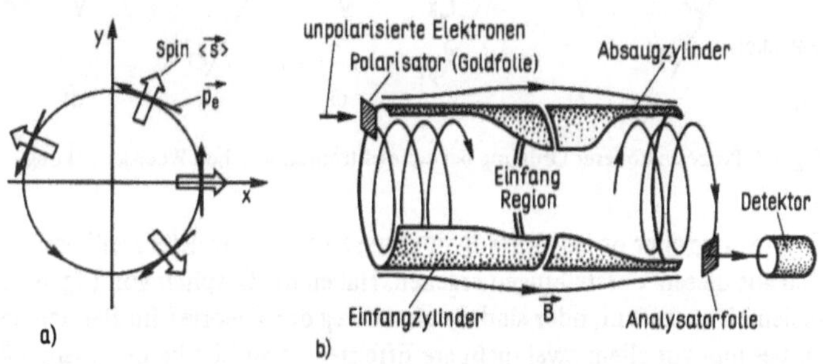

Fig. 48 g-2 Experiment am Elektron nach dem Prinzip von Wilkinson und Crane.
a) Zur Polarisationsrichtung der Elektronen (in Zylinderachse gesehen)
b) Anordnung, schematisch (nach Wesley & Rich, Phys. Rev. A4 (1971) 1341)

Coulomb-Streuung um 90° abgelenkten Elektronen werden dabei durch die Spin-Bahn-Kopplungsenergie senkrecht zur Impulsrichtung polarisiert (Mott-Streuung). Sie laufen dann in ein Magnetfeld von 0,1 T, dessen Feldverlauf so gewählt ist, daß an beiden Seiten magnetische Spiegel entstehen. Dazu genügt bereits eine Feldänderung von $6 \cdot 10^{-5}$. Der Elektronenpulk läuft zunächst nach rechts. Durch einen geeigneten Spannungsstoß zwischen den beiden eingezeichneten Metallzylindern werden sie so verlangsamt, daß sie die Feldregion nicht mehr verlassen können und zwischen den magnetischen Spiegeln hin und her pendeln. Nach einer Zeit T wird durch einen neuen Spannungsstoß der Weg zu einer zweiten Streufolie, die als Analysator für die Polarisationsrichtung wirkt, freigegeben. Dadurch kann man die Stellung von $\vec{s}$ relativ zur Impulsrichtung der Elektronen als Funktion der im Feld verbrachten Zeit T beobachten. In Wirklichkeit braucht man nur die Zählrate im Detektor zu registrieren, die vom Grad der Transversalpolarisation abhängt. Ihre Abhängigkeit von T ist durch die Schwebungsfrequenz zwischen ω_L und ω_C gegeben. Ein neueres Experiment dieser Art (Wesley & Rich 1971) lieferte den Wert

$$(g_s - 2)_{exp} = 0{,}002319314(7).$$

Die damit erzielte Übereinstimmung mit den quantenelektrodynamischen Rechnungen (5.59) ist sehr eindrucksvoll.

Das Zustandekommen des zweiten Effekts, den wir besprechen wollen, ist etwas leichter einzusehen, als die Ursache für die Änderung des magnetischen Moments des Elektrons. Wir wissen, daß nur s-Elektronen eine endliche Aufenthaltswahrscheinlichkeit bei r = 0 haben. Die „Verdünnung" des Coulomb-Feldes bei sehr kleinen Distanzen sollte daher eine etwas schwächere Bindung für s-Zustände bewirken, als für energetisch gleiche p-Zustände. Am empfindlichsten reagiert hierauf das Zustandspaar $2\,s_{1/2} - 2\,p_{1/2}$, das nach den Überlegungen aus Abschnitt 5.2 entartet sein sollte (vgl. Fig. 43 und 44). Durch den quantenelektrodynamischen Effekt wird diese Entartung aufgehoben und das s-Niveau ein wenig nach oben versetzt. Diese Erscheinung heißt L a m b - S h i f t. Die Aufspaltung liegt in der Größenordnung 10^{-6} eV, also im Mikrowellenbereich. Es ist meßtechnisch sehr viel günstiger, diese Energiedifferenz mit einer Hochfrequenzmethode direkt zu beobachten, als die Aufspaltung der H_α-Linie optisch zu untersuchen, was vor allem wegen des von der Bewegung der Atome an der Quelle herrührenden Doppeleffekts schwierig ist, denn die Frequenzverschiebung ist nach $\Delta\nu = 7 \cdot 10^{-7}\sqrt{T/A}\,\nu$ zu ν proportional (T in Kelvin, A Atomgewicht) (s. Gl. (6.82)). Der Effekt wurde daher durch ein Mikrowellen-Experiment entdeckt (Lamb und Retherford 1947) das wir jetzt beschreiben wollen.

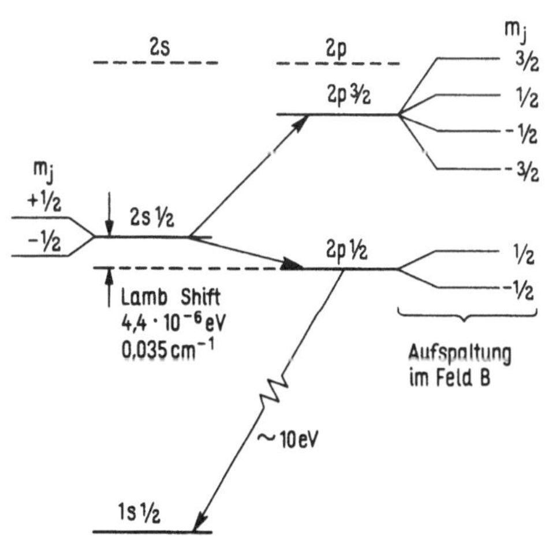

Fig. 49
Niveauskizze zur Beobachtung der Lamb-Shift beim Wasserstoffatom (nicht maßstäblich!)

In Fig. 49 ist zunächst die Situation im Termschema veranschaulicht. Das Experiment macht entscheidend davon Gebrauch, daß das $2\,s_{1/2}$ Niveau wegen einer später zu besprechenden Auswahlregel nicht durch Emission eines Quants in den Grundzustand übergehen kann, es ist metastabil. Man kann den Zustand jedoch durch Elektronenbeschuß von Wasserstoff herstellen. Unter dem Einfluß auch kleiner elektrischer Felder könnte er aber durch Stark-Effekt mit dem $2\,p_{1/2}$ Zustand mischen und über diesen zerfallen. Man bringt das Ganze daher in ein Magnetfeld, um eine zusätzliche definierte Aufhebung der Entartung zu bewirken. Die magnetische Aufspaltung und ihre Berechnung wird später behandelt (Abschn. 6.2). An dem so präparierten System werden dann Hochfrequenzübergänge induziert. Die Anordnung ist in Fig. 50 dargestellt. Durch Elektronenbeschuß werden etwa 10^{-8} aller Atome eines Atomstrahls in den $2\,s_{1/2}$ Zustand angeregt.

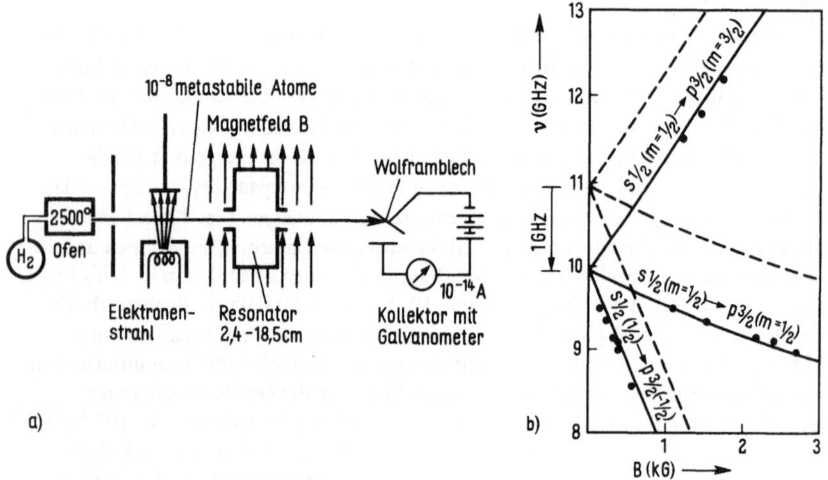

Fig. 50 Experiment von Lamb und Retherford
a) Anordnung (schematisch), b) Teilergebnis; ausgezogen: Meßkurve, gestrichelt: Aufspaltung ohne Lamb-Shift (berechnet)

Sie durchlaufen ein variables Magnetfeld B in dem sich ein abstimmbarer Hochfrequenzresonator befindet. Der Strahl trifft dann auf ein Wolframblech, wo die metastabilen Atome ihre Energie abgeben können. Dabei werden an der Metalloberfläche Elektronen ausgelöst, deren Strom man in einem Galvanometer nachweist. Immer wenn $2\,s \to 2\,p$-Übergänge in der Feldregion stattfinden, verringert sich der Strom, da dann metastabile Atome entfernt worden sind. Es ist bei der Durchführung des Experiments praktischer, zu jeder eingestellten Frequenz das Feld B solange zu variieren und damit die Niveaus zu verschieben, bis Übergänge eintreten. Man trägt die Resonanzfrequenzen gegen B auf und kann dann auf $B = 0$ extrapolieren. Fig. 50 b zeigt das Ergebnis des Originalexperiments für den Übergang $2\,s_{1/2} \to 2\,p_{3/2}$. Das gestrichelt eingetragene Muster würde dem unverschobenen $s_{1/2}$-Niveau entsprechen. Auch der $2\,s_{1/2} \to 2\,p_{1/2}$-Übergang konnte direkt gemessen werden. Das Experiment ist mehrfach mit steigender Genauigkeit wieder-

holt worden. Der experimentelle Wert hat sich im Laufe der Zeit allerdings weniger geändert als die theoretische Vorhersage. Heute sind beide in ausgezeichneter Übereinstimmung mit einer Genauigkeit von etwa 10^{-4} (seit 1970). Die Größe der Verschiebung
für den $2\,s_{1/2}$-Zustand ist in Fig. 49 eingetragen.

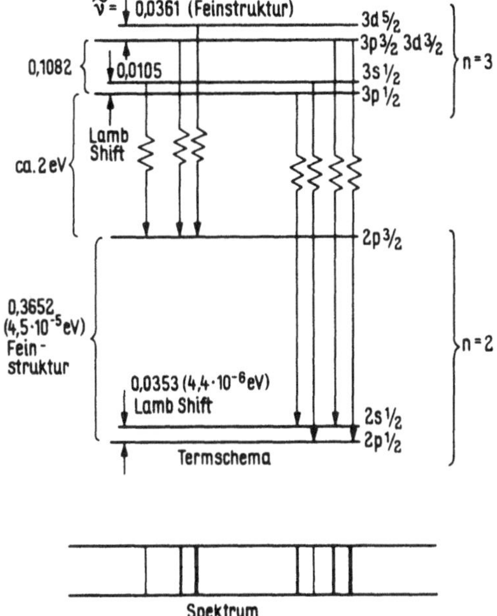

Fig. 51 Struktur der H_α-Linie des Wasserstoffs. Unten:
Spektrum ohne Berücksichtigung der Linienbreite;
die Strichstärke repräsentiert ungefähr die Intensität
(Wellenzahlen in cm^{-1})

Zum Schluß wollen wir noch einen Blick darauf werfen, wie die Struktur einer einzigen
Wasserstofflinie, der H_α-Linie, unter Berücksichtigung aller Effekte nun aussieht. Was
in Fig. 8 einfach der Übergang $(n = 3) \to (n = 2)$ war, sieht nun so aus, wie in Fig. 51
dargestellt (man vergleiche auch die Figuren 28, 44 und 49). Es sind die nach den Auswahlregeln erlaubten Übergänge eingetragen. Unten ist schematisch das entstehende
Spektrum gezeichnet. Es ist in ausgezeichneter Übereinstimmung mit dem experimentellen Befund.

In diesem Abschnitt haben wir nur die klassischen Experimente zur Quantenelektrodynamik behandelt. Neuere und sehr genaue Tests werden in Kapitel 11 über exotische
Atome beschrieben.

6 Die Emission von Lichtquanten

6.1 Empirisches zu den Auswahlregeln und den Eigenschaften der Quanten

Bevor wir uns mit dem Verhalten komplizierter Atome auseinandersetzen, müssen wir
uns noch mit den Eigenschaften der Lichtquanten und dem Emissionsprozeß befassen.
Dann können wir die charakteristischen Auswahlregeln verstehen, die bei den Spektralübergängen gelten. Eine tiefergehende theoretische Beschreibung der Wechselwirkung
zwischen Atomen und Quanten würde wiederum die Hilfsmittel der Quantenelektrodynamik erfordern, auf die wir hier verzichten müssen. Wir wollen uns daher in diesem
und dem nächsten Abschnitt vor allem an die experimentellen Befunde halten, um die
wichtigsten Eigenschaften der Lichtquanten kennenzulernen. In Abschn. 6.3 folgt
dann eine quantenmechanische Behandlung des Emissionsprozesses für Dipolstrahlung.

Wir greifen jetzt zunächst der späteren Behandlung von Mehrelektronenatomen etwas
vor und werfen einen Blick auf das Termschema des Lithiums, das wir qualitativ sofort
verstehen können (Fig. 52). Im Prinzip ist es dem des Wasserstoffs sehr ähnlich. Während

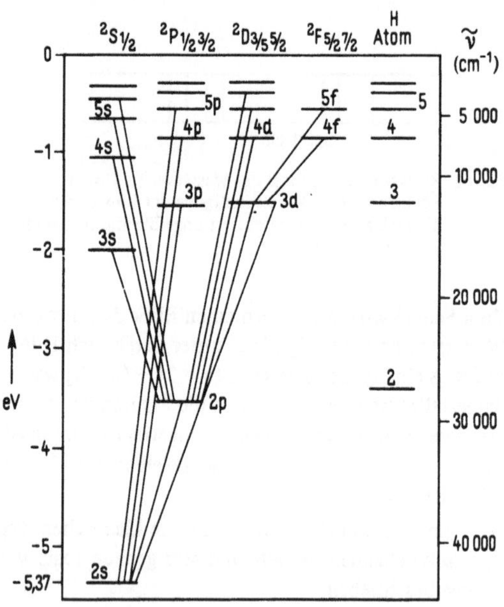

Fig. 52
Termschema des Lithiums mit
Hauptübergängen

jedoch beim Wasserstoff, abgesehen von der sehr kleinen Feinstruktur, alle Niveaus zur
gleichen Hauptquantenzahl n entartet sind (Fig. 28) — wie wir gesehen haben als Folge

des reinen Coulomb-Potentials — ist dies bei Lithium nicht mehr der Fall. Wir können
das Termschema folgendermaßen verstehen. Der 1s-Zustand ist mit 2 Elektronen von
antiparallelem Spin besetzt. Diese Konfiguration erfordert zum Aufbruch eine große
Energie. Daher ist für das Spektrum nur das dritte, äußere Elektron verantwortlich,
das sich im 2s-Zustand befindet. Dieses Elektron spürt ein elektrostatisches Kernfeld,
das durch die inneren Elektronen abgeschirmt ist, die sich als s-Elektronen relativ nah
am Kern aufhalten. Wenn sich das Leuchtelektron weit außen befindet, sieht es daher
ein effektives Feld, das dem Coulombfeld für $Z = 1$ sehr nahe kommt und es hat daher
fast die gleichen Zustände wie ein Wasserstoffelektron. Wann ist es nun „weit außen"?
Ein Blick auf die radialen Aufenthaltswahrscheinlichkeiten in Fig. 34 zeigt, wie die
Verhältnisse für $n = 3$ liegen. Die Funktion $(rR_{30})^2$, die zum 3s-Zustand gehört, hat
3 Maxima, ein erstes in Kernnähe und noch ein zweites relativ weit innen liegendes
Maximum, ehe der Hauptbeitrag bei größeren Radien kommt. Die Funktion $(rR_{31})^2$
hat nur zwei Maxima, wovon immerhin noch eines weiter innen liegt (3p-Zustand),
während die zum 3d-Zustand gehörende Funktion $(rR_{32})^2$ keinerlei Beitrag bei ganz
kleinen Radien mehr hat, d. h. sie hat praktisch keinen Überlapp mit dem Bereich, in
dem sich die 1s-Elektronen befinden, obwohl ihr eines Maximum etwas nach links
gerutscht ist im Vergleich zu den äußeren Maxima des s- und p-Zustandes. Der 3d-
Zustand ist daher am wasserstoffähnlichsten, während der 3s-Zustand infolge seines
Nebenmaximums weit innerhalb der Abschirmung dort ein stärkeres Feld sieht und
vergleichsweise stärker gebunden ist. Daraus wird verständlich, in welcher Weise die
ℓ-Entartung bei den in Fig. 52 dargestellten Termen aufgehoben wird. Der Effekt ist
am stärksten bei kleinem n. In Fig. 52 sind rechts zum Vergleich die Wasserstoffzustände
eingezeichnet. Man sieht, daß durchweg schon die p-Zustände sehr wasserstoffähnlich
sind, während insbesondere der 2s- und 3s-Zustand vergleichsweise deutlich stärker
gebunden sind. Soviel zum Erscheinungsbild dieses Alkali-Spektrums. Worauf es uns
in diesem Zusammenhang ankommt, sind die Spektralübergänge. Ordnet man sie ein,
so erkennt man eine klare Gesetzmäßigkeit: es findet niemals ein Übergang zwischen
zwei Zuständen mit gleichem ℓ statt, sondern man beobachtet ausschließlich Übergänge
mit $\Delta\ell = \pm 1$ z. B. $2\,p \rightarrow 2\,s$. Daraus folgt, daß bei der Emission eines Quants immer ein
Drehimpuls vom Betrag 1 $\hbar$ mitgenommen wird.

Ein γ-Quant der Energie $E = \hbar\omega$ hat den Impuls $p = E/c = \hbar\omega/c = \hbar/\lambdabar$. Im Prinzip kann
es daher Bahndrehimpuls mitnehmen. Wenn es im Abstand R vom Zentrum emittiert
wird, ist in klassischer Näherung $\ell = Rp$ oder $R = \ell/p = \ell\lambdabar/\hbar$. Wenn also ein B a h n -
drehimpuls $\ell = 1$ $\hbar$ vom Quant mitgenommen wird, so muß das Quant näherungsweise
im Abstand $\lambdabar$ emittiert werden. Der energiereichste Übergang im Lithium $2\,p \rightarrow 2\,s$ hat
eine Wellenlänge von 6708 Å (entsprechend 1,85 eV). Daher müßte sein $R \approx \lambdabar = 1068$ Å,
das liegt aber weit außerhalb des Atomradius! Der vom Quant mitgenommene Drehimpuls muß daher ein i n n e r e r Drehimpuls sein. Am naheliegendsten ist die Forderung·
d a s γ - Q u a n t   i s t   e i n   T e i l c h e n   m i t   S p i n 1. Das bestätigt sich in der
Tat. Um etwas mehr Einsicht in die Drehimpulsverhältnisse zu bekommen, wollen wir
uns im nächsten Abschnitt zunächst mit dem Zeeman-Effekt beschäftigen. Wir wollen
dann aber am Schluß des Abschnitts ein Experiment beschreiben, bei dem der Drehimpuls der Quanten direkt mechanisch nachgewiesen werden kann.

6.2 Der Zeeman-Effekt. Weiteres zu den Lichtquanten

Als P. Zeeman in Leiden 1896 entdeckte, daß Spektrallinien im Magnetfeld in mehrere
Komponenten aufgespalten werden, war dies eine wissenschaftliche Sensation ersten
Ranges. Sie fällt zeitlich etwa zusammen mit der Entdeckung der Röntgenstrahlen
(1895), der Entdeckung des Elektrons (1897) und der Entdeckung der Radioaktivität
(1895). Die Wirkung des Magnetfeldes auf die Spektrallinien wurde daher bald mit der
Bewegung der Elektronen in Materie in Verbindung gebracht und H. A. Lorentz schlug
eine klassische Beschreibung des Zeeman-Effekts vor, die wir ihrer Anschaulichkeit
halber zunächst in vereinfachter Form beschreiben wollen. In der Lorentzschen Theorie
kann das Elektron eine Oszillatorbewegung in allen drei Raumrichtungen ausführen. Wir
stellen uns jetzt ein Koordinatensystem vor (Fig. 53) und vereinfachen die Komponenten
der Bewegung zu einem Modell, bei dem das Elektron in z-Richtung eine lineare Schwingung ausführt und in der x-y-Ebene eine Kreisbahn nach Art des Bohrschen Modells beschreibt. Man kann sie als Überlagerung von Oszillationen in x- und in y-Richtung auffassen. Das Magnetfeld B stehe in z-Richtung und werde „adiabatisch" eingeschaltet,
d. h. langsam im Vergleich zur Umlaufperiode. Dabei tritt ein Induktionsstoß auf, der
die Elektronen in der x,y-Ebene entweder beschleunigt oder verzögert, je nach Umlaufrichtung. In z-Richtung ändert sich nichts. Resultat des Vorgangs ist eine Änderung
der Umlauffrequenz von ω zu ω', so daß sich im Gleichgewicht der Kreisbahn eine
Änderung der Zentrifugalkraft $m\omega^2 r$ ergibt, die der Lorentz-Kraft entspricht, die nun
zusätzlich zum Coulombfeld wirkt, also

$$m\omega^2 r - m\omega'^2 r = \frac{1}{c}\,evB = \frac{1}{c}\,e\omega' rB, \tag{6.1}$$

woraus sich ergibt

$$m\,\frac{(\omega^2 - \omega'^2)}{\omega'} = \frac{1}{c}\,eB. \tag{6.2}$$

Die Frequenzänderung sei klein und mit $\Delta\omega$ bezeichnet

$$\omega - \omega' = \Delta\omega \ll \omega', \qquad \omega = \Delta\omega + \omega' \tag{6.3}$$

in guter Näherung ist daher

$$\frac{\omega^2 - \omega'^2}{\omega'} = \frac{(\Delta\omega + \omega')^2 - \omega'^2}{\omega'} = \frac{(\Delta\omega)^2}{\omega'} + 2\,\Delta\omega \approx 2\,\Delta\omega \tag{6.4}$$

und mit (6.2)

$$\Delta\omega = \pm\frac{eB}{2\,mc}\,. \tag{6.5}$$

Das positive oder negative Zeichen gilt je nach ursprünglicher Umlaufrichtung des Elektrons. Da die Atome beliebig orientiert sind, kommen beide Fälle gleich oft vor.

Wir hätten statt dieser etwas anschaulicheren Betrachtung auch auf die Überlegungen von Abschnitt 4.1 zurückgreifen und feststellen können, daß durch das Einschalten des Feldes eine Präzession gemäß (4.6) hervorgerufen wird.

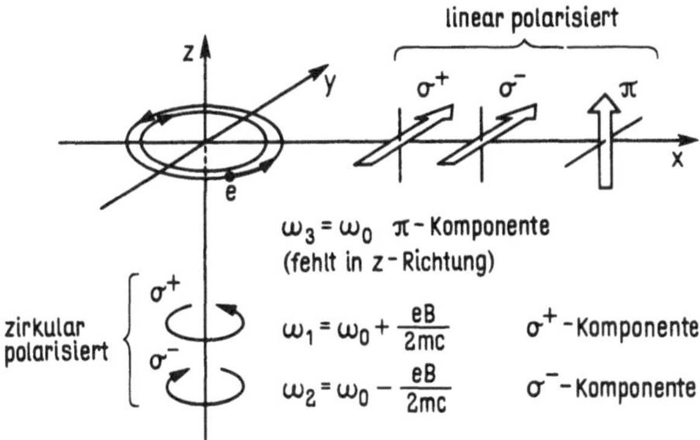

Fig. 53 Zur klassischen Beschreibung des normalen Zeeman-Effekts

Das Erscheinungsbild im Spektrum ist in Fig. 53 veranschaulicht. Beobachtet man in der x,y-Ebene, etwa in x-Richtung, so sieht man zwei mit $\pm\Delta\omega$ verschobene Linien, die „σ-Komponenten", die in y-Richtung linear polarisiert sind. Wenn man aus der x-Richtung blickt, sieht man ja in unserem Modell von der Kreisbahn in der Tat nur eine Dipolschwingung in y-Richtung. Zusätzlich sieht man die unverschobene Linie, die von der unbeeinflußten z-Schwingung herrührt. Sie heißt π-Komponente und ist in z-Richtung linear polarisiert. Beobachtet man nun in Feldrichtung, so fehlt zunächst die π-Komponente völlig, da der in z-Richtung schwingende Dipol nicht in seiner Achse strahlen kann. Die beiden σ-Komponenten sind vorhanden und in entgegengesetzter Richtung zirkular polarisiert, wie es unserem Bilde entspricht. Eine ganze Reihe von Spektrallinien zeigt im (schwachen) Magnetfeld genau dieses klassisch zu erwartende Aufspaltungsbild. Man nennt dies den n o r m a l e n Z e e m a n - E f f e k t. Alle anderen Aufspaltungsbilder heißen a n o m a l. Wir werden gleich sehen, daß der klassisch „anomale" Effekt eigentlich der quantenmechanische Normalfall ist und sich umgekehrt der normale Effekt in Ausnahmesituationen ergibt. Trotzdem hat natürlich der Erfolg der Lorentzschen Theorie außerordentlich viel dazu beigetragen, daß man lernte, Atomspektren auf die Eigenschaften von Elektronenzuständen zurückzuführen.

Die quantenmechanische Behandlung des Zeeman-Effekts folgt im Ansatz unserem bereits mehrfach geübten Verfahren. Wir betrachten die magnetische Energie V_B, die das resultierende magnetische Dipolmoment der Hülle $\vec{\mu}_j$ in einem diesmal von außen angelegten Feld B hat

$$V_B = -\vec{\mu}_j \cdot \vec{B}. \tag{6.6}$$

Zur Hamiltonfunktion kommt also ein weiterer Term hinzu $H = H_0 + V_{\varrho s} + V_B$. Da, wie wir gesehen haben, das vom Bahndrehimpuls verursachte Feld bereits in der Größenordnung von 1 T liegt, ist für die hier interessierenden Versuchsbedingungen normalerweise $V_B \ll V_{\varrho s}$ und darf wieder als Störung behandelt werden. Wir müssen für das Folgende sogar als B e d i n g u n g voraussetzen, daß B so klein ist, daß $V_B \ll V_{\varrho s}$ gilt. Damit beschränken wir uns auf die Linienaufspaltung im „schwachen Feld". Die Situation im starken Feld wird erst in Abschn. 9.2 behandelt.

Wir müssen nun in Gl. (6.6) das richtige magnetische Moment einsetzen. Für ein Wasserstoffelektron mit resultierendem Drehimpuls $\vec{j} = \vec{s} + \vec{\ell}$ ist das resultierende magnetische Moment $\vec{\mu}_j$ gegeben durch (vgl. Gl. (4.41))

$$\vec{\mu}_j = \vec{\mu}_s + \vec{\mu}_\varrho = -\frac{\mu_B}{\hbar}(g_s\,\vec{s} + g_\varrho\,\vec{\ell}) =$$

$$= \frac{-\mu_B}{\hbar}(2\,\vec{s} + \vec{\ell}) = -\frac{\mu_B}{\hbar}(\vec{s} + \vec{j}), \tag{6.7}$$

wobei wir $\vec{\ell} = \vec{j} - \vec{s}$ und $g_s = 2$ benutzt haben. Wir wollen unsere Betrachtung jedoch etwas allgemeiner halten und gleich den Zeeman-Effekt bei Mehrelektronen-Atomen einschließen. Wie wir noch zeigen werden, koppeln bei vielen Atomen alle Elektronenspins zu einem Gesamtspin $\vec{S}$, der die Vektorsumme der einzelnen Elektronenspins ist, und entsprechend alle Bahndrehimpulse zu einem Gesamt-Bahndrehimpuls $\vec{L}$. Der resultierende Gesamtdrehimpuls $\vec{J}$ ergibt sich dann als Summe von $\vec{S}$ und $\vec{L}$, also

$$\vec{S} = \sum_{\text{alle Elektronen}} \vec{s}_i, \quad \vec{L} = \sum \vec{\ell}_i, \quad \vec{J} = \vec{L} + \vec{S}. \tag{6.8a, b, c}$$

Wenn diese Kopplungsform vorliegt, können wir sofort das resultierende magnetische Moment $\vec{\mu}_J$ angeben, indem wir statt (6.7) schreiben

$$\vec{\mu}_J = \frac{-\mu_B}{\hbar}(g_s\sum \vec{s}_i + g_\varrho\sum \vec{\ell}_i) = \frac{-\mu_B}{\hbar}(2\,\vec{S} + \vec{L}) = \frac{-\mu_B}{\hbar}(\vec{S} + \vec{J}). \tag{6.9}$$

Wir brauchen hier also nur die kleinen $\vec{s}, \vec{\ell}, \vec{j}$ durch die Großbuchstaben $\vec{S}, \vec{L}, \vec{J}$ zu ersetzen, um den allgemeineren Fall zu erhalten. Wir verdeutlichen uns jetzt die Situation anhand von Fig. 54. Die beiden Vektoren $\vec{L}$ und $\vec{S}$ koppeln zu $\vec{J}$ unter dem Einfluß von V_{LS}. Dies ist die stärkere der beiden magnetischen Wechselwirkungen. Sie übt ein Drehmoment auf die beiden Vektoren $\vec{L}$ und $\vec{S}$ aus, so daß deren Erwartungswerte, genau wie der analoge klassische Vektor, um die Richtung der Bewegungskonstanten $\vec{J}$ präzessieren, mit einer Frequenz $\omega_L = V_{LS}/\hbar$, die durch die Wechselwirkungsenergie gegeben

ist (vgl. (4.6) und 4.18)). Das ist eine relativ s c h n e l l e Präzessionsbewegung.[1])
Die Kopplung der Drehimpulsvektoren ist in Fig. 54 nach oben hin aufgetragen. Nach

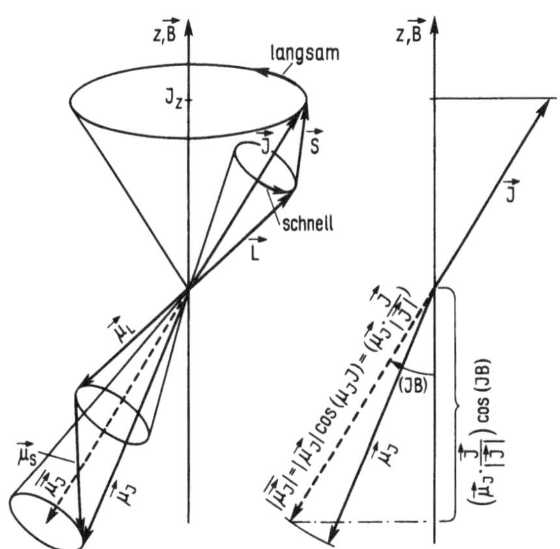

Fig. 54
Vektordiagramm zur
Berechnung des Zeeman-
Effekts

unten sind in umgekehrter Richtung die zugehörigen Vektoren der magnetischen
Momente eingezeichnet. Da nun wegen des g-Faktors des Elektrons der Spinvektor $\vec{S}$
mit dem Faktor 2 zu $\vec{\mu}_J$ beiträgt (s. Gl. (6.9)), steht zwar $\vec{\mu}_L$ in Richtung von $\vec{L}$, nicht
aber $\vec{\mu}_J$ in Richtung von $\vec{J}$, sondern hat die eingezeichnete Richtung und Länge. Da $\vec{L}$
und $\vec{S}$ mit fester Phase gekoppelt sind, präzessiert auch $\vec{\mu}_J$ schnell um die gestrichelt
gezeichnete Richtung von $\vec{J}$ auf einer Kegelfläche. Die Komponente von $\vec{\mu}_J$ in Feldrichtung zeigt daher eine schnelle Variation und wir können zur Berechnung der magnetischen Energie den zeitlichen Mittelwert $\vec{\mu}_J$ über viele Präzessionsumläufe nehmen. Er
ist, wie die Figur zeigt, gleich der Projektion von $\vec{\mu}_J$ auf die Richtung von $\vec{J}$. Es ist also
$\vec{\mu}_J$ der effektive Vektor, auf den B wirkt. Das resultierende Drehmoment führt zu einer
Präzession von $\vec{J}$ um die z-Achse, die aber wegen $V_B \ll V_{LS}$ nun vergleichsweise langsam ist. Die hier verwendete Näherung für schwaches Feld besteht also darin, daß man
während eines langsamen Umlaufs von $\vec{J}$ um B über die vielen schnellen Umläufe von
$\vec{\mu}_J$ um $\vec{J}$ mittelt.

---

[1]) Wir haben nicht explizit gezeigt, daß die Erwartungswerte eine Larmor-Präzession
ausführen, was unter Benutzung der zeitabhängigen Schrödinger-Gleichung geschehen
müßte, aber die Aussage sollte hinreichend plausibel sein. Eine Präzession des Erwartungswertes widerspricht nicht der Tatsache, daß bei der Einzelbeobachtung nur e i n e
Komponente des Drehimpulses gemessen werden kann.

Das gemittelte magnetische Moment hat den Betrag

$$|\vec{\mu_J}| = |\vec{\mu_J}| \cos(\mu_J J) = \left(\vec{\mu_J} \cdot \frac{\vec{J}}{|\vec{J}|}\right). \tag{6.10}$$

Die relevanten Vektoren sind in Fig. 54 rechts noch einmal separat gezeichnet. Die magnetische Energie (6.6) ersetzen wir nun durch

$$V_B = -\vec{\mu_J} \cdot \vec{B} = -|\vec{\mu_J}|\, B \cos(\vec{\mu_J} B) = -|\vec{\mu_J}| \left(\frac{\vec{J}}{|\vec{J}|} \cdot \vec{B}\right), \tag{6.11}$$

denn es ist $B \cos(\vec{\mu_J} B) = (\vec{J}/|\vec{J}|) \cdot \vec{B}$, da $\vec{\mu_J}$ die gleiche Richtung wie $\vec{J}$ hat. Wir tragen jetzt (6.10) in (6.11) ein und benutzen dann für $\vec{\mu_J}$ den Ausdruck (6.9). Das gibt

$$V_B = -\left(\vec{\mu_J} \cdot \frac{\vec{J}}{|\vec{J}|}\right)\left(\frac{\vec{J}}{|\vec{J}|} \cdot \vec{B}\right) = \frac{\mu_B}{\hbar} \frac{(\vec{S} + \vec{J}) \cdot \vec{J}(\vec{J} \cdot \vec{B})}{\vec{J}^2} =$$

$$= \frac{\mu_B B}{\hbar} J_z \frac{\vec{J}^2 + \vec{S} \cdot \vec{J}}{\vec{J}^2} = \frac{\mu_B B}{\hbar} J_z \frac{\vec{J}^2 + \frac{1}{2}(\vec{J}^2 + \vec{S}^2 - \vec{L}^2)}{\vec{J}^2}. \tag{6.12}$$

Beim dritten Schritt haben wir $\vec{J} \cdot \vec{B} = BJ_z$ gesetzt und das Operatorprodukt $\vec{S} \cdot \vec{J}$ wurde wieder durch Quadrieren der Identität $\vec{L} = \vec{J} - \vec{S}$ wie bei (5.30) umgeformt. Wir gehen jetzt wieder zum Erwartungswert über und erhalten die energetische Korrektur zum Spektralterm im Magnetfeld $\Delta E_B = \langle V_B \rangle$ indem wir, wie früher, statt der Operatoren die Eigenwerte einsetzen, also $\hbar^2 J(J + 1)$ statt $\vec{J}^2$ usw. Wir erhalten

$$\Delta E_B = \frac{\mu_B B m_J \hbar}{\hbar} \frac{\hbar^2}{\hbar^2} \left[\frac{J(J + 1) + \frac{1}{2}[J(J + 1) + S(S + 1) - L(L + 1)]}{J(J + 1)}\right] =$$

$$= \mu_B B m_J \left\{1 + \frac{J(J + 1) + S(S + 1) - L(L + 1)}{2\,J(J + 1)}\right\} = \mu_B B g_J m_J. \tag{6.13}$$

Die Größe in geschweiften Klammern heißt L a n d é s c h e r g - F a k t o r. Wir kürzen ihn mit g_J ab. Vergleich mit (6.11) zeigt, daß wir für das gemittelte magnetische Moment erhalten haben

$$\langle \vec{\mu_J} \rangle = -g_J \mu_B \frac{\langle \vec{J} \rangle}{\hbar}, \tag{6.14}$$

was sich auch direkt aus (6.10) nach Multiplikation mit $\vec{J}/|\vec{J}|$ und Eintragen von (6.9) ergeben hätte.

Gleichung (6.13) beschreibt die Zeeman-Aufspaltung. Sie sagt aus, daß im Magnetfeld $2J + 1$ äquidistante Niveaus auftreten, entsprechend den Werten von m_J und daß deren

Abstand proportional zu B ist. Weiter hängt die Aufspaltung ab vom Landé-Faktor, der für jedes Niveau verschieden sein kann. Wenn der nicht aufgespaltene Übergang zwischen zwei Niveaus 1 und 2 erfolgt, die beide S = 0 haben, so ist J = L und $g_J = 1$, wie die Formel zeigt. Bei Quantenemission gilt dann für die Energieverschiebung der Linie im Magnetfeld

$$\frac{\Delta E_1 - \Delta E_2}{\hbar} = \frac{\mu_B B}{\hbar} (m_{J_1} - m_{J_2}) = \Delta\omega \tag{6.15}$$

oder $\qquad \Delta\omega = \pm \dfrac{\mu_B B}{\hbar} = \pm \dfrac{eB}{2\,mc} \qquad$ für $\Delta m_J = \pm 1 \tag{6.16a}$

und $\qquad \Delta\omega = 0 \qquad$ für $\Delta m_J = 0. \tag{6.16b}$

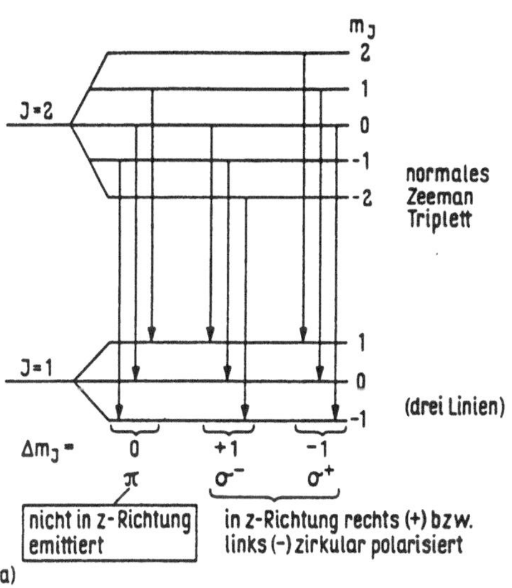

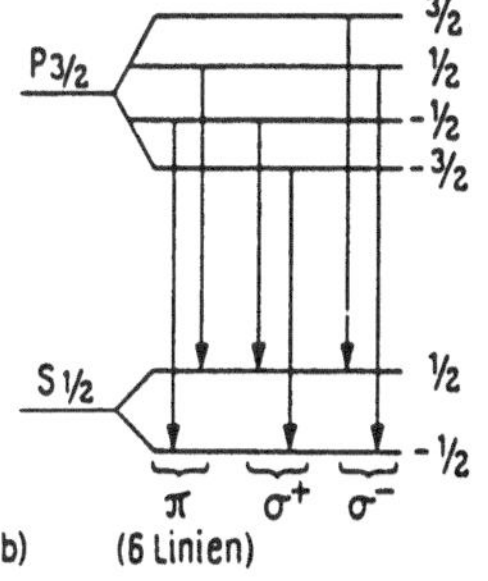

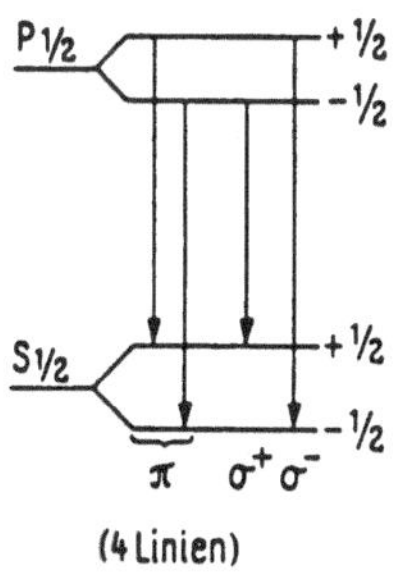

Fig. 55
a) Aufspaltung beim normalen Zeeman-Effekt (normales Triplett),
b) Anomaler Zeeman-Effekt. Die beiden gezeichneten Fälle $P_{3/2} \to S_{1/2}$ und $P_{1/2} \to S_{1/2}$ entsprechen z. B. den beiden Feinstrukturkomponenten der NaD-Linie. Aufspaltungsenergien und Niveauabstände sind nicht im gleichen Maßstab gezeichnet

Das ist genau der „normale" Zeeman-Effekt von Gl. (6.5) und Fig. 53. Er tritt immer dann auf, wenn die Spins der Elektronen in beiden Niveaus exakt zu Null koppeln. Es ist klar, daß die klassische Betrachtung dem Spin nicht Rechnung tragen konnte.

Wir illustrieren in Fig. 55 noch das entstehende Aufspaltungsmuster. Zunächst zeigt Fig. 55a die Aufspaltung beim normalen Zeeman-Effekt mit S = 0. Da für das obere und das untere Niveau der Landé-Faktor gleich ist, nämlich 1, ist auch die Größe der Aufspaltung nach m_J-Komponenten gleich. Daher haben die Übergänge innerhalb jeder der drei Gruppen, die zum gleichen Δm_J gehören, gleiche Energie und liefern jeweils nur eine Linie. Diese Linien entsprechen den beobachteten π- und σ-Komponenten in der eingezeichneten Weise. Daraus folgt eine wichtige Aussage über die z-Komponenten des Drehimpulses der emittierten Quanten. Wenn wir in z-Richtung beobachten, ist die Impulsrichtung des Quants gleich der durch das Feld B gegebenen Quantisierungsrichtung von $\vec{J}$. In seiner Fortpflanzungsrichtung kann das Quant daher die Drehimpulskomponente $+\hbar$ oder $-\hbar$ haben, es ist dann rechts- oder linkszirkular polarisiert. Emission von Übergängen mit $\Delta m_J = 0$ wird jedoch in z-Richtung nicht beobachtet. Offensichtlich kann das Quant nicht die Komponente 0 des Spins in Forpflanzungsrichtung haben. Wir werden auf diese wichtige Eigenschaft der Lichtquanten gleich noch zurückkommen. In Fig. 55b ist die Zeeman-Aufspaltung für zwei „anomale" Fälle gezeigt. Jetzt hat g_J für das untere und das obere Niveau jeweils verschiedene Werte, die Aufspaltungsenergie ist also nicht mehr gleich. Daher sind alle Übergänge im Spektrum getrennt, und es treten viel mehr Linien auf. In der Spektraltafel sind unter c) und d) Spektralaufnahmen des normalen und des anomalen Zeemaneffekts gezeigt, die den Schemata aus Fig. 55 entsprechen.

Wir kommen jetzt noch einmal auf die Eigenschaften der Lichtquanten zurück. Aus dem experimentellen Befund haben sich die Folgerungen ergeben:

(1) Lichtquanten haben Spin 1

(2) Die Komponenten in Fortpflanzungsrichtung sind $\pm 1\ \hbar$

(3) Ein Quant mit m = +1 (m = $-$1) entspricht einer rechts- (links-) zirkular polarisierten Welle.

Im folgenden Kleingedruckten soll die Beschreibung des Polarisationszustands im Wellenbild und im Teilchenbild noch etwas erläutert werden. Wir schließen dann mit einem Experiment zum direkten Nachweis des Drehimpulses ab.

Eine beliebig polarisierte elektromagnetische Welle läßt sich immer zerlegen in eine Überlagerung von zwei linear polarisierten Wellen. Der Polarisationszustand läßt sich bei festgelegten Polarisationsrichtungen vollständig beschreiben durch Angabe der Amplituden der linear polarisierten Wellen und der Phasendifferenz φ. Fig. 56a zeigt den einfachsten Fall. Zwei senkrecht stehende in x- und y-Richtung linear polarisierte Wellen überlagern sich mit der Phasendifferenz $\varphi = 0$ wieder zu einer linearpolarisierten Welle. Ändert man das Verhältnis der Amplituden in x- und y-Richtung, so dreht sich die Ebene der resultierenden Welle. Wenn eine Phasendifferenz $\varphi \neq 0$ besteht, ändert sich das Bild. Fig. 56b zeigt wieder als einfachen Fall die Überlagerung mit $\varphi = \pi/2$,

d. h. mit einer Verschiebung der beiden Wellen gegeneinander um $\lambda/4$. Bei gleicher x- und y-Amplitude entsteht zirkular-polarisiertes Licht. Bei anderen Phasendifferenzen oder Amplitudenverhältnissen ergibt sich elliptische Polarisation. Links unten in der Figur ist noch gezeigt, wie man zirkularpolarisiertes Licht im Experiment herstellen

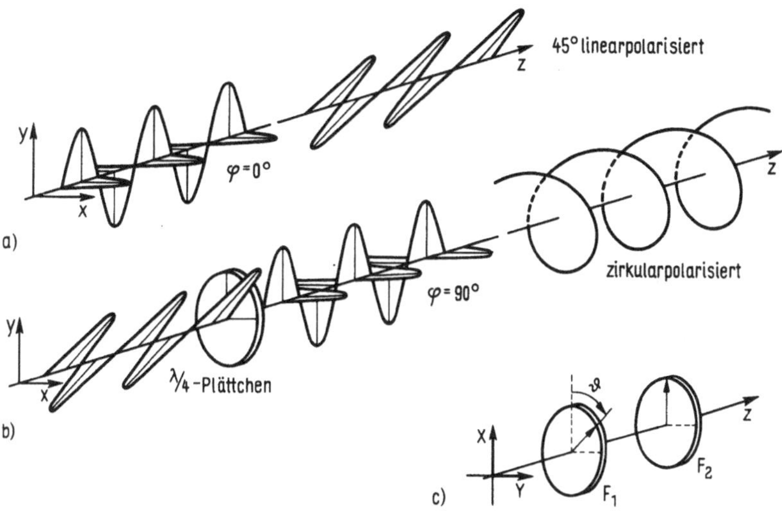

Fig: 56 Zur Beschreibung der Polarisation elektromagnetischer Strahlung

kann. Dazu benutzt man ein dünnes Plättchen aus einem optisch zweiachsigen Kristall, z. B. Glimmer. Er zerlegt einfallendes Licht bei richtiger Wahl der Achse in zwei senkrecht zueinander schwingende linearpolarisierte Bündel mit verschiedener Fortpflanzungsgeschwindigkeit. Man kann die Dicke so wählen, daß für eine gegebene Wellenlänge der Gangunterschied zwischen beiden Bündeln beim Austritt gerade $\lambda/4$ beträgt („$\lambda/4$-Plättchen"). Läßt man nun linearpolarisiertes Licht unter 45° zu den Polarisationsachsen des Kristalls eintreten, so erhält man die gezeichnete Überlagerung, die zur Zirkularpolarisation führt. Man kann natürlich auch umgekehrt linearpolarisiertes Licht durch Überlagerung einer rechts- und einer linkszirkularpolarisierten Welle herstellen. Die Tatsache, daß in jedem Falle nur zwei Zustände als Basis zur Beschreibung des Polarisationszustandes genügen, hat offensichtlich seine Ursache darin, daß der elektrische Vektor immer senkrecht auf der z-Richtung steht und zur Angabe seiner Richtung relativ zur Fortpflanzungsrichtung daher nur zwei Koordinaten nötig sind.

Auch zur quantenmechanischen Beschreibung des Polarisationszustandes eines Quants genügen zwei orthogonale Basiszustände. Wir nenen sie $|X\rangle$ und $|Y\rangle$. Ein Quant, das durch ein Polarisationsfilter in x-Richtung gelaufen ist (Fig. 56 c) sei im Zustand $|X\rangle$. Da es nur zwei Zustände geben soll, können wir eine Repräsentation wie beim Elektronspin wählen, nämlich

$$|X\rangle = \begin{pmatrix} 1 \\ 0 \end{pmatrix} \quad \text{und} \quad |Y\rangle = \begin{pmatrix} 0 \\ 1 \end{pmatrix}.$$

Das Quant durchlaufe nun ein Polarisationsfilter F_1, das um den Winkel ϑ gegen X gedreht ist. Es ist dann in einem neuen Polarisationszustand

$$|F_1\rangle = a_1 |X\rangle + a_2 |Y\rangle = a_1 \begin{pmatrix} 1 \\ 0 \end{pmatrix} + a_2 \begin{pmatrix} 0 \\ 1 \end{pmatrix} = \begin{pmatrix} a_1 \\ 0 \end{pmatrix} + \begin{pmatrix} 0 \\ a_2 \end{pmatrix}.$$

Die Koeffizienten a_1 und a_2 sind die Amplituden, die das Quant im neuen Polarisationszustand in der Basis $|X\rangle$ und $|Y\rangle$ hat. Daher ist $|a_1|^2$ die Wahrscheinlichkeit, ein Photon des Zustandes $|F_1\rangle$ in einem Polarisationszustand $|X\rangle$ zu finden. Man kann sie beobachten durch ein in x-Richtung gestelltes weiteres Filter F_2. In der Wellenbeschreibung wird die Intensität beim Durchgang durch F_2 um den Faktor $\cos^2\vartheta$ reduziert. Daher ist $a_1 = \cos\vartheta$ und entsprechend $a_2 = \sin\vartheta$. Für $\vartheta = 30°$ geht beispielsweise das durch F_1 präparierte Quant in $\cos^2 30° = 1/4$ aller Fälle durch F_2 hindurch. Das ist seine Wahrscheinlichkeit, sich im Zustand $|X\rangle$ zu befinden. Aussagen über das Verhalten des Einzelquants sind aber nicht möglich. Das alles ist ein weiteres Beispiel zu den früher besprochenen quantenmechanischen Grundregeln. Man beachte, daß die Amplituden a_1, a_2 im allgemeinen komplex sind, sie enthalten also bereits den Phasenfaktor φ. Für Linearpolarisation haben wir reelle a verwendet.

Wir können aus den beiden Zuständen $|X\rangle$ und $|Y\rangle$ nun zwei neue orthogonale Zustände konstruieren durch

$$|r\rangle = \frac{1}{\sqrt{2}} \left\{ \begin{pmatrix} 1 \\ 0 \end{pmatrix} + i \begin{pmatrix} 0 \\ 1 \end{pmatrix} \right\}, \qquad |l\rangle = \frac{1}{\sqrt{2}} \left\{ \begin{pmatrix} 1 \\ 0 \end{pmatrix} - i \begin{pmatrix} 0 \\ 1 \end{pmatrix} \right\} \tag{6.17}$$

der Zahlenfaktor trägt der Normierung Rechnung. Der Zustand $|r\rangle$ entsteht, indem man zu $|X\rangle$ den mit $e^{i\varphi} = e^{i\pi/2} = i$ multiplizierten Zustand $|Y\rangle$ addiert, d. h., der Phasenfaktor ist gerade wieder $\pi/2$. Wenn man $|r\rangle + |l\rangle$ sowie $|r\rangle - |l\rangle$ bildet und Summe sowie Differenz dieser Ausdrücke aufschreibt ergibt sich umgekehrt

$$|X\rangle = \frac{1}{\sqrt{2}} \{|r\rangle + |l\rangle\}, \qquad |Y\rangle = \frac{-i}{\sqrt{2}} \{|r\rangle - |l\rangle\}. \tag{6.18}$$

Die beiden neuen Basiszustände $|r\rangle$ und $|l\rangle$ gehören zur rechts- bzw. linkszirkularpolarisierten Welle. Wie bei der Beschreibung im Wellenbild, läßt sich in jeder Basis jeder beliebige Polarisationszustand beschreiben. Ohne Beweis sei gesagt, daß die Zustände $|r\rangle$ und $|l\rangle$ die Eigenzustände zur Longitudinalkomponente des Spins mit den Eigenwerten $m = +1$ und $m = -1$ sind. Es wird durch den Vergleich mit der klassischen Situation klar, daß wir keine dritte Komponente benötigen.

Wir knüpfen jetzt noch einmal an die Entstehung von zirkularpolarisiertem Licht (Fig. 56b) an. Wenn man die zirkularpolarisierte Welle anschließend auf ein $\lambda/2$-Plättchen fallen läßt, tritt sie mit einer Phasendifferenz von $(\lambda/4) + (\lambda/2) = (3/4)\lambda$ wieder aus, das entspricht $-\lambda/4$. Aus der rechtszirkularen Welle ist eine linkszirkulare geworden. Durch die Wechselwirkung mit dem Kristall müssen die Spinkomponenten der Quanten umgeklappt sein. Das heißt aber, daß Drehimpuls an das $\lambda/2$-Plättchen abgegeben werden muß. Das ist tatsächlich der Fall, wie in einem Experiment von R. Beth (1936) demonstriert wurde. Das Schema der Anordnung ist in Fig. 57a wiedergegeben. Linear polarisiertes Licht tritt von unten durch ein $\lambda/4$-Plättchen. Der Winkel ϑ ist zunächst 45°, so daß die Situation der Fig. 56b entspricht und zirkularpolarisiertes Licht entsteht. Es durchsetzt ein an einem Quarzfaden schwingungsfähig aufgehängtes $\lambda/2$-Plättchen, in dem sich die Spinrichtung umdreht. Die geraden Pfeile zeigen die

Laufrichtung des Lichts, die runden Pfeile die Spinrichtung an. Das Licht trifft dann auf ein weiteres λ/4-Plättchen, das oben verspiegelt ist. Es wirkt daher als reflektierendes λ/2-Plättchen und kehrt den Spin nochmals um, so daß der reflektierte Strahl mit der

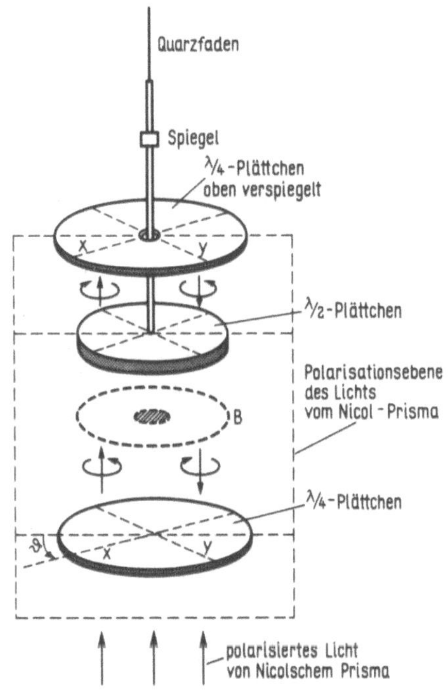

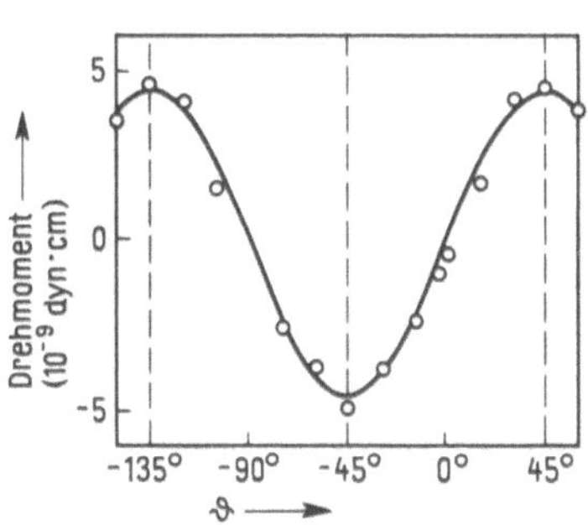

Fig. 57
Experiment von Beth zum Nachweis des Drehimpulses der Lichtquanten a) Anordnung, b) Drehmoment in Abhängigkeit von Winkel ϑ. (Nach R. A. Beth, Phys. Rev. *50* (1936) 115)

gleichen Spinrichtung wie zuvor in das drehbare Plättchen eintritt und nochmals Drehimpuls im gleichen Sinne abgibt. Die Blende B dient dazu, das Spiegelsystem für die Anzeige vor der Strahlung zu schützen. Man kann nun Torsionsschwingungen der drehbaren Scheibe anregen und das vom Licht ausgeübte Drehmoment bestimmen. Wenn man den Winkel ϑ ändert, kann man schließlich alle Polarisationsarten bis zum linearpolarisierten Licht (0° und 90°) durchlaufen. Dann muß der Effekt verschwinden, weil ebensoviele Spins nach oben wie nach unten zeigen (oder weil im Strahl die beiden m-Werte gleich besetzt sind). Das Ergebnis zeigt Fig. 57b, wo das vom Licht ausgeübte Drehmoment gegen ϑ aufgetragen ist. Es ist eine eindrucksvolle Bestätigung für den Drehimpuls der Quanten.

Wenn man weiß, daß γ-Quanten immer mindestens den Drehimpuls 1 ℏ forttragen, kann man sich die wichtigste Auswahlregel für Dipolübergänge leicht halbklassisch klar machen. Wir stellen uns das strahlende Elektron als schwingenden Dipol vor, dessen Schwingungsamplitude bei der Emission sprunghaft abnimmt. Eine Bohrsche Kreisbahn entsteht durch Überlagerung von zwei solchen Dipolschwingungen in der Ebene. Da das Lichtquant ohne Bahndrehimpuls emittiert wird, entsteht kein Drehmoment, das die Ebene der Dipolbewegung drehen könnte.   Da aber 1 ℏ abgeführt wird, folgt, daß beim Übergang

$$\Delta\ell = \pm 1, \quad \text{Paritätsänderung,} \tag{6.19}$$

sein muß. Es muß eine Paritätsänderung auftreten, da die Parität eines Zustandes durch $(-1)^\ell$ gegeben ist (s. (3.22)). Für die m-Werte darf sein

$$\Delta m_\varrho = 0, \pm 1. \tag{6.20}$$

Für $\Delta m_\varrho = 0$ gibt es keine Emission in z-Richtung. Der Fall tritt auf, wenn $\vec{\ell}$ senkrecht zur z-Richtung steht. Dem klassischen Fall einer in z-Richtung schwingenden Punktladung entspricht eine Elektronenverteilung, wie sie durch $|Y_{\varrho 0}|^2$ in Fig. 33 beschrieben wird. Um diese Vorstellungen in eine mehr quantitative Form zu bringen, müssen wir den Emissionsprozeß jedoch quantenmechanisch beschreiben. Das soll im nächsten Abschnitt geschehen.

6.3 Übergangswahrscheinlichkeiten, induzierte und spontane Emission

Um die in den Spektren beobachteten Auswahlregeln und Intensitätsverhältnisse quantitativ zu beschreiben, müssen wir einen quantenmechanischen Ausdruck für die Übergangswahrscheinlichkeit angeben. Für spontane Emission ist dies nicht ohne weiteres möglich. Wir werden daher erst untersuchen, welche Übergangswahrscheinlichkeiten sich für Absorption und Emission ergeben, wenn diese Prozesse durch eine eingestrahlte elektromagnetische Welle induziert werden. Das ist natürlich kein stationäres Problem mehr, und wir müssen zum ersten Mal die zeitabhängige Schrödinger-Gleichung benutzen. Im ersten Teil dieses Abschnitts wollen wir deshalb zunächst das allgemeine Verhalten eines Systems unter dem Einfluß einer zeitabhängigen „Störung" untersuchen.

Die Hamilton-Funktion enthalte einen stationären Anteil H_0 und einen zeitabhängigen Störterm $H'(t)$. Ein Beispiel dafür wäre es, wenn wir den Zeeman-Effekt im magnetischen Wechselfeld untersuchten und in (6.6) $\vec{B} = \vec{B}(t) = \vec{B}_0 \cos \omega t$ setzen würden. Die Störung soll wieder „klein" sein. Die Lösung des ungestörten Systems sei mit ψ_0 bezeichnet. Ausgangspunkt ist also

$$H = H_0 + H'(t), \qquad H' \ll H_0 \tag{6.21}$$

$$i\hbar\,\frac{\partial\psi_0(x, t)}{\partial t} = H_0\,\psi_0(x, t). \tag{6.22}$$

Die Lösung ψ_0 hat die Form

$$\psi_0(x, t) = u_n(x)e^{-i\omega t} \tag{6.22}$$

(vgl. 2.53), wobei $u_n(x)$ die Eigenfunktionen von H_0 mit den Eigenwerten E_n seien[1])

---

[1]) Hier steht x der Einfachheit halber für alle Ortskoordinaten und bedeutet keine Einschränkung auf eine Dimension. In allen hier folgenden Gleichungen könnten wir ebensogut $\vec{x}$ schreiben.

$$H_0 u_n(x) = E_n u_n(x). \tag{6.23}$$

Die a l l g e m e i n e Lösung für das ungestörte, also noch stationäre System ist die Linearkombination

$$\psi_0(x, t) = \sum_n a_n u_n(x) e^{-i\omega_n t}, \qquad \omega_n = \frac{E_n}{\hbar}, \tag{6.24}$$

wobei die Koeffizienten a_n nicht von der Zeit abhängen. Sei nun $\psi(x, t)$ eine Lösung des gestörten Systems mit H

$$i\hbar \frac{\partial \psi(x, t)}{\partial t} = [H_0 + H'(t)] \psi(x, t). \tag{6.25}$$

Für ψ machen wir jetzt den Lösungsansatz

$$\psi = \sum_n a_n(t) u_n(x) e^{-i\omega_n t}. \tag{6.26}$$

Die Konstanten a_n in (6.24) geben ja die Amplituden an, mit denen sich das System in jedem der Eigenzustände n befindet, solange es stationär ist. Durch die zeitabhängige Störung werden sich die Besetzungswahrscheinlichkeiten $|a_n|^2$ der einzelnen Quantenzustände ändern, daher müssen die Amplituden jetzt zeitabhängig werden. Da jedoch $H'(t) \ll H_0$ sein soll, können wir erwarten, daß sich die $a_n(t)$ relativ langsam ändern im Vergleich zu den Frequenzen ω_n. Wir setzen den Lösungsansatz (6.26) in (6.25) ein und erhalten

$$i\hbar \sum_n u_n \{\dot{a}_n(t) e^{-i\omega_n t} - a_n(t) i\omega_n e^{-i\omega_n t}\} = [H_0 + H'] \sum_n a_n(t) u_n e^{-i\omega_n t}$$
$$= \sum a_n H_0 u_n e^{-i\omega_n t} + \sum a_n H' u_n e^{-i\omega_n t}. \tag{6.27}$$

Links wurde nach t differenziert und $\partial a/\partial t = \dot{a}$ geschrieben. Wir multiplizieren jetzt von links mit einer Eigenfunktion u_k^* und integrieren über die Ortskoordinaten. Dabei beachten wir die Orthogonalität und Normierung der u_n und die Eigenwertgleichung (6.23). Bilden von

$$\int u_k^* (\text{Gl. } 6.27) \, dx$$

gibt

$$i\hbar e^{-i\omega_k t} \{\dot{a}_k - i\omega_k a_k\} = a_k E_k e^{-i\omega_k t} + \sum_n a_n(t) e^{-i\omega_n t} \int u_k^* H'(t) u_n dx$$

$$i\hbar \dot{a}_k e^{-i\omega_k t} = \sum_n a_n(t) e^{-i\omega_n t} H'_{kn}. \tag{6.28}$$

In der ersten Zeile hebt sich der zweite Term links gegen den ersten rechts weg, da $i\hbar(-i\omega_k) = E_k$ ist. In der zweiten Zeile haben wir zur Abkürzung gesetzt

$$\int u_k^* H'(t) u_n dx = \langle u_k | H'(t) | u_n \rangle = H'_{kn}(t). \tag{6.29}$$

Dazu folgendes. Die Größen H'_{kn} sind Zahlen. Wenn der Störoperator H' aus den ursprünglichen Eigenzuständen von H_0 etwas verschiedene Zustände $|u'_n\rangle = H'|u_n\rangle$ erzeugt, so gibt die Zahl $H'_{kn} = \langle u_k | u'_n \rangle$ an, mit welchen Amplituden der gestörte Zustand

u'_n in einer Entwicklung nach den ungestörten Zuständen u_k als Basis vorkommt. Wir können die $k \times n$ Zahlen H'_{kn} als Matrix anschreiben. Daher bezeichnet man H'_{kn} als M a t r i x e l e m e n t der Störung. Wenn die Störung ausgeschaltet ist, so ist $u'_n = u_n$ und $H'_{kn} = \langle u_k | u_n \rangle = \delta_{kn}$ die Störmatrix ist dann „diagonal". Erst als Einschalten der Störung erzeugt nichtdiagonale Matrixelemente. Sie sind ein Maß für die Störung zur Zeit t.

Wir schreiben Gl. (6.28) noch in folgender Form um

$$\frac{d\,a_k(t)}{dt} = -\frac{i}{\hbar}\, e^{i\omega_k t} \sum_n a_n(t) e^{-i\omega_n t} H'_{kn}(t)$$

$$= -\frac{i}{\hbar} \sum_n a_n e^{i\omega_{kn} t} H'_{kn}(t) \tag{6.30}$$

mit der weiteren Abkürzung

$$\omega_{kn} = \omega_k - \omega_n. \tag{6.31}$$

Bis jetzt ist die Gleichung exakt. Nun müssen wir eine Näherung einführen. Sie basiert auf folgender Überlegung. Wenn sich das System zur Zeit $t = 0$ im Eigenzustand m befindet, so ist $a_m(0) = 1$ und alle anderen $a_k(0) = 0$, da ja $|a_m(t)|^2$ die Wahrscheinlichkeit angibt, das System zur Zeit t im Zustand m zu finden. Die Anfangsbedingung lautet daher $a_k(0) = \delta_{km}$. Für ein E n s e m b l e von Atomen heißt das, alle befinden sich anfangs im Zustand m. Wir schalten jetzt die Störung ein. Sie verursacht Übergänge in vorher leere Zustände. Da aber die Störung schwach ist und die $a_k(t)$ sich langsam ändern, wird der ursprüngliche ganz volle Zustand m sich in einer k u r z e n Zeit t nur unmerklich entvölkern. Daher setzen wir n ä h e r u n g s w e i s e

$$a_m(t) \approx a_m(0) = 1. \tag{6.32}$$

Für einen Zustand k, der ursprünglich leer war, spielt der Zuwachs aus dem Zustand m natürlich eine wesentliche Rolle.

Um die Näherung zu benutzen, setzen wir die Anfangsbedingung $a_k(0) = \delta_{km}$ in (6.30) ein unter Beachtung von (6.32). Von der Summe bleibt nur übrig

$$\frac{d\,a_k(t)}{dt} = -\frac{i}{\hbar}\, e^{i\omega_{km} t}\, H'_{km}(t) \tag{6.33}$$

Wir integrieren das über t von 0 bis t. Wegen der Anfangsbedingung ist $a_k(0) = 0$. Daher ergibt sich

$$a_k(t)\big|_0^t = a_k(t) - a_k(0)$$

$$= a_k(t) = -\frac{i}{\hbar} \int_0^t H'_{km}(t) e^{i\omega_{km} t}\, dt \tag{6.34}$$

Das ist eine wichtige Gleichung, die uns erlaubt, im Falle einer schwachen Störung die Wahrscheinlichkeit $|a_k(t)|^2$ zu berechnen, das System zur Zeit t im Zustand k zu finden. Wir betrachten jetzt zwei relativ einfache und häufig gebrauchte Fälle:

1) Bei $t = 0$ wird eine dann zeitlich konstante Störung $H'(t) = \text{const}$ eingeschaltet;
2) Die Störung ist rein periodisch $H'(t) = H'_0 e^{i\omega t}$

In beiden Fällen ist (6.34) direkt integrierbar.

Fall 1, konstante Störung. Dieser Fall liefert eine äußerst wichtige Regel (Gl. 6.42) und wird aus diesem Grund behandelt. Da er aber zur Behandlung der Emission zunächst nicht weiter gebraucht wird, steht er im Kleindruck. Gl. (6.34) liefert mit $H' = H_{km} = \text{const}$

$$a_k(t) = -\frac{i}{\hbar} H_{km} \int_0^t e^{i\omega_{km}t}\, dt = -\frac{i}{\hbar} H_{km} \left[\frac{e^{i\omega_{km}t}}{i\omega_{km}}\right]_0^t =$$

$$= -H_{km}\, \frac{e^{i\omega_{km}t} - 1}{\hbar\omega_{km}} \tag{6.35}$$

$$|a_k(t)|^2 = \frac{|H_{km}|^2}{\hbar^2 \omega_{km}^2}\, \{(e^{i\omega_{km}t} - 1)(e^{-i\omega_{km}t} - 1)\}$$

$$= \frac{4\,|H_{km}|^2}{\hbar^2}\, \frac{\sin^2\left(\frac{1}{2}\,\omega_{km}t\right)}{\omega_{km}^2}. \tag{6.36}$$

Beim letzten Schritt haben wir die Identität benutzt

$$\sin^2 \frac{\varphi}{2} = \frac{1}{4}\,(2 - e^{i\varphi} - e^{-i\varphi}), \tag{6.37}$$

die sich leicht aus der Eulerschen Formel ergibt.

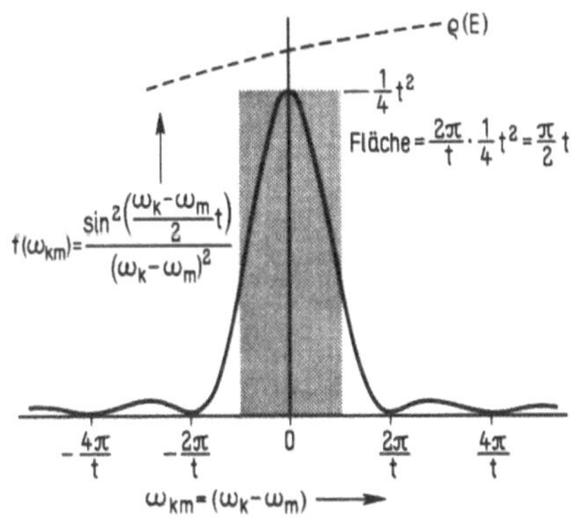

Wir diskutieren zunächst anhand von Fig. 58 die im Ergebnis (6.36) vorkommende Funktion

$$f(\omega_{km}) = \frac{\sin^2 \frac{\omega_k - \omega_m}{2}\,t}{(\omega_k - \omega_m)^2}. \tag{6.38}$$

Fig. 58
Zur Diskussion der Funktion (6.38)

Die Zeitabhängigkeit der Wahrscheinlichkeit $|a_k(t)|^2$ ist nur durch diese Funktion gegeben, da $|H_{km}|^2$ konstant ist. Für $\omega_{km} \to 0$ ist $f(\omega_{km}) = t^2/4$, da $\lim\limits_{x\to 0} \frac{\sin^2 ax}{x^2} = a^2$.

Nullstellen liegen bei $\frac{1}{2}\,\omega_{km}t = n\pi$ oder $\omega_{km} = 2\,n\pi/t$.

Wir notieren folgendes:

a) merkliche Übergänge treten nur für kleine ω_{km} auf, d. h. solange $|\omega_{km}| \lesssim 2\,\pi/t$;
b) der zugehörige Energiebereich ist $\Delta E = \hbar\Delta\omega_{km} \approx 2\,\pi\hbar/t$, das entspricht der Zeit-Energie-Unschärfebeziehung $t \cdot \Delta E \approx 2\,\pi\hbar$; c) wenn ein Kontinuum von Endzuständen vorliegt, ist die Wahrscheinlichkeit $P(t)$, das System zur Zeit t in irgendeinem davon vorzufinden proportional zur Fläche unter der Kurve, also zu t. Die Übergangsrate $P(t)/t$ ist dann konstant und proportional zu $|H_{km}|^2$. Diesen Punkt wollen wir näher ausführen.

Für den Fall eines Kontinuums von Endzuständen wählen wir statt m und k die Indices
i und f gemäß Fig. 59. Für die Endzustände sei die Zustandsdichte $\rho_f(E)$ definiert durch

$$\rho_f(E) = \frac{\text{Zahl der Zustände}}{\text{Energieintervall } \Delta E_f} .$$

(6.39)

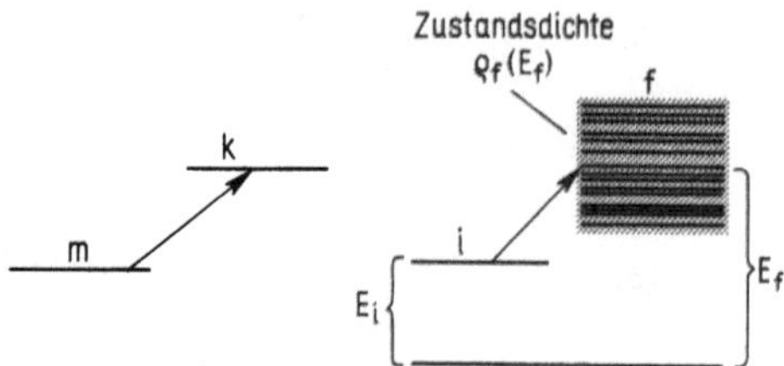

Fig. 59
Zur Zustandsdichte $\rho(E)$

Da E_i fest ist, ist $\Delta E_f = \hbar(\omega_f - \omega_i) = \hbar\Delta\omega_{fi}$ und die Zahl der Zustände im Intervall
dE_f ist $\rho_f(E_f)\hbar d\omega_{fi}$. Um die Wahrscheinlichkeit zu erhalten, das System in irgendeinem
Kontinuumszustand zur Zeit t zu finden, ersetzen wir die Summe über alle relevanten
$|a_f(t)|^2$ durch ein Integral

$$P_f(t) = \sum_f |a_f(t)|^2 \rightarrow \frac{4\,|H_{fi}|^2}{\hbar^2} \int_{-\infty}^{\infty} \frac{\sin^2 \frac{1}{2}\omega_{fi}t}{\omega_{fi}^2} \rho_f(E)\hbar d\omega_{fi}.$$

(6.40)

Zum Integral trägt gemäß Fig. 58 nur ein kleiner Bereich von ω_{fi} wirklich bei. In diesem
Bereich soll $\rho_f(E)$ näherungsweise konstant sein, wie oben in der Figur angedeutet. Wir
ziehen ρ_f daher vor das Integral. Das Integral über die Funktion $f(\omega)$ von Gl. (6.38) hat
den Wert $\frac{1}{2}\pi$. Das ist auch gerade die in Fig. 58 schraffierte Fläche. Damit ergibt sich
nun

$$P_f(t) = \frac{4|H_{fi}|^2}{\hbar} \rho_f(E) \int \frac{\sin^2 \frac{1}{2}\omega_{fi}t}{\omega_{fi}^2} d\omega = \frac{2\pi}{\hbar} |H_{fi}|^2\rho_f(E) \cdot t.$$

(6.41)

Und für die Ü b e r g a n g s r a t e $P_{i \rightarrow f} = P(t)/t$

$$P_{i \rightarrow f} = \frac{2\pi}{\hbar} |H_{fi}|^2\rho_f(E).$$

(6.42)

Dieses Ergebnis unserer zeitabhängigen Störungsrechnung wird häufig als „g o l d e n e
R e g e l" bezeichnet. Es hat einen überraschend großen Anwendungsbereich. Erwar-
tungsgemäß hängt die Übergangsrate außer von ρ_f nur vom Quadrat des Matrixelements
$|H_{fi}|^2$ ab.

Fall 2, rein periodische Störung. Dieser Fall führt zur Beschreibung der induzierten
Strahlungsübergänge. Wir werden gleich konkret und lassen ein elektrisches Wechselfeld
der Feldstärke

$$\mathcal{E} = \mathcal{E}_0(\omega)\cos\omega t = \frac{1}{2}\mathcal{E}_0(e^{i\omega t} + e^{-i\omega t})$$

(6.43)

auf ein Atomelektron wirken. Die Wellenlänge der Strahlung soll groß gegen den Atomdurchmesser sein, $\mathcal{E}$ ist daher räumlich konstant. Wir legen die Koordinate x in Richtung
des Feldes und erhalten als Potential

$$V_{\mathscr{E}} = -e\mathscr{E}x = H'(t) = -\frac{e}{2}\mathscr{E}_0 x(e^{i\omega t} + e^{-i\omega t}). \tag{6.44}$$

Das ist unser zeitabhängiges Störpotential. Die Matrixelemente für die Atomzustände k, m ergeben sich nach (6.29) zu

$$H'_{km}(t) = -\frac{1}{2}\mathscr{E}_0(e^{i\omega t} + e^{-i\omega t}) \int u_k^*(ex)u_m \, dx. \tag{6.45}$$

Den Integralfaktor, der die Wellenfunktionen enthält, nennen wir D i p o l m a t r i x - e l e m e n t D_{km}

$$D_{km} = \int u_k^*(ex)u_m \, dx \tag{6.46}$$

Die Indizes k und m stehen als Kurzbezeichnung für alle Quantenzahlen der Wellenfunktion. Wir tragen jetzt das Störpotential (6.45) in Gl. (6.34) ein

$$\begin{aligned}
a_k(t) &= \frac{i}{2\hbar}\mathscr{E}_0 D_{km} \int_0^t \{e^{i(\omega_{km} + \omega)t} + e^{i(\omega_{km} - \omega)t}\} dt \\
&= \frac{i}{2\hbar}\mathscr{E}_0 D_{km} \left[\frac{e^{i(\omega_{km} + \omega)t}}{i(\omega_{km} + \omega)} + \frac{e^{i(\omega_{km} - \omega)t}}{i(\omega_{km} - \omega)}\right]_0^t \\
&= \frac{1}{2\hbar}\mathscr{E}_0 D_{km} \left[\frac{e^{i(\omega_{km} + \omega)t} - 1}{\omega_{km} + \omega} + \frac{e^{i(\omega_{km} - \omega)t} - 1}{\omega_{km} - \omega}\right].
\end{aligned} \tag{6.47}$$

In der eckigen Klammer treten zwei Resonanznenner auf. Der erste Term trägt nur für $\omega_{km} \approx -\omega$, der zweite nur für $\omega_{km} \approx \omega$ merklich bei, d. h. wenn die Bedingung erfüllt ist

$$\omega_k - \omega_m \approx \pm\omega, \qquad E_k - E_m \approx \hbar\omega. \tag{6.48}$$

Das positive Vorzeichen bedeutet Energieaufnahme ($E_k > E_m$), also Absorption. In diesem Fall trägt nur der zweite Term in (6.47) wesentlich bei, und es ergibt sich unter Vernachlässigung des ersten Terms

$$a_k(t) = \frac{\mathscr{E}_0 D_{km}}{2\hbar} \frac{e^{i(\omega_{km} - \omega)t} - 1}{\omega_{km} - \omega} \tag{6.49}$$

$$|a_k(t)|^2 = \frac{1}{\hbar^2}\mathscr{E}_0^2 |D_{km}|^2 \frac{\sin^2 \frac{1}{2}(\omega_{km} - \omega)t}{(\omega_{km} - \omega)^2}. \tag{6.50}$$

Dies wurde gebildet wie bei (6.36), (6.37). Bis jetzt haben wir nur eine scharfe Frequenz ω eingestrahlt. Wir wollen jetzt zu einem Kontinuum von eingestrahlten Frequenzen übergehen, für das wir eine Dichte der Schwingungszustände definieren durch $\rho(\omega) =$ (Zahl der Wellenzustände/Frequenzintervall $d\omega$). Die Wahrscheinlichkeit $P_k(t)$, das

System zur Zeit t im Zustand k zu finden, ergibt sich wieder durch eine Integration, wobei $\rho(\omega)$ über den interessierenden Bereich des Integrals konstant sein soll

$$P_k(t) = \frac{1}{\hbar^2} \mathcal{E}_0^2 \, |D_{km}|^2 \, \rho(\omega) \int_{-\infty}^{\infty} \frac{\sin^2 \frac{1}{2}(\omega_{km} - \omega)t}{(\omega_{km} - \omega)^2} \, d\omega$$

$$= \frac{\pi}{2\,\hbar^2} \, \mathcal{E}_0^2 \, |D_{km}|^2 \rho(\omega)t. \tag{6.51}$$

Der Wert des Integrals ist wieder $\pi t/2$. Die Absorptionsrate ist

$$R_{m \to k}^{abs} = \frac{1}{3} \frac{P_k(t)}{t} = \frac{1}{6} \frac{\pi}{\hbar^2} \rho(\omega)\mathcal{E}_0^2 |D_{km}|^2. \tag{6.52}$$

Der Faktor 1/3 rührt daher, daß der Vektor $\vec{\mathcal{E}}$ in jeder Raumrichtung stehen kann, da wir aus beliebiger Richtung einstrahlen, daß aber zum Absorptionsprozeß nur Felder in Richtung der Dipolschwingung beitragen.

Wir betrachten jetzt die E m i s s i o n, d. h. statt des Übergangs m → k den Übergang k → m. Nun ist $\omega_{km} = -\omega_{mk}$, so daß aus dem ersten Term in (6.47), der jetzt allein beiträgt, etwas wird, das genauso aussieht wie der zweite Term, nur daß ω_{mk} und ω vertauscht sind. Alles weitere verläuft daher wie zuvor. Der Dipoloperator ist sicher hermitisch, so daß $D_{mk} = D_{km}^*$ und $|D_{km}|^2 = |D_{mk}|^2$. Es ändert sich nichts an (6.52), außer daß die Indizes vertauscht sind, d. h. es gilt

$$R_{m \to k}^{abs} = R_{k \to m}^{emiss}. \tag{6.53}$$

Die Übergangsraten für induzierte Emission und Absorption sind gleich. Gl. (6.52) sagt daher aus, daß die Übergangsraten sowohl für induzierte Emission wie Absorption gegeben sind durch das Quadrat des Dipolmatrixelements, das nach (6.46) aus den beim Übergang beteiligten Zuständen berechnet werden muß, sowie durch die spektrale Energiedichte der induzierenden Strahlung. Es ist nämlich die Energie pro Volumeneinheit $w(\omega)$ für monochromatische Strahlung

$$w(\omega) = \frac{1}{8\pi} \mathcal{E}_0^2(\omega) \qquad \text{(Gaußsches System)}. \tag{6.54}$$

Die spektrale Energiedichte $\mathcal{I}(\omega)$ für nicht monochromatische Strahlung ist die Energiedichte pro Frequenzintervall

$$\mathcal{I}(\omega)d\omega = \frac{\text{Energiedichte}}{\text{Schwingungszustand}} \cdot \frac{\text{Zahl der Schwingungszustände}}{\Delta\omega}$$

$$= w(\omega)\rho(\omega)d\omega = \frac{1}{8\pi} \mathcal{E}_0^2 \rho(\omega)d\omega. \tag{6.55}$$

Daher können wir statt (6.52) auch schreiben

$$R_{m \to k} = \frac{4}{3} \frac{\pi^2}{\hbar^2} \mathcal{I}(\omega) \, |D_{km}|^2. \tag{6.56}$$

An dieser Stelle kommen wir nicht weiter, wenn wir einen Ausdruck für s p o n t a n e
Emission suchen. Wodurch wird ein Atom veranlaßt, in Abwesenheit eines eingestrahlten
Feldes Übergänge zu machen? Wir werden uns der Beantwortung dieser Frage, soweit sie
in unserem Rahmen möglich ist, auf einem Umweg nähern, der jetzt einen Einschub erfordert. Er ist nur aus Gründen der Übersichtlichkeit des Textes in Kleindruck gesetzt.
Wir folgen einer berühmten Überlegung Einsteins über den Zusammenhang von spontaner
und induzierter Emission in einem strahlungsgefüllten Hohlraum bei thermodynamischem
Gleichgewicht. Im Hohlraum sollen sich Atome mit zwei Zuständen m und k befinden,
deren Besetzungszahlen N_m und N_k seien (Fig. 60). Die Übergangsrate $\mathscr{R}_{mk}$ für Absorption ist gegeben durch Besetzungszahl mal Übergangswahrscheinlichkeit. Die Übergangswahrscheinlichkeit ist proportional zur Energiedichte der Hohlraumstrahlung $\mathscr{I}(\omega)$ mit
einer Proportionalitätskonstanten B_{mk}

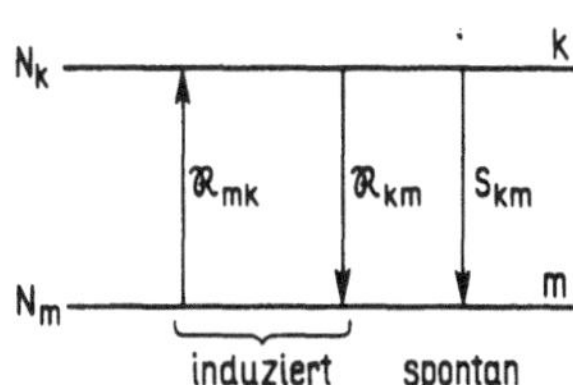

$$\mathscr{R}_{mk} = N_m \cdot B_{mk}\,\mathscr{I}(\omega). \qquad (6.57\,a)$$

Fig. 60
Übergangsraten, die bei den Einstein-
Koeffizienten eine Rolle spielen

Die totale Übergangsrate $\mathscr{R}'_{km}$ für Emission setzt sich zusammen aus der induzierten
Übergangsrate $\mathscr{R}_{km}$, die mit einem Koeffizienten B_{km} ebenso gebildet wird wie (6.57a)
und der spontanen Übergangsrate $N_k S_{km}$, die natürlich nicht von $\mathscr{I}(\omega)$ abhängt

$$\mathscr{R}'_{km} = N_k \{S_{km} + B_{km}\,\mathscr{I}(\omega)\}. \qquad (6.57\,b)$$

Im thermodynamischen Gleichgewicht ist $\mathscr{R}_{mk} = \mathscr{R}'_{km}$. Weiter ist $B_{mk} = B_{km}$, wie wir
von (6.53) wissen (von Einstein mußte dies noch postuliert werden). Das Verhältnis
der Besetzungszahlen ist im thermischen Gleichgewicht durch den Boltzmann-Faktor
gegeben

$$N_k = N_m\, e^{-\frac{\hbar\omega}{kT}}.$$

Wir erhalten mit diesen Relationen $N_m B_{mk}\,\mathscr{I} = N_k(S_{km} + B_{mk}\,\mathscr{I})$ und

$$\mathscr{I}(\omega) = \frac{N_k}{N_m - N_k}\,\frac{S_{km}}{B_{mk}} = \frac{1}{\dfrac{N_m}{N_k} - 1}\,\frac{S_{km}}{B_{mk}}$$

$$= \frac{1}{e^{\frac{\hbar\omega}{kT}} - 1}\,\frac{S_{km}}{B_{mk}}. \qquad (6.58)$$

Wir vergleichen dies mit der Energiedichte $\mathscr{I}(\omega)$, die das Plancksche Strahlungsgesetz
für Hohlraumstrahlung liefert

$$\mathscr{I}(\omega) = \frac{\hbar\omega^3}{\pi^2 c^3}\,\frac{1}{e^{\frac{\hbar\omega}{kT}} - 1}$$

und erhalten

$$S_{km} = \frac{\hbar\omega^3}{\pi^2 c^3}\,B_{mk}. \qquad (6.59)$$

Diese Gleichung enthält einen Zusammenhang zwischen spontaner und induzierter Emission. Wenn wir (6.57b) in folgender Weise schreiben

$$\mathscr{R}'_{km} = N_k B_{mk} \left\{ \frac{S_{km}}{B_{mk}} + \mathscr{S}(\omega) \right\} = N_k B_{mk} \left\{ \frac{\hbar\omega^3}{\pi^2 c^3} + \mathscr{S}(\omega) \right\} \tag{6.60}$$

und mit (6.57a) vergleichen, können wir das so interpretieren: zur Energiedichte $\mathscr{S}(\omega)$ der Hohlraumstrahlung kommt bei der Emission ein Beitrag $\hbar\omega^3/\pi^2 c^3$ hinzu, der spontane Übergänge „induziert". In der Quantenelektrodynamik wird gezeigt, daß dies die „Nullpunktsschwankungen" des elektromagnetischen Feldes im Vakuum sind. Wir werden später in Abschnitt 10.3 noch etwas mehr Einsicht in den Faktor (6.59) gewinnen. Die Koeffizienten B_{km}, B_{mk} und S_{km} führen den Namen E i n s t e i n - K o e f f i - z i e n t e n[1]).

Wir sind jetzt in der Lage, auch die Übergangswahrscheinlichkeit für spontane Emission anzugeben. Die Übergangsrate $\mathscr{R}_{mk}$ aus (6.57a) unterscheidet sich von R_{mk} aus (6.56) nur dadurch, daß die letztere auf $N_m = 1$ normiert war. Gleichsetzen der beiden Ausdrücke gibt daher

$$B_{mk} \mathscr{S}(\omega) = \frac{4}{3} \frac{\pi^2}{\hbar^2} \mathscr{S}(\omega) \, |D_{km}|^2 = R_{m\to k}^{\text{induziert}} . \tag{6.61}$$

Den Koeffizienten B_{mk} hatten wir also schon vorher berechnet. Aus dem Zusammenhang (6.59) erhalten wir daher sofort die spontane Emissionsrate $S_{k\to m}$

$$S_{k\to m} = \frac{4}{3} \frac{\omega^3}{\hbar c^3} \, |D_{km}|^2 . \tag{6.62}$$

Multipliziert mit $\hbar\omega$ gibt das die emittierte Leistung

$$N = \frac{4}{3} \frac{\omega^4}{c^3} \, |D_{km}|^2 . \tag{6.63}$$

Die mittlere Leistung, die ein klassischer Dipol abstrahlt, ist

$$N_{\text{klassisch}} = \frac{1}{3} \frac{\omega^4 e^2 a^2}{c^3} = \frac{1}{3} \frac{\omega^4}{c^3} \mathscr{D}^2 , \quad \mathscr{D} = ea, \text{ a Schwingungsamplitude} \tag{6.64}$$

Das ist die gleiche Formel, nur daß wir für die Quantenübergänge ersetzen müssen $\mathscr{D} \to 2\,D_{km}$.

Zum Schluß kommen wir noch einmal auf die Auswahlregeln zurück. Immer dann, wenn das Dipolmatrixelement D_{km} für zwei Zustände u_k und u_m verschwindet, ist ein Dipolübergang nicht möglich, er heißt „verboten". Der angeregte Zustand muß seine

---

[1]) Es sei angemerkt, daß Einstein 1917 diese Gleichgewichtsbetrachtung angestellt hat, um das Plancksche Gesetz abzuleiten, während wir seine Gültigkeit vorausgesetzt haben. Dann muß man natürlich (6.59) hineinstecken. Einstein erhielt diesen Faktor aus der Forderung, daß die Strahlungsformel im klassischen Grenzfall in das Rayleigh-Jeanssche Gesetz übergeht.

Energie dann in anderer Weise abgeben. Das kann z. B. durch eine kompliziertere elektromagnetische Schwingung, etwa als Quadrupolübergang erfolgen. Die Übergangsrate dafür ist aber so klein, daß man Quadrupolübergänge meist nur an extrem verdünnten Gasen beobachten kann. Sonst wird die Energie durch Elektronenstoßprozesse mit anderen Atomen abgeführt. Die Herleitung der Auswahlregeln für Dipolstrahlung aus den Wellenfunktionen für eine bestimmte Drehimpulskopplung kann recht mühsam sein. Wir beschränken uns auf ein einfaches Beispiel, um das Prinzipielle zu zeigen. Für ein Wasserstoffelektron ist das Dipolmatrixelement entlang der z-Achse mit $z = r \cos \vartheta$ gegeben durch

$$D_{n\ell m, n'\ell'm'} = e \int R_{n\ell} Y_{\ell m} r \cos \vartheta \, R_{n'\varrho'} Y_{\varrho'm'} d\tau$$

$$= e \int_0^\infty R_{n\varrho} r^3 R_{n'\varrho'} dr \int_0^\pi P_\ell^m P_\varrho^{m'} \cos \vartheta \sin \vartheta \, d\vartheta \int_0^{2\pi} e^{i(m-m')\varphi} d\varphi. \quad (6.65)$$

Wir haben nach Integrationsvariablen faktorisiert. Es ist eine Eigenschaft der P_ϱ^m, daß das zweite Integral verschwindet, sofern nicht $\ell' = \ell \pm 1$, d. h. $\Delta\ell = \pm 1$, entsprechend Regel (6.19). Leichter ist der letzte Faktor zu durchschauen. Sofern nicht $m = m'$, d. h. $\Delta m = 0$, steht unter dem Integral eine Cosinusfunktion, deren Integral von 0 bis 2π verschwindet. Auch das entspricht unserer früheren Behauptung: zu $\Delta m = 0$ gehört ein Dipolübergang in z-Richtung.

Spontane Übergänge in Atomen unter normalen Beobachtungsbedingungen finden fast ausschließlich durch elektrische Dipolstrahlung statt. Dipolstrahlung wird durch eine sehr einfache Schwingung in der Ladungsverteilung des Atoms erzeugt. Eine beliebige komplizierte Schwingung der Ladungen läßt sich mathematisch als Reihe entwickeln nach Multipolordnungen, nämlich nach den Schwingungen eines elektrischen 2^ℓ-Pols. Das räumliche Muster des Strahlungsfeldes hängt von der Multipolordnung ℓ ab, – so hat etwa die Intensitätsverteilung für Dipolstrahlung die bekannte Keulenform. Man bezeichnet die Strahlung je nach Multipolordnung als Eℓ-Strahlung. Es bedeutet also „E 1" elektrische Dipolstrahlung, „E 2" Quadrupolstrahlung, „E 3" Oktupolstrahlung usw. Nun können aber auch rasch oszillierende Stromverteilungen elektromagnetische Strahlung aussenden. Dann entsteht magnetische Multipolstrahlstrahlung, die analog als Mℓ-Strahlung bezeichnet wird. M 1-Strahlung (magnetische Dipolstrahlung) spielt bei den induzierten Prozessen im Bereich der Hyperfeinstrukturaufspaltung eine wichtige Rolle (Abschn. 9.3, 10.3). Zu jeder Multipolordnung gibt es spezielle Matrixelemente für die Strahlungsübergänge und folglich auch spezielle Auswahlregeln. Allgemein gilt, daß die Übergangswahrscheinlichkeit von Frequenz und Multipolarität nach $\omega^{2\ell+1}$ abhängt.

6.4 Die Lebensdauer angeregter Zustände und die Breite von Spektrallinien

Bei nicht sehr hoch auflösenden Spektrographen hängt die beobachtete Breite einer Spektrallinie vom Auflösevermögen des Instruments ab. Verbessert man jedoch die Auflösung immer mehr, so erreicht man eine Grenze, von der ab die beobachtete Breite nicht mehr abnimmt. Verringert man dann jedoch den Gasdruck in der Quelle, so kann man eine weitere Abnahme der Linienbreite erreichen. Es gibt daher eine durch Stöße zwischen den Atomen hervorgerufene D r u c k v e r b r e i t e r u n g. Eine weitere Reduktion erreicht man durch verringern der Temperatur. Dadurch wird die thermische Geschwindigkeit der Atome herabgesetzt, die bei der Emission zu einer D o p p l e r - v e r b r e i t e r u n g führt. Schließlich bleibt eine Restbreite, die durch keinen technischen Kunstgriff mehr verringert werden kann. Sie heißt n a t ü r l i c h e   L i n i e n - b r e i t e. Es gibt also drei Ursachen für die Breite von Linien, die wir jetzt in umgekehrter Reihenfolge besprechen wollen

1. Natürliche Linienbreite
2. Dopplerverbreiterung
3. Druckverbreiterung

Natürliche Linienbreite

Die natürliche Linienbreite hat folgende Ursache. Im stationären Zustand hat die Wellenfunktion eines Zustands k eine feste Frequenz $\omega_k = E_k/\hbar$. Wenn der Zustand jedoch strahlt, verliert er Energie. Die Schwingung ist dann gedämpft. Bei jedem Oszillator bewirkt Dämpfung eine Verbreiterung des Frequenzbereichs, in dem er schwingt. Nur ein idealer ungedämpfter Oszillator schwingt bei einer einzigen festen Frequenz. Das spielt in der Elektrotechnik eine große Rolle. Aus dem gleichen Grunde führt die Emission von Quanten zu einer Frequenzunschärfe (d. h. Energieunschärfe) der Atomzustände. In der Sprache der Hochfrequenztechnik: die Dämpfung durch Energieverlust verringert die Kreisgüte des atomaren Oszillators. Wir formulieren diesen Zusammenhang jetzt im Sprachgebrauch der Atomphysik unter Beachtung der quantenmechanischen Aspekte.

Im letzten Abschnitt haben wir die Übergangsrate $S_{k \to m}$ für spontane Emission vom Zustand k in den Zustand m betrachtet. Wir fragen jetzt nach der Wahrscheinlichkeit dafür, daß das Niveau k i r g e n d e i n e n Übergang macht. Sie ist die Summe der Übergangswahrscheinlichkeiten zu allen tieferliegenden Niveaus m. Wir nennen sie λ. Es ist

$$\lambda = \sum_m S_{k \to m} \,. \tag{6.66}$$

Wenn das Niveau k bei N_k Atomen bevölkert ist, so ist die Zahl der Übergänge pro Zeiteinheit daher

$$\frac{dN_k}{dt} = -\lambda N_k \,. \tag{6.67}$$

Das entspricht der spontanen Emissionsrate von (6.58), nur daß wir jetzt S_{km} durch die Summe (6.66) ersetzt haben und uns für die A b n a h m e der Besetzungszahl im Anfangsniveau interessieren, daher das Minuszeichen. Gl. (6.67) läßt sich sofort integrieren

$$\frac{dN(t)}{N(t)} = -\lambda dt, \qquad \ln N = -\lambda t \,\big|_0^t = -\lambda t + \text{const}$$

$$N = \text{const} \cdot e^{-\lambda t} = N_0 e^{-\lambda t}, \quad \text{so daß } N = N_0 \text{ für } t = 0. \tag{6.68}$$

Über die Integrationskonstante haben wir in der angegebenen Weise verfügt, den Index k haben wir weggelassen. Die Besetzungszahl nimmt also exponentiell ab. Die Größe $\tau = 1/\lambda$ hat die Dimension einer Zeit. Sie heißt m i t t l e r e   L e b e n s d a u e r. Nach der Zeit τ bleiben gerade $N(\tau) = N_0/e = 0{,}37\,N_0$ Zustände übrig. Man kann zeigen, daß für τ gilt

$$\tau = \int_0^\infty t \exp(-\lambda t)\,dt \Big/ \int_0^\infty \exp(-\lambda t)\,dt$$

daher der Name[1]).

Wir erinnern uns jetzt daran, daß die Wellenfunktion ψ_k eines Zustands die Wahrscheinlichkeitsamplitude ist in dem Sinne, daß $P_k(t) = |\psi_k(t)|^2$ die Wahrscheinlichkeit ist, das System zur Zeit t im Zustand k zu finden. Man muß sich also auf Beobachtung an einem Ensemble aus vielen Atomen gründen, um die Wahrscheinlichkeit zu ermitteln. Umgekehrt gibt natürlich $N_k(t)/N_{k0}$ nach (6.68) gerade die Wahrscheinlichkeit $P_k(t)$ an, so daß $|\psi_k(t)|^2$ mit $e^{-\lambda t}$ exponentiell abnehmen muß. Genau dies können wir erreichen, wenn wir die Amplitude von $\psi_k(t)$ „dämpfen", d. h. exponentiell abnehmen lassen. Aus dem stationären nicht strahlenden Zustand

$$\psi_{k0} = u_k(x)e^{-i\omega_k t} = u_k(x)e^{-i\frac{E_k}{\hbar}t} \tag{6.69}$$

wird also, wenn er zerfallen kann

$$\psi_k(t) = \psi_{k0}\,e^{-\mathrm{const}\,t} = \psi_{k0}\,e^{-\frac{\Gamma}{2\hbar}t} =$$

$$= u_k(x)\,e^{-\frac{i}{\hbar}\left(E_k + i\frac{\Gamma}{2}\right)t}, \tag{6.70}$$

wobei wir für die Konstante im Dämpfungsfaktor $\Gamma/2\hbar$ geschrieben haben. Die Größe Γ hat offenbar die Dimension einer Energie. Das hat die erwünschte Wirkung, denn nun ist

$$P_k(t) = |\psi_k(t)|^2 = |\psi_{k0}|^2\,e^{-\frac{\Gamma}{\hbar}t}. \tag{6.71}$$

Vergleich mit (6.68) zeigt, daß sein muß

$$\frac{\Gamma}{\hbar} = \lambda = \frac{1}{\tau}, \qquad \Gamma\tau = \hbar. \tag{6.72}$$

Da Abstrahlung Energieverlust bedeutet, muß sich auch der Erwartungswert der Energie ändern. Es ist

$$\langle E_k(t)\rangle = \langle \psi_k|H|\psi_k\rangle = e^{-\frac{\Gamma}{\hbar}t}\langle \psi_{k0}|H|\psi_{k0}\rangle = E_k\,e^{-\frac{\Gamma}{\hbar}t}, \tag{6.73}$$

da voraussetzungsgemäß zur Zeit t_0 das System im Eigenzustand k war.

---

[1]) All das hier Gesagte hängt nicht von den Voraussetzungen der Störungsrechnung vom letzten Abschnitt ab. Lediglich wenn wir λ nach (6.66) berechnen wollen, ist Vorsicht geboten, da unsere spezielle Formel (6.62) für S_{km} unter der Annahme abgeleitet war, daß sich der Zustand nur wenig entvölkert. Man kann diesen Mangel durch eine Störungsrechnung in höherer Ordnung beheben.

Wenn man eine Welle dämpft (Einschub oben rechts in Fig. 61), treten im Fourierspektrum zusätzliche Frequenzen auf. Bezeichnen wir das Frequenzspektrum mit $\xi(\omega)$, so ist

$$\psi_k(t) = \frac{1}{\sqrt{2\,\pi}} \int_{-\infty}^{\infty} \xi(\omega)e^{i\omega t}d\omega$$

$$\xi(\omega) = \frac{1}{\sqrt{2\,\pi}} \int_{-\infty}^{\infty} \psi_k(t)e^{-i\omega t}dt \tag{6.74}$$

mit $\psi_k(t)$ aus (6.70). Da das Integral divergiert, berechnet man es zwischen hinreichend großen endlichen Zeiten $-T$ und $+T$. Das Ergebnis ist

$$\xi(\omega) \sim \frac{1}{i(\omega - \omega_k) - (\Gamma/2\,\hbar)} \;. \tag{6.75}$$

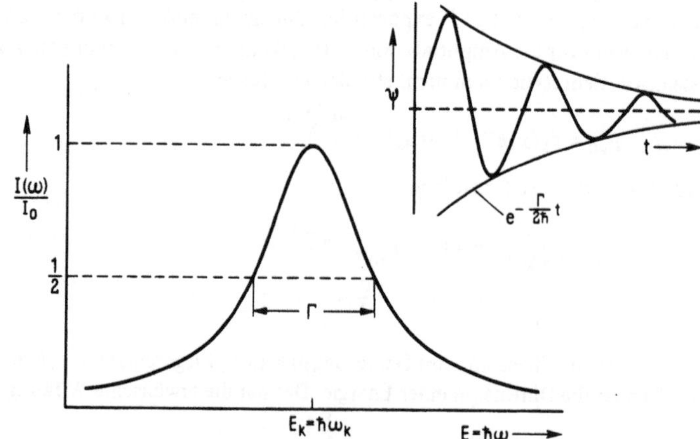

Fig. 61 Natürliche Spektralverteilung einer Linie (Lorentz-Kurve). Oben rechts: zeitlich gedämpfte Wellenfunktion

Die Funktion $\xi(\omega)$ beschreibt, wie die Frequenzen der Wellenfunktion durch die Dämpfung modifiziert werden. Bei einem Übergang mit der Spektrallinie $\omega_{km} = \omega_k - \omega_m$ zu einem Zustand fester Frequenz ω_m (z. B. dem Grundzustand) ergibt sich daher aus (6.75) die Linienform, d. h. die Spektralverteilung für den Übergang. Die Linienintensität $I(\omega)$ ist proportional zu

$$|\xi(\omega)|^2 = \xi^*(\omega)\xi(\omega) = \frac{1}{(\omega - \omega_k)^2 + \dfrac{\Gamma^2}{4\,\hbar^2}} = \frac{\hbar^2}{(E - E_k)^2 + \left(\dfrac{\Gamma}{2}\right)^2} \;, \tag{6.76}$$

so daß sich für die Linienform ergibt

$$I(\omega) = I_0(\omega_k) \frac{(\Gamma/2\,\hbar)^2}{(\omega - \omega_k)^2 + (\Gamma/2\,\hbar)^2} = I_0(\omega_k) \frac{(\Gamma/2)^2}{(E - E_k)^2 + (\Gamma/2)^2} \;, \tag{6.77}$$

das ist so normiert, daß $I(\omega) = I_0(\omega_k)$ für $\omega = \omega_k$. Die Spektralverteilung (6.77) nennt man L o r e n t z - V e r t e i l u n g. Sie ist in Fig. 61 dargestellt. Wie man sieht, ist für $E - E_k = \Gamma/2$ gerade $I = \frac{1}{2} I_0$. Daher ist Γ die Halbwertbreite der Kurve, die man oft auch einfach n a t ü r l i c h e   L i n i e n b r e i t e nennt. Gl. (6.72) hat daher folgenden Inhalt: natürliche Linienbreite (im Energiemaß) mal mittlere Lebensdauer gleich $\hbar$. Das ist nichts anderes als die Energie-Zeit-Unschärferelation $\Delta E \cdot \Delta t \approx \hbar$, die wir hier jedoch nicht benutzt, sondern abgeleitet haben.

Wegen dieses Zusammenhangs kann man Linienbreiten auf zwei grundsätzlich verschiedene Weisen bestimmen, entweder durch direkte Messung der Halbwertbreite oder durch Messung der mittleren Lebensdauer des angeregten Zustands. Man findet für spontane Dipolstrahlung bei Atomen Lebensdauern in einem weiten Bereich um 10^{-8} s. Zur Berechnung müßten wir nach (6.66) bilden

$$\tau = \frac{1}{\lambda} = [\sum_m S_{k \to m}]^{-1} = \text{const}[\sum_m |D_{km}|^2]^{-1}, \tag{6.78}$$

was die Berechnung der Dipolmatrixelemente erfordert, die Integrale über die Radialfunktionen enthalten. In einfachen Fällen ist das explizit durchführbar. Man erhält beispielsweise für die $2p \to 1s$ Übergänge in wasserstoffähnlichen Atomen $\tau = 1{,}6 \cdot 10^{-9}$ Z^{-4} s in guter Übereinstimmung mit dem Experiment. (Beim Wasserstoff ergibt das für die Lyman-Linie $\Gamma = 4 \cdot 10^{-7}$ eV und $\Gamma/E = 4 \cdot 10^{-8}$.)

Dopplerverbreiterung

Die Atome in einer Strahlenquelle befinden sich nicht in Ruhe, sondern führen, entsprechend der Quellentemperatur, thermische Bewegungen aus. Wenn ein Atom in x-Richtung Strahlung der Frequenz ν_0 emittiert und in dieser Richtung die Geschwindigkeitskomponente v_x hat, so beobachtet man infolge des Doppler-Effekts die Frequenz

$$\nu = \nu_0 \left(1 - \frac{v_x}{c}\right)^{-1}. \tag{6.79}$$

Die Verteilung der Komponenten v_x ist durch die Maxwell-Verteilung gegeben

$$dN(v_x) = \text{const} \cdot e^{-\frac{M v_x^2}{2RT}} dx \tag{6.80}$$

(M Molekulargewicht, R Gaskonstante, T absolute Temperatur). Daraus folgt unmittelbar die Intensitätsverteilung $I(\nu)$, die sich für eine streng monochromatische Linie aufgrund des Dopplereffekts ergibt

$$I(\nu) = I_0 e^{-\frac{M c^2}{2RT} \frac{(\nu_0 - \nu)^2}{\nu^2}}. \tag{6.81}$$

Hieraus erhält man für die Halbwertbreite der Dopplerverbreiterung

$$\Delta\nu_{\frac{1}{2}} = \frac{7{,}162 \cdot 10^{-7} \nu_0 \sqrt{T/M}}{1 - 7{,}162 \cdot 10^{-7} \sqrt{T/M}} \approx 7{,}162 \cdot 10^{-7} \nu_0 \sqrt{T/M} \quad \text{(T in Kelvin)}. \tag{6.82}$$

Durch Kühlen der Quelle kann die Dopplerverbreiterung herabgesetzt werden. Das wird bei spektroskopischen Untersuchungen hoher Auflösung ausgenutzt. Formel (6.82) zeigt, daß die Dopplerverbreiterung für M = 1 um mindestens eine Größenordnung größer ist als die oben angeführte natürliche Linienbreite bei Wasserstoff.

Druckverbreiterung

Die Druckverbreiterung oder auch „Stoßverbreiterung" wird dann merklich, wenn die mittlere Zeit zwischen zwei Atomstößen in der Quelle in der Größenordnung der mittleren Lebensdauer der Niveaus oder darunter liegt. Dadurch wird die effektive Lebensdauer des Zustands herabgesetzt und nach (6.72) die Energiebreite vergrößert. Klassisch ausgedrückt heißt das, der Oszillator kann keinen hinreichend langen Wellenzug emittieren, die Emission wird durch den Stoß unterbrochen. Das Fourier-Spektrum wird dadurch breiter. Bei der Behandlung der Druckverbreiterung müssen Stoßprozesse behandelt werden. Dazu sind wir hier wenig gerüstet. Im Laboratorium kann die Druckverbreiterung durch Herabsetzen des Druckes immer verringert werden, im Gegensatz etwa zu den Verhältnissen in Sternatmosphären.

7 Identische Teilchen

7.1 Fermionen und Bosonen

In den vorangegangenen Kapiteln haben wir fast alle wesentlichen Erscheinungen, die bei Atomen auftreten, bereits besprochen, aber nur für ein einziges Elektron. Es wird sich herausstellen, daß vieles bei Mehrelektronen-Atomen ganz ähnlich ist. Um ein System mit mehreren Elektronen behandeln zu können, müssen wir uns jedoch zuerst mit den eigentümlichen Konsequenzen befassen, die aus den quantenmechanischen Regeln für ein System von gleichen Teilchen folgen. Es ist ja nicht möglich, ein einzelnes Elektron oder ein anderes Teilchen in irgendeiner Weise zu markieren, so daß seine Identität zu einem späteren Zeitpunkt oder an einem anderen Ort festgestellt werden kann. Bei zwei Elektronen, die durch wohldefinierte Wellenpakete beschrieben werden und die weit voneinander entfernt sind, braucht man keine Verwechslung zu befürchten. Innerhalb der Ausdehnung des Wellenpakets, d. h. innerhalb eines Bereiches, in dem die Unschärferelation gilt, ist es jedoch prinzipiell nicht möglich, die Koordinaten eines Teilchens zu verfolgen. Sobald sich daher die beiden Elektronen gleichzeitig in ein Gebiet des Orts- und Impulsraums bewegen, das durch die Unschärferelation umrissen ist, gibt es prinzipiell keine Möglichkeit mehr, die Koordinaten der Teilchen auseinanderzuhalten. Bei allen quantenmechanischen Aussagen müssen wir dem Rechnung tragen. Nach der Grundregel (2.4) sollten wir erwarten, daß die Wahrscheinlichkeitsamplituden für die beiden Teilchen in irgendeiner Weise kohärent addiert werden müssen. Das hat äußerst fundamentale Konsequenzen und führt zu Gesetzmäßigkeiten, die den gesamten Aufbau der Materie beherrschen. Das wird in diesem Kapitel behandelt.

Wir beschränken unsere Überlegungen zunächst auf nur zwei Teilchen, die Erweiterung auf mehr Teilchen ist später einfach. Die beiden Teilchen sollen in einem gemeinsamen Potential gebunden sein. Das könnte ein Coulomb-Potential sein, dann haben wir ein Helium-Atom, und sicherlich sind dann beide Teilchen ununterscheidbar, – der Atomdurchmesser im Coulomb-Potential ist ja gerade durch die Unschärferelation gegeben (vgl. Fig. 19). Das Helium-Atom soll aber erst in Abschn. 7.3 ausführlich behandelt werden; wir wollen uns in diesem Abschnitt zur Illustration zunächst auf ein noch einfacheres Beispiel beschränken. Die wichtigste Voraussetzung soll sein, daß die direkten Wechselwirkungen zwischen beiden Teilchen vernachlässigbar klein sein sollen. Es soll also beispielsweise die gegenseitige Coulombabstoßung der beiden Elektronen klein sein gegen ihre Bindungsenergie im Zentralpotential. Wir haben dann etwas, das man ein „M o d e l l u n a b h ä n g i g e r T e i l c h e n" nennt. In der Hamilton-Funktion gibt es unter dieser Voraussetzung keinen Potentialterm, der von den Koordinaten der beiden Teilchen gleichzeitig abhängt. Sie lautet einfach

$$H = H_1 + H_2 = \left[\frac{p_1^2}{2\,m} + V(r_1) \right] + \left[\frac{p_2^2}{2\,m} + V(r_2) \right]. \tag{7.1}$$

Wenn $H_1 \psi_1 = E_1 \psi_1$ und $H_2 \psi_2 = E_2 \psi_2$ ist, so ist

$$H\psi = E\psi \qquad \text{mit } \psi = \psi_1 \cdot \psi_2 \quad \text{und} \quad E = E_1 + E_2 \tag{7.2}$$

eine spezielle Lösung von (7.1), denn Einsetzen liefert

$$H\psi = (H_1 + H_2)\psi_1(r_1)\psi_2(r_2) = \psi_2 H_1 \psi_1 + \psi_1 H_2 \psi_2 = (E_1 + E_2)\psi.$$

Das gilt für N unabhängige Teilchen ganz analog

$$H = \sum_{i=1}^{N} H_i = \sum_{i=1}^{N} \frac{p_i^2}{2\,m} + V(r_i) \tag{7.3}$$

$$H\psi = E\psi \qquad \text{mit } \psi = \psi_1 \cdot \psi_2 \cdot \ldots \cdot \psi_N, \quad E = E_1 + E_2 + \ldots + E_N. \tag{7.4}$$

Für N wechselwirkungsfreie Teilchen ist also jeweils das P r o d u k t von N Einteilchen-Wellenfunktionen eine spezielle Lösung und der zugehörige Energieeigenwert ist die S u m m e der Einteilchen-Energien.

Nach dieser allgemeinen Feststellung wenden wir uns jetzt den Folgerungen aus der Identität der Teilchen zu. Der Anschaulichkeit halber halten wir uns ein einfaches Beispiel vor Augen, die Folgerungen sind davon jedoch unabhängig. Als Potential wählen wir das Rechteckpotential aus Abschn. 2.4 mit den Lösungen aus Fig. 24. Wir haben hier in Fig. 62 noch einmal zwei Lösungsfunktionen für die Quantenzahlen $\mu = 1$ und $\mu = 3$ vereinfacht aufgezeichnet. Nach (2.69) ist die Energie eines Zustandes

$$E_\mu = \mu^2 \cdot K \qquad \left(K = \frac{\pi^2 \hbar^2}{2\,ma^2} \right).$$

Wir bringen jetzt z w e i Teilchen in das Potential. Sie sollen in den Quantenzuständen μ_1 bzw. μ_2 sein. Nach dem eben dargelegten, ist die Energie des Systems

$$E_{1,2} = E_1 + E_2 = (\mu_1^2 + \mu_2^2)K \qquad (7.5)$$

und eine Wellenfunktion ist

$$\psi_{1,2} = \psi_1(1)\,\psi_2(2)$$

$$= \frac{2}{a} \cdot \cos\frac{\pi}{a}\lambda_1 r_1 \, \cos\frac{\pi}{a}\lambda_2 r_2. \qquad (7.6)$$

$$(\lambda_1 \neq \lambda_2, \text{ Normierung wie bei Gl. 2.73})$$

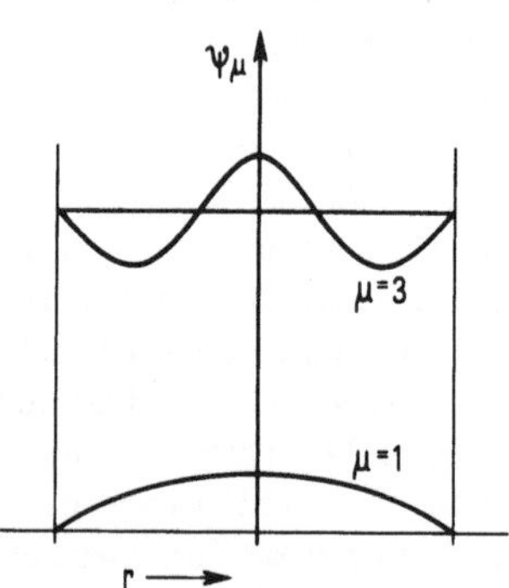

Fig. 62
Zwei Wellenfunktionen im Rechteckpotential als
Beispiel für zwei Zustände, die mit identischen
Teilchen besetzt werden können

Die obere Hälfte der Gleichung gilt allgemein, die untere bezieht sich auf unser Beispiel. Der kleine Index an ψ bedeutet die Quantenzahl, in Klammern steht die Koordinate des Teilchens, $\psi_2(1)$ soll also heißen: Teilchen 1 im Zustand 2. Die Lösung (7.6) ist nun zwar eine Lösung der Schrödinger-Gleichung, sie trägt aber der Nichtunterscheidbarkeit der beiden Teilchen nicht Rechnung, weil sie jedem Teilchen eine eindeutige Koordinate zuordnet. Wir werden gleich sehen, welche Konsequenz das hat. Zuerst wollen wir noch den Zustand betrachten, bei dem die Teilchen vertauscht sind. Wir nennen ihn $\psi_{2,1}$ und können uns vorstellen, daß er aus dem ursprünglichen Zustand durch Anwendung eines Operators $\mathscr{P}_r$ hervorgegangen ist

$$\mathscr{P}_r\psi_{1,2} = \psi_{2,1} = \psi_1(2)\,\psi_2(1) = \cos\frac{\pi}{a}\lambda_1 r_2 \cdot \cos\frac{\pi}{a}\lambda_2 r_1. \qquad (7.7)$$

Es bedeutet also $\mathscr{P}_r$ die Vorschrift „vertausche die Koordinaten der beiden Teilchen". Rechts steht wieder unser Beispiel. Für diese neue Lösung gilt offenbar

$$E_{2,1} = E_{1,2} \qquad \text{(„Austauschentartung")} \qquad (7.8)$$

und außerdem gilt: $\psi_{2,1}$ ist orthogonal zu $\psi_{1,2}$. Es ist nämlich

$$\psi_{2,1}^* \cdot \psi_{1,2} = \psi_1^*(2)\,\psi_2(2) \cdot \psi_2^*(1)\,\psi_1(1), \qquad (7.9)$$

woraus die Orthogonalität durch Integration über die Ortskoordinaten folgt, da jeder Faktor des rechts stehenden Produkts zwei orthogonale Funktionen enthält. Die neue Lösung $\psi_{2,1}$ ist natürlich genauso wenig brauchbar wie $\psi_{1,2}$. Für nichtunterscheidbare Teilchen muß nämlich sinnvollerweise für die Wahrscheinlichkeitsdichten gefordert werden $P_{1,2} = P_{2,1}$, wo $P_{1,2}$ die Wahrscheinlichkeit dafür ist, ein Teilchen bei der Koordinate 1 und das andere bei der Koordinate 2 zu finden. Bilden wir aber aus (7.6) bzw. (7.7)

$$P_{1,2} = |\psi_{1,2}|^2 = |\psi_1(r_1)|^2 |\psi_2(r_2)|^2 = \frac{4}{a^2} \cos^2\left(\frac{\pi}{a}\lambda_1 r_1\right) \cdot \cos^2\left(\frac{\pi}{a}\lambda_2 r_2\right)$$
$$P_{2,1} = |\psi_{2,1}|^2 = |\psi_1(r_2)|^2 |\psi_2(r_1)|^2 = \frac{4}{a^2} \cos^2\left(\frac{\pi}{a}\lambda_1 r_2\right) \cdot \cos^2\left(\frac{\pi}{a}\lambda_2 r_1\right), \tag{7.10}$$

so sehen wir am rechts stehenden Beispiel, daß diese Ausdrücke für $r_1 \neq r_2$ nicht das gleiche Resultat liefern. Das liegt daran, daß $|\psi_{1,2}|^2$ die Wahrscheinlichkeit dafür angibt, ein b e s t i m m t e s Teilchen und nicht i r g e n d e i n Teilchen bei den betreffenden Koordinaten zu finden. Genau das letztere benötigen wir aber, wenn wir der Nichtunterscheidbarkeit Rechnung tragen wollen.

Als Ausweg bietet sich an, neue Lösungen durch Linearkombination der beiden orthogonalen Ausdrücke $\psi_{1,2}$ und $\psi_{2,1}$ zu gewinnen. Hierfür gibt es zwei prinzipiell verschiedene Möglichkeiten, nämlich

$$\psi_S(1,2) = \frac{1}{\sqrt{2}}(\psi_{1,2} + \psi_{2,1}) = \frac{1}{\sqrt{2}}[\psi_1(1)\psi_2(2) + \psi_1(2)\psi_2(1)] \tag{7.11a}$$

$$\psi_A(1,2) = \frac{1}{\sqrt{2}}(\psi_{1,2} - \psi_{2,1}) = \frac{1}{\sqrt{2}}[\psi_1(1)\psi_2(2) - \psi_1(2)\psi_2(1)]. \tag{7.11b}$$

Wir haben einmal addiert und einmal subtrahiert und dadurch zwei neue orthogonale Ausdrücke gewonnen. Zunächst ein Wort zum Normierungsfaktor $1/\sqrt{2}$. Da die Einteilchen-Wellenfunktionen normiert sind, sind es auch deren Produkte $\psi_{1,2}$ und $\psi_{2,1}$ (bei unserem Beispiel hatten wir die Normierungskonstanten der Übersichtlichkeit halber weggelassen). Mit dem Faktor $1/\sqrt{2}$ sind dann ψ_S und ψ_A richtig normiert, denn es ist für $\psi_{1,2} \neq \psi_{2,1}$

$$\int \psi_S^* \psi_S \, d\tau = \frac{1}{2} \int (\psi_{1,2} + \psi_{2,1})^*(\psi_{1,2} + \psi_{2,1}) d\tau$$

$$= \frac{1}{2} \int [|\psi_{1,2}|^2 + |\psi_{2,1}|^2 + \psi_{1,2}^*\psi_{2,1} + \psi_{2,1}^*\psi_{1,2}] d\tau = 1,$$

da die gemischten Terme wegen der Orthogonalität der $\psi_{1,2}$ und $\psi_{2,1}$ verschwinden.

Was geschieht nun mit ψ_S und ψ_A beim Vertauschen der Teilchen? Bei ψ_S ändert sich offenbar gar nichts, diese Wellenfunktion ist s y m m e t r i s c h bei Teilchenaustausch. Bei ψ_A ändert sich das Vorzeichen, deshalb heißt die Lösung „a n t i s y m m e t r i s c h". Mit dem Operator $\mathscr{P}_r$ geschrieben gilt

$$\mathscr{P}_r\psi_S = \psi_S, \qquad \mathscr{P}_r\psi_A = -\psi_A. \tag{7.12}$$

Hinsichtlich der Wahrscheinlichkeitsdichten haben wir damit die gewünschte Wirkung erzielt, denn $|\psi_S|^2$ und $|\psi_A|^2$ ändern sich offensichtlich nicht beim Austausch der Teilchen.

Wir interessieren uns jetzt zunächst noch für die Eigenschaften des Operators $\mathscr{P}_r$. Zweimalige Vertauschung führt zum Ausgangszustand zurück, daher ist

$$\mathscr{P}_r^2 = \mathscr{P}_r \mathscr{P}_r = 1 \qquad \text{(Einheitsoperator)} \tag{7.13}$$

mit den Eigenwerten ± 1. Sei nämlich a ein Eigenwert von $\mathscr{P}_r$, so ist $\mathscr{P}_r \psi(1,2) = a \psi(1,2)$, $\mathscr{P}_r^2 \psi(1,2) = a^2 \psi(1,2) = \psi(1,2)$, daher $a = \pm 1$. Da $\mathscr{P}_r$ reelle Eigenwerte hat, ist der Operator hermitisch, außerdem ist er linear. Die wichtigste Eigenschaft ist aber, daß $\mathscr{P}_r$ mit H vertauschbar ist

$$\mathscr{P}_r H \psi(1,2) = \mathscr{P}_r (E_1 + E_2) \psi(1,2) = (E_1 + E_2) \mathscr{P}_r \psi(1,2) =$$

oder $\qquad\qquad = (E_1 + E_2) \psi(2,1) = H \psi(2,1) = H \mathscr{P}_r \psi(1,2)$

$$[\mathscr{P}_r, H] = 0. \tag{7.14}$$

Das bedeutet nach der bei Gl. (3.50) formulierten Regel, daß der Eigenwert $+1$ oder -1 von $\mathscr{P}_r$ eine Erhaltungsgröße ist, ganz ähnlich wie der Drehimpuls. Das ist eine wichtige Einsicht: der S y m m e t r i e c h a r a k t e r eines Systems unter Vertauschen der Koordinaten von zwei Teilchen i s t e i n e E r h a l t u n g s g r ö ß e.

Die beiden Lösungen (7.11) sind also die beiden Eigenfunktionen von $\mathscr{P}_r$, deren Unterschied wir so ausdrücken können: bei der symmetrischen Lösung wird die Amplitude $\psi_{2,1}$ zu $\psi_{1,2}$ mit dem Phasenfaktor $e^{i\varphi} = 1$, also $\varphi = 0$ addiert, bei der antisymmetrischen Lösung mit $\varphi = \pi$

$$\psi_{S,A} = \frac{1}{\sqrt{2}} (\psi_{1,2} + e^{i\varphi} \psi_{2,1}) \begin{cases} e^{i\varphi} = 1 & \varphi = 0 \text{ bei } \psi_S \\ e^{i\varphi} = -1 & \varphi = \pi \text{ bei } \psi_A. \end{cases} \tag{7.15}$$

An dieser Stelle ein Wort zum Gültigkeitsbereich unserer Aussagen. Obwohl wir konkret mit einem System aus zwei unabhängigen Teilchen argumentiert haben, sind einige unserer Feststellungen von allgemeinerer Gültigkeit. Insbesondere müssen wir als grundlegendes Naturgesetz akzeptieren, daß Austausch nichtunterscheidbarer Teilchen keine Änderung der Energie hervorruft. Daraus folgt aber der Erhaltungscharakter der Symmetrie, d. h. ein Vielteilchensystem ist in jedem Falle entweder symmetrisch oder antisymmetrisch bei Teilchenaustausch und behält diese Eigenschaft auch immer. Auch die Feststellung (7.15) ist von allgemeiner Gültigkeit. Die beiden Ausdrücke für ψ_S und ψ_A jedoch, die in (7.11) auf der rechten Seite stehen, gelten nur für unabhängige Teilchen, deren Wellenfunktion man als Produkt schreiben darf. Das ist aber der in der Atomphysik bei weitem wichtigste Fall.

Jetzt schreiben wir die Wahrscheinlichkeitsdichten für die zwei Funktionen ψ_S und ψ_A nach (7.11) explizit aus

$$|\psi_S|^2 = \frac{1}{2} \{ |\psi_1(1)\psi_2(2)|^2 + |\psi_1(2)\psi_2(1)|^2 \}$$

$$+ \frac{1}{2} \{ \psi_1^*(1)\psi_2^*(2)\psi_1(2)\psi_2(1) + \psi_1^*(2)\psi_2^*(1)\psi_1(1)\psi_2(2) \} \tag{7.16}$$

$$|\psi_A|^2 = \frac{1}{2} \{ |\psi_1(1)\psi_2(2)|^2 + |\psi_1(2)\psi_2(1)|^2 \} - \frac{1}{2} \{ \text{I.T.} \}. \tag{7.17}$$

Mit I.T. ist der in der zweiten Klammer von (7.16) stehende Interferenzterm abgekürzt. Wenn das System nur von den Ortskoordinaten r_1 und r_2 abhängt, lautet er

$$\psi_1^*(r_1)\psi_2^*(r_2)\psi_1(r_2)\psi_2(r_1) + \psi_1^*(r_2)\psi_2^*(r_1)\psi_1(r_1)\psi_2(r_2).$$

Für $r_1 = r_2$ ist das gleich dem quadratischen Term in (7.16) und (7.17), daher ist

$$|\psi_S|^2 \to 2\,|\psi_1(r)|^2|\psi_2(r)|^2 \tag{7.18}$$

$$|\psi_A|^2 \to 0. \tag{7.19}$$

für $r_1 \to r_2$

In Worten: bei einem antisymmetrischen System ist die Wahrscheinlichkeit, die beiden identischen Teilchen bei der gleichen Koordinate r zu finden, gleich Null, bei einem symmetrischen ist sie doppelt so groß wie für zwei unterscheidbare Teilchen[1]).

Ob ein System identischer Teilchen symmetrisch oder antisymmetrisch ist, hängt von der Natur der Teilchen ab. Der Symmetriecharakter eines Teilchens, oder anders ausgedrückt der Eigenwert +1 oder −1 von $\mathscr{P}_r$, ist eine Teilcheneigenschaft ähnlich wie der Spin, die man zunächst empirisch feststellt. Durch grundsätzliche Invarianzbetrachtungen, die aber sehr schwierig sind, hat W. Pauli gezeigt, daß ein Zusammenhang zwischen Spin und Symmetriecharakter besteht, wie er auch ausnahmslos von der Erfahrung bestätigt wird: Teilchen mit halbzahligem Spin haben antisymmetrische Wellenfunktionen, sie heißen F e r m i o n e n, Teilchen mit ganzzahligem Spin haben symmetrische Wellenfunktionen, sie heißen B o s o n e n. Demnach sind Elektronen Fermionen und gehorchen der Aussage (7.19). Das ist von großer Tragweite, denn dadurch wird verhindert, daß die Ortskoordinaten von zwei Elektronen (gleicher Spinrichtung) dieselben sind. Bei einem Mehrelektronen-Atom können daher nicht alle Elektronen den gleichen, energetisch niedrigsten Zustand besetzen. Hätten die Elektronen symmetrische Wellenfunktionen, so würden alle Atome auf den Radius der innersten Bahn schrumpfen, − die Folgen wären nicht vorstellbar. Es ist also nicht schwierig, den Symmetriecharakter der Elektronen aus den beobachteten Fakten zu erschließen.

In Tab. 5 sind einige wichtige Eigenschaften von Fermionen und Bosonen gegenübergestellt. Aus dem Symmetrieverhalten der Wellenfunktion ergibt sich auch die Besetzungswahrscheinlichkeit eines Quantenzustands im thermodynamischen Gleichgewicht. Wir können darauf hier nicht eingehen, doch rühren die Bezeichnungen „Fermion" und „Boson" von der Quantenstatistik her, der diese Teilchen gehorchen. Die entsprechenden Verteilungsfunktionen sind in der Tabelle mitaufgeführt. Da die Elektronen eines Atoms Fermionen sind, wollen wir im Rest dieses Kapitels Fermionen-Systeme weiter untersuchen. Auf die Bosonen kommen wir in Kapitel 10 zurück, wenn wir das Verhalten eines Systems mit vielen Photonen näher betrachten.

---

[1]) Wenn es sich um Teilchen mit Spin handelt, müssen wir entweder die Spinkoordinate mit in die Betrachtung einschließen, was im nächsten Abschnitt geschieht, oder wir dürfen nur Teilchen mit gleicher Spinrichtung als identisch betrachten.

Tab. 5

Bosonen	Fermionen
Wellenfunktion ψ_S symmetrisch	Wellenfunktion ψ_A antisymmetrisch Wirkung: Pauli-Prinzip
Spin $0, 1, \ldots$	Spin $\frac{1}{2}, \frac{3}{2}, \ldots$
Beispiele: Photon, π-Meson, Phonon, ^{4}He	Beispiele: Elektron, Myon, Proton, Neutron, ^{3}He
Amplituden addieren sich gleichphasig $(+1)$	Amplituden addieren sich entgegengesetzt (-1)
Besetzen bevorzugt die gleichen Quantenzahlen	Können gleiche Quantenzahlen nicht besetzen

Im thermodynamischen Gleichgewicht sind die Besetzungswahrscheinlichkeiten für einen Zustand der Energie E proportional zu

$$\frac{1}{e^{\alpha + \frac{E}{kT}} - 1}$$

(Bose-Einstein-Statistik)

$$\frac{1}{e^{\alpha + \frac{E}{kT}} + 1}$$

(Fermi-Dirac-Statistik)

für nicht-identische Teilchen

$$\frac{1}{e^{\alpha + \frac{E}{kT}}}$$

(Maxwell-Boltzmann-Statistik, zugleich klassischer Grenzfall für $E \gg kT$)

7.2 Fermionensysteme, Pauliprinzip

Zwei Elektronen mit verschiedener Spinrichtung können durch Messung ihrer Spinkomponente in einer z-Richtung, etwa nach Anlegen eines Magnetfelds, prinzipiell unterschieden werden. Daher muß man bei Anwendung der Formeln des letzten Abschnitts entweder unterscheiden zwischen $\uparrow$-Elektronen ($m_s = +\frac{1}{2}$) und $\downarrow$-Elektronen ($m_s = -\frac{1}{2}$), die in unserem Sinne nicht identisch sind, oder man muß die Spinkoordinate in die Ausdrücke mit einbeziehen. Das wollen wir jetzt tun. Teilchen 1 sei beschrieben durch

$$\psi_1(1) = \psi_1(r_1, s_1), \tag{7.20}$$

wo der Index wieder den Quantenzustand charakterisiert, also Orts- und Spinquantenzahlen umfaßt. Der Austauschoperator $\mathscr{P}_{rs}$ soll jetzt Orts- u n d Spinkoordinate von zwei Teilchen vertauschen

$$\mathscr{P}_{rs}\psi_{1,2} = \mathscr{P}_{rs}[\psi_1(r_1, s_1)\,\psi_2(r_2, s_2)] = \psi_{2,1}$$
$$= [\psi_1(r_2, s_2)\psi_2(r_1, s_1)]. \tag{7.21}$$

Sei etwa in unserem Beispiel (Fig. 62) der obere Zustand mit einem ↑-Elektron und der untere mit einem ↓-Elektron besetzt, so haben wir ein Unterscheidungsmerkmal für die beiden Teilchen und die Wellenfunktion muß nicht antisymmetrisch bei Austausch der Ortskoordinaten sein. Wenn wir aber gleichzeitig mit dem Vertauschen der Ortskoordinaten auch den Spin umklappen, sind die beiden Zustände nicht mehr unterscheidbar. Wir betrachten also jetzt alle Elektronen als identisch, müssen dann aber die Spinkoordinate in die Wellenfunktion hineinschreiben und mit austauschen. Alles im vorigen Abschnitt Gesagte gilt jetzt unverändert, nur daß eben jetzt die Wellenfunktion für zwei Elektronen antisymmetrisch sein muß beim Austausch a l l e r Koordinaten und daß wir überall $\mathscr{P}_{rs}$ statt $\mathscr{P}_r$ schreiben müssen. Für das Folgende machen wir eine weitere Voraussetzung. Die beiden Elektronen sollen nicht nur „unabhängig", d. h. ohne gegenseitige Wechselwirkung sein, sondern es sollen auch Wechselwirkungsenergien, die von Orts- und Spin-Koordinaten gleichzeitig abhängen, vernachlässigbar klein sein. Das bedeutet z. B. vernachlässigbare Spin-Bahn-Kopplung. Unter dieser Voraussetzung können wir wie früher in Abschnitt 4.3 die Wellenfunktion eines Elektrons als Produkt von Ortsfunktion und Spinfunktion schreiben

$$\psi(r, s) = \psi(r)(\alpha^+\chi^+ + \alpha^-\chi^-) = \psi(r)\chi(s). \tag{7.22}$$

Bei einem System mit zwei Elektronen muß dann Antisymmetrie erfüllt sein für

$$\psi(1,2) = \psi_r(1,2) \cdot \chi(1,2). \tag{7.23}$$

Dabei hängt ψ_r nur von den Ortskoordinaten ab. Das Produkt der beiden Funktionen ist aber nur dann antisymmetrisch, wenn die eine symmetrisch und die andere antisymmetrisch ist. Für ψ_r kommt also jede der Formen (7.11) in Frage, allerdings muß dann $\chi(1,2)$ jeweils den anderen Symmetriecharakter haben. Den Symmetriecharakter der Spinfunktion $\chi(1,2)$ definieren wir ganz analog zum Verfahren bei den Ortsfunktionen, nur mit einem Operator $\mathscr{P}_s$, der die Spinkoordinaten austauscht:

$$\chi_{1,2} = \chi_1(1)\chi_2(2) \tag{7.24}$$

$$\mathscr{P}_s\chi_{1,2} = \chi_{2,1} = \chi_1(2)\chi_2(1). \tag{7.25}$$

Natürlich ist $\mathscr{P}_{rs} = \mathscr{P}_r \cdot \mathscr{P}_s$. Um die Wellenfunktion (7.23) antisymmetrisch machen zu können, brauchen wir eine symmetrische und eine antisymmetrische Spinfunktion, die wir analog zu (7.11) bilden

$$\chi_S(1, 2) = N\{\chi_1(1)\chi_2(2) + \chi_1(2)\chi_2(1)\} \tag{7.26a}$$

$$\chi_A(1,2) = N\{\chi_1(1)\chi_2(2) - \chi_1(2)\chi_2(1)\}. \tag{7.26b}$$

Der Normierungsfaktor ist wieder $N = 1/\sqrt{2}$ für $\chi_1 \neq \chi_2$. Die beiden Funktionen sind Eigenfunktionen von $\mathcal{P}_s$ und außerdem sind Produkte der Art $\psi_A \chi_A$, $\psi_S \chi_A$ usw. Eigenfunktionen von $\mathcal{P}_{rs}$. Für die bei Teilchenaustausch antisymmetrische Funktion (7.23) der beiden Elektronen gibt es also nun zwei Möglichkeiten

$$\psi_{rs}^{(A)}(1,2) = \begin{cases} \psi_{rA}(1,2)\chi_S(1,2) \\ \psi_{rS}(1,2)\chi_A(1,2). \end{cases} \tag{7.27}$$

Jede der beiden kann realisiert sein. In Worten heißt das: eine antisymmetrische Funktion entsteht entweder, wenn man eine antisymmetrische Raumfunktion mit einer symmetrischen Spinfunktion multipliziert oder wenn man umgekehrt eine symmetrische Raumfunktion mit einer antisymmetrischen Spinfunktion multipliziert. Dabei haben wir, wie oben gesagt, vorausgesetzt, daß die Wellenfunktion als Produkt von Raum- und Spinfunktion geschrieben werden kann.

Wir können die Spinfunktionen noch expliziter schreiben, da es ja für jedes der beiden Elektronen nur zwei Werte der Spinkoordinate gibt, d. h., $\chi_1(1)$ ist entweder $\chi^+(1)$ oder $\chi^-(1)$, je nachdem, ob der Spin von Teilchen 1 nach oben oder unten zeigt. Sei etwa die z-Richtung nach oben gewählt, so gibt es nur folgende Möglichkeiten für die Produkte in (7.26)

$$\chi^+(1)\chi^-(2), \quad \chi^-(1)\chi^+(2), \quad \chi^+(1)\chi^+(2), \quad \chi^-(1)\chi^-(2)$$
$$\uparrow\downarrow \qquad\qquad \downarrow\uparrow \qquad\qquad \uparrow\uparrow \qquad\qquad \downarrow\downarrow$$

In der zweiten Zeile zeigt immer der erste Pfeil, wie der Spin von Teilchen 1 und der zweite, wie der Spin von Teilchen 2 steht. Für die beiden Funktionen (7.26) gibt es dann genau folgende Möglichkeiten

$$\chi_S = \begin{cases} \uparrow\uparrow + \uparrow\uparrow = & \chi^+(1)\chi^+(2) & = \chi_1^1 \\ \left.\begin{array}{l} \uparrow\downarrow + \downarrow\uparrow \\ \downarrow\uparrow + \uparrow\downarrow \end{array}\right\} = \dfrac{1}{\sqrt{2}}\,[\chi^+(1)\chi^-(2) + \chi^+(2)\chi^-(1)] = \chi_1^0 \\ \downarrow\downarrow + \downarrow\downarrow = & \chi^-(1)\chi^-(2) & = \chi_1^{-1} \end{cases}$$

$$\tag{7.28}$$

$$\chi_A = \left.\begin{cases} \uparrow\downarrow - \downarrow\uparrow \\ \downarrow\uparrow - \uparrow\downarrow \end{cases}\right\} = \dfrac{1}{\sqrt{2}}\,[\chi^+(1)\chi^-(2) - \chi^+(2)\chi^-(1)] = \chi_0^0.$$

Das sind eine antisymmetrische und drei symmetrische Funktionen für die wir ganz rechts neue Symbole geschrieben haben. Bei den symmetrischen Funktionen, die keine Summen enthalten, ist der Normierungsfaktor gleich Eins, da χ^+ und χ^- normiert sind. Nun zur Bedeutung dieser vier Funktionen. Es ist klar, daß bei χ_1^1 beide Spins nach oben zeigen und bei χ_1^{-1} beide nach unten. In beiden Fällen ist der resultierende Drehimpuls $S = s_1 + s_2$ gleich 1 und die z-Komponente m_S ist gleich $+1$ oder -1. Was bedeutet aber $\chi_1^0 = \downarrow\uparrow + \uparrow\downarrow$? Wir können das erraten, wenn wir bedenken, daß es bei Parallelstellung der Spins $s_1 + s_2 = 1$ drei z-Komponenten, nämlich $1, 0, -1$ geben muß, bei Antiparallelstellung $s_1 + s_2 = 0$ aber nur eine, nämlich $m_S = 0$ geben darf. Da wir durch die Einteilung nach Symmetriecharakter gerade einmal drei und einmal eine Funktion gewonnen haben, liegt es nahe, χ_1^0 mit der fehlenden Komponente $m_S = 0$ für $S = 1$ (Parallelstellung) zu identifizieren. Die restliche Funktion χ_0^0 muß dann der $S = 0$ Zustand (antiparallel) sein. Bei den rechts in (7.28) stehenden Symbolen bedeutet also der untere Index den Wert $S = s_1 + s_2$, der obere die z-Komponente m_S. Wegen der drei Einstellmöglichkeiten bei parallelem Spin spricht man bei $S = 1$ (symmetrische Funktionen) vom T r i p l e t t - S y s t e m, bei dem einen Zustand mit $S = 0$ (antisymmetrisch) vom S i n g u l e t t -Zustand.

Die Richtigkeit der eben aufgestellten Interpretation läßt sich beweisen, wenn man die Eigenwerte von $\vec{S}^2 = (\vec{s}_1 + \vec{s}_2)^2$ und von $S_z = s_{1z} + s_{2z}$ für die Funktionen χ_S und χ_A berechnet. Wir zeigen das am Beispiel von χ_1^0. Als Hilfsmittel benötigen wir einige Eigenwertgleichungen, nämlich (4.30–4.32) aus Abschnitt 4.3 und einige weitere, die man leicht mit Hilfe der Pauli-Matrizen verifiziert. Sie sind hier zusammengestellt:

$$\vec{\sigma}^2 \chi = 3\,\chi, \qquad \sigma_z \chi^\pm = \pm\chi^\pm, \qquad \vec{s} = \frac{1}{2}\,\hbar\vec{\sigma} \qquad\qquad (4.30),\ (4.31),\ (4.32)$$

$$\sigma_x \chi^+ = \chi^-, \qquad \sigma_y \chi^+ = i\chi^- \qquad\qquad (7.29\,\text{a, b})$$

$$\sigma_x \chi^- = \chi^+, \qquad \sigma_y \chi^- = -i\chi^+. \qquad\qquad (7.29\,\text{c, d})$$

Wir berechnen als erstes

$$(\vec{\sigma}_1 + \vec{\sigma}_2)^2 \chi_1^0 = (\vec{\sigma}_1^2 + \vec{\sigma}_2^2 + 2\,\vec{\sigma}_1\vec{\sigma}_2)\chi_1^0 \qquad\qquad (7.30)$$

mit χ_1^0 aus (7.28). Es ist zunächst

$$\vec{\sigma}_1^2 \chi_1^0 = \frac{1}{\sqrt{2}}\,\{\chi^-(2)3\chi^+(1) + \chi^+(2)3\chi^-(1)\} = 3\,\chi_1^0 \qquad\qquad (7.31)$$

und ebenso $\vec{\sigma}_2^2 \chi_1^0 = 3\,\chi_1^0$. Weiter brauchen wir

$$(\vec{\sigma}_1 \cdot \vec{\sigma}_2)\chi_1^0 = \{\sigma_x(1)\sigma_x(2) + \sigma_y(1)\sigma_y(2) + \sigma_z(1)\sigma_z(2)\}\chi_1^0 .$$

Es ist

$$\sigma_x(1)\sigma_x(2)\chi_1^0 = \frac{1}{\sqrt{2}}\,\{\chi^-(1)\chi^+(2) + \chi^-(2)\chi^+(1)\} = \chi_1^0$$

$$\sigma_y(1)\sigma_y(2)\chi_1^0 = \frac{1}{\sqrt{2}}\,\{i\chi^-(1)(-i)\chi^+(2) + i\chi^-(2)(-i)\chi^+(1)\} = \chi_1^0$$

$$\sigma_z(1)\sigma_z(2)\chi_1^0 = \frac{1}{\sqrt{2}}\,\{-\chi^+(1)\chi^-(2) - \chi^+(2)\chi^-(1)\} = -\chi_1^0 ,$$

daher

$$\vec{\sigma}_1 \cdot \vec{\sigma}_2 \chi_1^0 = \chi_1^0 . \qquad\qquad (7.32)$$

Wir bilden noch

$$\vec{S}^2 = (\vec{s}_1 + \vec{s}_2)^2 = \left(\frac{1}{2}\,\hbar\vec{\sigma}_1 + \frac{1}{2}\,\hbar\vec{\sigma}_2\right)^2 = \frac{\hbar^2}{4}\,\vec{\sigma}_1^2 + \frac{\hbar^2}{4}\,\sigma_2^2 + \frac{\hbar^2}{2}\,\vec{\sigma}_1 \cdot \vec{\sigma}_2 \qquad (7.33)$$

und setzen die oben berechneten Ausdrücke ein

$$\vec{S}^2\chi_1^0 = \left(\frac{3}{4} + \frac{3}{4} + \frac{1}{2}\right)\hbar^2\chi_1^0 = 2\,\hbar^2\chi_1^0 = 1(1+1)\,\hbar^2\chi_1^0, \tag{7.34}$$

d. h. es ist $S = 1$. Für die z-Komponente ergibt sich

$$S_z\chi_1^0 = [s_z(1) + s_z(2)]\chi_1^0$$
$$= \frac{1}{\sqrt{2}}\,[\chi^+(1)\chi^-(2) - \chi^+(2)\chi^-(1) - \chi^+(1)\chi^-(2) + \chi^+(2)\chi^-(1)] = 0, \tag{7.35}$$

d. h. $m_S = 0$. Ganz analog verfährt man bei den anderen Funktionen.

Wir wollen jetzt die Situation in Fig. 63 zusammenfassen und illustrieren. Ganz links steht der Symmetriecharakter von Spinfunktion und Ortswellenfunktion, dann kom-

χ	ψ_r	χ	$S\ m_s$	
χ_s, symmetrisch (Triplett, „Spin parallel")	$\psi_A(r)$ antisymmetrisch	$\chi_1^1 = \chi^+(1)\,\chi^+(2)$	1 1	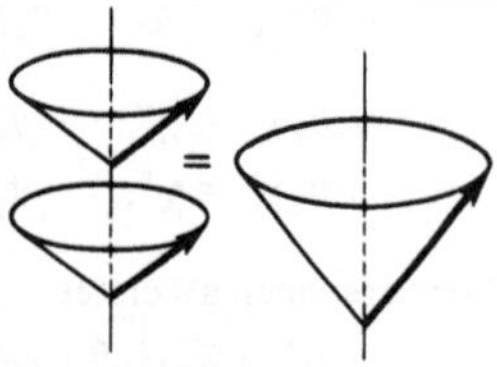
		$\chi_1^0 = \frac{1}{\sqrt{2}}\,\{\chi^+(1)\,\chi^-(2) + \chi^+(2)\,\chi^-(1)\}$	1 0	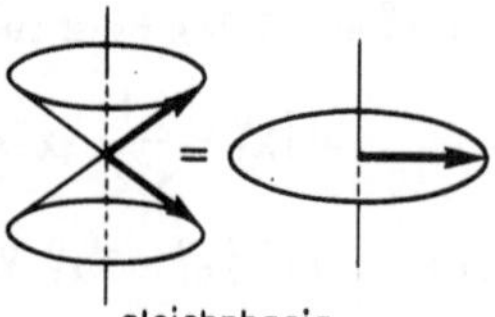 gleichphasig
		$\chi_1^{-1} = \chi^-(1)\,\chi^-(2)$	1 −1	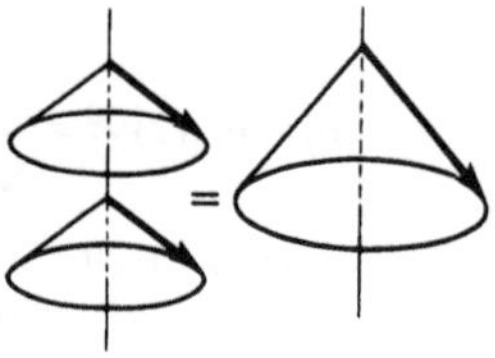
χ_A (Singulett) antisymmetrisch	$\psi_s(r)$ symmetrisch	$\chi_0^0 = \frac{1}{\sqrt{2}}\,\{\chi^+(1)\,\chi^-(2) - \chi^+(2)\,\chi^-(1)\}$	0 0	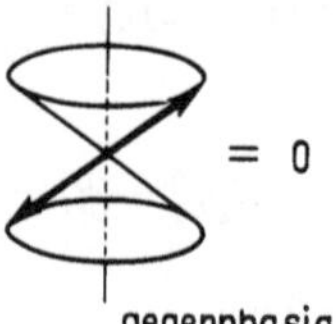 = 0 gegenphasig

Fig. 63 Darstellung der Spinfunktionen für ein Zwei-Elektronen-System

men die Spinfunktionen und die Quantenzahlen S und m_S. Rechts ist gezeigt, wie man sich die Addition der Spinvektoren vorstellen kann, wenn man die Darstellungsart von Fig. 40 benutzt. Interessant sind vor allem die Fälle χ_1^0 und χ_0^0. Der Unterschied zwischen parallelem und antiparallelem Spin bei $m_S = 0$ besteht nur in der Phasenbeziehung der beiden Spinvektoren. Wenn die Spins parallel koppeln, muß die Ortswellenfunktion antisymmetrisch sein. Dann dürfen sich die Elektronen nicht am gleichen Ort befinden (s. Gl. (7.19)). Bei antiparallelem Spin dagegen bewirkt die symmetrische Ortsfunktion eine besonders gute Überlappung der räumlichen Dichteverteilung für die Elektronen. Das hat Folgen für die Energie der Zustände, die wir im nächsten Abschnitt besprechen werden. Es sei noch einmal daran erinnert, daß die Aussagen von Fig. 63 an die Voraussetzung vernachlässigbarer Spin-Bahn-Kopplung geknüpft waren. Wenn die Spin-Bahn-Wechselwirkung merklich wird, muß die Wellenfunktion zwar immer noch antisymmetrisch bei Teilchenaustausch sein, aber die Produktdarstellung (7.23) bzw. (7.27) ist nicht mehr möglich und die Spins koppeln nicht länger unabhängig vom Bahndrehimpuls in der gezeigten Weise.

Zum Schluß dieses Abschnitts wollen wir noch besprechen, wie die antisymmetrische Wellenfunktion für ein System mit N unabhängigen Fermionen dargestellt werden kann. Diese Verallgemeinerung ist recht einfach. Wir müssen erreichen, daß die Funktion antisymmetrisch wird beim Austausch von irgend zwei Teilchen. Bei zwei Teilchen hatten wir das bewirkt, indem wir von $\psi_{1,2} = \psi_1(1)\psi_2(2)$ eine Wellenfunktion subtrahierten, bei der die beiden Teilchen permutiert waren

$$\psi_A(1,2) = \frac{1}{\sqrt{2}} \begin{vmatrix} \psi_1(1) & \psi_1(2) \\ \psi_2(1) & \psi_2(2) \end{vmatrix} = \frac{1}{\sqrt{2}} [\psi_1(1)\psi_2(2) - \psi_1(2)\psi_2(1)].$$

$$(7.36)$$

Das läßt sich offensichtlich als zweireihige Determinante schreiben. Bei N unabhängigen Teilchen lautet eine spezielle Lösung nach (7.4)

$$\psi_{1,\ldots N} = \psi_1(1)\psi_2(2) \cdot \ldots \cdot \psi_N(N). \tag{7.37}$$

Gesucht wird eine antisymmetrische Linearkombination solcher Lösungen $\psi_A(N)$, mit der Eigenschaft, daß

$$\mathscr{P}_{rs}\psi_A(1,\ldots i, j, \ldots N) = \psi_A(1,\ldots j, i, \ldots N)$$
$$= -\psi_A(1,\ldots i, j, \ldots N) \tag{7.38}$$

ist. Jeder Index i, j, usw. steht für a l l e Koordinaten. Man überzeugt sich durch einfache kombinatorische Überlegungen, daß man ψ_A gerade erhält, wenn man alle möglichen Permutationen von Teilchen in (7.37) bildet und alle diese Funktionen addiert, und zwar mit positivem Vorzeichen, die durch eine gerade Anzahl von Permutationen entstandenen und mit negativem Vorzeichen diejenigen, die einer ungeraden Permutation entsprechen. Das Ganze läßt sich, gleich normiert, wieder als Determinante schreiben

$$\psi_A(N) = \frac{1}{\sqrt{N!}} \begin{vmatrix} \psi_1(1) \dots & \psi_1(N) \\ \psi_2(1) \dots & \psi_2(N) \\ \vdots & \\ \psi_N(1) \dots & \psi_N(N) \end{vmatrix} \tag{7.39}$$

Sie führt den Namen „S l a t e r - D e t e r m i n a n t e ". Die Indizes geben wieder den Quantenzustand an und umfassen alle Quantenzahlen, also z. B. $\psi_{n\ell ms}$ jeweils für den betreffenden Eigenzustand, in Klammern steht die Teilchenkoordinate. Beispielsweise kann sein $\psi_1 = \psi_{311-\frac{1}{2}}$, $\psi_2 = \psi_{300+\frac{1}{2}}$ usw. Wenn nun 2 Teilchen, etwa (1) und (2) sich stets im gleichen Quantenzustand befinden, so sind die entsprechenden Spalten der Slater-Determinante gleich, und ψ_A verschwindet. Genau dies ist der Inhalt des P a u l i - P r i n z i p s: Zwei Fermionen des gleichen Systems können nicht in allen ihren Quantenzahlen übereinstimmen. Man beachte jedoch, daß die Slater-Determinante und das Pauli-Prinzip in dieser Form streng nur für ein System unabhängiger Teilchen gültig sind, weil nur dann die Produktdarstellung (7.37) gilt und nur dann die Konstruktion der antisymmetrischen Funktion in dieser einfachen Weise möglich ist.

7.3 Das Heliumatom

Nach den mehr prinzipiellen Betrachtungen der beiden vorangegangenen Abschnitte wollen wir uns dem Helium-Atom als konkretem System von zwei Elektronen im Coulombfeld zuwenden. Sowohl die Idee eines „Modells unabhängiger Teilchen" als auch die Wirkung der Symmetriegesetze werden hier deutlich illustriert.

Als ersten einfachen Schritt versuchen wir, die Bindungsenergie der Elektronen im Grundzustand zu verstehen. Zunächst die Fakten. Die Ionisationsenergie für das erste Elektron beträgt 24,6 eV, die Entfernung des zweiten Elektrons erfordert zusätzlich 54,4 eV, so daß die gesamte Bindungsenergie beider Elektronen 79 eV beträgt. Die Bindungsenergie des zweiten Elektrons im bereits einfach ionisierten Atom ist sofort verständlich. Es ist einfach die Bindungsenergie eines „Wasserstoffelektrons" im Coulombfeld mit $Z = 2$ und nach (1.21) gegeben durch

$$(-13,6 \text{ eV}) \cdot Z^2 = -(4 \cdot 13,6 \text{ eV}) = -54,4 \text{ eV}.$$

Die kleinere Bindungsenergie des ersten Elektrons kommt von der Herabsetzung des effektiven Coulombpotentials durch die Anwesenheit des zweiten. Wollen wir es nun mit einem Modell unabhängiger Teilchen versuchen, so müssen wir das Heliumatom beschreiben durch das Produkt von zwei Wasserstoffwellenfunktionen für $Z = 2$ und für die Bindungsenergie des Grundzustands wäre (wieder mit (1.21))

$$E_G^{(\text{unabh.})} = E_1 + E_2 = (-13,6 \text{ eV})Z^2 \left(\frac{1}{n_1^2} + \frac{1}{n_2^2} \right) = -108,8 \text{ eV} \tag{7.40}$$

für $Z = 2$, $n_1 = n_2 = 1$. Das ist evidenterweise eine ganz schlechte Näherung. Sie liefert ein um 30 eV falsches Ergebnis und von einer „kleinen Störung" durch die gegenseitige Wechselwirkung der Elektronen kann man schlecht reden. Trotzdem wollen wir zusehen, welche Korrekturen eine Störungsrechnung erster Ordnung liefert. Wir betrachten daher die Coulombenergie zwischen den beiden Elektronen

$$V_{1,2}(r_{1,2}) = (-e)\,\frac{(-e)}{r_{1,2}} = \frac{e^2}{r_{1,2}} \tag{7.41}$$

als Störoperator. Diese Energie ist positiv, da wir Bindungsenergien negativ gerechnet haben. Als ungestörte Funktion nehmen wir die Funktion mit „unabhängigen" Teilchen, also das Produkt von zwei Wasserstoffgrundzustands-Wellenfunktionen. Der räumliche Anteil, also ohne Spinfunktionen, ist

$$\psi_{100}(1)\psi_{100}(2) + \psi_{100}(2)\psi_{100}(1)$$

und das ist notwendigerweise symmetrisch unter Teilchenaustausch, weil beide Teilchen im gleichen Zustand sind. Daher muß die Spinfunktion antisymmetrisch, d. h. gleich χ_0^0 sein. Also lautet die ungestörte „Modellfunktion" (normiert)

$$\psi_G = \psi_{100}(r_1)\psi_{100}(r_2)\chi_0^0. \tag{7.42}$$

Die Spinfunktion geht jedoch nicht in die Berechnung der Energie ein. Aus Tabelle 4 entnimmt man

$$\psi_{100}(r) = \frac{1}{\pi}\left(\frac{Z}{a_0}\right)^{\frac{3}{2}} e^{-\frac{Zr}{a_0}},$$

so daß $\quad \psi_G(r_1, r_2) = \dfrac{1}{\sqrt{\pi}}\left(\dfrac{Z}{a_0}\right)^3 e^{-\frac{Z}{a_0}(r_1 + r_2)} \tag{7.43}$

Für die Störungsenergie erhalten wir also

$$\Delta E = \iint_{1\ 2} \psi_G^*(r_1, r_2)\,\frac{e^2}{r_{1,2}}\,\psi_G(r_1, r_2)\mathrm{d}\tau_1\mathrm{d}\tau_2. \tag{7.44}$$

Das Integral erstreckt sich über die Koordinaten beider Teilchen und es ist wieder $\mathrm{d}\tau_1 = r_1^2 \sin\vartheta_1 \mathrm{d}\vartheta_1 \mathrm{d}\varphi_1$ usw. Die Berechnung ist etwas mühsam, weil nämlich r_1 und r_2 Schwerpunktskoordinaten sind, aber $r_{1,2}$ die Relativkoordinate der Elektronen ist. Wir teilen daher das Ergebnis mit. Es lautet

$$\Delta E = \frac{5}{4}\,\frac{me^4}{2\,\hbar^2}\,Z = \frac{5}{4}\cdot 2\cdot 13{,}6\ \mathrm{eV} = 34\ \mathrm{eV} \tag{7.45}$$

und die korrigierte Grundzustandsenergie ist

$$E_G = E_G^{(\mathrm{unabh.})} + \Delta E = (-108{,}8 + 34)\,\mathrm{eV} = -74{,}8\ \mathrm{eV}. \tag{7.46}$$

Das ist nur noch um 5% falsch. Selbst in solch krassen Fällen führt der Störungsansatz mit Wellenfunktionen unabhängiger Teilchen noch zu einem einigermaßen sinnvollen Ergebnis. Die gleiche Elektronenkonfiguration liegt vor bei den Ionen $\mathrm{Li^+}$, $\mathrm{Be^{++}}$, $\mathrm{B^{+++}}$

usw. Wegen des höheren Z verliert $V_{1,2}$ an relativem Einfluß, und die gleiche Näherung liefert viel bessere Resultate. So ist für C^{4+} die experimentell gemessene Bindungsenergie der beiden letzten Elektronen 876,2 eV, und unsere Formeln liefern

$$E^{(\text{unabh.})} + \Delta E = (-13,6 \text{ eV})6^2 \cdot 2 - \frac{5}{4}(13,6 \text{ eV}) \cdot 6 = 877,2 \text{ eV}.$$

Das ist bereits eine vorzügliche Übereinstimmung.

Wir wenden uns jetzt den angeregten Zuständen des Heliums zu. Dabei werden die Symmetrieregeln voll zur Auswirkung kommen. Wir beschränken uns auf „einfache" Zustände, d. h. solche, bei denen nur e i n Elektron angeregt wird und das andere im Grundzustand verbleibt. Beim niedrigsten angeregten Zustand wird sich dann das eine Elektron im 1 s Zustand und das andere im 2 s oder 2 p Zustand befinden. Einen solchen bestimmten Besetzungszustand der Niveaus nennt man eine „K o n f i g u r a t i o n". Dafür ist folgende spezielle Notation gebräuchlich. Die Schreibweise $(1 \text{ s})^1 (2 \text{ p})^1$ soll bedeuten: ein Elektron befindet sich im 1 s Zustand und eines im 2 p Zustand. In der Klammer stehen die Quantenzahlen, die Besetzungszahl steht als Index oben. Wir wissen schon, daß infolge der Wechselwirkung zwischen den beiden Elektronen die Bindungsenergie des angeregten Zustands geringer ist als für einen Wasserstoffzustand mit $Z = 2$ und daß ferner die Entartung zwischen dem 2 s und 2 p Zustand aufgehoben ist, weil kein reines Coulomb-Feld mehr vorliegt. Aus den am Anfang von Abschn. 6.1 qualitativ diskutierten Gründen liegt dann der 2 p Zustand höher als der 2 s Zustand. Der tiefste angeregte Zustand hat also die Konfiguration $(1 \text{ s})^1 (2 \text{ s})^1$. Da sich die beiden Teilchen nun jeweils in verschiedenen Zuständen befinden, können wir sowohl eine symmetrische als auch eine antisymmetrische Ortswellenfunktion bilden, und dementsprechend gibt es auch beide Möglichkeiten für die Spinfunktion, d. h., der Spin der Teilchen kann jetzt parallel oder antiparallel stehen. Wir werden die Wellenfunktionen später anschreiben und wollen zunächst qualitativ diskutieren, was wir zu erwarten haben. Es kommt jetzt das volle Schema der Fig. 63 zur Anwendung. Wie wir vom Wasserstoff wissen, ist auch die Voraussetzung äußerst kleiner Spin-Bahn-Kopplung erfüllt, so daß die Produktdarstellung von Fig. 63 gilt und die Spins unabhängig von dem in der Ortswellenfunktion enthaltenen Bahndrehimpuls koppeln[1]).

---

[1]) Drei Anmerkungen zur Klärung von Zweifeln:

(1) Die relative Energie der Spin-Bahn-Kopplung nimmt zwar nach (5.44) mit Z^2 zu, doch macht das beim Helium noch nicht viel aus.

(2) Wir haben gezeigt, daß die Spin-Bahn-Energie, obwohl klein, die Kopplung von $\vec{\ell}$ und $\vec{s}$ zu $\vec{j}$ bewirkt. Bei zwei Elektronen muß man überlegen, welche Energien bei der Kopplung dominieren. Wie gleich gezeigt wird, wirkt beim Helium die Symmetrie-Effekte stärker als die Spin-Bahn-Energie.

(3) Die Magnetostatische Energie zwischen den beiden Elektronen spielt bei der Kopplung größenordnungsmäßig keine Rolle. Man kann dafür eine Abschätzung machen, ähnlich wie am Anfang von Abschn. 5.3.

Wenn die Elektronenspins parallel stehen (S = 1), ist also die Ortswellenfunktion antisymmetrisch, und wenn sie antiparallel steht (S = 0), ist sie symmetrisch. Vom Symmetriecharakter der Ortswellenfunktion hängt aber die wechselseitige Coulombenergie ΔE der beiden Elektronen ab. Im symmetrischen Zustand ist der mittlere Abstand $\overline{r}_{1,2}$ der Elektronen viel kleiner als im antisymmetrischen, wo gleiche Ortskoordinate nach (7.19) zum Verschwinden der Wellenfunktion führt. Daher wird bei symmetrischer Ortswellenfunktion (entsprechend S = 0) die Bindungsenergie durch die Coulombabstoßung stärker herabgesetzt als bei antisymmetrischer Ortswellenfunktion (entsprechend S = 1). Die Folge ist, daß es für die gleiche Konfiguration $(1\,s)^1(2\,s)^1$ z w e i Zustände unterschiedlicher Energie gibt, wovon der mit S = 0 energetisch höher liegt. Das gleiche gilt natürlich für jeden Zustand, so daß sich das ganze Termschema verdoppelt in ein energetisch höherliegendes mit S = 0 (symmetrischen Ortsfunktionen) und ein tieferliegendes mit S = 1 (antisymmetrische Ortsfunktionen). Interessant dabei ist, daß die Spinfunktionen überhaupt nicht direkt in die Hamilton-Funktion eingehen, sondern nur über den Symmetriecharakter der Ortswellenfunktionen wirken. Die entstehende Situation ist in Fig. 64 für die tiefsten Anregungszustände illustriert. Es gibt jetzt 4 Zustände mit n = 2

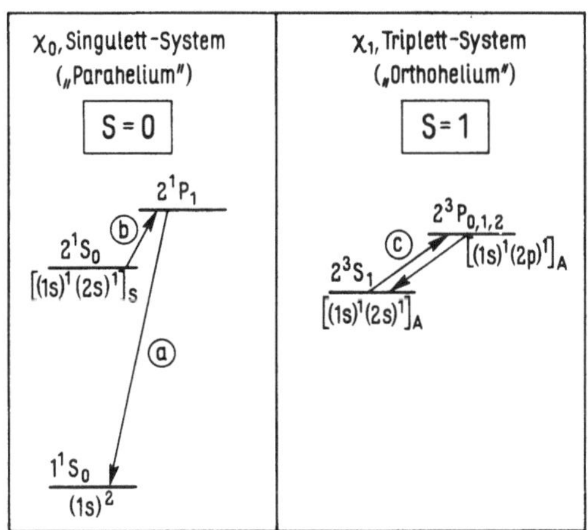

Fig. 64
Energetisch tiefste Zustände des Heliumatoms (schematisch; vollständiger in Fig. 66)

mit den jeweils in eckigen Klammern angegebenen Konfigurationen, wobei ein S (= symmetrisch) oder A (= antisymmetrisch) für den Charakter der Ortswellenfunktion angefügt ist. Die Energieverschiebung aufgrund der „Symmetrie-Energie" ist sehr beträchtlich. Sie beträgt für die beiden 2 s-Zustände 0,8 eV, und für die beiden 2 p-Zustände 0,25 eV. Das ist wesentlich mehr als die Feinstruktur-Aufspaltung von rund 10^{-4} eV. Die (S $-$ 0) und (S $-$ 1) Zustände sind energetisch also deutlich getrennt. Das ist der Grund dafür, daß in der Tat die Spins sich zunächst unabhängig vom Bahndrehimpuls zum Gesamtspin $\vec{S} = \vec{s}_1 + \vec{s}_2$ addieren. Die viel schwächere Spin-Bahn-Kopplung bewirkt dann, daß sich der Gesamtspin $\vec{S}$ mit dem gesamten Bahndrehimpuls $\vec{L} = \vec{\ell}_1 + \vec{\ell}_2$ zum resultierenden Gesamtdrehimpuls $\vec{J} = \vec{L} + \vec{S}$ koppelt. Das ist der einfachste Fall sogenannter LS-Kopplung.

Jetzt ist eine Zwischenbemerkung nötig. In der spektroskopischen Schreibweise, die auch in Fig. 64 gebraucht ist, schreibt man die Buchstabensymbole für die Drehimpulsquantenzahl in Großbuchstaben, wenn es sich um die Vektorsumme handelt, also für $L = 1$ den Buchstaben P, für $L = 2$ den Buchstaben D usw. Es ist üblich, aber leider verwirrend, daß der Buchstabe S nun gleichzeitig zwei ganz verschiedene Bedeutungen hat: einmal steht S für den Bahndrehimpuls $L = 0$ und einmal für den Gesamtspin $S = s_1 + s_2$. In diesen beiden Bedeutungen taucht es auch in Fig. 64 auf. Die spektroskopische Notation bei LS-Kopplung ist in Fig. 65 noch einmal separat erläutert, links allgemein, rechts am Beispiel des 2^3P_1 Niveaus. Die Wirkung der Spin-Bahn-Kopplung besteht jetzt darin, daß sich $\vec{S}$ relativ zu $\vec{L}$ orientiert und je nach der relativen Orientierung eine Feinstrukturaufspaltung der Terme eintritt. Der Gesamtspin $S = 1$ kann sich also mit dem Bahndrehimpuls $L = 1$ im P-Zustand zum resultierenden Drehimpuls $J = 0, 1, 2$ koppeln. Daher gibt es drei Feinstruktur-Terme und die Linie erscheint spektroskopisch als Triplett. Daher rührt auch der Name „Triplett" für die $S = 1$ Zustände. Die Multiplizität der Aufspaltung steht beim spektroskopischen Symbol als Index oben links, der Gesamtdrehimpuls J unten rechts. In Fig. 64 ist also $2\,^3P_{0,1,2}$ in Wirklichkeit ein Feinstruktur-Triplett. Soviel zur Notation. Mit der Feinstruktur werden wir uns an anderer Stelle noch beschäftigen, sie spielt jetzt bei der weiteren Diskussion des Heliumatoms keine Rolle mehr.

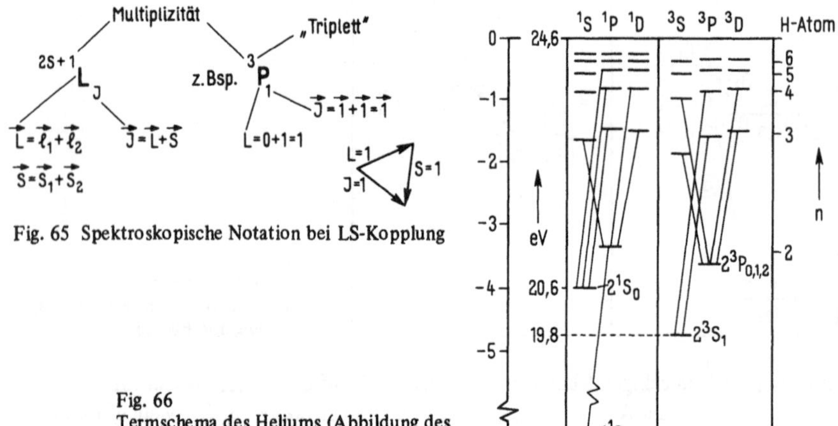

Fig. 65 Spektroskopische Notation bei LS-Kopplung

Fig. 66
Termschema des Heliums (Abbildung des Spektrums auf der Spektraltafel)

Ein vollständigeres Termschema des Heliums ist in Fig. 66 wiedergegeben und eine Abbildung des Spektrums findet sich in der Spektraltafel (s. Seite 82). Wir stellen nun eine entscheidende Frage. Gibt es spektroskopische Übergänge zwischen den Singulett- und Triplett-Zuständen? Die Antwort ist: nein. Zunächst die experimentellen Fakten. Im Spektrum werden keinerlei Übergänge zwischen den beiden Niveausystemen beobachtet. Es gibt ferner keinen Übergang zwischen einem der beiden 2 S-Niveaus und dem 1 S-Grundzustand, weil das die Drehimpulswahlregel $\Delta\ell = \pm 1$ verletzen würde. Beide

Niveaus sind also metastabil. Das wird eindrücklich dadurch bestätigt, daß man in einer Gasentladung Übergänge von beiden 2 S-Zuständen zu höheren Niveaus in A b s o r p - t i o n leicht beobachten kann. Atome in diesen Zuständen sind also reichlich vorhanden. Sie entstehen durch Stoßprozesse und können nicht durch Strahlung zerfallen. Nach Absorption durch Übergang b (Fig. 64) erfolgt Emission über a in den Grundzustand 1 S_0, wie zu erwarten. Nach Absorption durch Übergang c im Triplett-System jedoch erfolgt immer nur Resonanzemission zurück in den Zustand 2 $^3S_1$. Das ist also der Grundzustand des Triplett-Systems. Zwischen beiden Termsystemen herrscht ein strenges „I n t e r k o m b i n a t i o n s v e r b o t". Solange man den Grund nicht verstand, glaubte man sogar, es gäbe zwei Sorten von Heliumatomen, „Orthohelium" und „Parahelium". Diese alten Bezeichnungen sind in Fig. 64 vermerkt.

Nach dem über Erhaltung der Symmetrie gesagten ist die Erklärung für uns einfach. Solange die Wellenfunktion als Produkt von Ortsfunktion und Spinfunktion geschrieben werden kann, $\psi = \psi(r) \cdot \chi(s)$, ist der Symmetriecharakter für beide Funktionen separat eine Erhaltungsgröße. Die Eigenwerte von $\mathscr{P}_r$ und $\mathscr{P}_s$ sind dann „gute Quantenzahlen". Das gilt genau in dem Maße, wie die Spin-Bahn-Kopplungsenergie vernachlässigt werden kann. Der zur Emission eines Quants führende elektrische Dipoloperator wirkt nicht auf die Spinfunktion, deren Symmetriecharakter bleibt daher auch beim Emissionsprozeß erhalten und eine Umkopplung der Elektronen $(S = 1) \rightarrow (S = 0)$ kann nicht stattfinden. Außerdem ändert der Dipoloperator den Symmetriecharakter einer Ortswellenfunktion nicht, daher gibt es keine Dipolübergänge zwischen Ortswellenfunktionen verschiedener Symmetrie, d. h., es ist stets $\langle \psi_S | D | \psi_A \rangle = 0$, weil symmetrische und antisymmetrische Funktionen orthogonal sind. Ein ganz ähnliches Verhalten wie beim Helium findet man bei vielen Atomen, bei denen der Charakter des Termschemas durch zwei Elektronen bestimmt wird. Es gibt dann immer ein Singulett- und ein Triplett-Termschema. Aber je größer Z wird, desto stärker wird die Spin-Bahn-Kopplungsenergie und desto weniger streng wird das Interkombinationsverbot. So beobachtet man z. B. beim Quecksilber eine starke Interkombinationslinie vom 6 ^{3}P-Zustand in den 6 ^{1}S-Grundzustand. Separate Symmetrieerhaltung für Orts- und Spinfunktion gilt dann nicht mehr streng und nur noch der Eigenwert von $\mathscr{P}_{rs}$ ist eine gute Quantenzahl.

Wir wollen jetzt noch in Formeln anschreiben, wie sich die Termwerte im einfachsten Fall, nämlich für die $(1\,s)^1 (2\,s)^1$-Konfiguration quantitativ ergeben. Wir verfahren genau wie zu Beginn des Abschnitts. Die ungestörten Einteilchen-Funktionen sind jetzt ψ_{100} und ψ_{200}, woraus wir je nach Symmetrie bilden

$$\psi_{S,A}(1,2) = \frac{1}{\sqrt{2}} \left[\psi_{100}(r_1)\psi_{200}(r_2) \pm \psi_{100}(r_2)\psi_{200}(r_1) \right] \cdot \chi_{A,S}. \qquad (7.47)$$

Das Pluszeichen gilt für ψ_S und gibt den 2 $^1S_0$-Term, das Minuszeichen gibt für ψ_A entsprechend den 2 $^3S_1$-Term. Mit diesen Funktionen berechnen wir die Korrektur ΔE für die Einteilchenenergie, wobei wir die reellen Wasserstoffeigenfunktionen ψ_{100} und ψ_{200} für $Z = 2$ verwenden:

$$\Delta E_{S,A} = \frac{1}{2} \int_1 \int_2 \psi_{S,A}^*(1,2) \, \frac{e^2}{r_{1,2}} \, \psi_{S,A}(1,2) d\tau_1 d\tau_2$$

$$= \frac{1}{2} \int_1 \int_2 \frac{e^2}{r_{1,2}} [\psi_{100}^2(r_1)\psi_{200}^2(r_2) + \psi_{100}^2(r_2)\psi_{200}^2(r_1)]d\tau_1 d\tau_2$$

$$\pm \frac{1}{2} \int_1 \int_2 \frac{e^2}{r_{1,2}} [\psi_{100}(r_1)\psi_{200}(r_2)\psi_{100}(r_2)\psi_{200}(r_1) +$$

$$\psi_{100}(r_2)\psi_{200}(r_1)\psi_{100}(r_1)\psi_{200}(r_2)]d\tau_1 d\tau_2 . \tag{7.48}$$

Das erste Doppelintegral ist einfach die Coulombenergie ΔE^{Coul} für die Wechselwirkung zwischen den Ladungsdichteverteilungen der Elektronen. Das zweite Integral entspricht dem Interferenzterm in (7.16, 7.17) und muß je nach Symmetriecharakter addiert oder subtrahiert werden. Es heißt A u s t a u s c h i n t e g r a l und ergibt eine Energie $\Delta E^{\text{Austausch}}$. Als Korrektur zu den Einteilchen-Energien ergibt sich also

$$\Delta E_S = \Delta E^{\text{Coul}} + \Delta E^{\text{Austausch}} \qquad \text{für } S = 0 \ (^1S_0\text{-Zustand})$$

$$\Delta E_A = \Delta E^{\text{Coul}} - \Delta E^{\text{Austausch}} \qquad \text{für } S = 1 \ (^3S_1\text{-Zustand}).$$

Die numerische Berechnung der Integrale liefert die Termenergien des Heliums bereits mit einer Genauigkeit von 1%. Die Austauschenergie ist die sehr reale zusätzliche Energie, die sich als Konsequenz aus der Nichtunterscheidbarkeit von Elektronen ergibt.

8 Atome mit mehreren Elektronen

8.1 Modelle mit unabhängigen Teilchen

Schon bei der Behandlung des Heliumatoms waren wir von einem Näherungsansatz ausgegangen. Bei der Beschreibung von Atomen mit noch mehr Elektronen können wir ebenso vorgehen und mit einem Modell unabhängiger Teilchen beginnen, das später durch Korrekturen ergänzt wird. Das Modell bedeutet, daß für ein probeweise herausgegriffenes Elektron die paarweisen Coulomb-Wechselwirkungen mit den anderen Elektronen nicht explizit in Ansatz gebracht werden, sondern daß man versucht, über diese Wechselwirkungen so zu mitteln, daß sie in ein effektives Zentralpotential einbezogen werden können. In diesem Potential bewegt sich jedes Elektron unabhängig von dem anderen, und die resultierende Schrödinger-Gleichung für N unabhängige Teilchen kann durch einen Produktansatz nach Art von (7.4) gelöst werden. Allerdings müssen im Prinzip antisymmetrische Lösungen konstruiert werden. Man kann dem Pauli-Prinzip aber in guter Näherung einfach dadurch Rechnung tragen, daß jeder durch einen vollständigen Satz von Quantenzahlen charakterisierte Zustand nur mit je einem Elektron besetzt wird.

Wir beginnen unsere Diskussion über Modelle unabhängiger Teilchen wieder mit einem besonders einfachen Fall, nämlich mit mehreren Teilchen im Rechteckpotential. Wenn wir etwa 8 Spin-$\frac{1}{2}$-Teilchen in ein Potential nach Fig. 24 bringen, so ergibt sich für den Grundzustand die in Fig. 67 gezeichnete Konfiguration, da wegen des Pauli-Prinzips nur je 2 Teilchen in jedem Niveau untergebracht werden können. Eine Lösung der Schrödinger-Gleichung für dieses 8-Teilchensystem ist dann die der Fig. 67 entsprechende Produktfunktion

$$u_{1,+\frac{1}{2}}(1) \cdot u_{1,-\frac{1}{2}}(2) \cdot u_{2,+\frac{1}{2}}(3) \cdot u_{2,-\frac{1}{2}}(4) \cdot \ldots \cdot u_{4,+\frac{1}{2}}(7)\,u_{4,-\frac{1}{2}}(8).$$

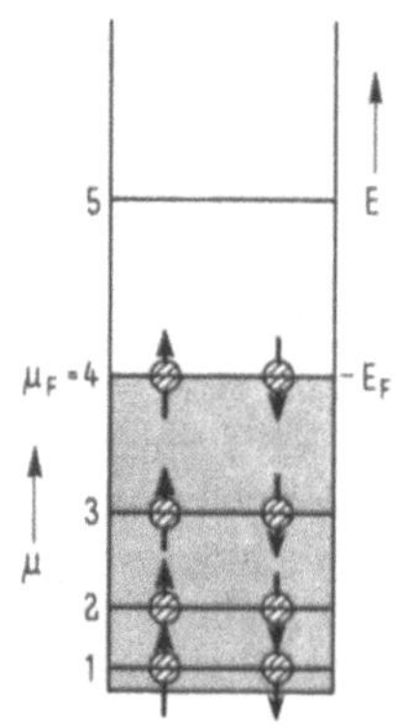

Fig. 67 Zum Fermigas-Modell

Der erste Index bezeichnet die Quantenzahl μ, der zweite die Spinquantenzahl m_s. Diese Wellenfunktion erfüllt zwar das Pauli-Prinzip insofern, als dafür Sorge getragen ist, daß keine zwei Teilchen die gleichen Quantenzahlen haben, aber natürlich ist sie nicht antisymmetrisch. Daher wird die Grundzustandsenergie korrekt beschrieben, solange das System ungestört ist. Wenn aber eine Störung ins Spiel kommt, z. B. durch Coulomb-Wechselwirkungen, dann fehlen bei der Berechnung der energetischen Korrektur ΔE die Austauschintegrale. Trotzdem wird diese einfache Art, das Pauli-Prinzip zu berücksichtigen, oft gebraucht.

Das eben besprochene System, nämlich N Spin-$\frac{1}{2}$-Teilchen, die sich in einem Rechteckpotential unabhängig und kräftefrei bewegen, führt den Namen F e r m i g a s - M o d e l l.

Es hat vielfältige Anwendungen. Zum Beispiel beschreibt es das Verhalten von Leitungselektronen in einem Metallwürfel, da sich die Elektronen im Leitfähigkeitsband frei bewegen können und an der Begrenzung des Leiterstücks auf einen Potentialsprung stoßen.

Wir wollen das Modell hier nicht im Einzelnen besprechen, sondern nur folgendes notieren:

(1) Im Grundzustand ergibt sich unter Beachtung des Pauli-Prinzips aus der Zahl N der Teilchen die Quantenzahl μ_F des höchsten besetzten Zustands

$$\mu_F = f(N). \tag{8.1}$$

Für den eindimensionalen Fall könnten wir die Funktion $f(N)$ aus (2.69) angeben, im dreidimensionalen Fall geht es im Prinzip genau so.

(2) Die zugehörige Energie E_F des höchsten Zustands, in dem sich ein Teilchen befindet, ist im eindimensionalen Fall nach (2.69)

$$E_F \sim \frac{\mu_F^2}{\tau^2} = \frac{f^2(N)}{\tau^2} \,. \tag{8.2}$$

Hier ist τ das Volumen des Potentialtopfs. Im dreidimensionalen Fall findet man

$$E_F \sim \left(\frac{N}{\tau}\right)^{\frac{2}{3}} . \tag{8.3}$$

(3) Diese Beziehung läßt sich in verschiedener Weise benutzen. Entweder erhält man aus der Teilchendichte $\rho = N/\tau$ die F e r m i - E n e r g i e E_F, oder aus E_F und der Teilchenzahl ergibt sich τ und daraus der „Radius" a des Potentialtopfs.

Das Potential, das die Elektronen in einem Atom sehen, hat keine Ähnlichkeit mit dem Rechteckpotential. Die Elektronen sehen vielmehr ein effektives Potential, wie es in Fig. 68 skizziert ist. Man kann trotzdem von der Grundvorstellung des Fermi-Gas-Modells Gebrauch machen, wenn man sich das Atom in kleine Kästen eingeteilt denkt, für die man sich in grober Näherung die Bedingungen des Fermi-Gas-Modells erfüllt denkt. Aus der Tiefe des Potentials für jeden Kasten und aus seiner räumlichen Ausdehnung ergibt sich die Zahl der Elektronen, die man bis zum Potentialrand einfüllen kann. Hieraus ergibt sich eine Verteilung für die Elektronendichte, aus der wiederum das elektrische Potential berechnet werden kann. Man verlangt nun „Selbstkonsistenz" in dem Sinne, daß man eine Potentialform sucht, die nach dem Auffüllen mit Elektronen gerade durch deren Ladungsdichte reproduziert wird. Das ist der wesentliche Inhalt des „T h o m a s - F e r m i - M o d e l l s". Man kann mit seiner Hilfe näherungsweise das effektive Potential und Ladungsradien für die Atome berechnen. Wellenfunktionen für das Thomas-Fermi-Potential dienen häufig als Ausgangspunkt für das gleich zu beschreibende Hartree-Verfahren. Ein wichtiges Ergebnis des Modells ist, daß die mittleren Atomradien von der Kernladung Z nach $\bar{R} \sim Z^{-1/3}$ abhängen.

Am Beispiel des Rechteckpotentials haben wir eben noch einmal das Grundprinzip der angestrebten Näherung erläutert. Zur Beschreibung der Atome ist natürlich ein realistischeres Potential notwendig. Eine Übersicht über die verschiedenen Terme, die im Prinzip in der Hamilton-Funktion eines Mehrelektronen-Atoms auftreten, wird in Abschn. 8.4 gegeben. Im Augenblick spielen nur die energetisch wichtigsten Beiträge eine Rolle. Das ist das Coulomb-Potential V_{Ke} zwischen Kern und Elektron sowie die Coulomb-Wechselwirkung zwischen den Elektronen V_{ee}. Während V_{Ke} von Natur kugelsymmetrisch ist, versucht man die Wirkung der gegenseitigen Wechselwirkung V_{ee} zu einem Zentralpotential zu mitteln. Das wird natürlich nur näherungsweise gelingen, so daß später zu berücksichtigende R e s t w e c h s e l w i r k u n g e n verbleiben. Die Wirkung des Kerns sowie aller anderen Teilchen auf ein bestimmtes Elektron, das i-te, wird dann durch ein gemitteltes Zentralfeld $V_{eff}^{(i)} = Ze^2/r_i + V_i(r_i)$ beschrieben, das sich durch Mittelung des fluktuierenden Einflusses aller anderen Elektronen zu $V_i(r_i)$ und aus dem Kernfeld ergibt. Die einzelnen Elektronen sollen sich dann in ihrem jeweiligen

Potential voneinander unabhängig bewegen. Dem Pauli-Prinzip wird zunächst wieder nur in der gleichen Weise wie vorhin Rechnung getragen, nämlich dadurch, daß man jeden Zustand nur einmal besetzt. Das effektive Potential hat einen Verlauf, wie in

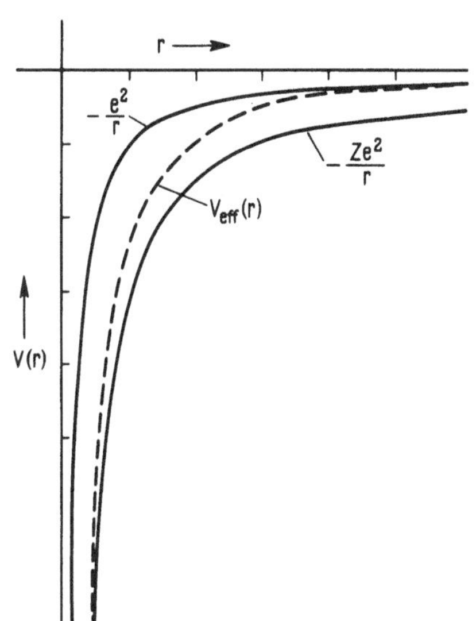

Fig. 68 Form des effektiven Potentials

Fig. 68 gezeichnet, d. h. in Kernnähe ist es ähnlich $-Ze^2/r$, während es für große r gegen $-e^2/r$ geht, weil dann die auf das Probeelektron wirkende Kernladung bis auf e i n e Ladungseinheit durch die anderen Elektronen kompensiert ist.

Wir schreiben das Ganze jetzt noch konkreter in Formeln. Wir nehmen an, wir kennten bereits die gesuchten Wellenfunktionen φ_i der Elektronen[1]). Durch ein Mittelungsverfahren können wir hieraus das mittlere Zentralpotential $V_i(r_i)$ berechnen, das aufgrund der gegenseitigen Abstoßung der Elektronen auf das i-te Elektron wirkt:

$$\sum_{j \neq i} \int \frac{e^2}{r_{ij}} \, |\varphi_j(\vec{r_j})|^2 \, d\tau_j \rightarrow V_i(r_i). \tag{8.4}$$

Der Pfeil deutet hier das numerisch durchgeführte Mittelungsverfahren an, das im wesentlichen auf einer Mittelung über alle Winkel von $\vec{r_j}$ beruht. Mit dem so gewonnenen Potential lautet nun die Schrödinger-Gleichung für das i-te Teilchen

$$\left[-\frac{\hbar^2}{2\,m} \Delta_i - \frac{Ze^2}{r_i} + V_i(r_i) \right] \varphi_i(r_i) = H_i \varphi_i(r_i) = \epsilon_i \varphi_i(r_i). \tag{8.5}$$

Eine spezielle Wellenfunktion ψ_N für das ganze System ergibt sich dann nach (7.3), (7.4)

$$(\sum_{i=1}^{N} H_i)\psi_N = E_n \psi_N \qquad \psi_N = \varphi_1 \varphi_2 \cdots \varphi_N, \quad E_n = \sum_{i=1}^{N} \epsilon_i. \tag{8.6}$$

Dabei soll, wie vorher beschrieben, das Pauli-Prinzip durch sukzessives Besetzen aller Zustände mit je einem Teilchen erfüllt worden sein. Da ein Zentralfeld vorliegt, ist

$$\varphi_i = R_i(r_i) Y_{\ell m}(\vartheta, \varphi), \tag{8.7}$$

d. h., es interessieren uns nur die Radialfunktionen, die das Verfahren liefert. Alle nicht in der Mittelung erfaßten Effekte sowie der Einfluß der nicht berücksichtigten Forderung nach Antisymmetrie müssen später berücksichtigt werden.

---

[1]) Für unabhängige Teilchen spricht man häufig von „Einteilchen-Wellenfunktionen".

Bei dem eben beschriebenen Vorgehen haben wir in Gleichung (8.4) die Lösungsfunktionen φ_i benutzt, die sich später aus (8.5) erst ergeben sollten. Das bedeutet, es wird ein effektives Potential gesucht, dessen Lösungsfunktionen gerade so beschaffen sind, daß sich aus ihrer Ladungsdichte wieder das Potential selbst ergibt. Solche Potentiale heißen s e l b s t k o n s i s t e n t. Man kann sie durch ein numerisches Iterationsverfahren auffinden. Das wesentliche dieser auf Hartree zurückgehenden Methode ist in Fig. 69 nach Art eines Flußdiagramms für die Rechnung dargestellt. Man beginnt mit

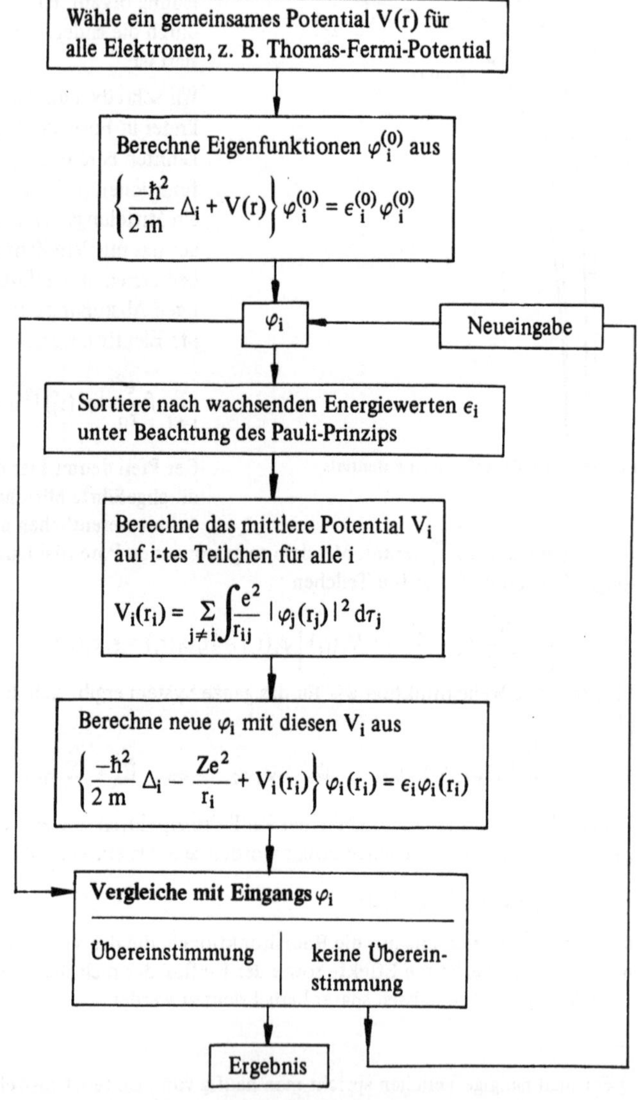

Fig. 69
Diagramm zum
Hartree-Verfahren

einem probeweise angenommenen Potential, das man meist aus dem Thomas-Fermi-Modell erhält. Aus den für dieses Potential bestimmten Eigenfunktionen ergibt sich ein neues Potential, für das man wieder Eigenfunktionen berechnet. Wenn sie mit den ursprünglichen hinreichend gut übereinstimmen, ist die Aufgabe gelöst, sonst rechnet man einen neuen Zyklus. Meist konvergiert das Verfahren rasch.

Das Hartree-Verfahren läßt sich verbessern durch Berücksichtigung der Forderung nach Antisymmetrie. Es ist aber nicht nötig, die Determinante (7.39) in ihre N! Terme zu entwickeln, sondern es genügt die Berücksichtigung von N Austauschintegralen. Diese von Fock verbesserte Rechenmethode („H a r t r e e - F o c k - V e r f a h r e n ")

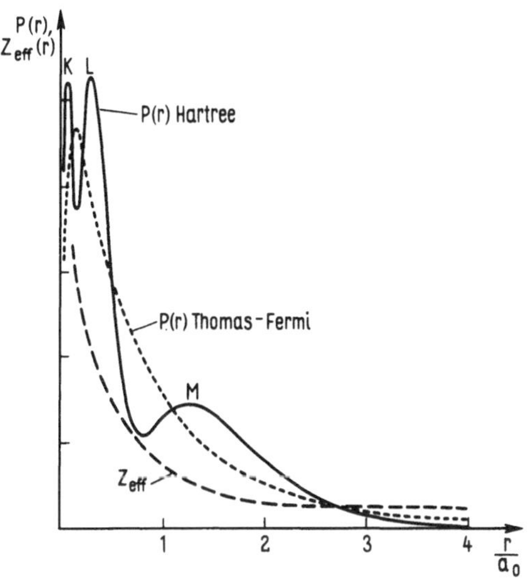

Fig. 70
Radiale Dichteverteilung P(r) und Verlauf der effektiven Ladung Z_{eff} für Argon (Z = 18) berechnet nach dem Hartree-Verfahren. Die Thomas-Fermi-Verteilung ist zum Vergleich eingezeichnet

liefert Korrekturen zum Hartree-Verfahren in der Größenordnung von 10%. Als Beispiel für das Ergebnis einer Selbstkonsistenz-Rechnung ist in Fig. 70 die radiale Wahrscheinlichkeitsdichteverteilung P(r) für Z = 18 dargestellt zusammen mit einer Verteilung nach dem Thomas-Fermi-Modell und der effektiven Ladung, die auf ein Elektron im Abstand r/a_0 wirkt. Die Größe P(r) gibt hier an, mit welcher Wahrscheinlichkeit man irgendein Elektron im Abstand r vom Kern antrifft.

8.2 Das Schalenmodell der Elektronenhülle

Die im letzten Abschnitt behandelte Modellvorstellung erlaubt es insbesondere, die Elektronenkonfigurationen für die Grundzustände der Atome zu verstehen. Sie bildet daher die Basis für eine Erklärung des Periodensystems der Elemente. Die prinzipielle Idee haben wir bereits erläutert: man behandelt die Elektronen als System unabhängiger

Teilchen, deren Eigenzustände und Energiewerte aus dem Effektiven Potential in selbst-
konsistenter Weise berechnet werden und sorgt unter Verzicht auf die strengere Forderung nach Antisymmetrie der totalen Wellenfunktion bei Besetzung der Zustände dafür,
daß sich alle Teilchen in mindestens einer Quantenzahl unterscheiden. Die Wellenfunktionen für die einzelnen Elektronen sind Lösungen der Schrödinger-Gleichung für
das jeweilige effektive Zentralpotential. Sie sind daher im allgemeinen den Wasserstoff-
Wellenfunktionen ähnlich und lassen sich durch die gleichen Quantenzahlen n, ℓ, m_ϱ und
m_s charakterisieren. Wir können die Funktionen allerdings nicht mehr in geschlossener
Form anschreiben, da sich ihr Verlauf nur aus einem komplizierten numerischen Näherungsverfahren ergibt. Natürlich ist die energetische Entartung nach ℓ-Werten nun aufgehoben und es ergibt sich allgemein, daß die Elektronen umso stärker gebunden sind,
je kleiner ℓ ist. Der Grund liegt in dem erheblichen energetischen Beitrag, den der kern-
nahe Anteil der Wellenfunktion bei kleinem ℓ liefert und der noch einmal anhand von
Fig. 71 diskutiert werden soll.

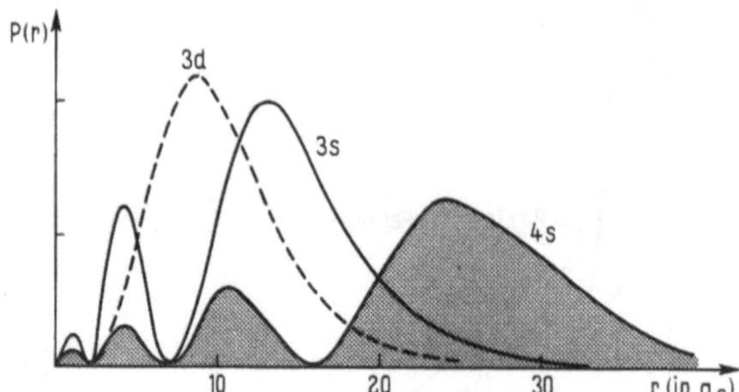

Fig. 71
Radiale Wahrscheinlichkeits-
dichten für verschiedene
Wasserstoff-Wellenfunktionen

Vergleichen wir zunächst für Wasserstoffwellenfunktionen die beiden radialen Dichteverteilungen für ein 3d-Elektron und ein 3s-Elektron, so sehen wir, daß die 3s-Radial-
funktion Maxima in Kernnähe hat, die bei der 3d-Funktion fehlen. Diese Maxima fallen
bei Atomen mit höherem Z in das Gebiet, bei dem sich das effektive Potential der Form
Ze^2/r annähert, wo also eine hohe effektive Ladung Z_{eff} wirkt (vgl. Fig. 68), sie gewinnen
daher an Gewicht.

Da die Energie eines Zustands aber proportional zu Z_{eff}^2/n^2 ist, trägt dieses flächenmäßig
kleine Maximum stark zur Bindungsenergie bei. Die eingezeichnete 4s-Wellenfunktion
läßt verständlich werden, was eine Rechnung ergibt, daß nämlich wegen des Maximums
in Kernnähe ein äußeres 4s Elektron im gleichen Potential meist stärker gebunden ist,
als ein 3d-Elektron, obwohl es im Mittel viel weiter vom Kern entfernt ist.

Es ist in diesem Zusammenhang lehrreich, das systematische Verhalten der Terme bei
Alkaliatomen zu betrachten, wie es in Fig. 72 dargestellt ist. Alkaliatome haben stets
ein einziges Elektron außerhalb einer stabilen kugelsymmetrischen Edelgaskonfiguration.
Für höhere Hauptquantenzahlen n, d. h. für größere „Bahnradien" und für höhere Bahndrehimpulse unterscheiden sich die Terme nur wenig von denen des Wasserstoffs, die

ganz rechts in der Fig. 72 angegeben sind. Das Leuchtelektron sieht dann außerhalb der einfach geladenen Edelgaskonfiguration praktisch ein Coulombpotential für $Z \approx 1$. Die Zustände mit kleinem ℓ und vor allem die s-Zustände sind jedoch wegen des kernnahen Anteils der Radialfunktion vergleichsweise viel stärker gebunden. Dieser Effekt wird

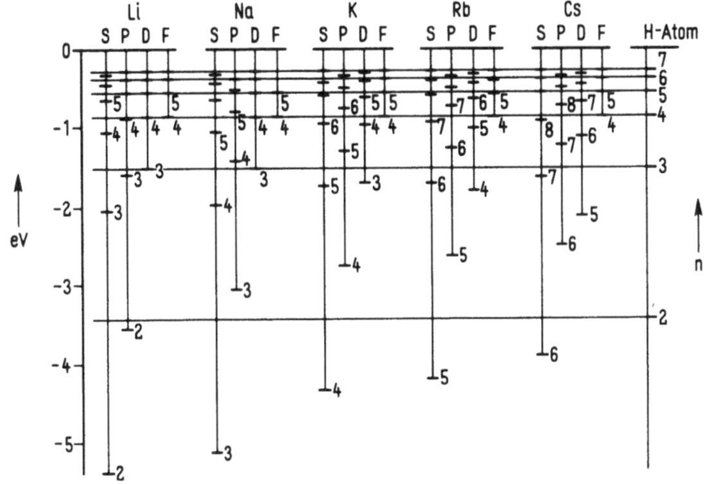

Fig. 72 Vergleich der Termschemata für die Alkaliatome

mit wachsendem Z größer. Beim Li ist zwar die ℓ-Entartung aufgehoben, aber die Termfolge ist noch insofern „normal", als die Energie mit wachsendem n eindeutig zunimmt. Beim Na liegt jedoch wegen des geschilderten Effektes das 4S-Niveau bereits deutlich unter dem 3D-Niveau, dessen Lage noch ganz wasserstoffähnlich ist.

Fig. 71 hat in diesem Zusammenhang natürlich nur qualitativen Charakter, da Wasserstoff-Funktionen gezeichnet sind. Sie gelten näherungsweise für die äußersten Elektronen in dem Bereich, in dem die effektive Ladung ungefähr gleich Eins ist. Weiter innen werden sie entsprechend dem höheren Z_{eff} modifiziert. Wichtig ist, folgendes im Auge zu behalten. Ein äußeres Elektron, das beim sukzessiven Aufbau der Elemente sozusagen neu zugefügt wurde, (also etwa ein 2p-Elektron bei $Z = 5$) erfährt ein weitgehend abgeschirmtes Potential und hat daher Energiezustände in der Größenordnung der Wasserstoff-Energien. Wenn aber weitere Ladung im Kern und weitere Elektronen zugefügt werden und der Zustand mit den gleichen Quantenzahlen nun weiter innen liegt, so wirkt auf ihn eine viel höhere effektive Ladung, und Wellenfunktionen sowie Energiewerte ändern sich (z. B. für das 2p-Elektron bei $Z = 80$). Dabei kann sich auch die energetische Folge der Zustände ändern. Wenn wir daher eine Niveaufolge zeichnen, müssen wir sorgfältig zwei Fälle unterscheiden:

1) die Niveaufolge für das letzte eingebaute Elektron, die den energetischen Abstand der Konfiguration mit der jeweils geringsten Bindungsenergie relativ zum nächst stärker gebundenen Zustand angibt;

2) die Niveaufolge für die jeweils inneren Elektronen.

Für leichte Elemente ist der Unterschied unbeträchtlich, für schwere wird er sehr wichtig, wie sich aus der nachher zu besprechenden Fig. 75 ergibt.

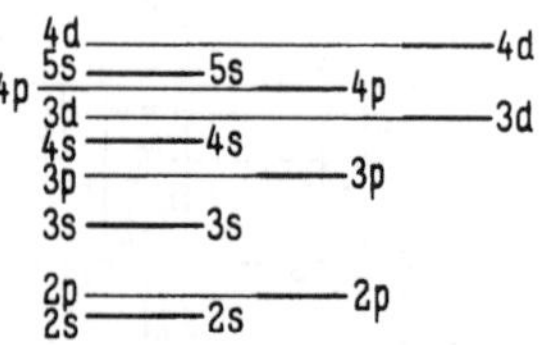

Fig. 73
Folge der niedrigsten Zustände für das letzte eingebaute Elektron

Wie die Abfolge der Niveaus in beiden Fällen wirklich aussieht, kann man mit dem Hartree-Verfahren ausrechnen. Wir betrachten anhand von Fig. 73 zunächst qualitativ die Folge der niedrigsten Zustände, wie sie sich durch die geschilderte Aufhebung der ℓ-Entartung aus dem Termschema des Wasserstoffs für das letzte Elektron ergibt. Wie man am linken Rand sieht, sind die Terme bei zunehmender Energie nun nicht mehr eindeutig nach der Hauptquantenzahl n geordnet. Die Termanordnung entspricht in etwa der des Natriums von Fig. 72. Der Reihe nach kann man jetzt jeden der gezeichneten Zustände mit soviel Elektronen besetzen, wie es die Quantenzahlen erlauben. Da zu jedem ℓ jeweils $2\ell + 1$ entartete m-Werte gehören und da für jeden dieser Zustände noch zwei Werte der Spinkomponente m_s möglich sind, kann jeder Zustand mit $\nu = 2(2\ell + 1)$ Elektronen besetzt werden. Für die einzelnen Bahndrehimpulse ergeben sich also folgende Besetzungszahlen

	s	p	d	f	g
$\ell =$	0	1	2	3	4
$(2\ell + 1) =$	1	3	5	7	9
$\nu = 2(2\ell + 1) =$	2	6	10	14	18

Die Elektronenkonfigurationen für den Grundzustand der leichtesten Elemente, die wir auf diese Art erhalten, wollen wir anhand von Fig. 74 etwas ausführlicher besprechen. Dargestellt sind die niedrigsten Niveaus entsprechend Fig. 73. Für jedes Atom steht oben die spektroskopische Notation für den Grundzustand, wie sie sich aus der Systematik der Spektren ergibt (Notation gemäß Fig. 65). Wasserstoff und Helium haben wir schon ausführlich diskutiert. Bei L i t h i u m kommt ein 2s-Elektron hinzu. Wäre es durch die Helium-Konfiguration bis auf die effektive Ladung Eins abgeschirmt, wäre

seine Bindungsenergie $13{,}6 \left(\dfrac{1}{2^2}\right)$ eV = 3,4 eV. In Wirklichkeit ist wegen des kernnahen

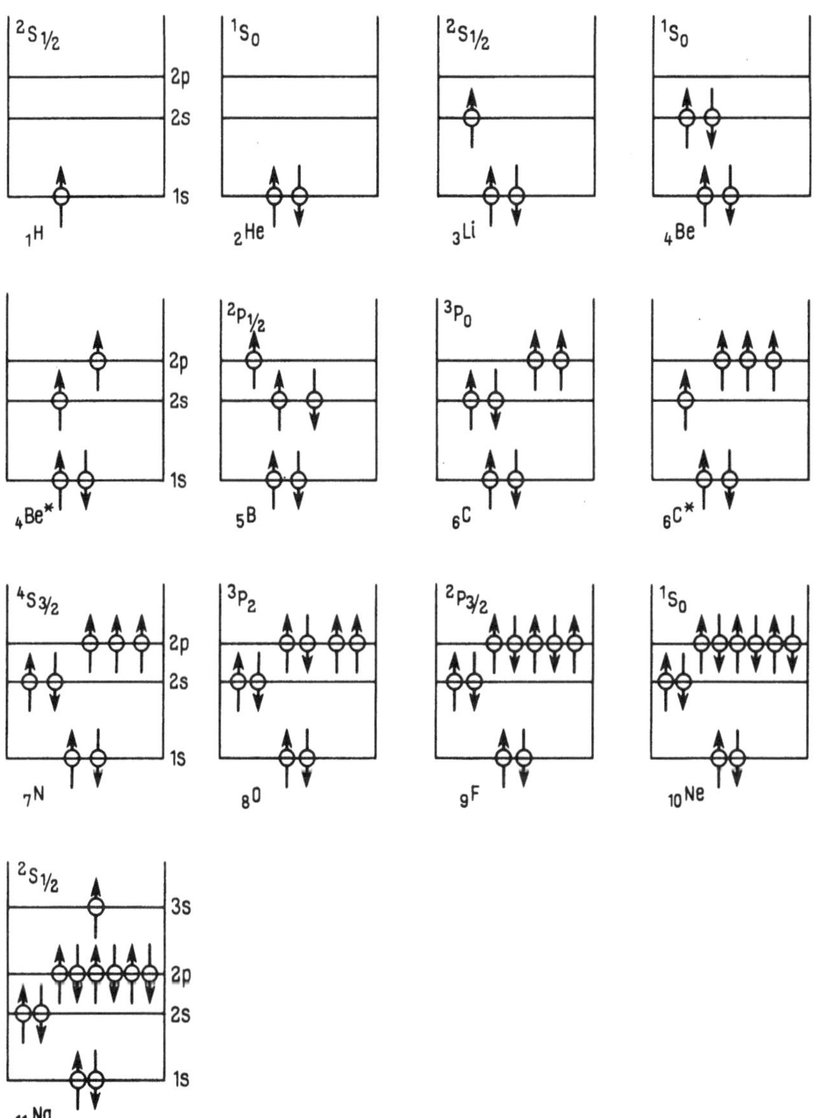

Fig. 74 Elektronenkonfigurationen der Grundzustände für die leichtesten Atome. Die Pfeile bedeuten die Spinrichtung

Anteils der Wellenfunktion die Bindungsenergie 5,4 eV. Das ist immerhin im Vergleich zu He (24,6 eV) sehr wenig und gibt Anlaß zum chemischen Verhalten als Alkali-Metall.

Bei B e r y l l i u m ist das 2s-Niveau voll besetzt, so daß die Konfiguration helium-
ähnlich ist. Wegen der engen Nachbarschaft zum 2p-Niveau wird jedoch leicht der Be*-
Zustand angeregt, so daß sich die Elektronen bei Nachbarschaft eines anderen Atoms
leicht umgruppieren, wodurch das metallische Verhalten des Beryllium bedingt ist. Bei
B o r wird das erste Elektron in den 2p-Zustand eingebaut. Sein Spin könnte mit dem
Bahndrehimpuls Eins zu $\frac{1}{2}$ oder $\frac{3}{2}$ koppeln. Der spektroskopische Befund $P_{1/2}$ zeigt,
daß die Spin-Bahn-Kopplung wie beim Wasserstoff für $J = 1/2$ die niedrigere Energie
liefert. Beim K o h l e n s t o f f stehen nach dem spektroskopischen Ergebnis offensichtlich die Spins der beiden 2p-Elektronen parallel, $S = 1$, so daß sich mit $L = 1$ ein
Triplett-Grundzustand mit $J = 0$ ergibt. Diese Konfiguration ordnet sich leicht um zu
der angeregten Konfiguration C*, die für die Vierwertigkeit des Kohlenstoffs in vielen
chemischen Verbindungen verantwortlich ist.

Es wird aus den Diagrammen bereits deutlich, daß die Elektronen im obersten nicht
völlig besetzten Zustand die Tendenz haben, sich parallel zu stellen. Das ist der Inhalt
der sogenannten H u n d s c h e n R e g e l: im Grundzustand koppeln die Elektronenspins so, daß immer der größtmögliche Wert des resultierenden Spins S entsteht. Der
Grund ist nach unserer ausführlichen Diskussion des Heliumatoms leicht einzusehen.
Ein Zustand, in dem alle Elektronenspins parallel stehen ist sicher vollständig symmetrisch hinsichtlich des Austauschs der Spinkoordinaten. Die Raumfunktion ist dann
vollständig antisymmetrisch und das heißt, daß die Bindungsenergie dafür am größten
ist, da die Coulomb-Abstoßung der Elektronen in diesem Fall am wenigsten wirkt. Das
gleiche gilt entsprechend, wenn die anderen Quantenzahlen nicht erlauben, daß alle Spins
parallel stehen. Im Grundzustand stellt sich immer maximale Symmetrie der Spinfunktion ein und das bedeutet größtmögliche Zahl paralleler Spins.

Besonders deutlich wird diese Regel beim Grundzustand des S t i c k s t o f f s. Nach
dem spektroskopischen Befund muß es sich um einen $^4S_{3/2}$-Zustand handeln. Das ist
in völligem Einklang mit unserer Argumentation. Die drei Spins stehen parallel und
koppeln zu $S = 3/2$. Die Raumfunktion muß total antisymmetrisch sein. Unter Benutzung der Vektoradditionsregeln für Drehimpulse kann man zeigen, daß dies nur
erfüllt ist, wenn die drei $\ell = 1$ Bahndrehimpulse zu $L = 0$ koppeln. Daher ist $J = 3/2$.
Da nun der 2p-Zustand halb gefüllt ist, kann der Einbau des nächsten Elektrons bei
S a u e r s t o f f nicht mehr parallel erfolgen. Die nächsten drei Atome F l u o r,
N e o n, N a t r i u m zeigen die typische Sequenz Halogen-Edelgas-Alkaliatom. Bei
Fluor fehlt nur noch ein Elektron im 2p-Zustand, so daß es in chemischer Verbindung
außerordentlich leicht ein Elektron aufnimmt. Bei Neon hat der 2p-Zustand eine ab-
geschlossene Konfiguration, die sich schwer aufbrechen läßt, da der Abstand zum 3s-
Zustand relativ groß ist. Im Gegensatz dazu läßt sich das eine Elektron des Natrium besonders leicht abspalten.

In ähnlicher Weise könnten wir unsere Diskussion zu schwereren Atomen hin fortsetzen.
Wir wollen aber jetzt etwas pauschaler verfahren und werfen gleich einen Blick auf die
vollständige Niveaufolge für das letzte eingebaute Elektron, die in Fig. 75 links gezeichnet ist. Aus dieser Niveauleiter kann man, wie vorhin besprochen, entnehmen, in
welchen Zustand das jeweils letzte Elektron eingebaut wird, also z. B. in den 3d-Zustand

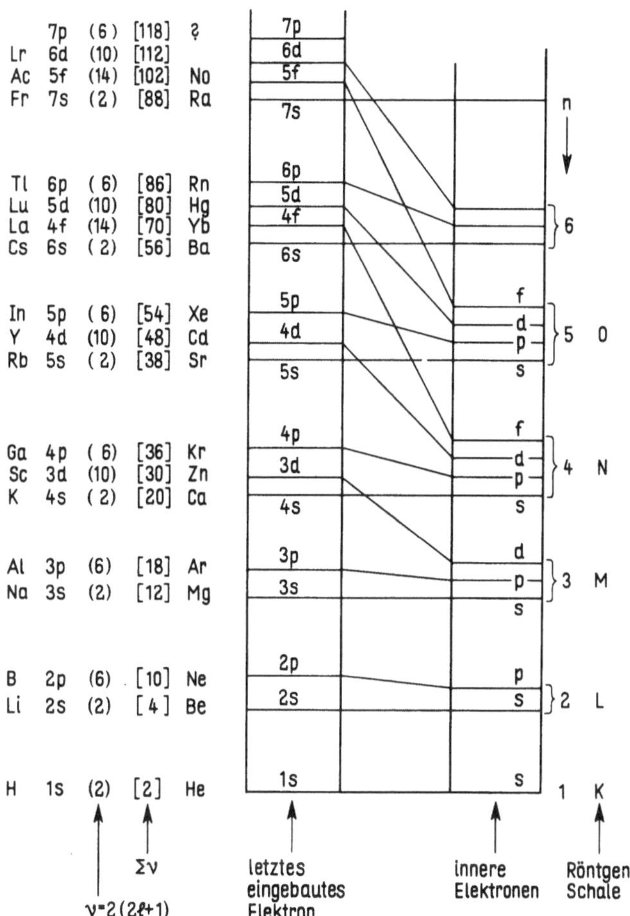

Fig. 75 Niveaufolge im Schalenmodell der Elektronenhülle. Die Elementsymbole geben das erste und letzte Element jeder Unterschale an

wenn der 4s-Zustand gerade gefüllt wurde. Ganz links in der Figur sind in runden Klammern die maximalen Besetzungszahlen der Niveaus angegeben und in eckigen Klammern die Gesamtzahl der Elektronen des Atoms, die erreicht wird, wenn das entsprechende Niveau ganz gefüllt ist. Dazu gehört jeweils das Element-Symbol. Man erkennt nun, daß an einigen Stellen besonders große energetische Abstände zum nächsten Niveau eintreten. Dann entsteht immer gerade eine Situation, wie wir sie eben beim Neon geschildert haben, nämlich ein sogenannter S c h a l e n a b s c h l u ß mit einer Edelgaskonfiguration. Das Erreichen der vollen Besetzung etwa des 2s-Zustands bedeutet keinen so drastischen

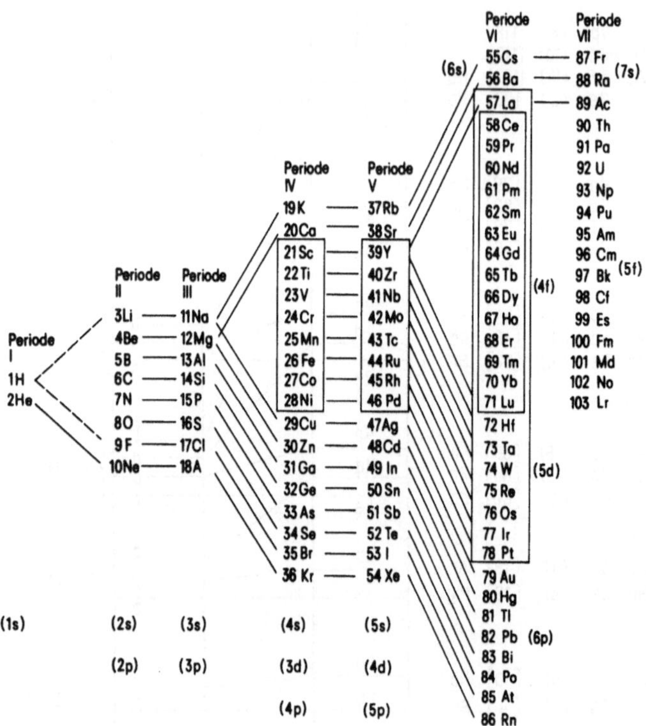

Fig. 76 Periodensystem der Elemente in der Darstellung nach Bohr

Einschnitt in den chemischen Eigenschaften. Man bezeichnet einen Zustand mit festen $n\ell$ daher auch als U n t e r s c h a l e oder ℓ-Schale. Bei Magnesium ist also die 3 s-Unterschale gefüllt. Bei Abschluß einer Unterschale erreicht das Atom immer gerade eine räumlich kugelsymmetrische Konfiguration. Das folgt aus der Relation (3.56). Natürlich gilt dies auch für den Abschluß einer eigentlichen Schale bei einem Edelgas. Die in Fig. 75 gezeigte Schalenstruktur der Niveaus spiegelt sich besonders deutlich im Verlauf der Ionisationsenergien (Fig. 77) wieder, die scharfe Sprünge bei Erreichen eines Schalenabschlusses zeigen. Auch die früher in Fig. 4 gezeigten Radien folgen dieser Periodizität. Innerhalb einer nicht abgeschlossenen Unterschale werden die Elektronen im Grundzustand nach der Hundschen Regel koppeln. Wir haben beim Stickstoff schon gesehen, daß die Verhältnisse dabei kompliziert werden können. Als allgemeine Regel, die aus den Vorschriften für Drehimpulskopplung folgt, sei noch erwähnt, daß Elektronenlöcher in einer mehr als halbvollen Unterschale zu den gleichen Drehimpulszuständen koppeln wie die entsprechende Zahl von Elektronen. Es liefern also 2 Elektronen oder 4 Elektronen (= 2 Löcher) in einer p-Unterschale die gleichen Drehimpulskopplungen.

Wir haben der Niveauleiter in Fig. 76 das Periodensystem in der Bohrschen Fassung gegenübergestellt. Der Aufbau der Elektronenhülle der Elemente läßt sich bei Vergleich beider Bilder leicht verfolgen. Für die chemischen Eigenschaften sind naturgemäß die Elektronen der obersten ungefüllten Unterschale, die V a l e n z e l e k t r o n e n ver-

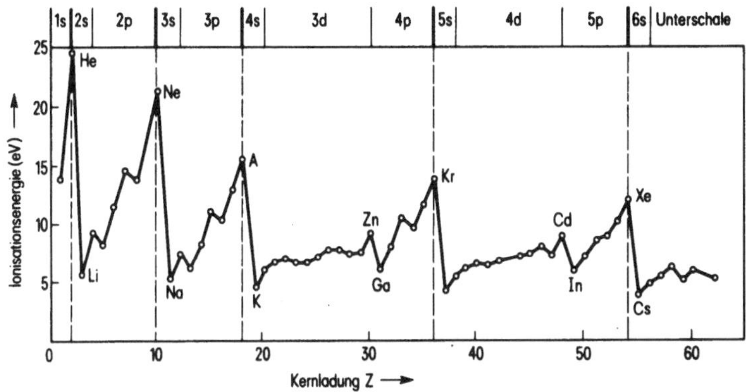

Fig. 77 Ionisationsenergien der Atome

antwortlich, doch gibt es dabei gewisse Einschränkungen. Den Aufbau der Elemente bis zur 2p-Schale haben wir im einzelnen bereits verfolgt. Die 3s- und 3p-Unterschalen werden anschließend völlig analog gefüllt. Nach dem Besetzen der 4s-Unterschale werden 10 Elektronen in die 3d-Schale eingebaut. Wie anhand von Fig. 71 gezeigt wurde, haben sie beim Einbau zwar geringere Bindungsenergie als die 4s-Elektronen, doch erstreckt sich die Wellenfunktion der letzteren weiter nach außen. Die 3d-Unterschale ist daher in bezug auf die chemische Reaktionsfähigkeit von den 4s-Elektronen abgeschirmt. Das erklärt die Sonderstellung der Elemente Ca-Ni. Die gleiche Situation wiederholt sich in der nächst höheren Schale bei den 4d-Elektronen. Die einfachen Loch-Konfigurationen bei Cu und Zn führen wegen der eben erwähnten Kopplungsregeln zu teilweise ähnlichen Zuständen wie die Elektronkonfigurationen bei Na und Mg. Wir können jedoch vernünftigerweise nicht erwarten, daß das einfache Schalenmodell ohne jede Restwechselwirkung den Aufbau der Elektronenhülle restlos erklärt. Daher sind kleinere Regelabweichungen nicht verwunderlich, wie sie z. B. auftreten, wenn vor dem Auffüllen der 4f-Schale bei La bereits ein Elektron in die 5d-Schale eingebaut wird. Die chemische Sonderstellung der seltenen Erden erklärt sich wieder aus der Tatsache, daß die 4f-Schale nach außen durch die 6s-Elektronen „chemisch abgeschirmt" ist. Das Periodensystem endet schließlich nicht, weil die Möglichkeiten für den Aufbau der Elektronenhülle begrenzt sind, sondern weil bei hohem Z die Kerne instabil werden und durch Spaltung oder α-Zerfall in so kurzer Zeit zerfallen, daß an der Hülle keine Untersuchungen mehr vorgenommen werden können[1]).

---

[1]) Bei Stößen schwerer Ionen miteinander kann es jedoch vorübergehend zu Elektronenkonfigurationen kommen, die „superschweren" Elementen entsprechen. Man kann sie durch das Studium der beim Stoßprozeß emittierten Röntgenlinien untersuchen.

Wie bereits vorhin besprochen, ändert sich die Niveaufolge, wenn die ursprünglich außen befindlichen Elektronen bei zunehmender Ordnungszahl tiefer in das effektive Potential geraten. Dann stellt sich die Niveaufolge ein, die in Fig. 75 rechts gezeichnet ist. Die Unterschalen gruppieren sich jetzt ausschließlich nach der Hauptquantenzahl. Eine solche zu festem n gehörende Gruppe wollen wir „Röntgenschale" nennen. Die Röntgen schalen werden, wie in der Figur angegeben, als K-, L-, M-, . . .-Schale bezeichnet. Die neue Gruppierung ist viel wasserstoffähnlicher, weil die inneren Elektronen über den radialen Bereich, über den sich ihre Wellenfunktionen erstrecken, keine so erhebliche

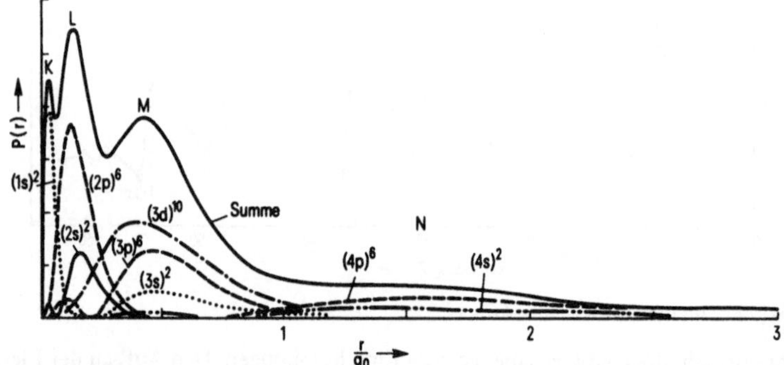

Fig. 78 Radiale Wahrscheinlichkeitsdichteverteilung für die Elektronen des Rb⁺ (Hartree-Rechnung)

Abweichung der Form des effektiven Potentials von der des Coulombpotentials mehr spüren wie die äußeren. In Fig. 78 ist zur Illustration die Ladungsdichteverteilung für die einzelnen Elektronen des Rubidiums gezeigt, wie sie sich aus einer Hartree-Fock-Rechnung ergibt. Sie zeigt deutlich, daß der energetischen Gruppierung nach n auch eine räumliche entspricht, wodurch auch die anschauliche Bezeichnung „Schale" gerechtfertigt wird.

8.3 Röntgenspektren

Wird durch einen Ionisierungsprozeß aus einer der inneren Schalen eines Atoms ein Elektron entfernt, so wird das entstandene Loch durch Übergang eines Elektrons aus einer höheren Schale unter Emission von Röntgenstrahlung aufgefüllt. Die Ein-Loch-Konfigurationen in den sonst gefüllten Schalen führen zu ebenso einfachen Energie-Niveauverhältnissen wie Einteilchenkonfigurationen, so daß Röntgenspektren, verglichen mit den Spektren der Leuchtelektronen, ein vergleichsweise einfaches Erscheinungsbild bieten. Da sie zudem Information über die inneren Schalen liefern, haben sie bei der Aufklärung der Atomstruktur eine wichtige Rolle gespielt. Die in Fig. 75 rechts gezeichnete Niveaufolge der inneren Schalen kann man direkt aus den Röntgenspektren entnehmen.

Wir wollen an dieser Stelle kurz einschieben, wie Röntgenspektren gemessen werden.
Die wichtigsten, aber grundsätzlich verschiedenen Methoden sind a) die Beobachtung
von Röntgeninterferenzen an Kristallgittern und b) die Messung der Energie der von
Röntgenstrahlung durch Photoeffekt ausgelösten Elektronen.

Die Möglichkeit, Röntgeninterferenzen am Kristallgitter zu beobachten, wurde 1913
durch Laue, Friedrich und Knipping entdeckt. Das Zustandekommen der entscheidenden
B r a g g - B e d i n g u n g $n\lambda = 2\,d\,\sin\vartheta$ für ein Reflexionsmaximum der Ordnung n ist
oben in Fig. 79 in der üblichen, freilich etwas naiven Weise unter Benutzung des Huyghen-
schen Prinzips skizziert. Unten in der Figur ist die Anordnung eines Röntgenspektrometers dargestellt. Der rechte Arm des Spektrometers mit der Ionisationskammer als
Nachweisgerät muß durch eine mechanische Vorrichtung mit dem Kristall gekoppelt

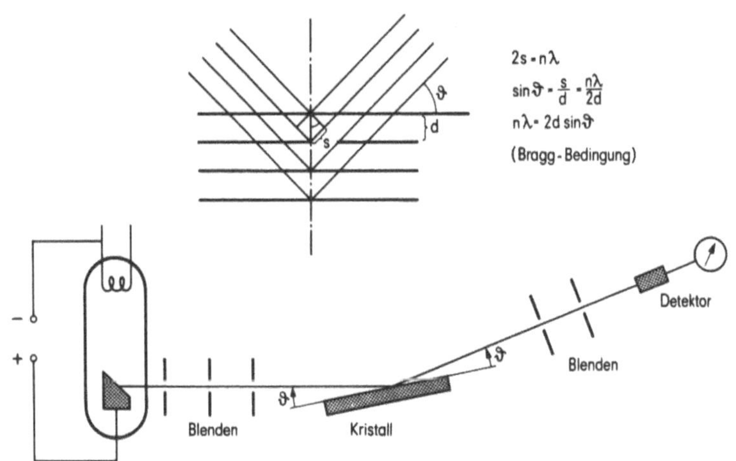

Fig. 79 Prinzip eines Röntgenspektrometers mit Interferenzkristall

so gedreht werden, daß Einfalls- und Austrittswinkel gleich bleiben. Die Wellenlängen
ergeben sich dann aus den Winkeln, unter denen Linien beobachtet werden, mit Hilfe
der Bragg-Bedingung. Der Detektorarm des Instruments kann auch durch eine Photoplatte
ersetzt werden. Ein mit einem Kristallspektrometer gewonnenes Spektrum findet sich
auf der Spektraltafel (s. Seite 82). Ein moderneres Verfahren nach Methode b) besteht
in der Anwendung von Halbleiterdetektoren aus Silizium oder Germanium. Es handelt
sich im Prinzip um Dioden, die in Sperrspannung gepolt sind. Ladungsträger, die in der
Raumladungszone des Kristalls durch Ionisation freigesetzt werden, können genau wie
in einer Ionisationskammer gesammelt und nachgewiesen werden. Die Entwicklung
sowohl der Halbleitertechnologie als auch der Verstärkertechnik hat es in den letzten
Jahren möglich gemacht, sehr hohe Energieauflösung mit diesem Instrument zu erreichen.
Der prinzipielle Aufbau eines Halbleiterdetektors ist in Fig. 80 skizziert zusammen mit

einem Röntgenspektrum. Diese Detektoren sind sehr einfach in der Handhabung und
zeichnen sich durch eine hohe Ansprechwahrscheinlichkeit aus, so daß Kristallspektrometer nur noch für Untersuchungen, die besonders hohe Auflösung erfordern, verwendet
werden.

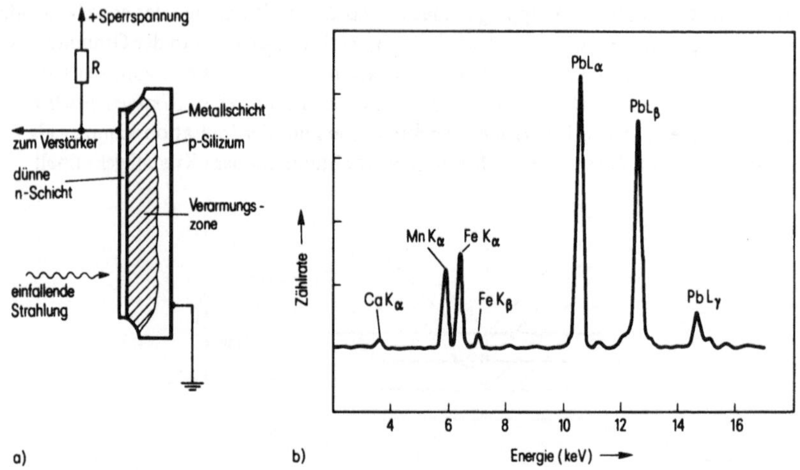

Fig. 80 a) Aufbau eines Halbleiterdetektors
        b) Röntgenfluoreszenzspektrum einer bleihaltigen Probe, aufgenommen mit einem
           Halbleiterdetektor

In den Röntgenspektren beobachtet man Emissionslinien in einem Wellenlängenbereich
zwischen ca. 0,1 Å und 10 Å, entsprechend 1 keV–100 keV Quantenenergie. Die
Spektren sind anhand der Niveaufolge für Röntgenschalen aus Fig. 75 leicht zu verstehen. Vernachlässigen wir zunächst die Aufspaltung der K-, L-, M-Schale usw. nach
Bahndrehimpulsen, so sehen wir, daß ein Loch etwa in der L-Schale durch Übergang
eines Elektrons aus irgendeiner höheren Schale aufgefüllt werden kann. Man nennt alle
Linien, die durch Auffüllen eines Loches in der L-Schale entstehen, L-Linien. Ebenso
ist es bei den anderen Schalen. Daraus ergibt sich das in Fig. 81a dargestellte Schema.
Die einzelnen Linien zu jeder Schale tragen mit zunehmender Energie der Reihe nach
griechische Buchstaben. Nun ist noch eine Besonderheit der Darstellung zu erwähnen,
die man bei Röntgenspektren meist findet. Wir haben die Bindungsenergie eines Elektrons
negativ gerechnet, weil man Energie aufwenden muß, um das Elektron vom Atom zu entfernen. Jetzt haben wir es aber mit Löchern zu tun und wir g e w i n n e n Energie,
wenn wir das Loch „entfernen". Wir können daher statt mit negativen Elektronenenergien mit positiven Lochenergien rechnen und die Löcher gewissermaßen wie Einteilchen-
zustände eines positiven Teilchens behandeln. An der Niveaufolge ändert sich natürlich
nichts, es wird in dieser röntgenspektroskopischen Darstellung lediglich das Niveauschema auf den Kopf gestellt. Das ist im mittleren Teil von Fig. 81 gezeigt. Man kann
sich dabei vorstellen, daß ein Loch in die K-Schale angeregt wird und dann unter

Röntgenemission in die tieferliegenden Lochzustände übergeht. Ein Absorptionsprozeß kann, wie in der Figur gezeigt, immer nur in das Kontinuum freier Elektronenzustände erfolgen, da ein Elektronenübergang in die besetzten Schalen wegen des Pauli-Prinzips unmöglich ist. Man beobachtet daher in Absorption keine Linien, sondern nur Sprünge im Absorptionskoeffizienten, die sogenannten A b s o r p t i o n s k a n t e n.

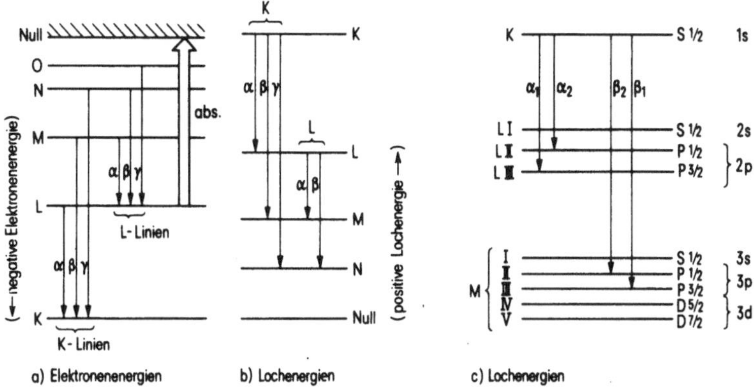

Fig. 81 Niveauschema für Röntgenübergänge, schematisch.
   a) die Pfeile bezeichnen Elektronenübergänge
   b) die Pfeile bezeichnen Lochübergänge
   c) gleiche Darstellung mit Feinstrukturaufspaltung

Wir müssen jetzt noch die Unterstruktur der einzelnen Schalen gemäß Fig. 75 in Betracht ziehen. Dabei ist zu beachten, daß auch die Spin-Bahn-Aufspaltung eine Rolle spielt. Nach (5.8) ist die Aufspaltungsenergie proportional zu $(1/r)[dV(r)/dr]$. Schon für ein reines Coulombpotential nimmt diese Energie mit Z^4 zu (vgl. 5.38). Das effektive Potential verläuft aber noch steiler (Fig. 68). Es ist daher nicht verwunderlich, daß für hohe Z und innere Schalen die Spin-Bahn-Energie um viele Zehnerpotenzen größer ist als beim Wasserstoff und daß sie bei Uran die Größe von 2 keV erreicht. In der L-Schale spaltet daher die p-Unterschale auf in $P_{1/2}$- und $P_{3/2}$-Zustände. Diese Unterstruktur der Schalen ist in Fig. 81 c schematisch skizziert. Die Röntgenspektroskopiker bezeichnen die Unterschalen mit römischen Zahlen und versehen dann den griechischen Buchstaben für die Linien noch mit einem arabischen Zahlenindex. Als Beispiel für ein komplettes Termschema zeigen wir in Fig. 82 die Röntgenterme des Urans. Wegen des weiten Bereichs der vorkommenden Energien ist die Frequenzskala logarithmisch gewählt.

Auch die Absorptionskanten zeigen die Unterstruktur der Schalen. In Fig. 83 ist der Absorptions-Wirkungsquerschnitt für Blei aufgetragen. Die Absorption sinkt mit steigender Energie der Röntgenquanten bis gerade die Energie erreicht ist, bei der die Ionisation einer neuen Unterschale möglich wird. Bei Blei liegt die aus der Meßkurve bestimmte Ionisationsenergie für ein Elektron der K-Schale bei 87,9 keV. Wir können diese Energie verstehen als Abtrennarbeit für ein Elektron im Feld der effektiven Ladung $Z_{eff} = Z - s$, wo Z die Kernladung ist, von der die Korrektur s subtrahiert werden

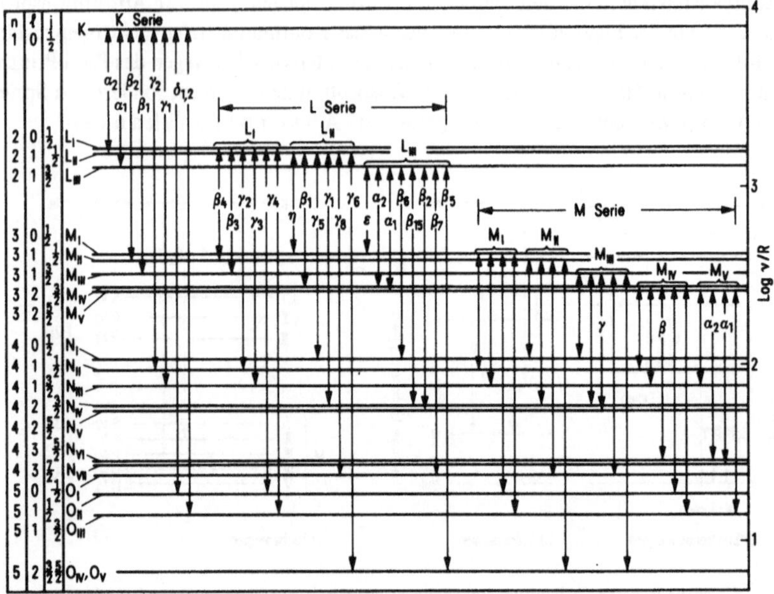

Fig. 82 Röntgentermschema des Urans. Eingezeichnet sind die Übergänge, die nach $\Delta\ell = \pm 1$, $\Delta j = 0, \pm 1$ erlaubt sind

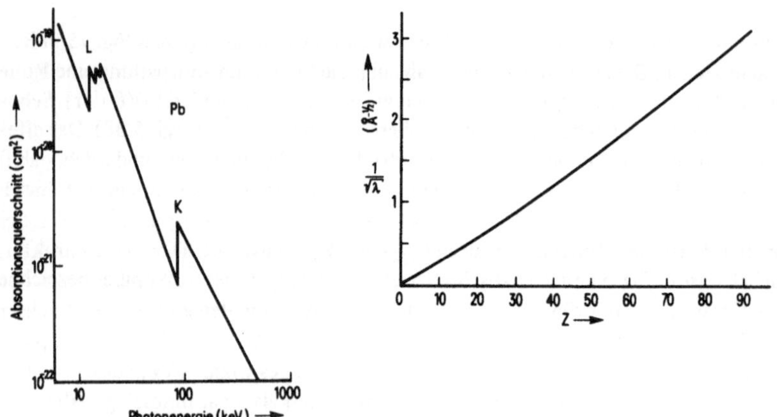

Fig. 83 a) Röntgenabsorptionsquerschnitt für Blei mit K- und L-Absorptionskante.
b) Moseley-Diagramm für die K-Absorptionskanten (gemessen)

muß als Folge der Abschirmung durch die anderen Elektronen. Diese Korrektur ist in der K-Schale naturgemäß klein. Wir bestimmen sie für den vorliegenden Fall (Pb) aus

$$Z_{\text{eff}}^2 \cdot 13{,}6\ \text{eV} = (82 - s)^2 \cdot 13{,}6\ \text{eV} = 87{,}9 \cdot 10^3\ \text{eV}$$

zu $s = 1{,}61$. Das K-Elektron sieht also ein praktisch ungeschwächtes Kernfeld. In ähnlicher Weise lassen sich die Energien der K_α-Linie verstehen als Übergänge zwischen Zuständen mit $n_1 = 1$ und $n_2 = 2$

$$E_{K\alpha} \approx (Z - s)^2 \cdot \left(\frac{1}{n_1^2} - \frac{1}{n_2^2}\right) \cdot 13{,}6 \text{ eV} = (Z - s)^2 \cdot \frac{3}{4} \cdot 13{,}6 \text{ eV}, \qquad (8.8)$$

wobei s in der Größe von 1 bis 2 liegt. Dieser Zusammenhang ist bereits 1913 empirisch von Moseley aufgefunden worden. Wenn man gemäß

$$Z - s = \text{const} \sqrt{E_{K\alpha}} = \text{const} \sqrt{\nu} = \frac{\text{const}}{\sqrt{\lambda}} \qquad (8.9)$$

die Größe $1/\sqrt{\lambda}$ für die K-Strahlung verschiedener Elemente gegen Z aufträgt, erhält man eine Gerade. Ein solches M o s e l e y - D i a g r a m m ist in Fig. 83 wiedergegeben. Dieses Gesetz hat bei der Zuordnung der Kernladungszahl zu den einzelnen Elementen eine wichtige Rolle gespielt.

Zum Schluß sei noch erwähnt, daß die Energieabgabe bei der Umordnung der Hülle nach Erzeugen eines Lochs in einer inneren Schale nicht unbedingt durch Röntgenstrahlung erfolgen muß. Da sich die Wellenfunktionen der Elektronen gut überlappen, kann durch die elektromagnetische Wechselwirkung die Energie auch direkt an ein anderes Elektron des gleichen Atoms übertragen werden, das dann je nach Schale mit einer festen Energie emittiert wird. Dieser Prozeß heißt A u g e r - E f f e k t[1]. Die Emission von Röntgenstrahlen und von Auger-Elektronen sind daher konkurrierende Prozesse. Man bezeichnet den Bruchteil der Übergänge, die bei einem gegebenen Lochzustand durch Röntgenstrahlung erfolgen, als F l u o r e s z e n z a u s b e u t e. Sie hängt von Z ab. Für Elemente mit $Z < 30$ liegt die Fluoreszenzausbeute der K-Schale unter 50%, d. h. es überwiegt Auger-Effekt. Für $Z > 60$ dagegen ist die K-Fluoreszenzausbeute größer als 90%.

8.4 Spektren komplexer Atome

Das in den vorangegangenen Abschnitten geschilderte Modell unabhängiger Teilchen erlaubt es, Grundzustandskonfigurationen der Atome und damit den Aufbau der Elemente und das Periodensystem zu verstehen. In der Hamiltonfunktion wurde dabei die zentralsymmetrische Näherung (8.5) für das Potential benutzt, mit deren Hilfe die Einteilchen-Funktionen φ_i und die Einteilchen-Energien ϵ_i gewonnen wurden. Dieses Modell reicht nicht aus, angeregte Zustände zu verstehen. Dazu müssen wir wenigstens teilweise die bei der Zentralfeldnäherung verbleibenden Restwechselwirkungen berücksichtigen.

---

[1] Nach dem französischen Physiker P. A u g e r .

Wir wollen uns zunächst klarmachen, welche Beiträge in einer vollständigeren Hamilton-Funktion eigentlich berücksichtigt werden müßten. Für N Elektronen lautet sie

$$H = \sum_{i=1}^{N} \left(-\frac{\hbar^2}{2\,m} \Delta_i \right) + V(\vec{r}_1\vec{s}_1, \vec{r}_2\vec{s}_2, \ldots, \vec{r}_N\vec{s}_N), \tag{8.10}$$

wobei zum Potential V folgende Energien beitragen:

a) Coulomb-Anziehung V_{Ke} zwischen Kern und Elektronen

$$V_{Ke} = - \sum_{i=1}^{N} \frac{Ze^2}{r_i} \tag{8.11}$$

b) Coulomb-Abstoßung V_{ee} zwischen den Elektronen

$$V_{ee} = \sum_{i=1}^{N} \sum_{j=1}^{i-1} \frac{e^2}{r_{ij}} \tag{8.12}$$

c) Spin-Bahn-Energien

$$V_{s\ell} = - \sum_{i=1}^{N} \frac{1}{2\,m^2c^2} \frac{1}{r_i} \frac{dV(r)}{dr_i} (\vec{s}_i \cdot \vec{\ell}_i) \tag{8.13}$$

d) Spin-Spin-Wechselwirkungen

$$V_{ss} = \sum_{i=1}^{N} \sum_{j=1}^{i-1} \frac{e^2}{m^2} \left[\frac{\vec{\sigma}_i\vec{\sigma}_j}{r_{ij}^3} - 3 \frac{(\vec{\sigma}_i\vec{r}_{ij})(\vec{\sigma}_j \cdot \vec{r}_{ij})}{r_{ij}^5} \right] \tag{8.14}$$

e) Wechselwirkung zwischen den magnetischen Momenten der Bahndrehimpulse

$$V_{\ell\ell} = \sum_{i=1}^{N} \sum_{j=1}^{i-1} c_{ij}(\vec{\ell}_i \cdot \vec{\ell}_j) \tag{8.15}$$

f) Elektronspin-Kernspin Wechselwirkung

g) Elektronbahndrehimpuls-Kernspin Wechselwirkung

h) Relativistische Korrekturen

i) Die Antisymmetrie der Wellenfunktion, d. h. die Austauschintegrale.

In die Zentralfeldnäherung gehen die Energien a) (vollständig) und b) (teilweise) ein. Von den restlichen Termen liefern glücklicherweise die meisten so kleine Energien, daß man sie nicht zu berücksichtigen braucht. Wirklich wichtig sind daher nur die folgenden Ergänzungen zum Zentralfeld:

(1) Die Wirkung des Symmetriecharakters der Raumfunktion auf die Coulomb-Energie (Beitrag i)

(2) Der nicht im Zentralpotential enthaltene Teil der Coulombwechselwirkung zwischen den Elektronen (nicht kugelsymmetrischer Rest von Beitrag b)

(3) Die Spin-Bahn-Wechselwirkungsenergie, die von zunehmendem Einfluß bei steigendem Z ist (Beitrag c).

Die Wirkung dieser drei Beiträge haben wir bereits beim Heliumspektrum studiert. Die Symmetrie-Energie führt zur energetischen Verschiebung zwischen den $S = 0$ und $S = 1$ Termen, die Coulomb-Restwechselwirkung zur Aufspaltung der Terme für gleiches L und die Spin-Bahn-Wechselwirkung zu der wegen des niedrigen Z sehr kleinen Feinstruktur-Aufspaltung bei den Triplett-Termen. Die drei Effekte wirken im Prinzip bei allen Atomen in ähnlicher Weise, nur führen sie meist zu einem sehr komplexen und im Detail auch nicht berechenbaren Erscheinungsbild. Jedoch läßt sich die Wirkung der zusätzlichen Energien wenigstens im Prinzip verstehen, so daß es meist gelingt, systematische Ordnung in die verwirrende Vielfalt von Spektraltermen zu bringen.

Bei unserer jetzt folgenden Betrachtung angeregter Zustände wollen wir abgeschlossene Unterschalen nicht berücksichtigen. Sie bilden einen relativ fest gebundenen kugelsymmetrischen „Kern" der Elektronenhülle[1]). Bei normalen Anregungen spielen nur die Elektronen der obersten nicht abgeschlossenen Unterschale eine Rolle. Die einfachsten Terme entstehen dadurch, daß nur ein Elektron, das L e u c h t e l e k t r o n, angeregt wird. Betrachten wir als Beispiel das Siliziumatom mit der Konfiguration $(1 s)^2 (2 s)^2 (2 p)^6 (3 s)^2 (3 p)^2$. Bei $(2 p)^6$ ist die Edelgasschale von Neon abgeschlossen (vgl. wieder Fig. 75). Diese Elektronen tragen nicht zum Spektrum bei. Die meisten Spektralterme entstehen durch Anregung eines 3p-Elektrons auf ein höheres Niveau, so daß Konfigurationen der Art $(3 s)^2 (3 p)^1 (4 s)^1$, $(3 s)^2 (3 p)^1 (3 d)^1$ usw. entstehen. Im Einteilchen-Modell wäre deren Energie einfach die Summe der Elektronenenergien für die besetzten Niveaus, z. B.

$$2 \cdot \epsilon(3 s) + 1 \cdot \epsilon(3 p) + 1 \cdot \epsilon(4 s).$$

Wegen der Effekte 1) bis 3) hängt die Energie der Zustände nun aber von der Drehimpulskopplung der beiden äußeren Elektronen und vom Symmetriecharakter der Wellenfunktion ab. Da die 3s- und 3p-Unterschale dicht benachbart sind, kann es bei der Anregung aber auch zur Bildung komplexer Terme kommen, bei der ein 3s-Elektron beteiligt ist, also z. B. $(3 s)^1 (2 p)^3$.

Wir wollen jetzt die Frage stellen, wieviele verschiedene Terme bei gegebener Konfiguration durch verschiedene Drehimpulskopplung gebildet werden können und wie deren energetische Anordnung ist. Das hängt natürlich vom Mechanismus der Drehimpulskopplung ab. Wir knüpfen wieder an unsere Feststellungen beim Heliumspektrum an. Wir haben dort gesehen, daß in dem Maße, wie die Spin-Bahn-Energie klein ist, der resultierende Bahndrehimpuls $\vec{L}$ und der resultierende Spindrehimpuls $\vec{S}$ unabhängig voneinander Konstanten der Bewegung sind. Das ist der Fall der sogenannten LS-Kopplung (oder „Russell-Saunders-Kopplung"), bei der sich als Gesamtdrehimpuls ergibt $\vec{J} = \vec{L} + \vec{S}$. Es liegt also gerade dann LS-Kopplung vor, wenn die mit $\vec{L} \cdot \vec{S}$ verknüpfte Spin-Bahn-Kopplung klein ist. Die Quantenzahl J ist auf die Werte beschränkt

---

[1]) Mit „Kern" ist hier nicht der Atomkern gemeint, sondern ein abgeschlossener in sich stabiler Teil der Elektronenhülle. Im Englischen gibt es dafür das Wort „core" im Gegensatz zu „nucleus".

$$|L - S| \leqq J \leqq L + S. \tag{8.16}$$

Das ist in Fig. 84 für den konkreten Fall $L = 3$ und $S = 2$ illustriert, wo das Verhalten der z-Komponenten gezeichnet ist. Die z-Komponente von S in Richtung von L kann, je nach Einstellung, die gezeichneten $2S + 1$ Werte haben. Für jede z-Achse gilt $J_z = L_z + S_z$. Wählt man die Achse parallel zu $\vec{L}$, so sieht man, daß $J = J_z/\hbar$ die Werte 1, 2, 3, 4 und 5 annehmen kann. Die Dreiecksrelation (8.16) gilt stets bei der Addition von zwei Drehimpulsvektoren. Die Zahl der Einstellmöglichkeiten ist, wie Fig. 84 lehrt, immer 2 x (kleinere Drehimpulsquantenzahl) + 1.

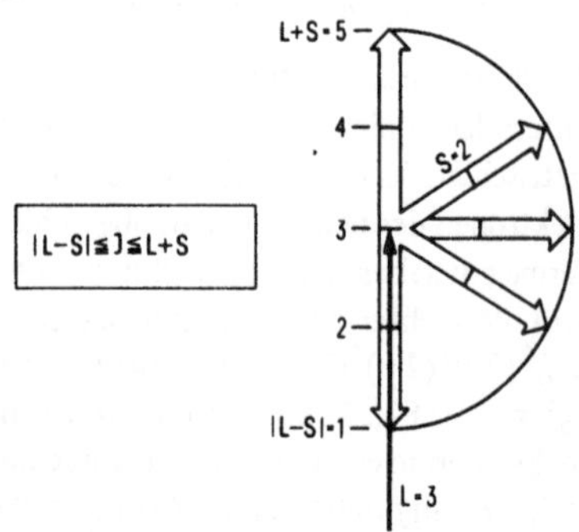

Fig. 84
Mögliche Werte für J bei $L = 3$, $S = 2$

Es sei hier noch einmal daran erinnert, daß wegen der Relation (3.56) abgeschlossene Schalen oder Unterschalen immer $J = 0$ haben, so daß nur die Kopplung der Valenzelektronen betrachtet werden muß. Für Atome mit niedrigem Z ist die Bedingung für LS-Kopplung im allgemeinen gut erfüllt. Wir wollen daher mit der Diskussion der Terme beginnen, die bei dieser Kopplungsform resultieren.

Wir beginnen damit, das prinzipielle Verhalten zu erläutern, das wir aufgrund einfacher Modellvorstellungen erwarten. Diese Betrachtung liefert keine realistische Niveaufolge sondern zeigt, welche Terme schließlich auftreten und welche Effekte wirksam sind. Wir wählen als Beispiel einen angeregten Zustand der Konfiguration $(4p)^1(4d)^1$, siehe Fig. 85. Ganz links ist die Summe der Einteilchenenergien dargestellt. Die beiden Elektronen können nun ihre Spins antiparallel ($S = 0$, antisymmetrisch) oder parallel koppeln ($S = 1$, symmetrisch). In der wiederholt geschilderten Weise bedeutet das, daß die Raumfunktion symmetrisch oder antisymmetrisch sein muß, wobei die antisymmetrischen Funktionen zu kleinerer Coulomb-Abstoßung, d. h. größerer Bindung führen. Es entsteht also ein tieferliegendes $S = 1$ (Triplett) Termschema und ein höherliegendes $S = 0$ (Singulett) Termschema, zwischen denen es keine Dipolübergänge geben sollte. Als nächstes betrachten wir die Kopplung der Bahndrehimpulse $\ell = 1$ und $\ell = 2$ zu $L = 1, 2, 3$. Es entsteht je ein P-, D- und F-Zustand. Infolge der Coulomb-Restwechselwirkung haben diese Zustände verschiedene Energie. Aus einem gleich zu schildernden Grunde liegt der Zustand mit dem größten L am tiefsten. Die drei $S = 0$ Zustände können nun nicht weiter aufspalten. Bei den $S = 1$ Zuständen bewirkt die Spin-Bahn-Wechselwirkung eine Aufspaltung in Feinstruktur-Tripletts mit den nach (8.16) erlaubten Werten für J. Insgesamt entstehen also die 12 rechts eingezeichneten

Spektralterme. Sie sind noch hinsichtlich m_J entartet. Die spektroskopischen Symbole für die Terme in Fig. 85 tragen oben ein Minuszeichen. Es soll bedeuten, daß die Zustände ungerade Parität haben. Da die Parität vom Bahndrehimpuls nach $(-1)^\ell$ abhängt (Gl. (3.22)) haben p-Elektronen die Parität -1 und d-Elektronen die Parität $+1$. Da weiter die Parität eine multiplikative Quantenzahl ist, hat das System aus beiden Teilchen die Parität -1 (ungerade).

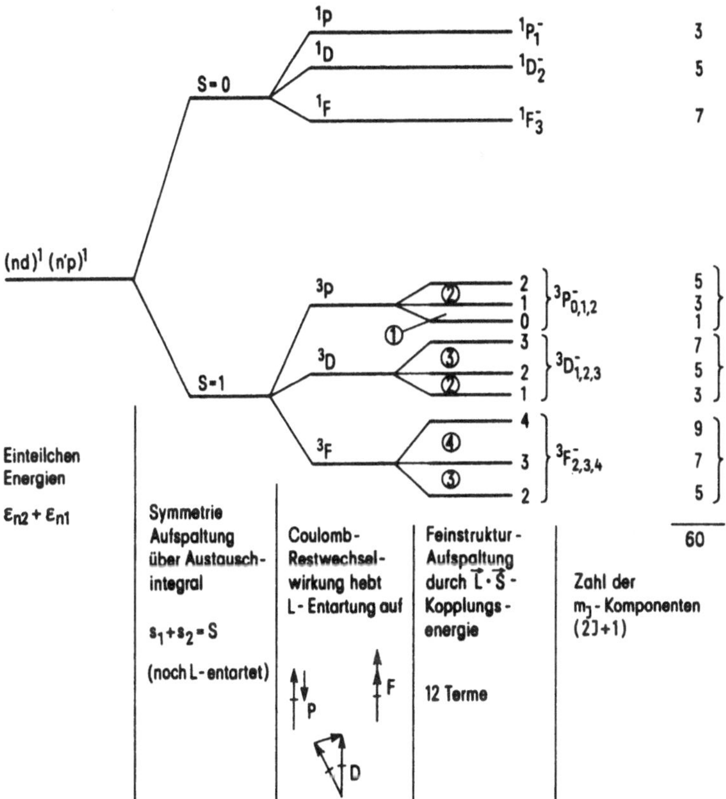

Fig. 85 Terme bei LS-Kopplung von zwei Elektronen (schematisch)

Um nun die energetische Lage der Terme mit verschiedenem L zu verstehen, muß man die Wirkung der Coulomb-Restwechselwirkung bei verschiedener Drehimpulskopplung berechnen. Das ist kompliziert. Qualitativ läßt sich die Anordnung der Terme im Normalfall aber leicht verstehen. Wenn nämlich im Bild des Bohrschen Modells beide Teilchen parallelen Bahndrehimpuls haben (Fig. 86), so können sich die beiden Ladungen stets in maximalem Abstand halten. Das ergibt den tiefsten Zustand, weil er die kleinste Coulomb-Abstoßung hat. Die quantenmechanische Behandlung beschreibt im Grund

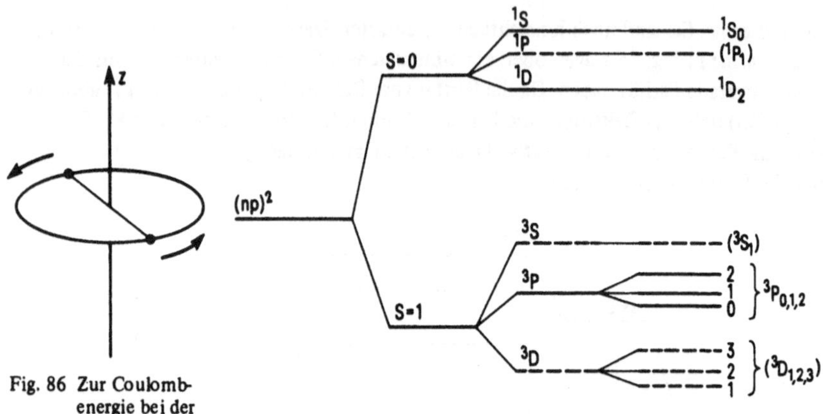

Fig. 86 Zur Coulomb-
energie bei der
Drehimpuls-
kopplung

Fig. 87 Kopplung von zwei äquivalenten p-Elektronen. Die gestrichelten Terme fallen wegen des Pauli-Prinzips weg

das gleiche, nämlich die Deformation der Ladungswolke des einen Elektrons durch das
andere. Auch hier ergibt sich die geringste Coulombenergie für das größte L.

Wie schon erwähnt, ist die wirkliche Abfolge der Terme von den in Fig. 85 gezeigten
Schema verschieden. In die Rechnung gehen Radialintegrale über die Wellenfunktionen
ein, die in einem qualitativen Modell nicht wiedergegeben werden. Im Vergleich zu
Fig. 85 ergeben die Rechnungen in Übereinstimmung mit der Beobachtung folgende
Abweichungen. Wie gezeichnet liegen für P- und F-Zustände die Tripletts unter den
Singuletts, jedoch vertauscht sich diese Anordnung für die D-Zustände, d. h. ^{1}D liegt
tiefer als ^{3}D. Allgemein gilt die Regel, die energetische Anordnung von Singulett und
Triplett alterniert mit zunehmendem L innerhalb einer Konfiguration. In der Tat liegt
der ^{1}D-Zustand in der (pd)-Konfiguration sogar am tiefsten. Das entspricht einer anderen Regel: die energetisch höchsten Zustände werden von den niedrigsten und höchsten
L-Werten gebildet (wie in Fig. 85 ^{1}P und ^{1}F), während der niedrigste Zustand einen
mittleren L-Wert hat (abweichend von Fig. 85).

Ein Sonderfall tritt ein, wenn sich beide Elektronen in der gleichen Unterschale befinden. Solche Elektronen heißen äquivalente Elektronen. Der Fall von zwei äquivalenten
p-Elektronen ist in Fig. 87 illustriert. Auch hier hängt die Energie natürlich von der
Drehimpulskopplung ab, aber das Pauli-Prinzip bewirkt nun, daß eine Reihe von Zuständen wegfällt. Sie sind in der Figur gestrichelt gezeichnet. Mathematisch ergibt sich
das Wegfallen etwa des ^{1}P-Zustandes dadurch, daß keine symmetrische Funktion für
$\ell_1 = 1$, $\ell_2 = 1$, $L = \ell_1 + \ell_2 = 1$ existiert. Die Zahl der Terme wird für äquivalente Elektronen durch das Pauli-Prinzip stark reduziert. Welche Zustände jeweils wegfallen, muß
von Fall zu Fall untersucht werden.

Die energetische Anordnung folgt für äquivalente Elektronen natürlich der gleichen allgemeinen Systematik, wie oben diskutiert, nur sind diese Gesetzmäßigkeiten für äquivalente
Elektronen im allgemeinen besser erfüllt als für kompliziertere Konfigurationen. Wir fassen sie zusammen unter ihren üblichen Namen, nämlich als H u n d s c h e R e g e l n
für die Termordnung äquivalenter Elektronen:

(1) Je größer S, desto niedriger die Energie des Zustands. Bei Termen mit gleichem S liegt die Energie um so niedriger, je größer L

(2) Die Ordnung der Feinstruktur-Multipletts ist normal für weniger als halbvolle Unterschalen; sie ist invertiert für Unterschalen, die mehr als halbvoll sind.

Wir illustrieren die dargestellten Zusammenhänge in Fig. 88 noch anhand des konkreten Termschemas von Kohlenstoff. Kohlenstoff hat im Grundzustand die Konfiguration

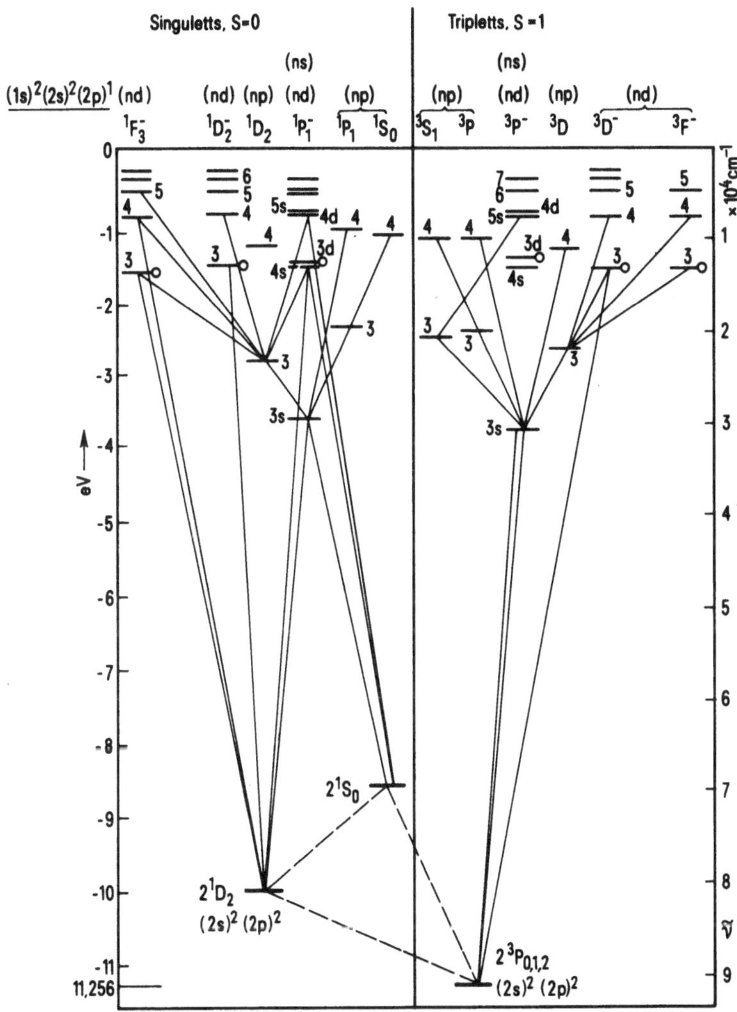

Fig. 88 Termschema des Kohlenstoffs (nur einfache Terme). Oben ist die Konfiguration
für das Leuchtelektron angegeben

$(1\,s)^2 (2\,s)^2 (2\,p)^2$. Die drei fett eingezeichneten tiefliegenden Zustände sind genau die drei Zustände, die gemäß Fig. 87 durch verschiedene Kopplung der beiden äquivalenten Elektronen in der $2\,p$-Schale entstehen. Bei den anderen Zuständen wird mindestens ein Elektron auf ein höheres Niveau gehoben. Die anhand von Fig. 85 diskutierten Terme der Konfiguration $(2\,p)^1 (nd)^1$ sind im Termschema für $n = 3$ durch einen kleinen Kreis markiert, damit man sie leichter findet. Natürlich kann n auch höhere Werte annehmen, daher gehört zu jeder dieser Konfigurationen eine ganze Niveauleiter. In unserem Beispiel sind es gerade die Zustände ungerader Parität. Am Kopf des Termschemas sind die Konfigurationen für die einzelnen Niveauleitern angegeben. Die gestrichelten schwachen Übergänge verletzen das Interkombinationsverbot. Das ist ein Zeichen dafür, daß die Spin-Bahn-Energie an Bedeutung gewinnt.

Die Spin-Bahn-Wechselwirkung führt zu der Feinstrukturaufspaltung der Terme, die in Fig. 85 rechts schematisch wiedergegeben ist, die aber so klein ist, daß sie in einem Termschema der Art von Fig. 88 nicht maßstäblich eingezeichnet werden kann. Wir fragen jetzt nach der Größe dieser Aufspaltung. In Analogie zu Gl. (5.8) ist die Wechselwirkungsenergie

$$V_{LS} = F(r)(\vec{S} \cdot \vec{L}), \qquad F(r) \sim \frac{1}{r}\,\frac{dV(r)}{dr}\,. \tag{8.17}$$

Die dort angestellten Überlegungen gelten sinngemäß auch für mehrere Elektronen in LS-Kopplung, nur kann die Funktion $F(r)$ nicht mehr analytisch in einfacher Form ausgedrückt werden. In gleicher Weise wie bei (5.30–5.32) erhalten wir ferner durch Quadrieren der Identität $\vec{J} = \vec{L} + \vec{S}$

$$\langle \vec{L} \cdot \vec{S} \rangle = \frac{\hbar^2}{2}\,\{J(J+1) - L(L+1) - S(S+1)], \tag{8.18}$$

so daß sich für die Aufspaltungsenergie ergibt

$$\Delta E_{LS} = \langle F(r) \rangle \langle \vec{L} \cdot \vec{S} \rangle = \frac{A_J}{2}\,[J(J+1) - L(L+1) - S(S+1)]. \tag{8.19}$$

Der Faktor $A_J/2$ enthält die Integrale über die Radialfunktion $F(r)$. Er kann positiv oder negativ sein, je nachdem, ob die Termordnung normal oder invertiert ist. Für den Abstand zweier benachbarter Feinstrukturterme ergibt sich nun aus (8.19)

$$\Delta E_{J+1} - \Delta E_J = \frac{A_J}{2}\,[(J+1)(J+2) - J(J+1)]$$

$$= A_J (J+1). \tag{8.20}$$

Dies ist die L a n d é s c h e I n t e r v a l l r e g e l für Feinstrukturterme. Sie besagt, daß der Abstand zweier Terme jeweils proportional ist zum größeren der beiden Gesamtdrehimpulse der Terme. In Fig. 85 sind die aus der Intervallregel folgenden Termabstände bei der Feinstruktur durch die eingekreisten Zahlen markiert. Der Faktor A_J führt den Namen I n t e r v a l l f a k t o r der Feinstruktur.

Entsprechend ihrer Herleitung gilt die Intervallregel nur bei LS-Kopplung. Sonst sind die Eigenfunktionen zu $\vec{J}$ nicht auch gleichzeitig separat Eigenfunktionen zu $\vec{L}$ und zu $\vec{S}$ und (8.18) hat keine Gültigkeit. Daher kann man mit Hilfe der Intervallregel an den Feinstrukturmultipletts prüfen, ob LS-Kopplung vorliegt. In $_{20}$Ca beispielsweise ist gerade die 4s Unterschale gefüllt. Daher ist wieder eine Konfiguration $(Ar)(3d)^1(4p)^1$ möglich, die der Figur 85 entspricht, allerdings sind das komplexe Terme mit Zweiteilchenanregung. Für die Aufspaltung des ^{3}D-Niveaus findet man spektroskopisch $(^3D_2 - {}^3D_1) = 3{,}31$ meV, $(^3D_3 - {}^3D_2) = 4{,}96$ meV. Die Intervallregel erfordert $(4.96/3{,}31) = 3/2$, was recht gut erfüllt ist, so daß offensichtlich LS-Kopplung vorliegt.

Bei Atomen mit höherem Z macht sich die Spin-Bahn-Kopplung immer stärker bemerkbar, da die effektive Ladung zunimmt und $(1/r)(dV/dr)$ größer wird. So wächst die Feinstrukturaufspaltung bei den Alkaliatomen von $42 \cdot 10^{-6}$ eV bei $_3$Li mit einer $(2p)^1$-Konfiguration bis auf $68 \cdot 10^{-3}$ eV bei $_{55}$Cs$(6p)^1$. Bei höherem Z sind daher die Voraussetzungen für LS-Kopplung nicht mehr erfüllt und es kommt zu anderen Kopplungsformen. Am einfachsten ist es, das andere Extrem zu betrachten, daß nämlich die Spin-Bahn-Energie nicht klein, sondern groß gegen die Symmetrie-Energie und die Coulomb-Restwechselwirkung ist. Dann dominiert die Spin-Bahn-Kopplung für jedes einzelne Elektron und bewirkt eine Kopplung von $\vec{s}$ und $\vec{\ell}$ zum resultierenden Drehimpuls $\vec{j}$. Der Gesamtdrehimpuls $\vec{J}$ ergibt sich in diesem Fall durch Addition der einzelnen $\vec{j_i}$

$$\vec{s_i} + \vec{\ell_i} = j_i, \qquad \sum_i^N \vec{j_i} = \vec{J}. \tag{8.21}$$

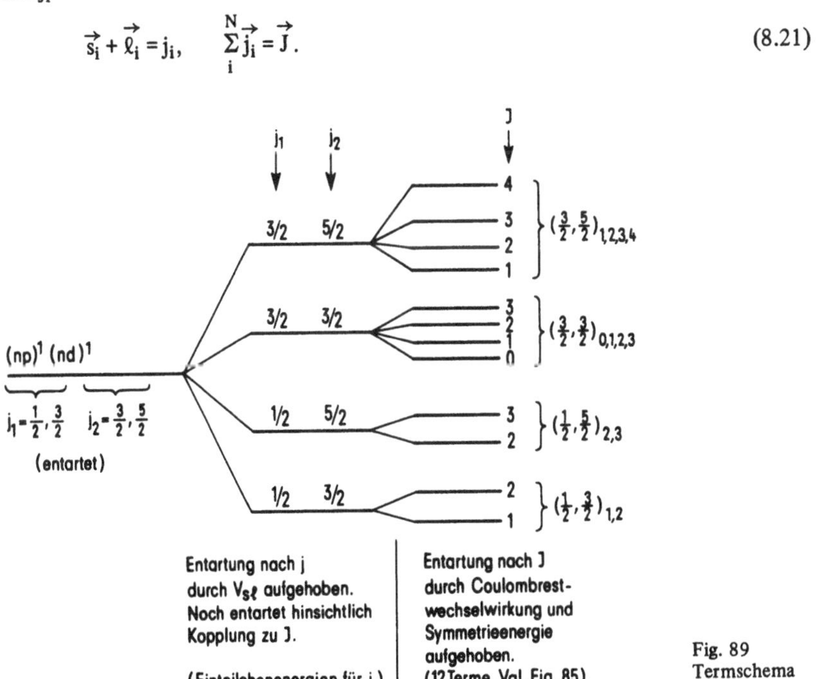

Fig. 89
Termschema
für jj-Kopplung

Diese sogenannte j j - K o p p l u n g ist sehr viel seltener rein zu finden, als LS-Kopplung. Zur Illustration benutzen wir wieder wie in Fig. 85 die Konfiguration $(np)^1(nd)^1$.

Jetzt koppelt jedes der beiden Elektronen zuerst zu j_1 = 3/2, 5/2 (d-Elektron) bzw. j_2 = 1/2, 3/2 (p-Elektron). Infolge der Spin-Bahn-Wechselwirkung haben die beiden Zustände für j_1 verschiedene Energie. Das gleiche gilt für die beiden Zustände j_2, nur daß deren Energiedifferenz wegen des höheren ℓ kleiner ist (vgl. Gl. 5.38). In Fig. 89 ist zunächst illustriert, welche Terme sich ergeben, wenn man einfach die Einteilchenaufspaltungsenergien für die 4 möglichen Kombinationen der Werte von $\vec{j_1}$ und $\vec{j_2}$ addiert. Diese Terme sind noch hinsichtlich der Energie der Kopplung von $\vec{j_1}$ mit $\vec{j_2}$ zu $\vec{J}$ entartet. Berücksichtigt man die jj-Kopplungsenergie, so ergibt sich die rechts in der Figur gezeichnete Aufspaltung in Feinstrukturterme. Die bisherige spektroskopische Notation ist jetzt nicht mehr passend und durch $(j_1, j_2)_J$ ersetzt worden. Vergleich mit Fig. 85 zeigt, daß genau die gleiche Zahl von Feinstrukturzuständen auftritt, nur in anderer Anordnung.

Wie bereits erwähnt, tritt jj-Kopplung selten rein auf. Es ist häufiger, daß eine kompliziertere Kopplungsform auftritt, die man i n t e r m e d i ä r e K o p p l u n g nennt und die eine Zwischenform zwischen der LS- und jj-Kopplung darstellt. In Fig. 90 ist der Übergang von LS-Kopplung über intermediäre zur jj-Kopplung für Atome mit einer $(np)^2$ Grundzustandskonfiguration aber mit verschiedenem Z illustriert. Für Kohlenstoff entsprechen die $(2p)^2$ Terme gerade dem LS-Schema von Fig. 87. Bei Blei mit zwei 6p Elektronen haben sich die Terme zu einer jj-Konfiguration umgeordnet. Germanium mit

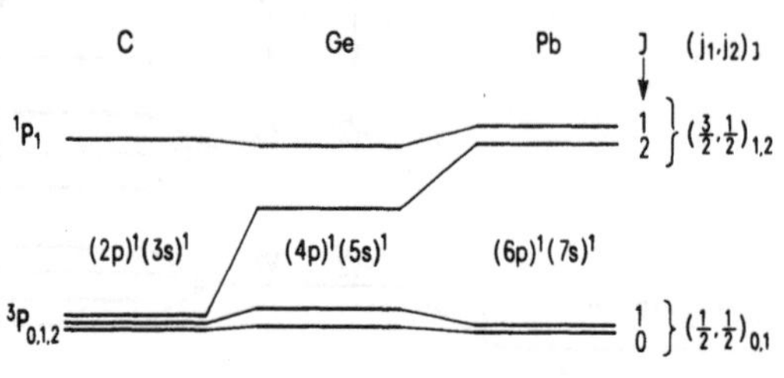

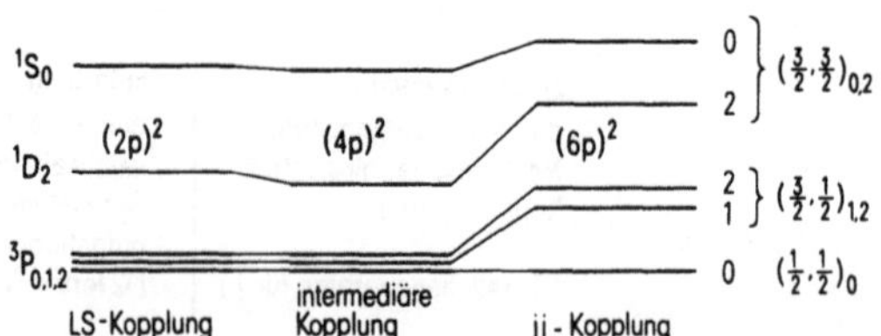

Fig. 90
Übergang von
LS- zu jj-Kopplung

einer $(4p)^2$-Konfiguration ist ein intermediärer Fall. Die mathematische Beschreibung der intermediären Kopplung ist naturgemäß kompliziert.

Hiermit beschließen wir die Diskussion der prinzipiellen Effekte, die durch die Drehimpulskopplung in den Spektren auftreten. Zum Schluß des Abschnitts seien noch ein paar ganz allgemeine Regeln aufgeführt, die für Atomspektren gelten. Zunächst seien zwei Sätze erwähnt, die nach ihrer empirischen Aufdeckung eine große Rolle in der Entwicklung der Atomtheorie gespielt haben, die aber heute fast selbstverständlich erscheinen. Es sind dies:

(1) Der s p e k t r o s k o p i s c h e   V e r s c h i e b u n g s s a t z, der besagt, daß die Terme eines neutralen Atoms der Kernladung Z denen des einfach ionisierten Atoms der Ladung Z + 1 ähneln.

(2) Die Regel der a l t e r n i e r e n d e n   M u l t i p l i z i t ä t e n, nach der bei aufeinanderfolgenden Atomen mit je um eine Einheit steigendem Z gerade und ungerade Multiplizitäten bei der Feinstruktur alternieren.

Der Verschiebungssatz bedarf kaum einer Erklärung. Der Multiplizitätssatz folgt daraus, daß bei Atomen mit einer geraden Anzahl von Elektronen der resultierende Spin S ganzzahlig und bei ungerader Elektronenzahl halbzahlig ist. Bei LS-Kopplung ist die Multiplizität 2 S + 1, daher treten für gerade Elektronenzahlen die Werte $(2 S + 1) = 1, 3, \ldots$ auf, wie es unseren bisherigen Beispielen mit Singulett- und Triplett-Termen entspricht. Für ungerade Elektronenzahl ist $(2 S + 1) = 2, 4, \ldots$ Bei Alkalispektren ist $S = \frac{1}{2}$, daher treten nur Dubletts auf (ausgenommen für L = 0). Ein Beispiel für ein Termschema mit Dublett- und Quartett-Struktur bietet $_7$N mit der Grundzustandskonfiguration $(\mathrm{He})(2\mathrm{s})^2(2\mathrm{p})^3$. Es ist in Fig. 91 wiedergegeben und besteht aus getrennten Teilen für $S = \frac{1}{2}$ und $S = \frac{3}{2}$. Wieder haben die Spinfunktionen verschiedene Symmetrie. Im Spektrum kann die Quartettstruktur allerdings erst voll auftreten für L > S, also beginnend bei den D-Termen. Wie beim Kohlenstoff resultieren die drei niedrig liegenden Terme durch Umkopplung der 3 äquivalenten Elektronen.

Zu den allgemeinen Gesetzmäßigkeiten gehören auch die Auswahlregeln für Dipolstrahlung. Sie ergeben sich streng durch Untersuchung der Dipolmatrixelemente für Zustände mit verschiedener Drehimpulskopplung. Es resultieren folgende Regeln:

(1) Allgemein gilt

$$\Delta J = 0, \pm 1 \qquad \text{kein } (J = 0) \to (J = 0) \tag{8.22}$$

$$\Delta m_J = 0, \pm 1 \qquad \text{kein } (m_J = 0) \to (m_J = 0) \tag{8.23}$$
$$\text{falls } \Delta J = 0.$$

(2) Für LS-Kopplung

$$\Delta S = 0, \quad \Delta L = 0, \pm 1, \quad \Delta \ell = \pm 1 \qquad \text{für das übergehende Elektron.} \tag{8.24}$$

(3) Für jj-Kopplung

$$\Delta j = 0, \pm 1 \qquad \text{für ein Elektron;} \tag{8.25}$$

$$\Delta j = 0 \qquad \text{für alle andern.} \tag{8.26}$$

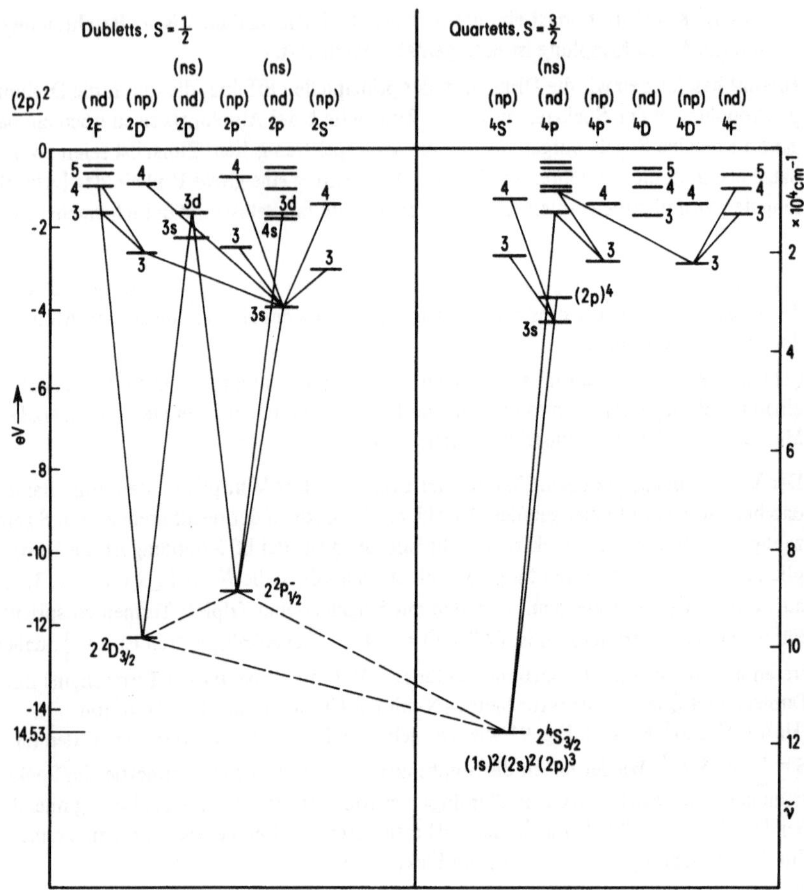

Fig. 91 Termschema des Stickstoffs (einfache Terme)

(4) Für alle Dipolübergänge gilt: P a r i t ä t s ä n d e r u n g.

Die Paritätsregel haben wir für Wasserstoff schon bei Gl. (6.19) besprochen. Sie folgt ganz allgemein aus der Spiegelinvarianz des Systems. Wenn nämlich Anfangszustand ψ_m und Endzustand ψ_k die gleiche Parität haben, so folgt bei Spiegelung $r \to -r$ für das Dipolmatrixelement

$$D_{km} = \langle \psi_k(r) \,|\, er \,|\, \psi_m(r) \rangle = \langle \psi_k(-r) \,|\, -er \,|\, \psi_m(-r) \rangle$$

$$= \langle \psi_k(r) \,|\, -er \,|\, \psi_m(r) \rangle = -D_{km} = 0, \tag{8.27}$$

d. h. das Dipolmatrixelement verschwindet immer für Zustände gleicher Parität.

9 Die Wechselwirkung der Elektronenhülle mit magnetischen und elektrischen Feldern

9.1 Hyperfeinstruktur komplexer Atome

Die von den Leuchtelektronen durch Anregung und verschiedene Drehimpulskopplung gebildeten Spektralterme, wie wir sie im letzten Kapitel besprochen haben, sind noch hinsichtlich ihrer magnetischen Quantenzahlen entartet. Wenn diese Entartung durch ein Feld aufgehoben wird, spalten die Terme energetisch in ihre m-Komponenten auf. Hierfür kommen ganz verschiedene Felder in Betracht: Felder, die vom Atomkern herrühren, Felder aus der molekularen oder kristallinen Umgebung des Atoms oder makroskopische Felder, die im Laboratorium erzeugt werden. Solche Effekte sind Gegenstand dieses Kapitels.

Wir beginnen in Erweiterung von Abschn. 5.3 mit einer Besprechung der Wechselwirkungen zwischen dem Atomkern und der Elektronenhülle. Am wichtigsten ist wieder die magnetische Wechselwirkungsenergie zwischen dem magnetischen Moment des Kerns und dem Magnetfeld, das die Elektronenhülle am Kernort erzeugt. Diese Energie bewirkt eine gegenseitige Ausrichtung der Drehimpulse $\vec{I}$ des Kerns und $\vec{J}$ der Hülle. In Abschn. 5.3, beim Wasserstoffatom, bestand der Kern nur aus einem Proton und die Hülle nur aus einem Elektron und es war $\vec{I} = \vec{s}_p$ und $\vec{J} = \vec{j}$. Im allgemeinen sind die Drehimpulse I der Kerne ganz- oder halbzahlig und haben meist Werte zwischen 0 und etwa 9/2. Damit verknüpft sind magnetische Kernmomente, die ungefähr zwischen -2 und $+6$ liegen können (angegeben in Kernmagnetonen). Bei Betrachtung der Wechselwirkungsenergie mit der Hülle können wir ganz ähnlich verfahren, wie in Abschn. 5.3, nur daß der Protonspin durch $\vec{I}$ und der resultierende Drehimpuls $\vec{j}$ des einen Elektrons durch den Gesamtdrehimpuls $\vec{J}$ der Hülle ersetzt wird. Die Wechselwirkungsenergie ist klein gegen die Kopplungsenergie der Elektronen innerhalb der Hülle und der Nukleonen innerhalb des Kerns. Daher greift die relativ schwache Hyperfeinstrukturwechselwirkung zwischen $\vec{I}$ und $\vec{J}$ nicht in die inneren Kopplungen von Hülle und Kern ein, sondern führt lediglich zu einer Kopplung der beiden Drehimpulse zum Gesamtdrehimpuls $\vec{F}$ des Atoms

$$\vec{F} = \vec{I} + \vec{J}. \tag{9.1}$$

Dies ist die neue Konstante der Bewegung. Die Verhältnisse sind in mancher Hinsicht ähnlich wie bei der Kopplung von $\vec{L}$ und $\vec{S}$ zu $\vec{J} = \vec{L} + \vec{S}$ durch die Feinstruktur-Wechselwirkung, die ihrerseits klein gegen die Energien ist, die die Kopplung der Bahndrehimpulse zu $\vec{L}$ und der Spins zu $\vec{S}$ bewirkt.

Wie stets bei der Addition von zwei Drehimpulsvektoren muß wieder die Dreiecksrelation

$$|I - J| \leqq F \leqq I + J \tag{9.2}$$

erfüllt sein, d. h., F hat $(2I + 1)$ oder $(2J + 1)$ Werte, je nachdem, ob $I < J$ oder $J < I$ (vgl. 8.16). Die als Störung zu berechnende Zusatzenergie der Terme ergibt sich zu (vgl. (5.48))

$$V_{HFS} = -\vec{\mu}_I \cdot \vec{B}_0, \tag{9.3}$$

wo $\vec{\mu}_I$ das magnetische Moment des Kerns und $\vec{B}_0$ das magnetische Hüllenfeld am Kernort ist. Hinsichtlich $\vec{B}_0$ gelten die gleichen Betrachtungen, die wir im Zusammenhang mit Gl. (5.47) angestellt haben, nur daß wir jetzt $\vec{J}$ statt $\vec{j}$ benutzen müssen. Wir setzen daher

$$\vec{B}_0 = \bar{B}_0 \, \frac{\vec{J}}{J\hbar} \, . \tag{9.4}$$

Weiter soll das magnetische Moment $\vec{\mu}_I$ des Kerns in Richtung von $\vec{I}$ stehen

$$\vec{\mu}_I = g_K \mu_K \, \frac{\vec{I}}{\hbar} = \frac{\mu_I \mu_K}{\hbar} \, \frac{\vec{I}}{I} \quad \text{mit } g_K = \frac{\mu_I}{I} \, . \tag{9.5}$$

Hier bedeutet g_K den Kern-g-Faktor. Die Schreibweise ist entsprechend den Gleichungen (4.8)–(4.14) gewählt. Einsetzen von $\vec{B}$ und $\vec{\mu}$ in (9.3) ergibt

$$V_{HFS} = -\frac{\mu_I \mu_K \bar{B}_0}{\hbar^2 IJ} \, (\vec{I} \cdot \vec{J}). \tag{9.6}$$

Die Berechnung der Störungsenergien vollzieht sich in üblicher Weise, indem wir bei Bildung des Erwartungswertes von $\vec{I} \cdot \vec{J} = \frac{1}{2}(\vec{F}^2 - I^2 - \vec{J}^2)$ die Operatoren durch die entsprechenden Eigenwerte $\hbar^2 F(F+1)$ usw. ersetzen. Wir erhalten

$$\Delta E_{HFS} = \frac{A}{2}\left[F(F+1) - I(I+1) - J(J+1)\right] \quad \text{mit } \frac{A}{2} = -\frac{\mu_I \mu_K \bar{B}_0}{2\,IJ} \tag{9.7}$$

in Analogie zu (5.51). Für den relativen Abstand der Terme gilt wieder die I n t e r v a l l r e g e l. Aus (9.7) erhält man nämlich

$$\Delta E_{F+1} - \Delta E_F = A(F+1), \tag{9.8}$$

was besagt, daß der Abstand zweier Terme in einem Hyperfeinstruktur-Multiplett proportional zum größeren der beiden F-Werte ist. Wegen (9.8) heißt A I n t e r v a l l f a k t o r. Das Aufspaltungsmuster ist für einen einfachen Fall in Fig. 92 skizziert.

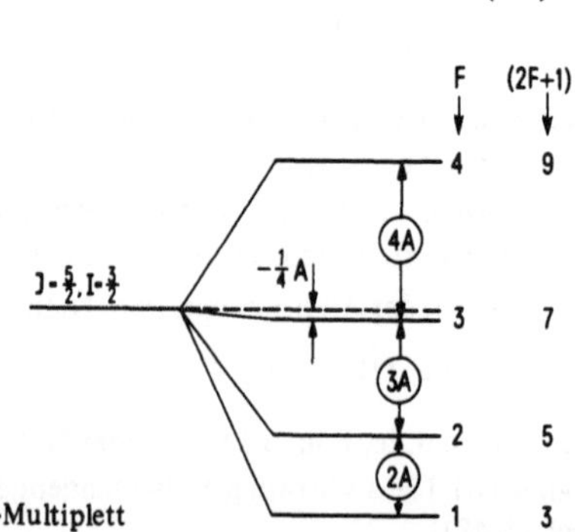

Fig. 92
Hyperfeinstruktur-Multiplett

Die Terme sind noch $(2F + 1)$-fach nach m_F entartet. Bei Spektralübergängen geht diese Entartung in die Zustandsdichte des Endzustands ein. Daher sind die Intensitäten proportional zu $(2F + 1)$. Es entsteht also im Spektrum ein im Prinzip sehr charakteristisches Muster sowohl hinsichtlich der Abstände als auch der Intensitäten der Hyperfeinstruktur-Komponenten. Allerdings wird die Analyse der beobachteten Aufspaltungsbilder dadurch erschwert, daß normalerweise b e i d e Niveaus, zwischen denen der Übergang stattfindet, Hyperfeinstrukturaufspaltung zeigen. Man kann aus dem Aufspaltungsbild oft den Wert von F und damit, falls J bekannt ist, den Kerndrehimpuls I erschließen.

Der absolute Abstand der Linien ist durch den Intervallfaktor A gegeben. Er enthält ein Produkt aus dem Kernmoment μ und dem Hüllenfeld $\overline{B}_0$. Wenn eine der beiden Größen bekannt ist, kann man die andere durch Beobachtung der Aufspaltungsgröße messen. Diese Situation ist charakteristisch für alle Hyperfeinstrukturuntersuchungen. Nur in einfachen Fällen läßt sich $\overline{B}_0$ aus der Elektronenkonfiguration mit einiger Genauigkeit berechnen. Es sind aber viele Kernmomente gut bekannt, da sie sich unter Zuhilfenahme äußerer Felder messen lassen. Bei bekanntem Kernmoment kann man $\overline{B}_0$ aus der Messung entnehmen. Die Größe der beobachteten Hyperfeinstrukturaufspaltungen liegt, um ein Beispiel zu geben, für die niedrigsten $^2S_{1/2}$ Terme alkaliähnlicher Atome bei $0,027$ cm^{-1} $(1,4 \cdot 10^{-5}$ eV) für Lithium und bei $0,3$ cm^{-1} $(1,6 \cdot 10^{-4}$ eV) für Cäsium.

Die bisher besprochene magnetische Wechselwirkung zwischen Hülle und Kern ist nicht der einzige Effekt, den man bei der Hyperfeinstruktur beobachtet. Bereits 1935 haben Schmidt und Schüller am Europium Abweichungen von der Intervallregel entdeckt. Diese Abweichungen sind auf die e l e k t r o s t a t i s c h e Wechselwirkung zwischen nicht kugelsymmetrischen Kernen und der Hülle zurückzuführen. Wir betrachten gleich den allgemeinen Fall.

Das von der Hülle verursachte elektrische Potential in Kernnähe sei $\varphi(\vec{r})$. Es ist also die potentielle Energie der Ladung q in diesem Potential $q \cdot \varphi(\vec{r})$ und die Feldstärke $\mathscr{E} = -\mathrm{grad}\,\varphi$. Ein Kern mit der Ladungsdichteverteilung $\rho(\vec{r})$ hat daher im Hüllenfeld die elektrostatische Energie

$$E = \int \rho(\vec{r})\varphi(\vec{r})\mathrm{d}\tau. \tag{9.9}$$

Wir entwickeln $\varphi(\vec{r})$ für $r = 0$ (definiert durch den Kernschwerpunkt) in eine Reihe

$$\varphi(\vec{r}) = \Sigma \frac{1}{n!}(\vec{r} \cdot \vec{\nabla})^n \varphi(0)$$

$$= \underbrace{\varphi(0) + x\varphi_x(0) + y\varphi_y(0) + z\varphi_z(0)}_{\varphi_1} + \underbrace{\frac{1}{2}[x^2\varphi_{xx} + y^2\varphi_{yy} + z^2\varphi_{zz} + xy\varphi_{xy} + ...]}_{\varphi_2} + ...$$

$$\tag{9.10}$$

Dabei haben wir die Schreibweise $\varphi_x = (\partial\varphi/\partial x)_0$ benutzt. Einsetzen in (9.9) liefert folgende Terme

$$E_0 = \int \varphi(0)\rho(\vec{r})\,\mathrm{d}\tau \quad \text{(Monopolterm)}, \tag{9.11}$$

dies ist die normale elektrostatische Energie zwischen Hülle und Kern. Für Punktladung des Kerns und Potential $-e/r$ eines Elektrons kommt gerade die Coulombenergie $-e^2/r$ heraus, für die wir bisher die Termenergien berechnet haben. Für nicht-punktförmigen Kern gibt es eine Korrektur, auf die wir nachher zurückkommen. Weiter ergibt sich

$$E_1 = \int \varphi_1 \rho(r)\, d\tau = \int \left(\frac{\partial \varphi}{\partial z}\right)_0 z\rho(\vec{r})\, d\tau = -\mathscr{E}_z \int z\rho(\vec{r})\, d\tau = 0 \quad \text{(Dipolterm)}.$$

$$(9.12)$$

Wir haben hier das Feld in z-Richtung gewählt. Das Integral $\int z\rho(\vec{r})\, d\tau$ definiert ein statisches Kerndipolmoment. Aus der Paritätserhaltung folgt

$$\rho(r) = q\,|\psi_{\text{Kern}}(r)|^2 = q\,|\psi(-r)|^2 = \rho(-r).$$

Das Integral enthält daher ein Produkt aus einer geraden und einer ungeraden Funktion von r und verschwindet bei Integration über den gesamten Raum. Der Dipolterm trägt also nichts bei. Der nächste Term ist

$$E_2 = \int \varphi_2 \rho(\vec{r})\, d\tau \quad \text{(Quadrupolterm)}. \tag{9.13}$$

Wir setzen jetzt Zylindersymmetrie des Feldes in z-Richtung voraus. Dann ist $\varphi_{xy} = 0, \varphi_{xz} = 0$ usw. Weiter sei der F e l d g r a d i e n t φ_{zz} in z-Richtung mit C bezeichnet

$$\varphi_{zz} = \frac{\partial \mathscr{E}_z}{\partial z} \equiv C, \qquad \mathscr{E}_z = Cz. \tag{9.14}$$

Wenn wir s-Elektronen ausnehmen, die wegen ihrer Kugelsymmetrie ohnehin keinen Feldgradienten liefern, so ist die Ladungsdichte der Elektronen am Kernort gleich Null, und es ist div $\vec{\mathscr{E}} = 0$. Das bedeutet unter Berücksichtigung von (9.14)

$$\frac{\partial \mathscr{E}_x}{\partial x} + \frac{\partial \mathscr{E}_y}{\partial y} + C = 0 \quad \text{oder} \quad \varphi_{xx} = -\frac{C}{2}, \quad \varphi_{yy} = -\frac{C}{2}, \tag{9.15}$$

woraus sich ergibt

$$\varphi_2 = \frac{1}{2}\left[-\frac{C}{2}x^2 - \frac{C}{2}y^2 + Cz^2\right] = \frac{C}{4}(2z^2 - y^2 - x^2)$$

$$= \frac{C}{4}(3z^2 - r^2). \tag{9.16}$$

Für die Quadrupolenergie (9.13) erhalten wir daher

$$E_2 = \int \frac{1}{4}\left(\frac{\partial \mathscr{E}_z}{\partial z}\right)_0 (3z^2 - r^2)\rho(\vec{r})\, d\tau$$

$$= \frac{1}{4}\left(\frac{\partial \mathscr{E}_z}{\partial z}\right)_0 eQ_z, \tag{9.17}$$

wo wir gesetzt haben

$$Q_z = \frac{1}{e}\int (3z^2 - r^2)\rho(\vec{r})\, d\tau. \tag{9.18}$$

Diese Größe ist das sogenannte Q u a d r u p o l m o m e n t hinsichtlich der z-Achse. Es verschwindet für kugelsymmetrische Ladungsverteilungen. Die Energie E_2 ist also verursacht durch einen deformierten Kern in einem inhomogenen Feld.

Es ist jetzt wichtig, folgendes zu beachten. Der Ausdruck (9.17) für die Quadrupolenergie ist vorläufig rein klassisch und für ein Koordinatensystem formuliert, dessen z-Achse an der Symmetrieachse des elektrischen F e l d e s orientiert ist. Die Symmetrieachse des deformierten K e r n s kann klassisch unter beliebigem Winkel zu z-Achse stehen, und da die Wechselwirkungsenergie von diesem Winkel abhängt, kann im klassischen Fall E_2 ein Kontinuum von Werten annehmen. Wir betrachten zunächst diese Winkelabhängigkeit, bevor wir eine Quantenbedingung einführen. Wie in Fig. 93 gezeigt, führen wir neben dem feldsymmetrischen Koordinatensystem r, ϑ, φ bzw. x, y, z ein weiteres ein, das in Richtung der Symmetrieachse des deformierten Kernes orientiert ist und das die Koordinaten r, θ, ϕ bzw. ξ, η, ζ hat. Die Kernachse zeige in ξ-Richtung. Der Kern stehe unter dem Winkel $\vartheta = \beta$ zur Feldachse. Es gilt nun

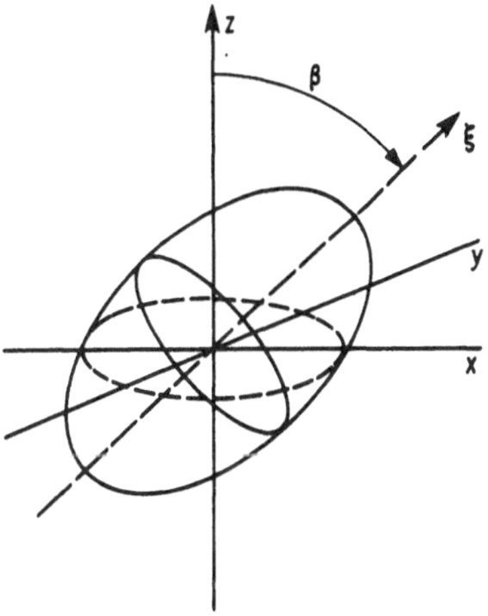

$$\cos\vartheta = \cos\theta \cos\beta + \sin\theta \sin\beta \cos(\varphi - \phi),$$

$$(9.19)$$

so daß aus (9.18) wird

$$Q_z = \frac{1}{e}\int r^2(3\cos^2\vartheta - 1)\rho(x, y, z)\,d\tau$$

$$= \frac{1}{2}(3\cos^2\beta - 1)Q_0, \qquad (9.20)$$

worin gesetzt ist

$$Q_0 = \frac{1}{e}\int r^2(3\cos^2\theta - 1)\rho(\xi, \eta, \zeta)\,d\tau.$$

$$(9.21)$$

Fig. 93 Zur Berechnung der Quadrupolenergie

Q_0 ist das im kerneigenen Koordinatensystem berechnete klassische „Kernquadrupolmoment", also eine Größe, die nur von der Deformation des Kerns abhängt und für kugelsymmetrische Kerne verschwindet. Da wir durch e dividiert haben, hat Q_0 die Dimension einer Fläche. Für die klassische Quadrupolenergie wird nun aus (9.17)

$$E_2 = \frac{1}{4}\left(\frac{\partial\mathscr{E}_z}{\partial z}\right)_0 \cdot \frac{1}{2}(3\cos^2\beta - 1)eQ_0. \qquad (9.22)$$

Dies beschreibt im klassischen Fall die Abhängigkeit von Winkel β. Eigentlich enthält (9.22) das Produkt zweier Tensoren, eines Feldgradienttensors und eines Ladungsverteilungstensors. Durch Annahme von Axialsymmetrie und geeignete Wahl der Koordinatenrichtungen haben wir jedoch die komplizierten Tensorschreibweisen vermieden.

Der Übergang zur quantenmechanischen Beschreibung erfordert zwei Schritte. Wir
d e f i n i e r e n als Quadrupolmoment den Erwartungswert des Operators
$r^2(3 \cos^2\theta - 1)$ für die Kernwellenfunktion Ψ, wobei wir über die Beiträge der Ladungs-
dichten aller Protonen summieren müssen

$$Q = \sum_{i=1}^{Z} \langle \Psi \,|\, r_i^2(3 \cos^2\theta_i - 1) \,|\, \Psi \rangle_{m=I}$$

$$= \sum_{i=1}^{Z} \int r_i^2(3 \cos^2\theta_i - 1) \,|\, \Psi \,|^2_{m=I} \, d\tau, \tag{9.23}$$

der Index i bezieht sich auf die Protonkoordinaten, über die summiert wird. Die Forderung
m = I bedeutet, daß die Figurenachse quantenmechanisch in z-Richtung steht. Wir brauchen
jetzt nicht durch e dividieren, da $|\Psi|^2 \sim (1/e)\rho$. Die in (9.23) definierte Größe Q heißt
K e r n q u a d r u p o l m o m e n t, sie ist das Analogon zum klassischen Ausdruck
(9.21). Als nächstes ist zu beachten, daß quantenmechanisch der Winkel β nicht beliebige
Werte annehmen kann. Es steht nämlich der Hüllendrehimpuls $\vec{J}$ in z-Richtung und der
Kerndrehimpuls $\vec{I}$ in ζ-Richtung. Da die Komponenten des Vektors $\vec{I}$ mit der Länge
$\sqrt{I(I+1)}$ in z-Richtung die ganzzahligen Werte m_I haben, ist $\cos\beta = m_I/\sqrt{I(I+1)}$. Es
gibt also eine Reihe diskreter Werte für die Energie E_2, die von den Drehimpulsquanten-
zahlen abhängen. Bei der quantenmechanischen Behandlung wird daher der Faktor
$(3 \cos^2\beta - 1)$ aus Gl. (9.22) durch einen Ausdruck ersetzt, der die Quantenzahlen F, I
und J enthält. Das Ergebnis der im einzelnen nicht ganz einfachen Betrachtung soll ohne
Ableitung mitgeteilt werden. Statt der klassischen Energie E_2 ergibt sich für die quantenmechanische Quadrupolenergie (Casimir 1936)

$$E_Q = \frac{1}{4} \left(\frac{\partial \mathscr{E}_z}{\partial z}\right)_0 eQ \cdot \frac{\frac{3}{2} C(C+1) - 2 I(I+1) J(J+1)}{I(2I-1) J(2J-1)} \tag{9.24}$$

mit $C = F(F+1) - I(I+1) - J(J+1).$

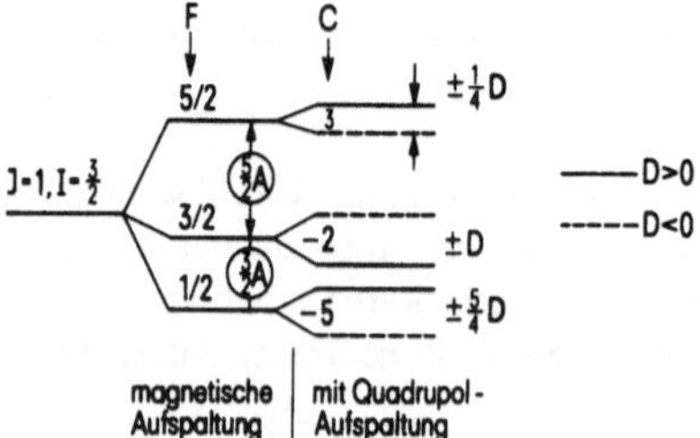

Fig. 94
Quadrupoleffekt in der Hyperfeinstrukturaufspaltung am Beispiel J = 1, I = 3/2. Es ist
$D = eQ(\partial \mathscr{E}z/\partial z)$

Diese Energie muß zur magnetischen Aufspaltungsenergie (9.6) bei Vorliegen einer
Quadrupolwechselwirkung addiert werden. Sie enthält wieder ein Produkt aus einer
Feldgröße $(\partial \mathscr{E}_z/\partial z)$ und einem Moment Q. Die Wirkung auf die Spektralterme ist in
Fig. 94 illustriert. Es ergibt sich aus der Definition ein positives Quadrupolmoment für
zigarrenförmige und ein negatives für linsenförmige Deformation.

Die höheren Glieder der Entwicklung (9.10) sind meist zu klein für die Beobachtung.
Aus Paritätsgründen verschwinden alle statischen elektrischen (2^ℓ)-Pole für ungerades ℓ.
Das nächsthöhere Glied enthielte daher ein Hexadekapolmoment ($\ell = 4$). Auch das
magnetische Dipolmoment $\vec{\mu}$ ist nur das erste Glied einer Multipolentwicklung. Magne-
tische Multipolmomente verschwinden für gerades ℓ. Nach dem Dipol kommt also der
Oktupol mit $\ell = 3$.

Zum Schluß müssen wir noch anfügen, daß es zwei weitere Effekte gibt, die eine Linienaufspaltung in der Größenordnung der Hyperfeinstruktur bewirken. Sie können auftreten, wenn gleichzeitig mehrere Isotope vorliegen und heißen I s o t o p i e v e r s c h i e -
b u n g. Dabei handelt es sich bei leichten Kernen um den Effekt unterschiedlicher
Kernmassen, die zu verschiedenen reduzierten Massen μ für die Elektronen der einzelnen
Isotope führen. Da die kinetische Energie gegeben ist durch

$$T = \frac{\vec{p}^2}{2\mu} = \frac{(\vec{p}_1 + \vec{p}_2 + \ldots)^2}{2\mu} = \frac{p_1^2}{2\mu} + \frac{p_2^2}{2\mu} + \ldots \frac{\vec{p}_1 \cdot \vec{p}_2}{\mu} + \ldots \qquad (9.25)$$

treten in den Impulsen gemischte Glieder auf, so daß der Effekt nicht einfach zu berechnen ist. Er ist am größten zwischen Wasserstoff und Deuterium und verliert bei zunehmender Atommasse rasch an Bedeutung. Dagegen tritt bei schweren Kernen ein
Volumen-Effekt auf, der dadurch verursacht wird, daß Kerne mit unterschiedlicher
Neutronenzahl bei gleicher Ladung einen etwas verschiedenen Radius haben. Die Wirkung
sei anhand von Fig. 95 erläutert, wo zwei Ladungsdichteverteilungen ρ_1 und ρ_2 für

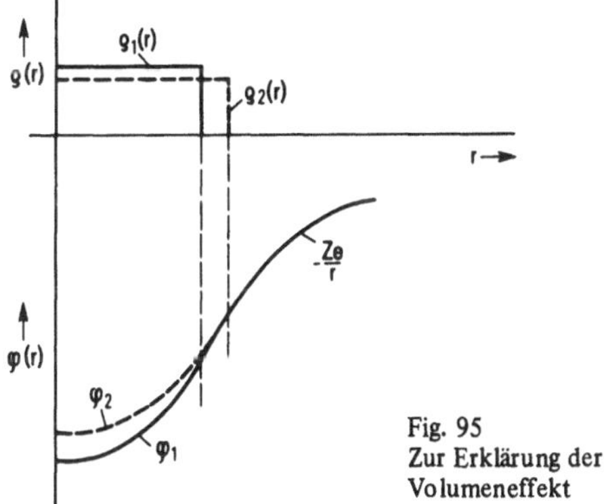

Fig. 95
Zur Erklärung der Isotopieverschiebung durch
Volumeneffekt

homogen geladene Kugeln gezeichnet sind, die zu etwas unterschiedlichen Werten für
das elektrostatische Potential φ im Bereich des Kerns führen. Für s-Elektronen, die den
Kern hinreichend überlappen, bewirkt dies eine Energiedifferenz zwischen den beiden
Isotopen von der Größe

$$\Delta E_{Vol} = \int [\varphi_1(r)\rho_1(1) - \varphi_2(r)\rho_2(r)]\, d\tau \qquad (9.26)$$

Das entspricht der Differenz von Monopoltermen der Art (9.11) für endliche Ausdehnung der Ladungsverteilung des Kerns. Man beobachtet diesen Volumeffekt vor allem da, wo mehrere Isotope mit gerader Massenzahl vorliegen, z. B. bei $^{196,\,198,\,200,\,202,\,204}$Hg, da bei geraden Massenzahlen der Kerndrehimpuls I = 0 ist und daher keine magnetische Hyperfeinstruktur auftritt, die die Beobachtung des Volumeffekts erschwert. Als Beispiel ist die Aufspaltung einer Uran-Linie auf der Spektraltafel wiedergegeben.

9.2 Atome im äußeren Magnetfeld

Wenn ein äußeres Magnetfeld eingeschaltet wird, spalten die Spektrallinien auf. Für den wichtigen Fall der LS-Kopplung ist das Aufspaltungsbild in Abschn. 6.2 (Zeeman-Effekt) bereits beschrieben worden. Nach Gl. (6.13) erhält man eine äquidistante zum Feld B proportionale Aufspaltung nach den m_J-Werten. Die Größe der Aufspaltung hängt vom Landé-Faktor g_J ab. Diese Formel gilt für „schwaches" Feld. Schwach ist das Feld dann, wenn die vom äußeren Feld bewirkte magnetische Energie ΔE_B klein ist gegen die Spin-Bahn-Energie ΔE_{LS}, die die Kopplung von $\vec{L}$ und $\vec{S}$ zu $\vec{J}$ bewirkt. Dann gilt die bei der Herleitung von (6.13) benutzte Mittelung. Je nach den Umständen kann das gleiche äußere Feld in einem Falle stark im anderen schwach sein. Zur Illustration sind in Fig. 96 die Aufspaltungsgrößen für die ^{2}P-Dubletts in Li und Na für ein äußeres Feld von 3 T angegeben. Für Lithium ist das Feld stark, für Natrium hingegen schwach. Bei Natrium ist der Abstand der Dublettlinien mit 17,2 cm^{-1} groß gegen die Zeeman-Aufspaltung der Einzellinie, die im übrigen dem Muster von Fig. 55b folgt.

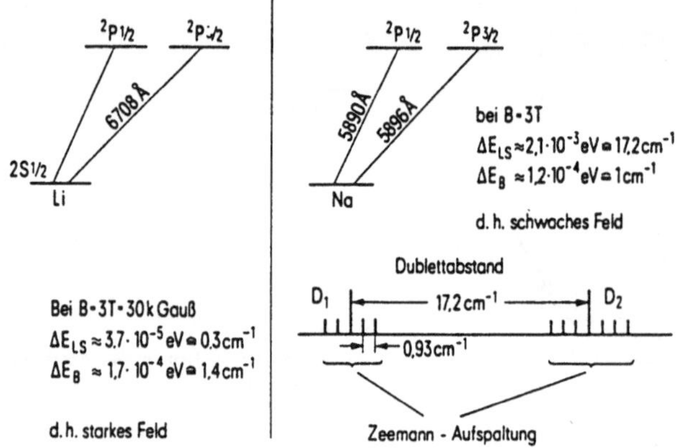

Fig. 96
Aufspaltungsenergien bei Alkali-Dubletts in einem äußeren Feld von 3 T

Wir müssen jetzt noch den in Abschn. 6.2 nicht behandelten Fall des starken Feldes untersuchen. Am einfachsten ist wieder das Extrem: die Energie ΔE_B im äußeren Feld soll sehr groß sein gegen ΔE_{LS}. Dann spielt die LS-Kopplung keine Rolle mehr und sowohl $\vec{L}$ als auch $\vec{S}$ orientieren sich direkt und unabhängig am äußeren Feld $\vec{B}$. Die frühere Fig. 54 muß jetzt durch das viel einfachere Schema der Fig. 97 ersetzt werden.

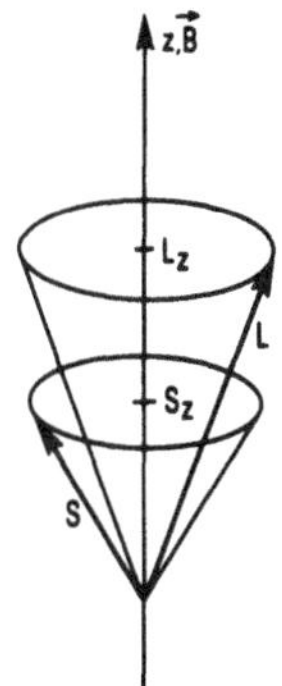

Fig. 97
Drehimpulsorien-
tierung beim Pa-
schen-Back-Effekt

Das magnetische Moment ist nach Gl. (6.9) wieder

$$\vec{\mu} = -\frac{\mu_B}{\hbar}(\vec{L} + 2\vec{S}).$$

Da wir jetzt aber keine Kopplung zu berücksichtigen brauchen, ergibt sich für die z-Komponente von $\vec{\mu}$ direkt

$$\mu_z = -\frac{\mu_B}{\hbar}(L_z + 2S_z). \tag{9.27}$$

Das äußere Feld $\vec{B}$ zeigt wieder in z-Richtung. Dann erhalten wir für die Aufspaltungsenergie ΔE_{PB} im starken Feld

$$\Delta E_{PB} = -\mu_z B_z = \frac{\mu_B}{\hbar} B(L_z + 2S_z) = \mu_B B(m_L + 2m_S). \tag{9.28}$$

Diese Aufspaltung im starken Feld heißt P a s c h e n - B a c k - E f f e k t. Für Dipolübergänge gelten die Auswahlregeln

$$\Delta m_S = 0, \qquad \Delta L = 0, \pm 1.$$

Das Übergangsgebiet zwischen schwachem und starkem Feld erfordert eine relativ komplizierte Beschreibung, auf die wir verzichten müssen. In Fig. 98 ist für ein $^2P_{1/2,\,3/2}$

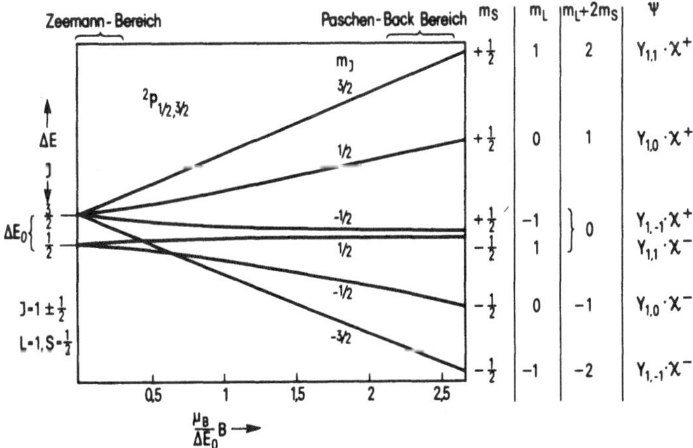

Fig. 98 Übergang vom Zeeman- zum Paschen-Back-Effekt für ein $^2P_{\frac{1}{2},\frac{3}{2}}$-Dublett

Dublett dargestellt, wie sich die Terme beim Übergang vom schwachen zum starken Feld umordnen. Wir verfolgen die eingezeichneten Quantenzahlen von links nach rechts. Die m_J Werte auf der linken Seite ergeben sich aus dem Zeeman-Effekt. Da $m_J = m_L + m_S$ sein muß, ergeben sich aus m_J die rechts angeschriebenen Werte für m_L und m_S. Daraus erhält man schließlich $m_L + 2 m_S$, wodurch nach (9.28) die energetische Lage der Niveaus gegeben ist. In der Spalte ganz rechts ist noch angedeutet, daß die Wellenfunktion bei Vernachlässigung der LS-Energie wieder in Spinfunktion und Raumfunktion faktorisiert, so daß die gezeichneten Drehimpulszustände durch die angegebenen Produkte beschrieben werden. Als Regel für das Verhalten im Übergangsgebiet gilt, daß sich Zustände mit gleichem m nicht kreuzen.

Für den relativ seltenen Fall der reinen jj-Kopplung läßt sich der Zeeman-Effekt ganz ähnlich wie für LS-Kopplung behandeln, nur daß jetzt eine Summe über Landé-Faktoren g_j für Einzelelektronen benutzt werden muß. Wegen der in diesem Fall naturgemäß großen Spin-Bahn-Energie lassen sich starke äußere Felder bei jj-Kopplung nur schwer erzeugen. Für Atome mit intermediärer Kopplung gibt es keine einfache Darstellung des Verhaltens im Magnetfeld.

Zum Schluß sei erwähnt, daß bei sehr starken Feldern und bei Zuständen mit großem n der Ansatz für die magnetische Energie in der Hamilton-Funktion nicht mehr ausreicht. Dann werden beim Einschalten des Feldes nach der Lenzschen Regel in der Hülle Gegenströme induziert, die zu einer diamagnetischen Energieverschiebung der Terme führen. Diese Energieverschiebung ist proportional zu $B^2 \cdot n^4$. Man nennt sie den q u a d r a - t i s c h e n Z e e m a n - E f f e k t. Beispielsweise wird für $n > 30$ (Radien von 1000 Å) und Felder von 25 kG die diamagnetische Energie vergleichbar mit dem Termabstand und spielt dann eine große Rolle.

9.3 Die magnetische Aufspaltung der Hyperfeinstruktur-Terme

Die in Abschn. 9.1 behandelten Hyperfeinstrukturterme sind ohne äußeres Feld hinsichtlich der z-Komponenten von $\vec{F}$ entartet. Diese Entartung soll jetzt durch ein äußeres Magnetfeld B aufgehoben werden. Mit dem Gesamtdrehimpuls $\vec{F}$ des Atoms ist ein magnetisches Moment $\vec{\mu}_F$ verknüpft, das aus den Momenten von Hülle und Kern resultiert und dessen potentielle Energie V_B im äußeren Feld wir betrachten:

$$\vec{\mu}_F = \vec{\mu}_J + \vec{\mu}_I, \qquad V_B^{HFS} = -\vec{\mu}_F \cdot \vec{B}. \qquad (9.29)$$

Man muß wieder unterscheiden zwischen der Aufspaltung im starken und im schwachen Feld. Bei einem schwachen Feld soll die Energie des Atoms im äußeren Feld klein sein gegen den Abstand der Hyperfeinstrukturterme, also klein gegen die Kopplungsenergie von $\vec{J}$ und $\vec{I}$ zu $\vec{F}$. Beim starken Feld ist das Umgekehrte der Fall. Da aber die Hyperfeinstrukturaufspaltung wesentlich kleiner als die Feinstrukturaufspaltung ist, genügen jetzt viel kleinere Feldstärken. So ist ein Feld von 0,1 T normalerweise stark hinsichtlich der Hyperfeinstruktur und schwach hinsichtlich der Zeeman-Aufspaltung der Feinstruktur-Multipletts.

Wir beginnen mit der Aufspaltung im schwachen Feld. Dabei bleibt die Kopplung von $\vec{J}$ und $\vec{I}$ erhalten. Die Verhältnisse liegen dann ganz ähnlich wie bei der Kopplung von $\vec{L}$ und $\vec{S}$ zu $\vec{J}$, nur eben energetisch in einer kleineren Größenordnung.

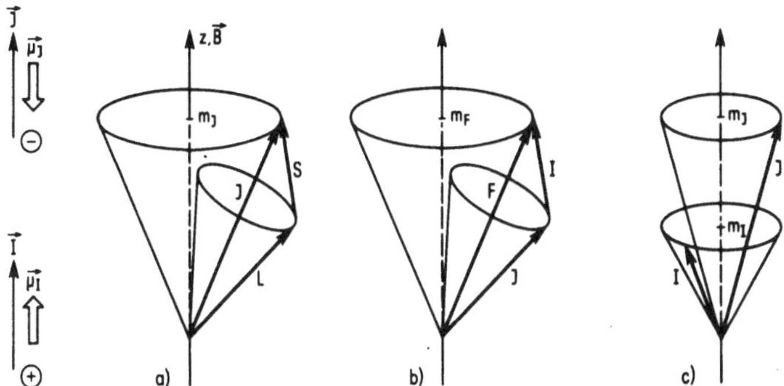

Fig. 99 Zur Drehimpulskopplung bei der Hyperfeinstruktur-Aufspaltung im
         Magnetfeld

In Fig. 99a, b sind zum Vergleich Kopplungsbilder für die beiden Fälle nebeneinander gezeichnet. Wie bei der LS-Kopplung präzessieren in diesem Bilde $\vec{J}$ und $\vec{I}$ rasch um $\vec{F}$, während $\vec{F}$ seinerseits langsam um die z-Achse präzessiert. Die Betrachtungen von Abschn. 6.2, Gl. (6.10) bis (6.12) gelten daher entsprechend, wenn man ersetzt $\vec{J} \to \vec{F}$, $\vec{L} \to \vec{J}$, $\vec{S} \to \vec{I}$. Gemittelt über die rasche Präzession ergibt sich analog zur linken Hälfte von (6.12)

$$\overline{\vec{\mu}_F \cdot \vec{B}} = \left(\vec{\mu}_F \; \frac{\vec{F}}{|\vec{F}|}\right) \left(\frac{\vec{F}}{|\vec{F}|} \cdot B\right). \tag{9.30}$$

Weiter ist

$$\vec{\mu}_I = g_k \mu_k \, \frac{\vec{I}}{\hbar} \quad \text{und} \quad \vec{\mu}_J = -g_J \mu_B \, \frac{\vec{J}}{\hbar}. \tag{9.31}$$

Das Vorzeichen der beiden Momente ist entgegengesetzt, da normalerweise das magnetische Moment des Kerns in gleicher Richtung wie $\vec{I}$ steht, das der Hülle aber wegen der negativen Ladung entgegengesetzt zu $\vec{J}$ (vgl. die Nebenzeichnung in Fig. 99). Weiter ist der Landé-Faktor g_J seinerseits durch Mittelung über die Präzessionsbewegung der LS-Kopplung entstanden und $\vec{\mu}_J$ ist als zeitlich gemittelter Vektor entsprechend (6.14) zu verstehen. Einsetzen von $\vec{\mu}_F = \vec{\mu}_I + \vec{\mu}_J$ in (9.30) ergibt nun (für B in z-Richtung)

$$-\vec{\mu}_F \cdot B = V_B^{HFS} = -\frac{1}{\hbar \vec{F}^2} (g_K \mu_K \vec{I} - g_J \mu_B \vec{J}) \cdot \vec{F}(\vec{F} \cdot \vec{B})$$

$$= \frac{-F_z B}{\hbar \vec{F}^2} g_K \mu_K (\vec{I} \cdot \vec{F}) + \frac{F_z B}{\hbar \vec{F}^2} g_J \mu_B (\vec{J} \cdot \vec{F}). \tag{9.32}$$

Wir gehen in der üblichen Weise zu den Störungsenergien über, indem wir für die Operator-produkte $\vec{J} \cdot \vec{F} = \frac{1}{2}(\vec{F}^2 + \vec{J}^2 - \vec{I}^2)$ und $\vec{I} \cdot \vec{F} = \frac{1}{2}(\vec{F}^2 + \vec{I}^2 - \vec{J}^2)$ beim Übergang zum Erwartungswert die entsprechenden Quantenzahlen einsetzen und erhalten

$$\Delta E_B^{HFS}$$
$$= -m_F B g_K \mu_K \frac{F(F+1) + I(I+1) - J(J+1)}{2\,F(F+1)} + m_F B g_J \mu_B \frac{F(F+1) + J(J+1) - I(I+1)}{2\,F(F+1)}$$

$$(9.33)$$

oder $\qquad \Delta E_{B,schwach}^{HFS} = g_F \mu_B B m_F \qquad\qquad\qquad (9.34)$

mit

$$g_F = g_J \frac{F(F+1) + J(J+1) - I(I+1)}{2\,F(F+1)} - g_K \frac{\mu_K}{\mu_B} \frac{F(F+1) + I(I+1) - J(J+1)}{2\,F(F+1)}.$$

$$(9.35)$$

Da $\mu_K/\mu_B \approx 1/2000$ ist der zweite Term klein und kann meist vernachlässigt werden. Die Aufspaltung im schwachen Feld ist also proportional zu B und erfolgt in $2\,F + 1$ äquidistanten Komponenten. Fig. 100 zeigt im mittleren Teil ein Beispiel für den Fall $J = \frac{1}{2}$, $I = \frac{1}{2}$, für den sich ergibt $F = 0$ oder 1, $g_J = 2$ und $g_F = 1$.

Wir betrachten als Nächstes die Aufspaltung im starken Magnetfeld. Da jetzt $V_{B,stark}$ groß gegen die Kopplungsenergie von $\vec{I}$ und $\vec{J}$ sein soll, tritt wie beim Paschen-Back-Effekt wieder Entkopplung auf. Man spricht dann vom Paschen-Back-Effekt der Hyper-

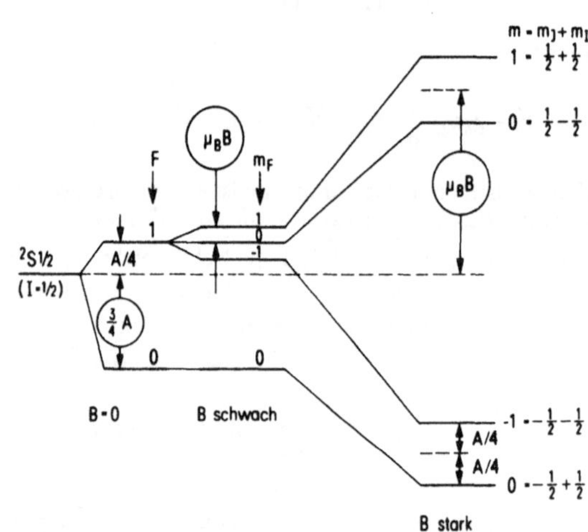

Fig. 100
Aufspaltung der HFS-Terme für $J = \frac{1}{2}$, $I = \frac{1}{2}$ im schwachen und starken äußeren Feld

feinstruktur-Aufspaltung oder (seltener) vom Back-Goudsmit-Effekt. Das äußere Feld B wirkt zunächst auf das relativ große magnetische Moment der Hülle, so daß sich $\vec{J}$ nach der Feldrichtung B orientiert und um diese eine rasche Präzessionsbewegung ausführt. Die Hülle selbst erzeugt am Kernort ein sehr starkes Magnetfeld in der Größenordnung von 100 T. Auf das magnetische Kernmoment wirkt daher vor allem das Hüllenfeld, so daß sich $\vec{I}$ an der Richtung von $\vec{J}$ orientiert und um diese präzessiert. Da aber $\vec{J}$ seinerseits viel rascher um $\vec{B}$ präzessiert, wirken auf das Kernmoment eine konstante Feldkomponente in z-Richtung sowie rasch oszillierende Komponenten in x- und y-Richtung, die sich zeitlich wegmitteln. Daher ist auch $\vec{I}$ im Mittel in Feldrichtung orientiert, nur daß auf das Kernmoment nicht nur das äußere Feld wirkt, sondern zusätzlich die noch stärkere z-Komponente des Hüllenfeldes. Daher präzessieren $\vec{I}$ und $\vec{J}$ mit v e r s c h i e -
d e n e r Geschwindigkeit um die z-Richtung, wie in Fig. 99c illustriert. Dementsprechend setzt sich die Aufspaltungsenergie aus zwei Teilen zusammen. Zunächst aus der Energie des Hüllenmoments im äußeren Feld. Das ist gerade der S c h w a c h f e l d -
Zeeman-Effekt mit der Energie $g_J \mu_B m_J B$ vgl. (6.13). Dazu kommt die Wechselwirkungsenergie von Kernmoment und Hüllenfeld. Sie ist gegeben durch unsere frühere Gl. (9.6)

$$V_{HFS} = \frac{\mu_I \mu_K \overline{B}_0}{\hbar^2 IJ} \vec{I} \cdot \vec{J}$$

aber im Gegensatz zum dort behandelten Fall tritt jetzt k e i n e Kopplung zu $\vec{F} = \vec{I} + \vec{J}$ auf. Da $\vec{I}$ und $\vec{J}$ unabhängig um $\vec{B}$ präzessieren ist vielmehr jetzt für $(\vec{I} \cdot \vec{J})$ der Mittelwert der Projektion in z-Richtung zu nehmen, nämlich

$$\overline{(\vec{I} \cdot \vec{J})} = \frac{1}{B^2} (\vec{I} \cdot \vec{B})(\vec{B} \cdot \vec{J}) = I_z J_z. \tag{9.36}$$

Die zugehörige Energiedifferenz ist daher einfach

$$\Delta E = A m_I m_J, \qquad A = -\frac{\mu_I \mu_J \overline{B}_0}{JI}, \tag{9.37}$$

wo A wieder der Intervallfaktor aus (9.7) ist. Addition der beiden Beiträge zur Aufspaltungsenergie ergibt nun

$$\Delta E_{B,\,stark}^{HFS} = g_J \mu_B m_J B + A m_I m_J. \tag{9.38}$$

Diese Aufspaltung im starken Feld ist ebenfalls in Fig. 100 gezeigt. Der energetisch dominierende Beitrag ist die Energie des Hüllenmoments im äußeren Feld, die hier für $g_J = 2$ und $m_J = \pm\frac{1}{2}$ die Größe $\pm\mu_B B$ hat. Die entstehenden Terme sind dann zusätzlich aufgespalten durch die Wechselwirkung Kern-Hülle. Diese Aufspaltung hat wegen $m_I = m_J = +\frac{1}{2}$ den Betrag A/4. Beim Wechsel von schwachen zu starkem Feld geht der Zeeman-Effekt der Hyperfeinstruktur gewissermaßen in die Hyperfeinstruktur des Zeeman-Effekts über. In Fig. 101 ist noch ein komplizierteres Aufspaltungsbild als weiteres Beispiel hinzugefügt. Hier ist $g_J = 4/3$. Das Bild zeigt besonders deutlich, wie beim Starkfeld-Effekt zweimal eine äquidistante Aufspaltung wirkt und wie das äußere Feld zunächst an der Elektronenhülle angreift.

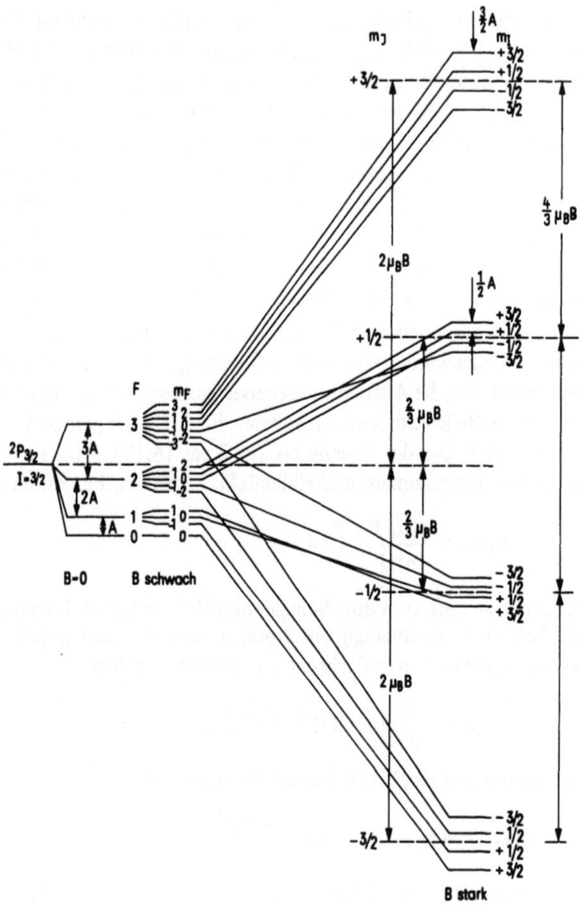

Fig. 101 Schema der HFS-Aufspaltung für $I = \frac{3}{2}$, $J = \frac{3}{2}$ im schwachen und starken Feld. Q = 0. (Nach H. Kopfermann, Kernmomente, Akademische Verlagsgesellschaft, Frankfurt 1956)

Das Übergangsgebiet zwischen schwachem und starkem Feld ist im allgemeinen Fall nur mit Hilfe recht komplizierter Näherungen zu beschreiben. Es gibt jedoch einen Spezialfall, für den sich die Feldabhängigkeit der Terme in geschlossener Form angeben läßt. nämlich dann, wenn $F = I \pm \frac{1}{2}$ ist. Die Aufspaltungsenergie wird dann durch die B r e i t - R a b i - F o r m e l beschrieben, die ohne Ableitung angegeben sei

$$E_B^{HFS}\left(F = I \pm \frac{1}{2}, m_F\right) = -\frac{A}{4} + m_F g_K \mu_K B \pm \frac{\Delta E_0}{2}\left(1 + \frac{4\,m_F}{2\,I+1}\,x + x^2\right)^{\frac{1}{2}} \qquad (9.39)$$

$$\text{mit} \qquad x = \frac{g_J\mu_B - g_K\mu_K}{\Delta E_0}\, B \approx \frac{2\,\mu_B B}{\Delta E_0} \qquad \Delta E_0 = A\left(I + \frac{1}{2}\right), \qquad A\ \text{Intervallfaktor.}$$

Nach der Intervallregel (9.8) ist ΔE_0 gleich dem Abstand der Hyperfeinstruktur-Terme beim Feld Null. Da die Formel für alle Fälle mit Hüllenspin 1/2 gilt, hat sie eine breite Anwendungsmöglichkeit. Für die einfachen Fälle $I = 1/2$ und $I = 1$ ist der Verlauf der Aufspaltung in Fig. 102a, b gezeigt. Der Fall $I = 1/2$ liegt z. B. beim Grundzustand des Wasserstoffs vor. Dann ist ΔE_0 die in Abschn. 5.3 besprochene Grundzustandsaufspaltung von 1420 MHz bzw. 21 cm.

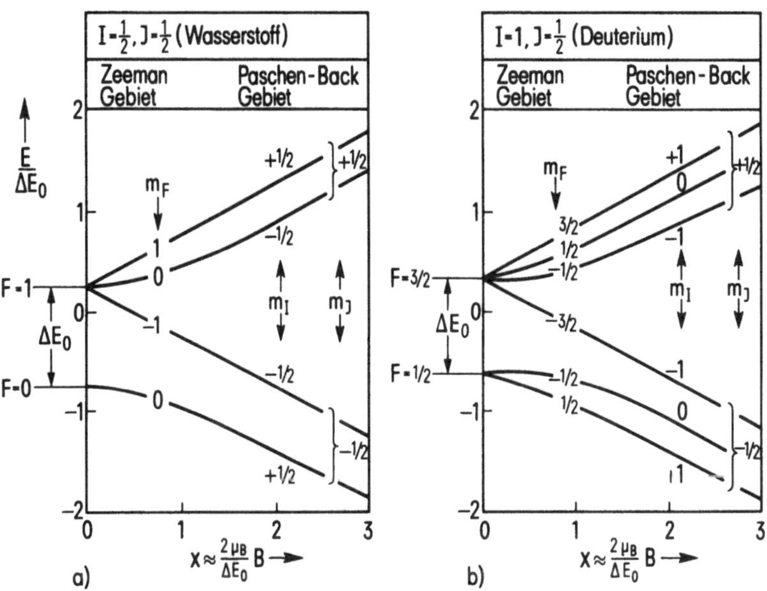

Fig. 102 Feldabhängigkeit der HFS-Aufspaltung nach der Breit-Rabi-Formel für $I = 1/2$ und $I = 1$

Die Aufspaltung der Hyperfeinstruktur-Terme ist für viele Untersuchungen im Bereich der Atomphysik, Kernphysik und Festkörperphysik von großer Bedeutung. Wir müssen deshalb darauf eingehen, wie man sie beobachtet. Zunächst gilt es festzustellen, daß sich bei Übergängen zwischen Termen, die vom gleichen Feinstruktur-Multiplett herrühren, weder der Bahndrehimpuls noch die Parität ändern. Elektrische Dipolübergänge sind daher verboten. Es kommen nur m a g n e t i s c h e Dipolübergänge in Frage, was plausibel ist, da es sich um Prozesse handelt, bei denen Drehimpulse umgekoppelt oder umgeklappt werden und da das magnetische Feld direkt mit den magnetischen Momenten wechselwirkt. Für induzierte und spontane magnetische Übergänge gelten Formeln analog zu (6.56) und (6.62), die jedoch anstelle des elektrischen Dipolmatrixelements ein entsprechendes magnetisches Dipolmatrixelement enthalten. Es stellt sich heraus, daß dieses meist erheblich kleiner ist als bei elektrischen Übergängen. Da weiter wie in (6.62) die spontane Übergangswahrscheinlichkeit von ω^3 abhängt, ergibt sich für die kleinen Energiedifferenzen $\Delta E_{HFS} = \hbar\omega$ der Hyperfeinstruktur-Terme eine verschwindend kleine spontane Übergangswahrscheinlichkeit. Für den F = 1 Zustand beim Wasserstoff beträgt z. B. die Lebensdauer rund 10^7 Jahre, so daß spontaner Zerfall im Laboratorium nicht zu beobachten ist[1]).

Der einzige Ausweg besteht darin, nicht spontane, sondern induzierte Übergänge in einem hochfrequenten Magnetfeld zu beobachten. Die wichtigste Anordnung hierfür ist die A t o m s t r a h l r e s o n a n z - A p p a r a t u r (oder auch „Rabi-Apparatur"), die anhand von Fig. 103 beschrieben werden soll. Neutrale Atome (oder auch Moleküle) treten in das stark inhomogene Feld des A-Magneten ein. Es übt eine Kraft aus wie sie beim Stern-Gerlach-Versuch (Gl. (4.18)) beschrieben wurde. Sie hängt von der z-Komponente μ_z des magnetischen Moments ab. Die Atome durchlaufen dann das homogene

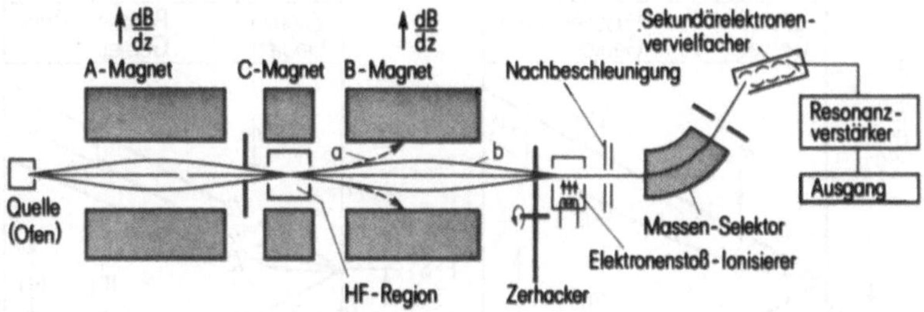

Fig. 103 Atomstrahlresonanz-Apparatur, schematisch. Die Bündeldurchmesser sind stark übertrieben

Feld C, das keine Kraft ausübt und treten in den B-Magneten ein, der ebenso wirkt, wie der A-Magnet. Da die Atome in der gleichen Richtung abgelenkt werden, gehen sie verloren (Strahl a). Induziert man nun im C-Feld durch Hochfrequenzfelder Übergänge, bei denen sich das Vorzeichen von μ_z umkehrt, dann werden diese Atome im B-Feld wieder fokussiert (Strahl b). Einzelheiten über den Nachweis der Atome sind in der Figur angedeutet. Die Komponente μ_z hängt von der Drehimpulskopplung ab und ist daher feldabhängig, es handelt sich um ein effektives magnetisches Moment. Aus dem Zusammenhang zwischen Kraft und Energie ergibt sich unter Benutzung von (4.18)

$$F_z = -\frac{dE}{dz} = -\frac{dE}{dB} \cdot \frac{dB}{dz} = \mu_z \frac{dB}{dz} \qquad \mu_z = \frac{dE}{dB} \, . \tag{9.40}$$

Das effektive Moment ist also beispielsweise durch die Steigung der Kurven in Fig. 102 gegeben. Da immer spiegelbildliche Zweige auftreten, dreht sich bei einem Übergang zwischen diesen Zweigen in der Tat das Vorzeichen von μ_z gerade um. Die zusammengehörigen Werte von Feldstärke im C-Magneten und Frequenz $\omega = \Delta E/\hbar$, bei denen die Resonanzbedingung erfüllt ist, ergeben sich ebenfalls aus Fig. 102 (bzw. der Breit-Rabi-Formel).

---

[1]) Trotzdem spielt die 21 cm-Linie in der Radioastronomie eine große Rolle, da die kleine Emissionswahrscheinlichkeit durch entsprechend große Schichtdicken ausgeglichen wird.

Bei der Induktion der magnetischen Übergänge muß man nicht nur die Auswahlregeln, sondern auch die Polarisationsverhältnisse beachten. Das ist ähnlich wie beim Zeeman-Effekt in Fig. 53. Im einzelnen gelten folgende Auswahlregeln

$$\text{s c h w a c h e s   F e l d} \quad \Delta m_F = 0 \quad (\sigma\text{-Komponente; nur bei } \Delta F = \pm 1)$$
$$\Delta m_F = 1 \quad (\pi\text{-Komponente; } \Delta F = 0, \pm 1)$$
$$\text{s t a r k e s   F e l d} \quad \Delta m_J = 0, \quad \Delta m_I = \pm 1$$
$$\Delta m_I = 0, \quad \Delta m_J = \pm 1.$$

Mit Hilfe der Atomstrahlresonanzmethode lassen sich im schwachen Feld nach (9.34) und (9.35) g_J-Faktoren und damit oft Hüllendrehimpulse bestimmen. Das ist vor allem wichtig in Fällen, in denen eine optische Bestimmung nicht möglich ist, z. B. bei kurzlebigen radioaktiven Atomen. Weiter kann man die Verhältnisse so wählen, daß man Kerndrehimpulse messen kann. Bestimmt man nämlich die Differenz der beiden Übergänge $(F_>, m_F) \leftrightarrow (F_<, m_F - 1)$ und $(F_>, m_F - 1) \leftrightarrow (F_<, m_F)$ wo $F_>$ den größeren und $F_<$ den kleineren F-Wert bezeichnet, so heben sich in der Breit-Rabi-Formel (9.39) der erste und der letzte Term fort, so daß man aus dem verbleibenden mittleren Term g_K erhält. Weiter sei erwähnt, daß man die sehr genau vermessene Hyperfeinstruktur-aufspaltung des $^2S_{1/2}$-Grundzustandes von ^{133}Cs als Frequenzstandard benutzen kann, indem man die in die Apparatur eingespeiste Frequenz auf das Maximum der Resonanz stabilisiert. Diese Frequenz läßt sich mit einer Genauigkeit von 10^{-11} reproduzieren. Da astronomische Zeitbeobachtungen nur mit einer Genauigkeit von $2 \cdot 10^{-9}$ möglich sind, hat man mit Hilfe der HFS-Aufspaltung des Cs ein neues internationales Zeitsystem mit dem Namen AT 1 (Atomic Time 1) eingeführt.

9.4 Der Stark-Effekt

Wir haben uns bisher immer nur für die Wirkung eines Magnetfeldes auf die Atomzustände interessiert, nie für die eines elektrischen Feldes, – warum? Das hat mehrere Gründe. Auch das elektrische Feld bewirkt eine Aufspaltung der Linien, den sogenannten S t a r k - E f f e k t (zuerst beobachtet von J. Stark, 1913). Der Effekt ist jedoch meist sehr klein, so daß seine Beobachtung hohe Felder und hohe spektrale Auflösung erfordert. Er ist daher im allgemeinen von untergeordneter Bedeutung. Wir haben außerdem die meisten Effekte zuerst am Wasserstoff studiert. Ausgerechnet das Wasserstoffatom nimmt aber hinsichtlich des Stark-Effekts eine Sonderstellung ein. Wir wollen hier nicht auf Einzelheiten des Effekts eingehen, sondern nur die allgemeine Situation schildern. Das zusätzliche Potential des Elektrons im elektrischen Feld $\mathscr{E}$, das in z-Richtung stehe, ist

$$V_\mathscr{E} = e\mathscr{E} z, \tag{9.41}$$

woraus sich in Störungsrechnung e r s t e r Ordnung die Energieverschiebung ergibt

$$\Delta E_\mathscr{E}^{(1)} = e\mathscr{E}\langle\psi | z | \psi\rangle = e\mathscr{E}\int z | \psi |^2 \, d\tau = 0. \tag{9.42}$$

Sie verschwindet für Wellenfunktionen ψ mit definierter Parität aus dem gleichen Grunde, wie das statische Dipolmoment (vgl. (9.12)) oder das elektrische Dipolmatrixelement zwischen Zuständen gleicher Parität (vgl. (8.27)), weil nämlich das Integral über das Produkt einer in der Koordinaten geraden und einer ungeraden Funktion gleich Null ist. Voraussetzung ist allerdings, daß der Zustand ψ nicht entartet ist. Die nach ℓ entarteten Wasserstoffzustände sind nämlich beispielsweise keine Eigenzustände des Paritätsoperators, da ja etwa s-Zustände und p-Zustände verschiedene Parität haben. Für Wasserstoff also gilt (9.42) nicht und die Linien zeigen eine Aufspaltung, den l i n e a r e n Stark-Effekt, allerdings nur, solange die Aufspaltungsenergien groß gegen die Feinstruktur sind. Für nicht entartete Zustände, und das ist die Regel, verschwindet (9.42). Man braucht dann die nächste Ordnung der Störungsrechnung, nämlich[1])

$$\Delta E^{(2)}_{\mathscr{E}} = e^2 \mathscr{E}^2 \sum_{j,i} \frac{|\langle \psi_j | z | \psi_i \rangle|^2}{E_j^0 - E_i^0} . \tag{9.43}$$

Sie führt zu einem Effekt zweiter Ordnung, der quadratisch von $\mathscr{E}$ abhängt, dem q u a d r a t i s c h e n Stark-Effekt. Das ist der Regelfall. Das in (9.43) enthaltene Matrixelement muß Zustände verschiedener Parität, d. h. mit verschiedenem L, verbinden. Weiter ist der Störoperator z mit dem Drehimpulsoperator L_z vertauschbar. Das hat zur Folge, daß immer $m_i = m_j$ sein muß, damit das Matrixelement nicht verschwindet. Das sind die wichtigsten Auswahlregeln.

Wir wollen hier nicht auf die Einzelheiten der Aufspaltung eingehen, sondern nur noch erwähnen, daß auch klassisch ein neutrales System ohne Dipolmoment im elektrischen Feld keine Energie gewinnt. Damit Stark-Effekt auftreten kann, wird vom äußeren Feld ein Dipolmoment des Atoms induziert, so daß die Größe der Aufspaltung mit der elektrischen Polarisierbarkeit der Hülle in engem Zusammenhang steht.

10 Kohärente und inkohärente Strahlungsquellen

10.1 Systeme mit vielen Bosonen

Wir kommen in diesem Kapitel noch einmal auf die Emission von Strahlung zurück. Bisher wurde immer nur das Emissionsspektrum eines einzelnen Atoms behandelt, das aus den Spektralserien und dem Grenzkontinuum besteht. Man beobachtet es z. B. bei angeregten verdünnten Gasen. Aber schon die Druckverbreiterung der Spektrallinien weist auf den Einfluß der anderen Atome hin. Das Zusammenwirken sehr vieler Atome

---

[1]) Der Stark-Effekt war die erste Anwendung der stationären Störungsrechnung durch Schrödinger. Er ist in diesem Zusammenhang interessant, gerade weil die erste Ordnung nicht beiträgt.

bei der Emission kann nun zu völlig neuen Erscheinungen in der Spektralverteilung der Lichtquelle führen. Sie sollen in diesem abschließenden Kapitel besprochen werden. Wir unterscheiden zwei konträre Grenzfälle.

(1) Die Atome befinden sich mit der Strahlung in einem Hohlraum im thermodynamischen Gleichgewicht. Die Emissionsprozesse finden regellos statt und die Amplituden der Lichtwellen überlagern sich völlig i n k o h ä r e n t. Es resultiert die Spektralverteilung des „schwarzen Körpers".

(2) Bei einem induzierten Emissionsprozeß emittieren Atome mit einer festen Anregungsenergie gleichphasig. Die Wellen überlagern sich k o h ä r e n t, es liegt L a s e r - E m i s s i o n vor.

In beiden Fällen ist die Wechselwirkung der Atome mit einem System aus vielen Quanten wichtig. Eigentlich ist das ein Problem der Quantenstatistik. Für eine vereinfachte Behandlung kommen wir aber mit dem Boltzmann-Faktor aus, wenn wir einige wichtige Eigenschaften der Bosonen hinzunehmen.

Wir haben in Kapitel 7 die Konsequenzen, die sich aus der Symmetrie der Wellenfunktion für Bosonen ergeben, nicht weiter verfolgt. Das müssen wir jetzt nachholen. Wir beginnen wieder damit, daß wir zunächst ein System von nur zwei Teilchen betrachten. Für zwei nicht gegenseitig wechselwirkende Bosonen lautet die Wellenfunktion (s. (7.11))

$$\psi_S = \frac{1}{\sqrt{2}} \, [\psi_1(1)\psi_2(2) + \psi_1(2)\psi_2(1)].$$

Im Gegensatz zur Situation bei Fermionen verschwindet diese Wellenfunktion nicht, wenn sich beide Teilchen im gleichen Quantenzustand befinden, aber die Wahrscheinlichkeitsdichte für ψ_S ist verschieden von der, die man für unterscheidbare Teilchen erhält. Für unterscheidbare Teilchen wäre die Wellenfunktion $\psi_{1,2} = \psi_1(1)\psi_2(2)$. Die Wahrscheinlichkeit dafür, beide Teilchen im Zustand 1 zu finden, wäre

$$P_1^{\text{unterscheidbar}}(2) = |\psi_1(1)|^2 |\psi_1(2)|^2. \tag{10.1}$$

Die Schreibweise auf der linken Seite soll bedeuten: zwei unterscheidbare Teilchen befinden sich im Zustand 1. Wir vergleichen dies mit der Wahrscheinlichkeit $P_1^{\text{Bose}}(2)$ für zwei Bosonen, sich im gleichen Zustand aufzuhalten. Dafür ergibt sich

$$|\psi_S|^2 = \frac{1}{2} |\psi_1(1)\psi_1(2) + \psi_1(2)\psi_1(1)|^2 = \frac{1}{2} |2\,\psi_1(1)\psi_1(2)|^2$$

$$= 2|\psi_1(1)|^2 |\psi_1(2)|^2 = P_1^{\text{Bose}}(2) = 2\,P_1^{\text{unterscheidbar}}. \tag{10.2}$$

Die Bosonen haben also eine d o p p e l t so große Wahrscheinlichkeit, sich im gleichen Zustand aufzuhalten, wie unterscheidbare Teilchen. Das entspricht im übrigen dem Resultat (7.18).

Diese Betrachtung läßt sich leicht auf n Bosonen verallgemeinern. Bei 2 Teilchen ist ψ_S eine Summe von 2 Produkttermen, bei denen die beiden Teilchen gerade permutiert sind.

Man sieht leicht ein, daß für n Teilchen die symmetrische Wellenfunktion gegeben ist durch

$$\psi_S = \Sigma \begin{bmatrix} \text{alle Permutationen von 2 Teilchen} \\ \text{in } \psi_1(1)\psi_2(2)\ldots\cdot\psi_n(n) \end{bmatrix} = n! \text{ Terme.} \tag{10.3}$$

Wenn sich alle Teilchen im selben Zustand i befinden, sind natürlich alle n! Terme gleich, und wir haben nach Hinzufügen des Normierungsfaktors $1/\sqrt{n!}$

$$\psi_S(n) = \frac{n!}{\sqrt{n!}} \, [\psi_i(1)\psi_i(2)\cdots\psi_i(n)]. \tag{10.4}$$

Als Wahrscheinlichkeit für diesen Besetzungszustand erhalten wir

$$P_i^{Bose}(n) = |\psi_S(n)|^2 = \frac{(n!)^2}{n!} \, |\psi_i(1)|^2 |\psi_i(2)|^2 \cdots |\psi_i(n)|^2$$

$$= n! P_i^{unterscheidbar}(n) = n!(|\psi_i|^2)^n. \tag{10.5}$$

Diese Schreibweise ist richtig, da ja die ψ_i alle die gleichen Funktionen sind. Jetzt fügen wir ein weiteres Teilchen hinzu und erhalten

$$P^{Bose}(n+1) = (n+1)!(|\psi_i|^2)^{n+1}$$

$$= (n+1)|\psi_i|^2 n!(|\psi_i|^2)^n = (n+1)|\psi_i|^2 P^{Bose}(n). \tag{10.6}$$

Die Wahrscheinlichkeit $(n+1)$ Bosonen im Zustand i zu finden, ist daher um den Faktor $(n+1)|\psi_i|^2$ größer als die für nur n Teilchen.

Wir können nun Gleichung (10.6) noch etwas anders interpretieren. Wenn wir die rechte Seite als Produkt von Wahrscheinlichkeiten lesen, so ist der Faktor $(n+1)|\psi_i|^2$ die Wahrscheinlichkeit dafür, daß dem System mit n Bosonen ein weiteres hinzugefügt wird. Hierfür schreiben wir

$$P_{n\to n+1} = |\langle\psi_i(n+1)|\psi_i(n)\rangle|^2 = (n+1)|\psi_i|^2. \tag{10.7}$$

Der Ausdruck in der Mitte soll bedeuten, daß wir diese Wahrscheinlichkeit als Quadrat einer Übergangsamplitude vom System mit n Bosonen in das mit n + 1 Bosonen auffassen können. Die ganze Vorstellung setzt voraus, daß es eine Quelle für Bosonen gibt, also z. B. Atome, die in das System Photonen emittieren können. Darauf kommen wir gleich zurück. Wir können von den Wahrscheinlichkeiten (10.7) zu Amplituden übergehen

$$\langle\psi_i(n+1)|\psi_i(n)\rangle = \sqrt{n+1}\,\psi_i. \tag{10.8}$$

Das erlaubt uns, zum inversen Prozeß $(n+1)\to n$ überzugehen, also zu A b g a b e eines Photons. Nach (2.80) müssen wir bei der Amplitude zum konjugiert Komplexen übergehen, wenn wir Anfangs- und Endzustand vertauschen. Wir erhalten also

$$\langle\psi_i(n)|\psi_i(n+1)\rangle = \langle\psi_i(n+1)|\psi_i(n)\rangle^* = \sqrt{n+1}\,\psi_i^*. \tag{10.9}$$

und $P_{n+1\to n} = (n+1)|\psi_i|^2.$ $\hspace{3cm}$ (10.10)

Wenn wir uns wieder auf ein Ausgangssystem mit n Photonen beziehen, wird aus (10.10)

$$P_{n \to n-1} = n \, | \, \psi_i \, |^2. \tag{10.11}$$

Jetzt soll etwas konkreter ψ_i einen Photonzustand bedeuten, der mit einem Atom in Wechselwirkung steht. Der Photonzustand ψ_i kann etwa gegeben sein durch stehende Wellen mit definierter Wellenlänge und Polarisation in einem Hohlraum mit reflektierenden Wänden. Er soll mit n Photonen besetzt sein. Weiter befinde sich im Hohlraum ein Atom, das eine passende Anregungsstufe zur Emission oder Absorption der Photonen des Zustands ψ_i habe. Außerhalb des Hohlraums, also ohne Wechselwirkung mit dem Strahlungsfeld, sei die Emissionswahrscheinlichkeit des Atoms gleich W. Im Inneren des photonengefüllten Hohlraums ist die Emissionswahrscheinlichkeit P_{emiss} des Atoms dann gegeben durch W mal der Aufnahmewahrscheinlichkeit „des Photonengases" für ein weiteres Photon entsprechend (10.7). Also ist

$$P_{emiss} = (n + 1)W \, | \, \psi_i \, |^2. \tag{10.12}$$

Entsprechend gilt für Absorption eines Photons aus dem Hohlraum (mit 10.11)

$$P_{abs} = nW \, | \, \psi_i \, |^2. \tag{10.13}$$

Diese wichtigen Gleichungen bringen die Übergangswahrscheinlichkeit des Atoms mit den Besetzungszahlen der Photonenzustände seiner Umgebung in Beziehung. Wir werden sie als Ausgangsgleichungen für die Überlegungen in den nächsten beiden Abschnitten benutzen.

10.2 Hohlraumstrahlung

Wir betrachten jetzt einen mit Strahlung gefüllten Hohlraum, der sich mit den darin befindlichen Atomen, d. h. in praxi mit den Atomen der Wandung, im thermodynamischen Gleichgewicht befindet. Für irgendeine Sorte von Atomen mit den Energiezuständen m und k muß dann die Emissionsrate zwischen diesen beiden Zuständen gleich der Absorptionsrate sein. Wenn die Besetzungszahlen N_m und N_k sind (vgl. Fig. 60), so muß gelten $P_{abs} N_m = P_{emiss} N_k$ oder mit (10.12), (10.13)

$$N_m \bar{n}(\omega) W \, | \, \psi_i \, |^2 = N_k [\bar{n}(\omega) + 1] W \, | \, \psi_i \, |^2. \tag{10.14}$$

Der Querstrich bei $\bar{n}$ soll andeuten, daß es sich um die mittlere Photonenzahl im thermodynamischen Gleichgewicht handelt. Ferner ist ω die Frequenz des Übergangs $k \to m$. Das Verhältnis der Besetzungszahlen bei der Temperatur T soll durch einen Boltzmann-Faktor gegeben sein. Dann ist mit (10.14)

$$\frac{N_k}{N_m} = e^{-\frac{\hbar\omega}{kT}} = \frac{\bar{n}(\omega)}{\bar{n}(\omega) + 1} \tag{10.15}$$

oder $\bar{n}(\omega) = \dfrac{1}{e^{\frac{\hbar\omega}{kT}} - 1}$

$$\bar{n}(\omega)\hbar\omega = \frac{\hbar\omega}{e^{\frac{\hbar\omega}{kT}} - 1}\ . \qquad (10.16)$$

Durch die Größe $\bar{n}(\omega)\hbar\omega$ ist die Gesamtenergie der Photonen im Schwingungszustand ω gegeben. Wenn wir dies multiplizieren mit der Zahl $d\mathcal{N}/d\omega$ der Schwingungszustände zwischen ω und $\omega + d\omega$, so ist

$$\mathcal{I}(\omega) = \hbar\omega\bar{n}(\omega)\ \frac{1}{\tau}\ \frac{d\mathcal{N}}{d\omega} = \frac{\text{Energie der Photonen mit Frequenz } \omega}{\text{Volumen } \tau \text{ x Frequenzintervall } d\omega} \qquad (10.17)$$

die s p e k t r a l e E n e r g i e d i c h t e der Hohlraumstrahlung. Um sie anzugeben, müssen wir noch einen Ausdruck für $d\mathcal{N}/d\omega$ gewinnen.

Man leitet die Dichte der Schwingungszustände am einfachsten für elektromagnetische Wellen ab, die sich in einem Quader oder Würfel in den drei Raumrichtungen ausbreitet. Die Strahlung soll nicht in die Wandung eindringen, daher muß der elektrische Feldvektor an der Wand verschwinden. Das bedeutet, daß sich stehende Wellen im Hohlraum ausbilden. Was uns interessiert, ist die Zahl solcher Wellen in einem Frequenzintervall $d\omega$.

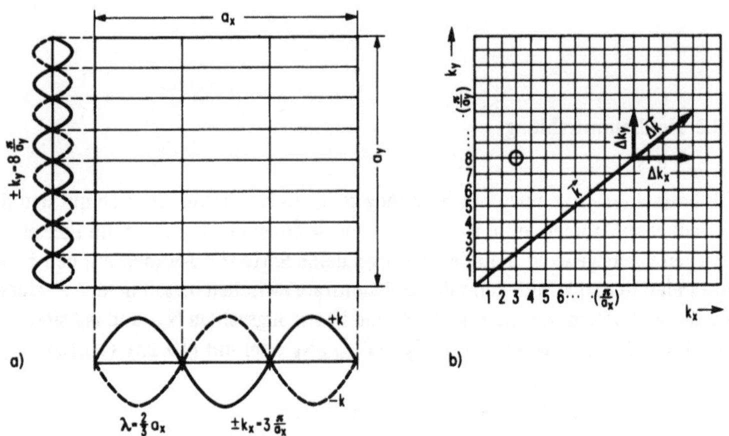

Fig. 104 Zur Abzählung der Schwingungszustände stehender Wellen

Man kann zeigen, daß das Resultat, das wir für diese spezielle Form des Hohlraums erhalten, ganz allgemein gilt, aber das ist etwas umständlich. In Fig. 104a ist ein Muster stehender Wellen in der x-y-Ebene skizziert. Die Erweiterung auf drei Dimensionen kann man sich leicht vorstellen. Wir betrachten zunächst nur eine Dimension, etwa die x-Richtung. Wir müssen eine ganze Zahl μ halber Wellenlängen auf der Länge a unterbringen, also $a = \mu\lambda/2$ oder $a = \mu\pi/k$ mit der Wellenzahl $k = 2\pi/\lambda$. Daher ist

$$k_\mu = \frac{\mu\pi}{a} \quad \text{und} \quad k_{\mu+1} - k_\mu = \frac{\pi}{a}\underbrace{(\mu + 1 - \mu)}_{\Delta\mu = 1} = \frac{\pi}{a}. \tag{10.18}$$

Es liegt also genau e i n Schwingungszustand im Wellenzahl-Intervall π/a. Da es sich um stehende Wellen handelt, ist es üblich, für k positive und negative Werte zuzulassen. Dann gehören zu jedem Betrag von k aber zwei Schwingungszustände (siehe Fig. 104a). Es liegen bei dieser Zählung daher auch je z w e i Zustände im k-Intervall der Größe π/a. Wir setzen jetzt voraus, daß die Wellenlänge sehr klein sei gegen die Ausdehnung des Hohlraums, also $\lambda \ll a$ oder $(2\pi/k) \ll a$ bzw. $ka \gg 1$. Dann liegen in einem Intervall Δk sehr viele Zustände, nämlich

$$\Delta\mathcal{N} = \frac{\Delta k}{k_{\mu+1} - k_\mu} = \frac{a}{2\pi}\,\Delta k. \tag{10.19}$$

Dem eben erwähnten Faktor 2 ist hier Rechnung getragen[1]). Jetzt gehen wir zum zweidimensionalen Fall über. In jeder Raumrichtung gelten jetzt die gleichen Formeln (10.18) und (10.19), nur müssen wir überall einen Index x oder y hinzufügen. Uns interessiert die Zahl der Schwingungszustände in einem Intervall zwischen dem Betrag k und k + dk, unabhängig von der Richtung. Dazu haben wir in Fig. 104b die Werte von k in einem Koordinatensystem mit den Achsen k_x und k_y aufgezeichnet. Der Schwingungszustand von Figur 104a entspricht im neuen Diagramm genau einem Punkt. Er ist durch einen Kreis hervorgehoben. Jeder Gitterpunkt in Figur b entspricht also einem Schwingungszustand. Sei nun $\Delta\vec{k}$ ein Vektor mit den Komponenten Δk_x und Δk_y, so liegen in dem durch $\Delta\vec{k}$ gegebenen Bereich $\Delta k_x \cdot \Delta k_y$ Gitterpunkte. Die Zahl der Zustände $\Delta\mathcal{N}$ in diesem Bereich ist daher $\Delta\mathcal{N} = (a_x a_y/4\pi^2)\Delta k_x \Delta k_y$ unter den gleichen Voraussetzungen wie bei (10.19). Das Entsprechende gilt, wenn wir noch die z-Koordinate hinzunehmen, d. h. es ist

$$d\mathcal{N}(\vec{k}) = \frac{a_x a_y a_z}{(2\pi)^3}\,dk_x\,dk_y\,dk_z = \frac{\tau}{(2\pi)^3}\,d^3\vec{k}, \tag{10.20}$$

wo mit τ das Volumen des Hohlraums bezeichnet ist. Für einen festen Betrag $k = |\vec{k}|$ liegt der Vektor $\vec{k}$ irgendwo auf einer Kugeloberfläche im k-Raum von Fig. 104b. Die

---

[1]) Hätten wir nur positive Werte von k zugelassen, wäre der Faktor 2 entfallen. Wir hätten dann aber später bei der Abzählung der Gitterpunkte im dreidimensionalen Fall vor Gl. (10.21) entsprechend den Faktor 8 anbringen müssen, da sonst nur ein Oktant für die Zählung berücksichtigt worden wäre. Das Ergebnis ist das gleiche. Der hier auftretende Faktor 2 hat nur mit der Abzählung der Schwingungsmoden zu tun und darf nicht mit dem Faktor 2 für die Polarisationszustände in Gl. (10.22) verwechselt werden. Wir haben hier die z. B. von Feynman (Lectures, Vol. III) benutzte elegante Herleitung von (10.19) angegeben. Für eine andere Version der Abzählung siehe z. B. Mayer-Kuckuk, Kernphysik, Abschn. 2.3 (Teubner Studienbuch).

Zahl der Gitterpunkte, d. h. der Schwingungszustände zwischen k und k + dk ist gleich dem Volumen der entsprechenden Kugelschale. Das Volumen der Kugel im k-Raum ist gegeben durch $V_k = \frac{4}{3}\pi k^3$. Dann ist $dV_k = 4\pi k^2 dk$. Damit wird aus (10.20)

$$d\mathcal{N}(k) = \frac{\tau}{(2\pi)^3}\, 4\pi k^2 dk = \frac{\tau}{2\pi^2}\, k^2 dk = \frac{\tau}{2\pi^2\hbar^3}\, p^2 dp. \tag{10.21}$$

Beim letzten Schritt haben wir k durch $p/\hbar$ ersetzt. Er wurde nur hinzugefügt, weil diese Abzählung der Zustandsdichte stehender Wellen auch in anderem Zusammenhang oft gebraucht wird. Für elektromagnetische Strahlung gilt $c = \lambda\nu = \omega/k$. Wir setzen daher in (10.21) ein $k = \omega/c$ und $dk = (1/c)d\omega$. Schließlich fügen wir noch einen Faktor 2 hinzu, weil jede elektromagnetische Welle zwei unabhängige Polarisationszustände haben kann. Das Resultat ist

$$d\mathcal{N}(\omega) = \frac{2\tau\omega^2}{2\pi^2 c^3}\, d\omega \quad \text{oder} \quad \frac{1}{\tau}\frac{d\mathcal{N}(\omega)}{d\omega} = \frac{\omega^2}{\pi^2 c^3}. \tag{10.22}$$

Das ist der gewünschte, in Gl. (10.17) noch fehlende Ausdruck.

Hätte jeder Schwingungszustand nach klassischer Vorstellung die mittlere Energie kT (wo k aber jetzt die Boltzmann-Konstante bedeutet!), so ergäbe sich für die spektrale Energiedichte sofort

$$\mathcal{I}_{RJ}(\omega) = \frac{\omega^2}{\pi^2 c^3}\, kT \quad \text{(R a y l e i g h - J e a n s   S t r a h l u n g s f o r m e l)} \tag{10.23}$$

Die Energiedichte müßte mit ω^2 immer größer werden, was offensichtlich unrealistisch ist. Diese Situation hat man, solange kein Ausweg sichtbar war, als „Ultraviolett-Katastrophe" bezeichnet. Um die richtige Formel zu gewinnen, müssen wir stattdessen (10.22) in (10.17) eintragen. Wir erhalten dann mit (10.16) das P l a n c k s c h e   S t r a h l u n g s - g e s e t z

$$\mathcal{I}(\omega) = \frac{\omega^2}{\pi^2 c^3}\, \frac{\hbar\omega}{e^{\frac{\hbar\omega}{kT}} - 1}. \tag{10.24}$$

Wir haben dieses Gesetz hier im wesentlichen aus den Symmetriebedingungen für die Wellenfunktion eines Bosonensystems hergeleitet. In Fig. 105 ist die dem Planckschen

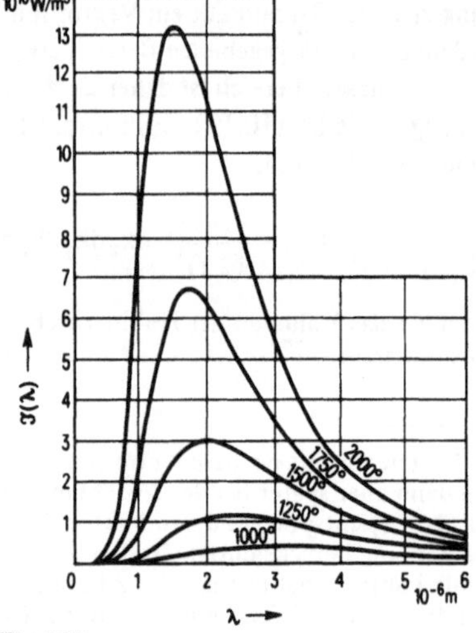

Fig. 105
Spektralverteilung der Strahlung eines schwarzen Körpers (Temperaturen in Kelvin)

Gesetz entsprechende Spektralverteilung für verschiedene Temperaturen gezeigt. Als Abszisse ist, wie meist üblich, λ statt ω gewählt. Die Formel (10.24) enthält zwei wichtige Zusammenhänge. Berechnet man die Lage des Maximums von $\mathscr{I}(\omega)$ aus $d\mathscr{I}(\omega)/d\omega$, so erhält man

$$\frac{2\pi c}{\omega}\, T = \lambda T = \text{const} = b \qquad b = 0,2898 \text{ cmK.}$$
$$b = 0,2898 \text{ cmK.} \tag{10.25}$$

Das ist das W i e n s c h e V e r s c h i e b u n g s g e s e t z. Integriert man dagegen den Ausdruck (10.24) über alle Frequenzen, so erhält man für die insgesamt abgestrahlte Leistung bei der Temperatur T das S t e f a n - B o l t z m a n n - G e s e t z

$$N = \int_0^\infty \mathscr{I}(\omega)d\omega = a\,T^4 \qquad a = 7,64\,\frac{\text{erg}}{\text{cm}^2\text{K}^4} = \frac{5,67 \cdot 10^{-8}\,\text{W}}{\text{m}^2\text{K}^4}. \tag{10.26}$$

Der entscheidende Ausdruck (10.16) läßt sich auch durch eine völlig andere Betrachtung herleiten, nämlich als mittlere Energie eines Systems harmonischer Oszillatoren. Seien n_1-Oszillatoren im Quantenzustand 1 $\hbar\omega$, n_2 im Zustand 2 $\hbar\omega$ usw., d. h. allgemein n_j-Oszillatoren im Zustand j und sei für den Boltzmann-Faktor gesetzt $x = e^{-\frac{\hbar\omega}{kT}}$, so ist im thermodynamischen Gleichgewicht

$$n_1 = xn_0, \quad n_2 = xn_1 = x^2 n_0, \cdots, n_j = x^j n_0.$$

Die gesamte Energie im Anregungszustand j ist

$$E_j = n_j j\hbar\omega = x^j n_0 j\hbar\omega \tag{10.27}$$

und die totale Energie des Systems ist

$$E_{Tot} = \sum_j E_j = n_0\hbar\omega \sum_j jx^j. \tag{10.28}$$

Andererseits ist die Zahl der Oszillatoren insgesamt

$$N_{Tot} = \sum_j n_j = n_0 \sum_j x^j. \tag{10.29}$$

Daraus ergibt sich für die mittlere Energie (für $j \to \infty$)

$$\overline{E} = \frac{E_{Tot}}{N_{Tot}} = \hbar\omega\,\frac{\sum jx^j}{\sum x^j} = \hbar\omega\,\frac{1}{\frac{1}{x}-1} = \frac{\hbar\omega}{e^{\frac{\hbar\omega}{kT}}-1} \tag{10.30}$$

was identisch ist mit (10.16), d. h. es ist $\overline{E} = \overline{n}(\omega)\hbar\omega$. Die Quantelung der Energiestufen des harmonischen Oszillators führt zum gleichen Ergebnis wie der Symmetriecharakter der Bosonen! Die Oszillatoren, von denen hier die Rede ist, sind die Schwingungsmoden des elektromagnetischen Feldes. Planck selbst ging bei der ersten Ableitung seines Gesetzes, durch das die Quantenphysik begründet wurde, in seiner Argumentation nicht so weit. Er forderte vielmehr nur eine Quantelung der Energieabgabe durch die in der Wand befindlichen Oszillatoren. Die viel weitergehende Forderung nach Quantelung des elektromagnetischen Feldes wurde erst später, vor allem von Einstein, erhoben.

Es ist vielleicht nützlich klarzustellen, daß mit der hier gegebenen Darstellung nur ein Teilaspekt des Problems berührt wurde. Alles, was sich hinter der freizügigen Benutzung des Boltzmann-Faktors und des Begriffes „thermodynamisches Gleichgewicht" verbirgt, wurde nicht diskutiert. Hierzu bedarf es einer gründlicheren Darstellung der thermodynamischen und quantenstatistischen Grundlagen ohne deren Begriffsbildung Systeme mit extrem vielen Freiheitsgraden kaum verständlich sind. Auch die Plancksche Ableitung des Strahlungsgesetzes war durchaus von thermodynamischer Natur. Wenigstens die folgenden Anmerkungen sollen hier gemacht werden. Zu Beginn des Abschnitts waren wir von zwei diskreten Zuständen m und k ausgegangen. Der Übergang zur Strahlungsverteilung mit dem „Phasenraumfaktor" (10.21) oder (10.22) impliziert, daß die Anregungszustände in der Wand des Hohlraums so dicht liegen, daß sie praktisch ein Kontinuum bilden. Bei einem verdünnten Gas wäre das natürlich nicht erfüllt. Bei einer erhitzten Metalloberfläche können aber neben den atomaren Anregungsstufen der Metallatome noch viele andere tiefliegende Zustände angeregt werden, die vom kondensierten Zustand der Materie herrühren, so daß überall hinreichend viele Niveaus liegen. Weiter ist es wichtig festzustellen, daß die Vorstellung stehender Wellen hier nur als Hilfsmittel zur Herleitung der Zustandsdichte beim elektromagnetischen Feld benutzt wurde. Bei einem Hohlraum mit erhitzten Wänden und einem kleinen Loch zum Austritt der Strahlung, wie man ihn als „schwarzen Körper" zur experimentellen Realisierung der Hohlraumstrahlung benutzt, kann von stehenden Wellen nicht die Rede sein. Das Strahlungsfeld wird im Gegenteil äußerst unregelmäßig sein, da die Emissionsprozesse völlig statistisch erfolgen. Es bestehen daher keinerlei feste Phasenbeziehungen im Strahlungsfeld. Auch davon haben wir implizit Gebrauch gemacht. Die Energie eines Schwingungszustands ist proportional zu $\mathscr{E}^2$. Der Feldvektor $\mathscr{E}$ schwingt mit einer Phase φ nach $\mathscr{E}(\omega) = \mathscr{E}_0 \cos(\omega t + \varphi)$. Wir haben in der Strahlungsformel nun einfach die Summe der Energien der einzelnen Schwingungsmoden angegeben, also eine Größe proportional zu $\Sigma \mathscr{E}^2(\omega)$. Das läuft darauf hinaus, daß wir i n k o h ä r e n t addiert haben. Die Berechtigung hierfür liegt darin, daß sich bei kohärenter Addition der Feldvektoren $[\Sigma \mathscr{E}(\omega)]^2$ wegen der Zufallsverteilung zwischen den Phasen alle Interferenzterme im Mittel wegheben, so daß nur die Terme der inkohärenten Summe übrigbleiben.

10.3 Maser und Laser

In diesem letzten Abschnitt soll gezeigt werden, in welcher Weise die Strahlungsprozesse beim Maser und beim Laser mit dem bisher Erörterten in Zusammenhang stehen. Wir müssen uns dabei mit dem Prinzipiellen begnügen und können z. B. die wichtigen Probleme der Kohärenz des Strahlungsfeldes hier ebensowenig besprechen wie die thermodynamischen Aspekte der Hohlraumstrahlung im letzten Abschnitt. Schließlich sind Quantenelektronik und Kohärenzoptik umfangreiche Spezialgebiete der Physik geworden.
Wir greifen zurück auf die Erörterung der Einstein-Koeffizienten in Abschn. 6.3 und vergleichen die dort angegebene Bedingung für thermodynamisches Gleichgewicht

$\mathscr{R}_{mk} = \mathscr{R}'_{km}$ (s. (6.57a, b)) mit Formel (10.14) aus dem letzten Abschnitt (nach Weglassen des gemeinsamen Faktors $W\psi^2$)

$$N_m B_{mk}\, \mathscr{T}(\omega) = N_k [S_{km} + B_{km}\, \mathscr{T}(\omega)] \tag{10.31}$$

$$N_m \bar{n}(\omega) = N_k [1 + \bar{n}(\omega)]. \tag{10.32}$$

Die beiden Formeln sind offensichtlich äquivalent. Aus dem Vergleich ergibt sich die interessante Folgerung:

Wenn die spektrale Energiedichte $\mathscr{T}(\omega)$ durch die Besetzungszahl $\bar{n}$ der Bosonenzustände ersetzt wird, dann nehmen alle Einstein-Koeffizienten gerade den Wert Eins an! In unserer früheren Erörterung hatte S_{km} die Bedeutung der spontanen Übergangswahrscheinlichkeit und $B_{km}\, \mathscr{T}(\omega)$ die der induzierten Übergangswahrscheinlichkeit. Das Verhältnis von induzierter zu spontaner Übergangswahrscheinlichkeit ergibt sich jetzt von selbst. Dieser Zusammenhang wird deutlicher, wenn wir (10.31) durch (10.32) dividieren, wobei wir erhalten

$$B\,\frac{\mathscr{T}(\omega)}{\bar{n}(\omega)} = \frac{S + B\,\mathscr{T}(\omega)}{1 + \bar{n}(\omega)}, \qquad \frac{S}{B} = \frac{\mathscr{T}(\omega)}{\bar{n}(\omega)} = \frac{\omega^3 \hbar}{\pi^2 c^3}. \tag{10.33}$$

Das hier angegebene Verhältnis $\mathscr{T}(\omega)/\bar{n}(\omega)$ ergibt sich aus (10.17) mit (10.22). Gleichung (10.33) ist identisch mit der früheren Gleichung (6.59). Sie hat sich hier aus der Zustandsdichte des gequantelten elektromagnetischen Feldes ergeben. Wir können nun (10.33) benutzen, um das Verhältnis von spontaner zu induzierter Emissionsrate in praktischen Fällen anzugeben. Nach (6.57) und (6.58) sind die Emissionsraten $\mathscr{R}$ bzw. die Emissionswahrscheinlichkeiten R für induzierte und spontane Emission gegeben durch

$$\mathscr{R}_{ind} = N R_{ind}, \qquad R_{ind} = B \cdot \mathscr{T}(\omega) \tag{10.34}$$

$$\mathscr{R}_{spont} = N R_{spont}, \qquad R_{spont} = S. \tag{10.35}$$

Für das Verhältnis gilt daher mit (10.33)

$$\frac{R_{spont}}{R_{ind}} = \frac{S}{B \cdot \mathscr{T}(\omega)} = \frac{\hbar}{\pi^2 c^3} \cdot \frac{\omega^3}{\mathscr{T}(\omega)}. \tag{10.36}$$

Man sieht, daß bei gleicher induzierender Intensität $\mathscr{T}$ spontane Emission bei zunehmenden Frequenzen im Verhältnis zur induzierten Emission mit ω^3 zunimmt. Seien nun zwei Anregungszustände 1 und 2 eines Atoms mit der Strahlung im thermodynamischen Gleichgewicht und sei die Besetzungszahl des energetisch niedriger liegenden N_1, die des höher liegenden N_2, so gilt wieder $N_2 (R_{ind} + R_{spont}) = N_1 R_{ind}$

$$\frac{N_1}{N_2} = e^{\frac{\hbar\omega}{kT}} = \frac{B\mathscr{T}(\omega) + S}{B\mathscr{T}(\omega)}, \tag{10.37}$$

woraus man erhält

$$\frac{S}{B \cdot \mathscr{I}(\omega)} = \frac{R_{spont}}{R_{ind}} = e^{\frac{\hbar\omega}{kT}} - 1. \tag{10.38}$$

Das hätte sich auch gleich aus (10.36) ergeben, wenn wir für $\mathscr{I}(\omega)$ die Plancksche Verteilung eingesetzt hätten. Für Hohlraumstrahlung mit $T \gtrsim 1000$ K ist meist $\hbar\omega \gg kT$, d. h. nach (10.38) ist $R_{spont} \gg R_{ind}$. Ganz andere Verhältnisse liegen vor, wenn man zu Zimmertemperatur und den relativ niedrigen Frequenzen im Mikrowellengebiet übergeht. Für $(\omega/2\pi) = 1000$ MHz and 300 K ist $\hbar\omega/kT \approx 10^{-4}$ und $R_{spont} = 1{,}4 \cdot 10^{-4} R_{ind}$. Im Mikrowellenbereich überwiegt also die induzierte Emission bei weitem.

Wir betrachten jetzt noch das Verhältnis von Emissionsrate $\mathscr{R}_{emiss}$ zu Absorptionsrate $\mathscr{R}_{abs}$ bei beliebigen Besetzungszahlen N_1 und N_2. Es ist gegeben durch (vgl. 6.57 a, b)

$$\frac{\mathscr{R}_{abs}}{\mathscr{R}_{emiss}} = \frac{N_1}{N_2} \frac{B\mathscr{I}(\omega)}{B\mathscr{I}(\omega) + S} = \frac{N_1}{N_2} \frac{\bar{n}}{\bar{n} + 1}. \tag{10.39}$$

Überwiegt nun, wie eben für den Mikrowellenbereich diskutiert, die induzierte Emission, so ist $S \ll B\,J(\omega)$ bzw. $\bar{n} \gg 1$ und wir haben in guter Näherung

$$\frac{\mathscr{R}_{abs}}{\mathscr{R}_{emiss}} \approx \frac{N_1}{N_2}, \qquad \mathscr{R}_{emiss} \approx \frac{N_2}{N_1} \mathscr{R}_{abs}. \tag{10.40}$$

Das eröffnet die Möglichkeit der Verstärkung der einfallenden Strahlung sobald es gelingt, die Besetzungszahl N_2 des oberen Niveaus größer zu machen als die des unteren, denn dann wird mehr Strahlung emittiert als absorbiert. Darauf beruht das Prinzip des MASERS (Mikrowave Amplification through Stimulated Emission of Radiation; Weber, Townes sowie Bassow und Prochorow 1953/54). In Fig. 106 ist die notwendige Bedingung für die

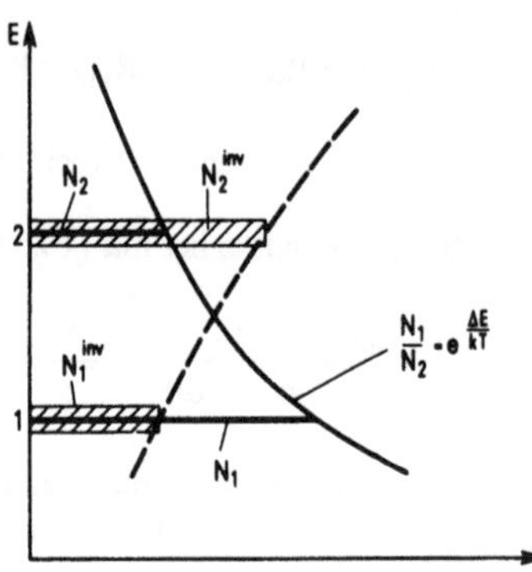

Fig. 106
Zum Begriff der Besetzungsinversion. Schraffiert:
invertierte Besetzung

Besetzungszahlen noch einmal illustriert. Das natürliche Verhältnis von N_1 zu N_2 ist durch den Boltzmann-Faktor gegeben. Für einen Maserbetrieb ist es notwendig, das Besetzungsverhältnis zu i n v e r t i e r e n. Formal kann man dies beschreiben durch Angabe einer negativen Besetzungstemperatur.

Um zu zeigen, wie eine Besetzungsinversion hergestellt werden kann, beschreiben wir
gleich als praktisches Beispiel den W a s s e r s t o f f - M a s e r. Er schwingt auf der
Übergangsfrequenz von 1420 MHz für die Hyperfeinstrukturaufspaltung des Wasserstoff-
Grundzustandes. Die beiden Niveaus sind also der F = 1 und F = 0 Zustand aus Fig. 45
bzw. aus Fig. 102a. Läßt man nun einen Wasserstoff-Atomstrahl in ein starkes inhomogenes Magnetfeld einlaufen, so tritt eine Aufspaltung der Terme gemäß Fig. 102a auf.
Der obere Zweig der Kurven unterscheidet sich im Paschen-Back-Gebiet vom unteren
durch die Orientierung des magnetischen Moments der Hülle, je nachdem ob $m_J = +\frac{1}{2}$
oder $m_J = -\frac{1}{2}$ ist. Durch die Inhomogenität des Feldes wird gleichzeitig eine Kraft
$F_z = -\mu_z(dB/dz)$ auf die Atome ausgeübt (vgl. (4.18) und (9.40)), die aber für den
oberen und den unteren Zweig verschiedene Richtung hat und im übrigen nach (9.40)
von der Steigung $dE/dB = \mu_z$ der Kurven abhängt. Da im starken Feld die beiden Kurven
eines Zweiges fast parallel laufen, entsprechen sie jeweils dem gleichen effektiven Moment
μ_z, das sich von dem des anderen Zweiges nur durch das Vorzeichen unterscheidet. Es
ist daher verhältnismäßig leicht, die beiden Zweige voneinander abzutrennen. Am ele-
gantesten geschieht das in einem magnetischen Sechspolfeld, dessen Geometrie in
Fig. 107a skizziert ist. Das Feld hat die Eigenschaft, daß näherungsweise $dB/dr \sim r$ ist.

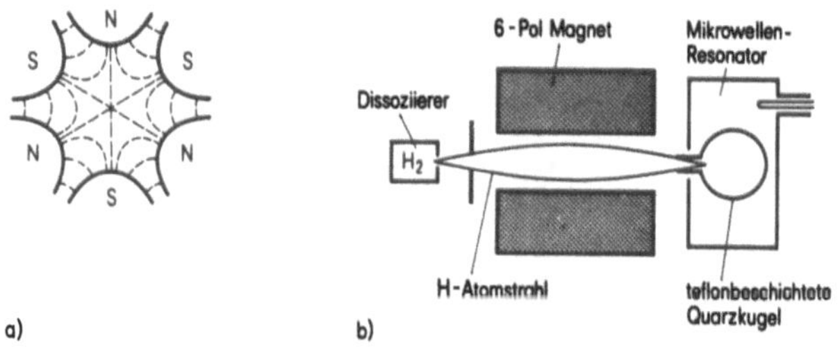

Fig. 107 Wasserstoff-Maser. a) Sechspol-Magnet, b) Aufbau des Masers (schematisch)

Die radial wirkende Kraft ist daher $F_r \sim \mu_r r$, d.h., axial im Magneten fliegende Wasser-
stoffatome mit $m_J = +\frac{1}{2}$ sind elastisch an die Achse gebunden, während die Atome mit
$m_J = -\frac{1}{2}$ defokussiert werden. Die gesamte Anordnung ist in Fig. 107b dargestellt. Ein
Strahl von Wasserstoffatomen wird durch Dissoziation von H_2 in einer Gasentladung
gebildet. Der $(m_J = -\frac{1}{2})$Zweig wird im Sechspolmagneten abgetrennt, so daß nach
Austritt aus dem Magnetfeld nur noch (F=1)-Zustände übrig sind. Damit ist eine
extreme Besetzungsinversion erreicht. Dieser Strahl tritt dann durch einen engen Kanal
in eine Quarzkugel ein, die innen mit Teflon beschichtet ist. Im Teflon wird die Besetzung der Hyperfeinstrukturkomponenten bei Wandstößen wenig gestört. Die Atome
können daher rund 10^5 Wandstöße überleben und sich bis zu einer Sekunde in der Kugel
aufhalten. Die Kugel befindet sich in einem Mikrowellenresonator hoher Kreisgüte, der
auf die Übergangsfrequenz des Übergangs (F = 1, $m_F = 0$) → (F = 0, $m_F = 0$) abgestimmt
ist. Wegen der langen Aufenthaltszeit der Atome im HF-Feld treten selbständige Maser-
schwingungen auf, obwohl die Übergangswahrscheinlichkeit für magnetische Dipol-

strahlung äußerst klein ist. Das bedeutet gleichzeitig eine sehr kleine natürliche Linienbreite. Der Wasserstoffmaser eignet sich vor allem als Frequenznormal. Er erreicht von
allen Anordnungen heute die größte Frequenzstabilität. Sie beträgt für eine modernen
Wasserstoffmaser $\Delta\nu/\nu \approx 2 \cdot 10^{-15}$ pro 24 h. Da sich seine Frequenz aber nicht über
einen größeren Bereich variieren läßt, haben für Verstärkerzwecke im Mikrowellengebiet
andere Maser größere Bedeutung.

Nach Gl. (10.33) nimmt die spontane Emission mit ω^3 zu. Das hat es eine Zeitlang als
schwierig erscheinen lassen, das Maserprinzip in den Bereich optischer Frequenzen zu
übertragen. Es hat sich jedoch herausgestellt, daß der Aufbau eines LASERS (Light
Amplification through Stimulated Emission of Radiation) im allgemeinen sogar einfacher ist, als der eines Masers. Da für Verstärkerzwecke die spontane Emission ein
Rauschsignal darstellt, hat der Laser seine Hauptbedeutung nicht als Verstärker sondern
als Strahlungsquelle erlangt. Wir beschreiben als Beispiel den ersten 1960 von Maiman
entwickelten Laser, den Rubin-Laser. Die Besetzungsinversion bei Lasern wird durch
„optisches Pumpen" hergestellt. Im vereinfachten Termschema des Rubins (Fig. 108)
erkennt man zwei breite Absorptionsbänder, die mit $^4F_1$ und $^4F_2$ bezeichnet sind. Es
handelt sich um Energieniveaus von Cr^{3+}-Ionen, die zu 0,05% die Al-Ionen des Al_2O_3-
Kristalls ersetzen. Diese beiden Niveaus entstehen durch den Einfluß der Kristallfelder
auf die Cr^{3+}-Ionen[1]).

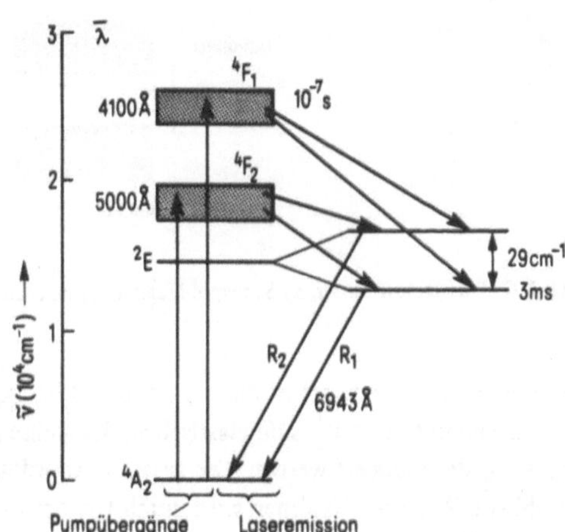

Fig. 108
Laser-Niveaus in Rubin

Da der Frequenzbereich der beiden Bänder die wichtigsten Quecksilberlinien umfaßt,
lassen sie sich durch Einstrahlung von Quecksilberlicht leicht bevölkern. Die Energiebänder zerfallen sehr schnell in das benachbarte aufgespaltene und sehr langlebige
^2E-Niveau. Auf diese Art läßt sich bei hinreichender Strahlungsleistung des Quecksilber-

---

[1]) Die Niveaubezeichnungen sind gruppentheoretische Symbole, die mit der Symmetrie
des Kristallfeldes zu tun haben. Sie dürfen nicht mit der normalen Drehimpulsnotation
für freie Atome verwechselt werden.

lichts eine Besetzungsinversion gegenüber dem Grundzustand erzielen. Als Rubinkristall verwendet man einen zylindrischen Stab mit exakt parallel geschliffenen Endflächen (s. Aufbau des Lasers, Fig. 109). Das eine Ende ist ganz-, das andere halbdurchlässig verspiegelt. Daher können sich im Stab stehende Wellen ausbilden. Das ganze stellt einen optischen Resonator dar, aus dem ein Teil der Strahlung ausgekoppelt werden

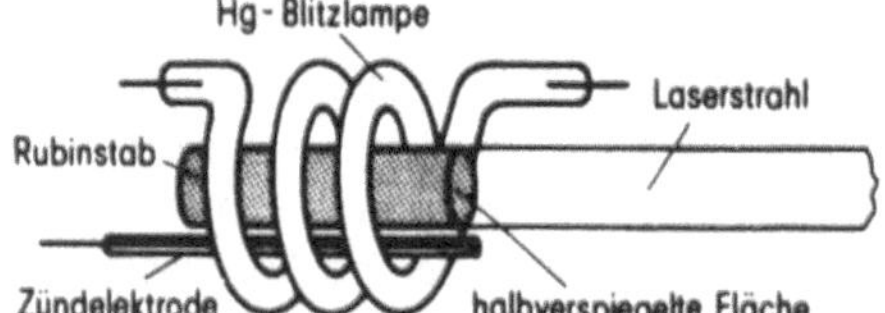

Fig. 109
Aufbau des Rubin-Lasers

kann. Nach Herstellen der Besetzungsinversion treten zunächst spontane Übergänge vom ^{2}E-Niveau in den Grundzustand auf. Wenn die Intensität eine gewisse Schwelle erreicht, nach etwa 0,5 ms, setzt plötzlich, durch das Feld stehender Wellen ausgelöst, kohärente induzierte Strahlung ein. Die Eigenschaften der Strahlung sind krass verschieden von der inkohärenten Strahlung des schwarzen Körpers. Die Linienbreite, die unter anderem von der Kreisgüte des optischen Resonators abhängt, liegt bei 0,1 Å. Es lassen sich extrem hohe Strahlungsflüsse erreichen, im Lichtpuls von der Größenordnung MW/cm^2 und mehr. Wie bekannt, hat sich die Laserphysik äußerst rapide entwickelt. Die Eigenschaften der Laserstrahlung haben zu einer Fülle von Anwendungen geführt. Die abstrakten Überlegungen Einsteins zur induzierten Emission haben ein halbes Jahrhundert später eine technische Anwendung erfahren. Das ist ein gutes Beispiel für den komplizierten Zusammenhang zwischen technischem Fortschritt und physikalischer Grundlagenforschung.

11 Ungewöhnliche Atome

11.1 Allgemeines

Bisher haben wir nur „natürliche" Atome behandelt, nämlich gebundene Systeme aus Atomkernen und Elektronen. Das einfachste Atom, das Wasserstoffatom, wurde ausführlich behandelt und insbesondere wurden die Lösungen der Schrödingergleichung für dieses elementare System angegeben. Erinnern wir uns, was wir in die Schrödingergleichung als Information über die beiden Teilchen Proton und Neutron, sozusagen als Eingabedaten, hineinstecken mußten: es war zunächst nur das Coulombpotential $-e^2/r$ sowie die reduzierte Masse

$$m_r = \frac{m_1 m_2}{m_1 + m_2} \tag{11.1}$$

die sich für die beiden Teilchen ergibt. Wenn wir zunächst vom Spin und den magnetischen Wechselwirkungen absehen, hängen die Lösungen von der Natur der Teilchen Proton und Elektron gar nicht ab. Die Lösungen gelten also auch für alle anderen gebundenen Systeme aus zwei Teilchen, zwischen denen ein anziehendes Coulomb-Potential herrscht. Als Beispiel können wir an ein gebundenes System aus Positron und Elektron (e^+e^-) denken oder an ein Myon, das an ein Proton gebunden ist ($p\mu^-$, myonischer Wasserstoff). Da die Elementarladung, die im Potential steht, immer dieselbe ist, skalieren die Energiewerte und die räumliche Verteilung der Wellenfunktionen einfach mit der reduzierten Masse des Systems. Von solchen exotischen Atomen soll im folgenden die Rede sein. Um sie zu erzeugen benötigt man meist Teilchen, die man mit einem Beschleuniger künstlich herstellen muß. Exotische Atome sind in der Regel kurzlebig und häufig können an ihnen nur wenige Eigenschaften vermessen werden. Sie sind trotzdem von großer Bedeutung, insbesondere für das Studium der fundamentalen Wechselwirkungen.

Wir wiederholen zunächst zwei wichtige Formeln, die wir für das Wasserstoffatom gewonnen hatten. Mit Hilfe der Feinstrukturkonstanten

$$\alpha = \frac{e^2}{\hbar c} \tag{11.2}$$

(vgl. 1.17, 5.46) können wir nach (1.14) bzw. (3.31) für die Energieeigenwerte zur Hauptquantenzahl n schreiben

$$E_n = -m_r \frac{Z^2(\alpha c)^2}{2} \cdot \frac{1}{n^2} \tag{11.3}$$

und für den Bahnradius (1.13 und 3.55)

$$r = \frac{n^2}{Z}\left(\frac{\hbar}{e}\right)^2 \cdot \frac{1}{m_r} \tag{11.4}$$

Es skalieren also die Energien des Systems proportional ($E \sim m_r$) und die räumliche Ausdehnung umgekehrt proportional ($r \sim 1/m_r$) zur reduzierten Masse. Wenn wir die reduzierte Masse in Einheiten der Elektronenmasse m_0 ausdrücken, ergibt sich für die Energiewerte eines exotischen Systems daher

$$E_n = -13,6\,\frac{m_r}{m_0}\,Z^2 \cdot \frac{1}{n^2}\,eV \tag{11.5}$$

und für die Bindungsenergie eines einfach geladenen Systems ($Z = 1, n = 1$)

$$E_B = -13,6\,\frac{m_r}{m_0}\,eV \tag{11.6}$$

Im übrigen können wir das Termschema des Wasserstoffs übernehmen und brauchen nur die Energieskala zu ändern.

Tab. 6

	Bindungs-partner	$\frac{m_1}{m_0}$	$\frac{m_2}{m_0}$	$f_E = \frac{m_r}{m_0}$	f_R	E_B		a	Name
nur elektromagnetische Wechselwirkung	p^+e^-	1836	1	≈ 1	1	13,6	eV	0,529 Å = 52900 fm	Wasserstoff
	e^+e^-	1	1	0,5	2	6,8	eV	1,06 Å	Positronium
	μ^+e^-	206,8	1	≈ 1	1	13,6	eV	0,53 Å	Myonium
	$\pi^+\mu^-$	273	207	117,7	$8,5 \cdot 10^{-3}$	1,6	keV	450 fm	
	$p^+\mu^-$	1836	207	186	$5,4 \cdot 10^{-3}$	2,53	keV	286 fm	myonischer Wasserstoff
	He $\}\mu^-$	$7,3 \cdot 10^3$	207	201	$4,9 \cdot 10^{-3}$	10,9	keV	65 fm	myonisches Atom
	Pb	$4 \cdot 10^5$	207	207	$4,8 \cdot 10^{-3}$	18,9	MeV	3,1 fm	
elektromagnetische und starke Wechselwirkung	$p^+\pi^-$	1836	273	238	$4,2 \cdot 10^{-3}$	3,2	keV	222 fm	pionischer Wasserstoff
	$p^+\bar{p}^-$	1836	1836	918	$1,1 \cdot 10^{-3}$	12,5	keV	58,2 fm	Protonium
	He $\}\pi^-$	$7,3 \cdot 10^3$	273	263	$3,8 \cdot 10^{-3}$	14,3	keV	50,3 fm	pionisches Atom
	Pb	$4 \cdot 10^5$	273	273	$3,7 \cdot 10^{-3}$	25	MeV	2,4 fm	
	He $\}\bar{p}$	$7,3 \cdot 10^3$	1836	1470	$6,8 \cdot 10^{-4}$	80	keV	9 fm	antiprotonisches Atom
	Pb	$4 \cdot 10^5$	1836	1830	$5,5 \cdot 10^{-4}$	167	MeV	(0,35 fm)	

$1 \text{ Å} = 10^{-10} \text{ m}; \ 1 \text{ fm} = 10^{-15} \text{ m}$

Ähnlich können wir den Radius a eines exotischen Systems für n = 1 ausdrücken in
Einheiten von a_0 = 0,53 Å (vgl. 1.19) und erhalten

$$a = a_0 \frac{1}{Z} \cdot \frac{m_0}{m_r} \qquad (11.7)$$

In Tab. 6 wird eine Übersicht über eine Reihe von ungewöhnlichen Atomen gegeben.
Die Massen sind in Einheiten der Elektronenmasse m_0 angegeben. Daraus ergeben sich
die Skalierungsfaktoren f_E für Energie bzw. f_a für den Radius (Z = 1, n = 1)

$$f_E = \frac{m_r}{m_0}; \qquad f_a = \frac{1}{f_E} \qquad (11.8)$$

Die Werte für Bindungsenergien bzw. Radien überstreichen mehrere Größenordnungen,
– man beachte die Einheiten. Die Radien sind größtenteils in fm = 10^{-15} m angegeben.
Wie auf S. 19 dargelegt, haben Atomkerne Radien von einigen fm. Im oberen Teil der
Tabelle sind Atome aufgeführt, bei denen nur elektromagnetische Wechselwirkung zum
Bindungspotential beiträgt. Bei den Systemen im unteren Teil tritt die starke („hadronische") Wechselwirkung hinzu. Unsere Skalierung gilt daher eigentlich nicht mehr. Nun
sind die starken Kräfte aber von erheblich kürzerer Reichweite als die elektromagnetischen. Daher können wir atomähnliche Zustände erwarten, solange der Abstand zwischen den Partnern noch hinreichend groß ist. Wir kommen auf die stark wechselwirkenden Systeme in Abschnitt 11.4 zurück.

Die Verhältnisse sind zusätzlich in Fig. 110 illustriert. Sie zeigt im unteren Teil ein
Termschema, bei dem die Energien für verschiedene wasserstoffähnliche exotische
Atome eingetragen sind. Im oberen Teil sind die entsprechenden Grundzustandsradien
dargestellt. Natürlich stellt dieses Termschema nur die Grundstruktur der betreffenden
Atomzustände dar. Wie die nächsten Abschnitte zeigen werden, bewirkt die elektromagnetische Wechselwirkung viele Feinheiten, die diese Systeme physikalisch erst interessant machen. Eine Messung der Bindungsenergie alleine gibt noch nicht viele Auf-
schlüsse. Allerdings kann man aus ihr auf die Masse des einen Partners schließen, wenn
die des anderen bekannt ist.

Wir haben hier nicht gesprochen von ungewöhnlichen Zuständen gewöhnlicher Atome.
Hierzu gehören insbesondere Anregungszustände mit besonders hohem n. Solche Zustände lassen sich durch Stoßprozesse oder durch Laser-Einstrahlung herstellen und
sind in jüngster Zeit Gegenstand vieler experimenteller Untersuchungen geworden. Für
diese hoch angeregten Atome hat sich der Name R y d b e r g - A t o m e eingebürgert.
Da sich das eine hoch angeregte Elektron weit weg vom Rumpf der übrigen Elektronen
befindet, sind seine Zustände sehr wasserstoffähnlich. Die Eigenschaften der Zustände
skalieren also wieder mit der Hauptquantenzahl n und sogar teilweise mit hohen Potenzen. Betrachten wir als Beispiel einen Zustand mit n = 60. Der Radius geht mit n^2
und ist $60^2 \cdot a_0 \approx 2000$ Å. Der Niveauabstand ist proportional zu dE/dn = const $\cdot$ n^{-3}.
In unserem Beispiel ist $(1/60^2 - 1/61^2) \cdot 13,6$ eV = $1,2 \cdot 10^{-4}$ eV. Nach Tab. 1 entspricht dem eine Frequenz von ca. 30 GHz oder eine Wellenlänge von ca. 1 cm. Rydberg-
Atome sind daher zuerst radioastronomisch im interstellaren Raum beobachtet worden.

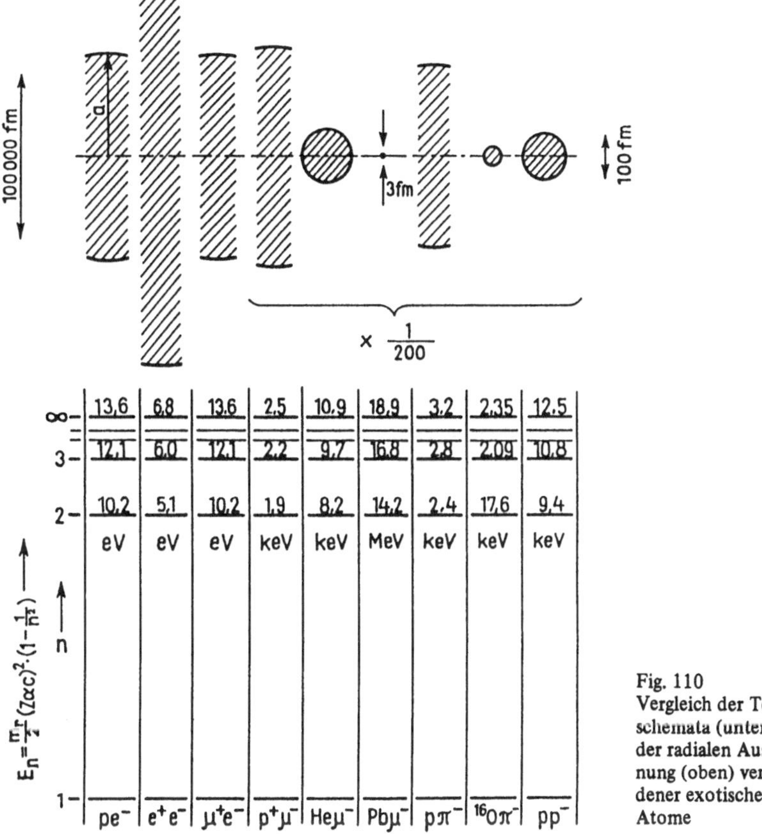

Fig. 110
Vergleich der Term-
schemata (unten) und
der radialen Ausdeh-
nung (oben) verschie-
dener exotischer
Atome

Die Lebensdauer ist gar proportional zu n^{-5}. Daher erreichen diese Zustände Lebensdauern von bis zu einer Sekunde. Wegen der geringen Bindungsenergie sind Rydberg-
Atome äußerst empfindlich gegen äußere elektrische Felder. Feldionisation ist leicht
möglich und wird zum Nachweis der Rydberg-Atome benutzt. Wir begnügen uns mit
diesen Hinweisen und wenden uns wieder den exotischen Atomen zu.

11.2 Positronium und Myonium

Wir beginnen mit zwei Systemen, die nur aus Leptonen bestehen, nämlich Positronium
(e^+e^-) und Myonium (μ^+e^-). Leptonen sind nach gegenwärtigem Verständnis struktur-
lose Teilchen, die nur elektromagnetische und schwache Wechselwirkung haben. Der

schwache Anteil der Wechselwirkung spielt für das atomare Bindungspotential keine
Rolle. Die genaue Vermessung von Positronium und Myonium ist vor allem aus zwei
Gründen interessant. Zum einen erlaubt sie einen Test quantenelektrodynamischer
Effekte mit strukturlosen Teilchen, was eine besonders einfache Situation bedeutet,
zum anderen ist der Vergleich der elektromagnetischen Eigenschaften von Elektron und
Myon in der Teilchenphysik sehr wichtig.

Das am längsten bekannte exotische Atom ist Positronium. Es wurde bereits seit 1950
untersucht. Das liegt daran, daß Positronen leicht verfügbar waren, da sie von geeigneten radioaktiven Präparaten emittiert werden. Treten Positronen in Materie ein, werden sie zunächst durch Coulombstöße mit Elektronen gebremst und schließlich zerstrahlen sie mit einem gewöhnlichen negativen Elektron in γ-Quanten. Die Details dieser Vorgänge sind stark materialabhängig und in der Tat eignen sich Zerstrahlungsprozesse als Sonde zur Untersuchung von Strukturen in kondensierter Materie. In verdünnten Gasen jedoch sollte die Zerstrahlungsrate proportional zur Elektronendichte, d. h.
zum Druck sein. Beobachtungen der Vernichtungsstrahlung als Funktion des Gasdrucks
zeigten jedoch, daß es eine Komponente gibt, deren zeitliches Verhalten nicht von der
Zahl der Atome abhängt. Diese rührt vom gebundenen System $(e^+ e^-)$ her, dessen Lebensdauer vom Gasdruck unabhängig ist.

Tab. 6 und Fig. 110 zeigen, daß der Radius und die Wellenlängen der emittierten Strahlung bei Positronium doppelt so groß sind wie bei Wasserstoff. Meßbar und interessant
ist vor allem die Grundzustandsaufspaltung. Offensichtlich kann im Grundzustand ein
Singulett S = 0 mit antiparallelem Spin der Teilchen gebildet werden und ein Triplett
S = 1 mit parallelem Spin. Manchmal findet man dafür, in Analogie zum Sprachgebrauch
beim Helium (vgl. S. 158) die Bezeichnungen P a r a p o s i t r o n i u m und O r t h o -
p o s i t r o n i u m. Da es drei Triplett-Unterzustände $(m_s = +1, 0, -1)$ aber nur einen
Singulettzustand gibt, verhalten sich die Bildungsquerschnitte von Orthopositronium
zu Parapositronium wie 3/4 zu 1/4. In Gasen führen typischerweise etwa 1/3 bis 1/4
aller gestoppten Positronen zur Bildung von Positronium. Singulett- und Triplettzustand zerstrahlen in verschiedener Weise. Der S = 0 Zustand zerstrahlt in 2 γ-Quanten,
die aus Gründen der Energie- und Impulserhaltung gleiche Energie von 0.511 MeV haben und unter 180° zueinander ausgesandt werden. Wegen der Drehimpulserhaltung
sind sie außerdem entgegengesetzt zirkular polarisiert. Der S = 1 Zustand zerstrahlt hingegen, wie wir gleich zeigen werden, in mindestens drei Quanten. Die Energie kann sich
nun beliebig aufteilen, so daß ein kontinuierliches γ-Spektrum entsteht. Auch die Lebensdauer der Zustände ist verschieden. Die Störungsrechnung ergibt, daß die Zerstrahlungsrate λ_0 für den Singulett-Zustand gegeben ist durch

$$\lambda_0 = \frac{1}{\tau_0} = \frac{4\pi e^2}{m_0} |\psi(0)|^2 \approx \frac{4\pi e^2}{m_0} \cdot \frac{1}{\pi a^3} \approx 0{,}8 \cdot 10^{10} \text{ s}^{-1} \tag{11.9}$$

unter Benutzung von (5.54). Die Rate für den Triplett-Zustand ist um einen Faktor der
Größenordnung e^2 kleiner und beträgt $\lambda_1 \approx 7{,}2 \cdot 10^6$ s^{-1}. Die Zerstrahlungsprozesse
der beiden Zustände können also durch Spektrum und Lebensdauer experimentell
leicht unterschieden werden.

Bringt man Positronium in ein Magnetfeld, so tritt eine magnetische Auspaltung der beiden Zustände ein. Durch Hochfrequenzeinstrahlung lassen sich Übergänge der $m = \pm 1$-Zustände in den $m = 0$-Zustand induzieren. Da dieser im Magnetfeld fast ausschließlich durch 2-Quantenzerstrahlung zerfällt, erkennt man das Eintreten der Resonanz durch eine Intensitätsschwächung der 3-Quantenstrahlung. Durch solche Methoden läßt sich die Energiedifferenz zwischen Triplett- und Singulett-Zustand sehr genau messen. Sie beträgt $\Delta E = 8{,}3 \cdot 10^{-4}$ eV, ist also viel größer als die Hyperfeinstrukturaufspaltung im Grundzustand des Wasserstoffs. Genauer ergibt sich für die Aufspaltung

$$\Delta E/h = \Delta \nu = 203{,}3860 \cdot 10^9 \ \text{s}^{-1}.$$

Das ist in guter Übereinstimmung mit den theoretischen Vorhersagen, die auf einer relativistische Behandlung der magnetischen Wechselwirkungsenergie einschließlich quantenelektrodynamischer Beiträge beruht.

Wir betrachten nun noch die Symmetrieeigenschaften des Positroniums. Es besteht aus einem Teilchen und seinem Antiteilchen mit entgegengesetzter Ladung. Hier müssen wir zunächst etwas vorausschicken. Wir hatten auf S. 50 den Paritätsoperator behandelt. Er hat die Eigenschaft, bei zweimaliger Anwendung zum ursprünglichen Zustand zurückzuführen. Daraus ergeben sich die allein möglichen Eigenwerte ± 1. In ähnlicher Weise können wir nun einen Operator C einführen, der ein Teilchen in das Antiteilchen überführen soll. Doppelte Anwendung führt zum ursprünglichen Teilchen zurück, daher ist $C^2 = 1$ mit den Eigenwerten $C = \pm 1$. Man nennt diesen Eigenwert die C-Parität eines Teilchens oder eines Systems. Sie ist, wie die Parität, eine multiplikative Quantenzahl. Allerdings stellt sich bei genauerer Betrachtung heraus, daß C für g e l a d e n e Teilchen keine Eigenwerte hat, da geladene Teilchen Eigenzustände zum Ladungsoperator Q sind, der mit C nicht vertauschbar ist. Für n e u t r a l e Systeme hat C jedoch Bedeutung. Insbesondere hängt die Wellenfunktion des Photons vom Vektorpotential A des elektromagnetischen Feldes ab. Dieses ändert sein Vorzeichen, wenn Ladungen und Ströme ihr Vorzeichen ändern. Daher ist für das einzelne Photon $C = -1$. Noch etwas müssen wir erwähnen. Teilchen haben eine Eigenparität. Dies ergibt sich zwangsweise aus der Paritätserhaltung bei Erzeugungs- und Vernichtungsprozessen von Teilchen. Positron und Elektron haben entgegengesetzte Eigenparität. Die Eigenparität des Positroniums im Grundzustand ist daher -1.

Nach dieser Vorbereitung kehren wir zum Positronium zurück. Die folgenden Aussagen erfordern eigentlich eine detaillierte Symmetriebetrachtung des quantisierten Dirac-Feldes, doch läßt sich in grober Weise folgendermaßen argumentieren. Die eigentümliche Symmetrie des Positroniums besteht darin, daß die Anwendung der Operation C, d. h. Teilchen $\rightarrow$ Antiteilchen, zum gleichen Resultat führen muß wie die Anwendung der Operation $\mathscr{P}_{\text{rs}}$, die die Orts- und Spinkoordinaten der beiden Teilchen vertauscht. Positron und Elektron sind zunächst nicht-identische Teilchen. Wir können jedoch die Argumentation von Abschn. 7.2 wiederholen und beide Teilchen als identisch betrachten unter der Voraussetzung, daß wir der Wellenfunktion eine „Ladungskoordinate" hinzufügen, die wir einfach mit $+$ oder $-$ bezeichnen und die zwischen Teilchen und Antiteilchen unterscheidet. Die Wellenfunktion für das System aus den nunmehr identischen Teilchen mit dem inneren Freiheitsgrad + oder − ist dann von der Form

$$\psi_{rs+}(1)\,\psi_{r's'-}(2) - \psi_{rs-}(1)\,\psi_{r's'+}(2)$$

Zu den Austauschoperatoren $\mathscr{P}_r$ für die Raumkoordinaten und $\mathscr{P}_s$ für die Spinkoordinaten tritt nun zusätzlich der Austauschoperator $\mathscr{P}_C$ für die Ladungskoordinaten. Offensichtlich hat $\mathscr{P}_C$ die gleiche Wirkung wie C. Andererseits ist Ladungsaustausch beim Positronium äquivalent mit gleichzeitigem Austausch von Raum- und Spin-Koordinaten, also

$$C\psi_{1,2} = \mathscr{P}_C\,\psi_{1,2} = -\,\mathscr{P}_r\,\mathscr{P}_s\,\psi_{1,2} \tag{11.10}$$

Das Minuszeichen rührt von der ungeraden Eigenparität des Systems her. Für den 1s-Zustand ist die Wellenfunktion symmetrisch unter Koordinatentausch, d. h. der Eigenwert von $\mathscr{P}_r$ ist $+1$. Daher hat $\mathscr{P}_C$ und somit C Eigenwerte mit den umgekehrten Vorzeichen wie $\mathscr{P}_s$. Da $\mathscr{P}_s$ für den symmetrischen Spin-Triplett-Zustand S = 1 den Eigenwert $+1$ hat, ist hierfür C = −1, und umgekehrt ergibt sich C = 1 für S = 0. Da nun die C-Parität für das einzelne Photon gleich −1 ist und da es sich um eine multiplikative Quantenzahl handelt, kann der Singulettzustand nur durch eine gerade Anzahl von Quanten und der Triplettzustand nur durch eine ungerade Zahl von Quanten zerstrahlen, d. h. in niedrigster Ordnung durch zwei bzw. durch drei Quanten.

Wir wenden uns nun dem Myonium zu. Eigentlich müßte dieser Name für das System $(\mu^+\mu^-)$ reserviert bleiben, das sich aber schlecht herstellen läßt. Daher hat sich der Name Myonium für das Atom $(\mu^+ e^-)$ eingebürgert. Es ist, wie ein Blick auf Tab. 6 lehrt, in Größe und Anregungsenergien dem Wasserstoff ähnlicher als das Positronium. Auch die Experimente am Myonium beziehen sich hauptsächlich auf die Hyperfeinstrukturaufspaltung des Grundzustandes. Myonium bildet sich leicht beim Durchgang von positiven Myonen durch Gase. Meist verwendet man sehr reine Edelgase unter hohem Druck. Myonium bildet sich zu einem hohen Prozentsatz beim Abbremsen der Myonen durch Umordnungsstöße mit der Elektronenhülle. Edelgase sind nötig, damit die gleich zu beschreibende Polarisation des Myoniums nicht durch chemische Reaktionen dieses stark reaktiven wasserstoffähnlichen Atoms zerstört wird.

Zunächst ein paar Worte über das Myon. Es ist der schwere Bruder des Elektrons. Seine Masse beträgt 207 Elektronenmassen. Es hat nur schwache und elektromagnetische Wechselwirkung und entsteht und zerfällt durch die Prozesse

$$\pi^+ \to \mu^+ + \nu_\mu \qquad (2{,}6 \cdot 10^{-8}\,\text{s}) \tag{11.11}$$

$$\mu^+ \to e^+ + \nu_e + \bar{\nu}_\mu \qquad (2{,}2 \cdot 10^{-6}\,\text{s}) \tag{11.12}$$

Die mittleren Lebensdauern sind in Klammern angegeben. Intensive μ-Strahlen stehen nur in wenigen Laboratorien zur Verfügung, da man einen Protonenbeschleuniger hoher Intensität benötigt, um zunächst Pionen herzustellen, deren Zerfalls-Myonen dann in geeigneter Weise fokussiert werden. Besonders wichtig an den Prozessen (11.11) und (11.12) ist die Tatsache, daß eine Kopplung zwischen Spinrichtung und Impulsrichtung existiert. Das ist eine Eigenschaft der schwachen Wechselwirkung. Die Verhältnisse sind in Fig. 111 skizziert. Beim μ^+ steht der Spin entgegengesetzt zum Impuls. Wenn das μ^+ in Ruhe zerfällt, ist die Winkelverteilung der Zerfallselektronen nicht isotrop. Die meisten Elektronen werden in Spinrichtung des Myons ausgesandt. Durch Beobachtung der Winkelverteilung der Elektronen kann man daher auf die Spinrichtung des zerfallenden Myons schließen.

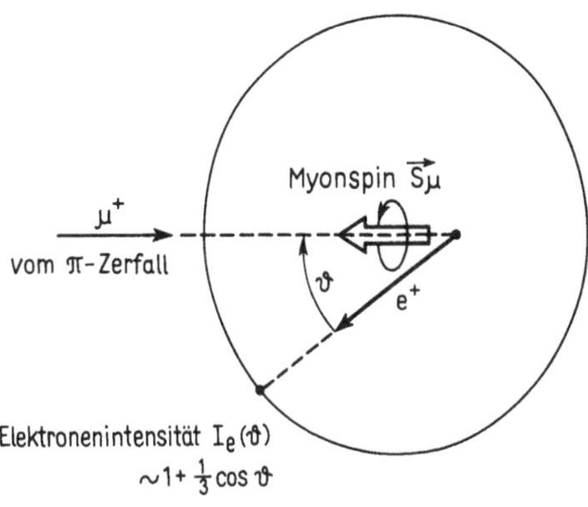

Fig. 111
Polarisation und Elektron-Winkel-
verteilung beim μ^+-Zerfall

Diese Polarisationseigenschaften sind für die Beobachtung des Myoniums sehr wichtig. Sie erlauben nämlich, im Magnetfeld die Präzessionsbewegung eines mit dem Myon-Spin gekoppelten magnetischen Moments zu beobachten. Für das Myon können wir analog zum Bohr'schen Magneton (4.10) ein μ-Magneton μ_B^μ definieren

$$\mu_B^\mu = \frac{e\hbar}{2m_\mu c} = 2{,}795 \cdot 10^{-13}\,\text{MeV/T} \qquad (11.13)$$

Es enthält die Masse m_μ des Myons und ist 207 Mal kleiner als das Bohrsche Magneton. In einem Magnetfeld B wird ein freies Myon mit der Larmor-Frequenz

$$\omega_L = 2\pi\nu_L = \frac{g_\mu \mu_B^\mu B}{\hbar} \qquad (11.14)$$

(vgl. 4.16) präzessieren. Wenn der g-Faktor g_μ des Myons ebenso wie der des Elektrons gleich 2 ist, ergibt sich daraus $(\nu/B) = 135$ MHz/T. Dies stimmt mit dem Wert überein, den man aus der Rotationsgeschwindigkeit der Elektronen-Winkelverteilung erhält, wenn man gestoppte Myonen in einem Magnetfeld senkrecht zur Spinrichtung zerfallen läßt. Das Myon hat also den g-Faktor $g_\mu = g_e = 2$.

Jetzt betrachten wir den Fall, daß das Myon ein Elektron einfängt und Myonium bildet. Der Elektronenspin kann parallel oder antiparallel zum Spin des μ stehen, es gibt also wieder die beiden Hyperfeinstrukturzustände F = 1 und F = 0. Man kann nun die Präzession des F = 1-Zustandes im Feld beobachten, wobei die Elektronenwinkelverteilung als Indikator für die Spinrichtung benutzt wird. Nun dominiert aber das um den Faktor 207 größere magnetische Moment des Elektrons, so daß sich eine ganz andere Larmofrequenz ergibt, nämlich

$$\omega_L = 2\pi\nu_L = \frac{g_F \mu_B B}{\hbar} \qquad (11.15)$$

worin der g_F-Faktor analog der Vorschrift (9.35) berechnet werden muß mit den Ersetzungen

$$I \rightarrow I_\mu = \frac{1}{2}, \qquad \mu_K \rightarrow \mu_B^\mu, \qquad g_K \rightarrow g_\mu = 2.$$

Da der zweite Term das Verhältnis $(\mu_\mu/\mu_B) = (m_\mu/m_e) \approx 5 \cdot 10^{-3}$ enthält, ist er klein, so daß sich, wie auf S. 203 beschrieben, ergibt $g_J = 2$, $g_F = 1$. Die Larmor-Frequenz ergibt sich daher aus (11.15) zu

$$\omega_L = \frac{\mu_B B}{\hbar}; \qquad (\nu_L/B) = 14\,\text{GHz/T} \tag{11.16}$$

Die Beobachtung dieser charakteristischen Frequenz hat zur Entdeckung des Myoniums geführt.

Für die Aufspaltung der beiden Hyperfeinstrukturkomponenten $F = 0$ und $F = 1$ im Magnetfeld gilt die Breit-Rabi-Formel (9.39). Die Feldabhängigkeit folgt also dem Muster von Fig. 102. Das eröffnet die Möglichkeit zu einer äußerst präzisen Vermessung der Aufspaltungsenergie ΔE_0 durch ein Resonanzexperiment mit induzierten Übergängen zwischen den Komponenten des Diagramms im Magnetfeld parallel zum Myonium-Spin. Als Indikator für den Resonanzübergang dient die Änderung der Zerfallselektronen-Winkelverteilung, die durch einen Spinflip des μ hervorgerufen wird. Die Genauigkeit dieser Experimente ist sehr groß. Es ergibt sich

$$\Delta\nu = (\Delta E_0/h) = 4{,}463302 \cdot 10^9\,\text{s}^{-1}$$

Dieser Wert ist von großer Bedeutung, da er innerhalb der Genauigkeit, mit der Rechnungen überhaupt durchgeführt werden können, in Übereinstimmung ist mit der Vorhersage, die sich ergibt mit allen quantenelektrodynamischen Termen sowie unter der Voraussetzung gleichen elektromagnetischen Verhaltens von Elektron und Myon.

Die Lebensdauer des Myoniums ist natürlich durch die Lebensdauer des Myons begrenzt, das schließlich nach (11.12) zerfällt. Man kann fragen, warum das Myonium nicht auch wie das Positronium in zwei γ-Quanten zerstrahlen kann. Dieser Zerfall wird nicht beobachtet, obwohl er durch die üblichen Erhaltungssätze nicht verboten ist. Das ist ein Hinweis auf einen fundamentalen Unterschied zwischen Elektron und Myon.

Zum Schluß dieses Abschnittes erwähnen wir noch das myonische Helium, das dem Myonium nähersteht als den myonischen Atomen, über die wir im nächsten Abschnitt reden. Myonisches Helium, $(\text{He}^{++}\mu^- e^-)$ enthält innen ein negatives Myon vom Radius $a_\mu = 65$ fm. Das weiter außen befindliche Elektron sieht daher nur e i n e Elementarladung und ist völlig wasserstoffähnlich mit $a_0 = 52900$ fm. Die magnetische Hyperfeinstruktur der Atomzustände ist, von kleineren Korrekturen wegen der Schwerpunktbewegung und der endlichen Kernausdehnung abgesehen, sehr ähnlich der des Myoniums, weil der Heliumkern kein magnetisches Moment beiträgt. Wir können das System auch auffassen als ein Wasserstoffatom mit einem Pseudokern der Masse 4, der Ladung 1 und dem magnetischen Moment des Myons.

11.3 Myonische Atome

Myonische Atome bilden sich, wenn n e g a t i v e Myonen in Materie gestoppt werden. Verfolgen wir zunächst das Schicksal eines Myons. Zunächst wird es durch Coulomb-Stöße mit Elektronen Energie verlieren, ähnlich wie alle geladenen Teilchen. Wenn es nach etwa 10^{-11} s die Geschwindigkeit der Valenzelektronen erreicht hat, tritt eine relativ komplizierte Situation ein. Durch die Wechselwirkung mit den Elektronen können nun diskrete Quantenzustände des Atoms, Moleküls oder Gitters angeregt werden. Das μ^- wird dabei innerhalb von ca. 10^{-13} s bis auf thermische Energien abgebremst. Schließlich kann es in einen gebundenen Atomzustand eingefangen werden. Diese Prozesse hängen von der chemischen Beschaffenheit und Kristallstruktur des Materials ab. Da kein Pauli-Prinzip wirkt, kann das Myon schließlich ungehindert die Elektronenhülle durchfallen. Einfachere Verhältnisse treten wieder auf, wenn das Myon den Radius der K-Schale erreicht. Nach (11.4) verhalten sich die Hauptquantenzahlen von Myon n_μ und Elektron n_e für gleiche Bahnradien wie

$$\frac{n_\mu}{n_e} = \sqrt{\frac{m_\mu}{m_0}} \approx 14 \tag{11.17}$$

Ab etwa $n_\mu = 14$ befindet sich also das Myon innerhalb der Elektronenhülle im nur wenig abgeschirmten Kernfeld. Obwohl die Details des Einfangs von der Struktur des Materials abhängen, ist es näherungsweise gerechtfertigt, die Besetzungsdichte der Anfangszustände $\sim 2\ell + 1$ anzunehmen, das entspricht einer Gleichverteilung auf alle m_ϱ-Werte.

Nach dem Eintauchen in die K-Schale wird das Myon durch Stöße mit Elektronen nicht weiter gestört. Es geht über eine Kaskade von elektromagnetischen Übergängen in seinen Grundzustand über. Dies ist in Fig. 112 illustriert. Solange die Übergangsenergien klein sind (für einen Übergang $n = 14 \rightarrow n = 13$ betragen sie $(1/13^2) - (1/14^2) = 8 \cdot 10^{-4}$ der Ionisationsenergie), überwiegt bei den elektromagnetischen Übergängen der Auger-Effekt, insbesondere bei leichten Elementen, d. h. die direkte Übertragung der Energie über das elektromagnetische Feld auf ein Hüllenelektron. Bei niedrigerem n dominiert die Emission von Röntgenquanten. Wegen der anfänglichen Besetzungsdichte $\sim 2\ell + 1$ und weil die Auswahlregeln Übergänge mit $\Delta\ell = -1$ bevorzugen, verlaufen die meisten Übergänge, wie gezeichnet, am Rand des Termschemas. In einem mittleren Bereich von n ist das Myon einerseits noch so weit vom Kern entfernt, daß dessen Ausdehnung und Struktur die Zustände wenig beeinflußt und andererseits hat es wenig Wechselwirkung mit der weiter außen befindlichen Elektronenhülle. Dieser Bereich eignet sich daher besonders gut zur Untersuchung quantenelektrodynamischer Effekte. Für kleine n tritt schließlich ein starker Überlap von Myon und Kern ein, so daß Hyperfeinstruktureffekte ausgeprägt sind. Die Übergangsenergien bei den tiefsten Zuständen liegen im MeV-Bereich, d. h. im Bereich der Anregungsenergien des Kerns. Es können daher auch strahlungslose Übergänge erfolgen, bei denen die Energie direkt in elektromagnetische Anregung des Kerns übertragen wird. Schließlich erreicht das Myon den Grundzustand.

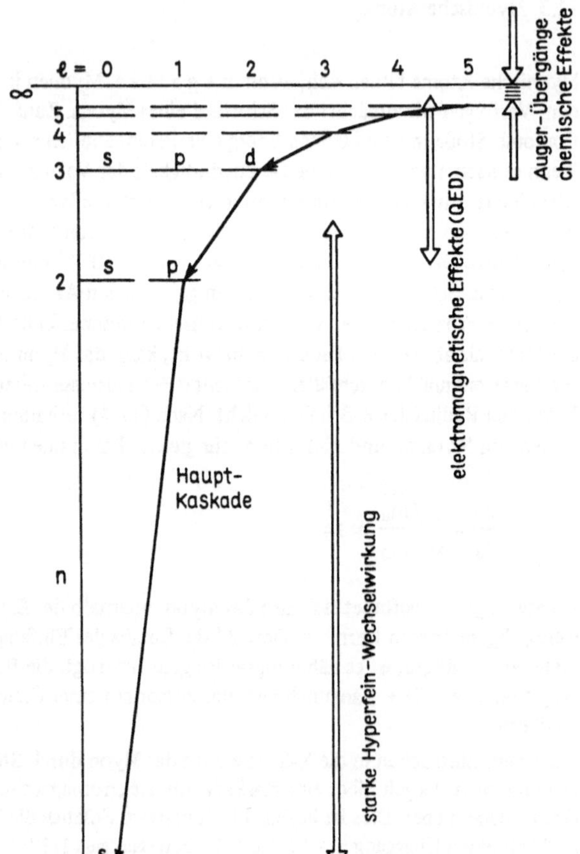

Fig. 112
Termschema eines
myonischen Atoms
(zur Energieskala
siehe Fig. 110)

Die gesamte Kaskade läuft sehr schnell ab, in etwa 10^{-14} s. Das Myon kann daher bei diesem Prozess als stabiles Teilchen betrachtet werden. Aus dem Grundzustand kann es auf zwei Arten zerfallen, entweder wie ein freies Myon $\mu^- \to e^- + \bar{\nu}_e + \nu_\mu$ oder durch schwache Wechselwirkung mit einem Proton des Kerns $\mu^- + p \to n + \nu_\mu$. Dieser letztere Prozess nimmt an Wahrscheinlichkeit mit Z_{eff}^4 zu, verkürzt die Lebensdauer jedoch nie unter 10^{-8} s.

Bisher haben wir der Einfachheit halber von Bahnradien gesprochen. Das soll anhand von Fig. 113 präzisiert werden. Dargestellt ist der Radialverlauf verschiedener Myon-Wellenfunktionen $[rR_{n\ell}(r)]^2$ für $Z = 82$ ähnlich wie in Fig. 34 (s. S. 80) für den Wasserstoff. Der linke Teil der Figur zeigt den kern-nahen Teil. Der starke Überlapp der 1s-Wellenfunktion mit dem Kern ist sehr deutlich. Der rechte Teil zeigt den äußeren Bereich einschließlich einer 1s-Wellenfunktion des Elektrons. In der Tat überlappt etwa der 4f-Zustand des Myons weder nennenswert mit dem Kern noch mit der Hülle.

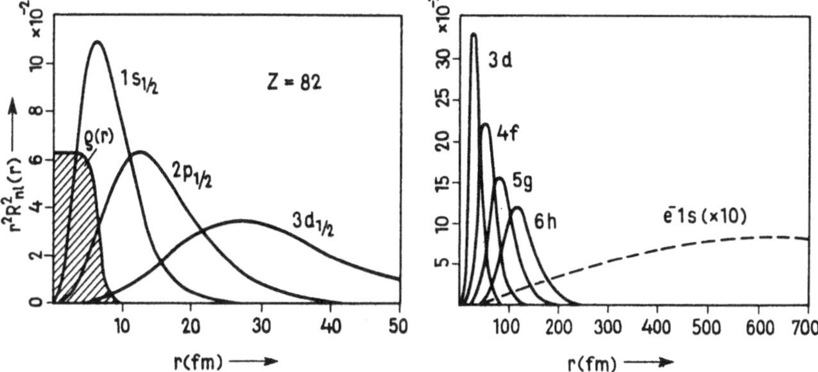

Fig. 113 Myon-Wellenfunktionen für Blei. Links: kernnaher Teil. Die Ladungsdichteverteilung $\rho(r)$ des Kerns ist in willkürlichem Maßstab gezeichnet. Rechts: Wellenfunktionen des Myons für höheres n im Vergleich zur 1s Elektron-Wellenfunktion. (Nach E. Boric and G. A. Rinker, Rev. mod. Phys. **54** (1982) 68)

Das Termschema von Fig. 112 ist nur eine grobe Näherung in der alle Details wegge-lassen sind. Selbst beim Wasserstoff ergab sich ja für die H_α-Linie bei näherem Hinsehen das Aufspaltungsbild von Fig. 51. Man kann daher an myonischen Atomen eine Fülle von Details studieren. Dies geschieht meist durch hochauflösende Spektroskopie der Röntgenlinien mit Halbleiterdetektoren oder sogar mit Kristallspektrometern. Wir wollen hier einige Resultate kurz erwähnen.

Bei der Verifizierung der Quantenelektrodynamik haben Myonische Atome eine große Rolle gespielt. Fig. 113 zeigt, daß beispielsweise der $5g \to 4f$ Übergang für solche Ex-perimente günstig liegt. Nach Tab. 6 hat er für Blei eine Energie von $[(1/5)^2 - (1/4)^2] \cdot 18{,}9$ MeV ≈ 430 keV. Die elektrische Feldstärke ist dabei in der Größenordnung von 10^{17} V/m. In so starken Feldern verschiebt allein die Vakuumpolarisation den Dirac-Wert der Übergangsenergie um etwa 0,5%. Am Wasserstoffatom bewirkt die Lambshift dagegen nur einen Effekt in der Größenordnung von 10^{-7} der Linienenergie (vgl. Ab-schnitt 5.4). Die Details der Rechnungen sind kompliziert, aber wir zeigen in Fig. 114 wie sich die Korrektur zur Dirac-Linienenergie zusammensetzt und wie sie sich mit dem gemessenen Wert vergleicht. Die Übereinstimmung ist in der Tat beeindruckend.

Zum Schluß besprechen wir noch kurz die Hyperfeinstruktureffekte. Sie sind eine be-sondere Domäne der myonischen Atome, da man viele der bei elektronischen Atomen beschriebenen kleinen Effekte mit Myonen wie durch ein Vergrößerungsglas beobach-ten kann. Wir beginnen mit der elektrischen Monopolwechselwirkung (9.11), d. h. der Verschiebung der Myon-Energien infolge der ausgedehnten Ladungsverteilung des Kerns. Der Effekt ist äußerst drastisch. Er ist proportional zur Ladungsdichte d. h. zu dem vom Myon eingenommenen Volumen, welches $\sim 1/a_\mu^3$ ist. Wegen (11.8) ist daher die Ladungsdichte um den Faktor $(m_\mu/m_e)^3 = 207^3 \approx 10^7$ größer als bei einem elek-tronischen Atom. Das bewirkt zum Beispiel beim myonischen Blei, daß die $2p \to 1s$-Energie für den ausgedehnten Kern um den Faktor zwei kleiner ist als für einen Punkt-

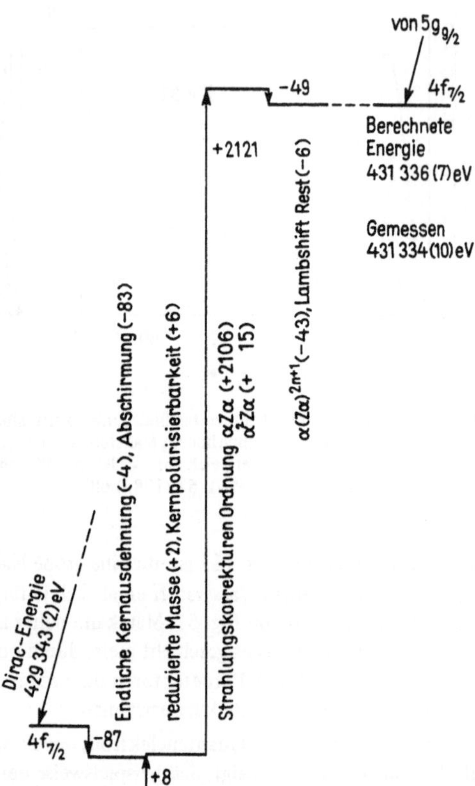

Fig. 114
Korrekturen zur Energie des myonischen $5g_{9/2} \rightarrow 4f_{7/2}$ Übergangs in ^{208}Pb (Werte aus F. Scheck, Phys. Rep. 44 (1978) 187)

kern. Aus den Linienenergien lassen sich deshalb sehr präzise Werte für quadratisch gemittelte Ladungsradien $\langle R^2 \rangle$ ableiten. Desgleichen lassen sich Isotopieverschiebungen (Energiedifferenzen bei Variation der Neutronenzahl in einer Reihe von Kernen mit gleichem Z), Isotonieverschiebungen (Variation der Protonenzahl) und Isomerieverschiebungen (Coulomb-Energiedifferenz bei verschiedenem Radius von Grundzustand und angeregtem Zustand) genau beobachten.

Im Gegensatz dazu ist die magnetische Dipolwechselwirkung (vgl. 5.55) nicht so stark ausgeprägt. Zwar nimmt die Wechselwirkungsenergie wegen des besseren Überlapps zu, aber statt des magnetischen Moments des Elektrons tritt das kleinere Moment des Myons auf. Beides wirkt entgegengesetzt und daher ist der Gewinnfaktor in der Energie nur $207^2 \approx 4 \cdot 10^4$. Die Wechselwirkungsenergien liegen in der Größenordnung von einigen keV bei schweren Elementen. Immerhin lassen sich damit viele sonst unzugängliche Feinheiten beobachten, z. B. die Magnetisierungs v e r t e i l u n g in Kernen.

Die Quadrupolenergie deformierter Kerne in myonischen Atomen schließlich hat wieder den vollen Gewinn des Faktors 10^7. Typische Quadrupolaufspaltungsenergien für stark deformierte schwere Kerne liegen zwischen 50 und 500 keV. Man kann aus ihrer Messung äußerst genaue Werte für die Quadrupoldeformation und höhere elektrische Momente von Kernen herleiten.

11.4 Hadronische Atome

Was geschieht, wenn wir bei der Bildung des Atoms das Myon durch ein Pi-Meson ersetzen? Das π^- hat eine Masse von 273 Elektronenmassen (140 MeV/c^2), das sind 1,3 Myonenmassen. Entsprechend skalieren die Energien im Termschema. Es gibt aber zwei wichtige Unterschiede: das π-Meson hat starke Wechselwirkung mit dem Kern

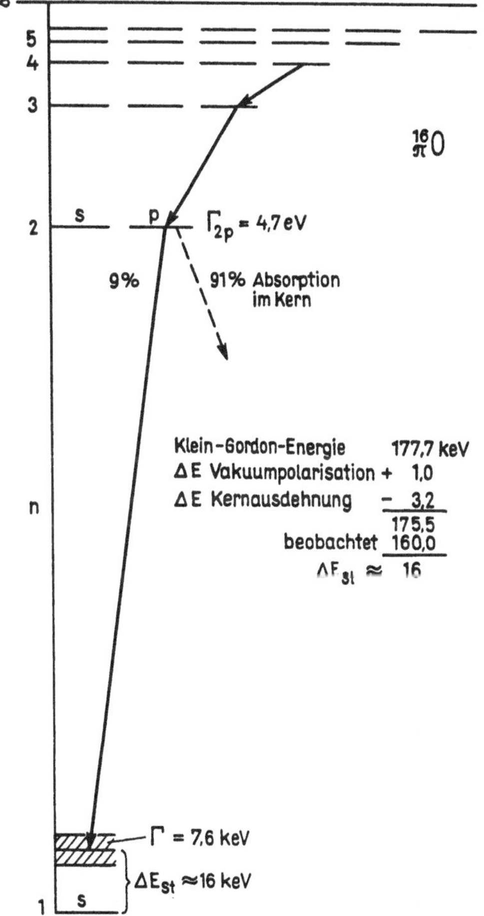

Fig. 115
Pionischer
2p → 1s Übergang
im $\pi^{16}O$

und außerdem ist es ein Boson, d. h. es hat im Gegensatz zum Elektron und zum Myon den Spin 0. Das Termschema wird daher nicht durch die Dirac-Gleichung beschrieben, sondern durch die Klein-Gordon-Gleichung (4.48). Die Lösung sieht genauso aus, wie Gl. (5.45), nur daß jetzt ℓ statt j im Feinstruktur-Term steht. Natürlich kann es keine Feinstruktur-Dubletts geben, da das π-Meson Spin 0 hat. Wichtiger sind die Effekte der starken Wechselwirkung. Da die starken Kräfte zwischen Pion und Kern aber sehr kurzreichweitig sind, äußern sie sich nur bei den tiefliegenden Zuständen und werden für n > 6 im allgemeinen nicht mehr beobachtet.

Ähnlich wie bei den myonischen Atomen können wir also wieder drei Energiebereiche unterscheiden, nämlich (1) den Einfangbereich, (2) den Bereich vorwiegend elektromagnetischer Wechselwirkung mit dem Pion unterhalb der Elektronen-K-Schale ($6 \lesssim n \lesssim 17$) und (3) den Bereich tiefliegender Zustände bei dem die starken Kräfte ins Spiel kommen. Das Verhalten in den Bereichen (1) und (2) ist sehr ähnlich wie bei den myonischen Atomen. Wir wollen uns daher auf eine kurze Diskussion des Verhaltens im Bereich (3) beschränken. Zur Illustration diene das Termschema des pionischen ^{16}O in Fig. 115. Pionen erfahren durch die starke Wechselwirkung mit dem Kern ein zusätzliches kurzreichweitiges Potential, das anziehend oder abstoßend sein kann. Es muß neben dem Coulomb-Potential in den Lösungen berücksichtigt werden und bewirkt eine Verschiebung ΔE_{st} der Energieniveaus. Die Energie eines Niveaus enthält jetzt folgende Beiträge: (a) Energie für einen punktförmigen Kern nach der Klein-Gordon-Gleichung, (b) elektrische Hyperfeinstrukturenergien, insbesondere für ausgedehnten Kern und gegebenenfalls für Quadrupolwechselwirkung, (c) Vakuum-Polarisation und andere quantenelektrodynamische Korrekturen und schließlich (d) die

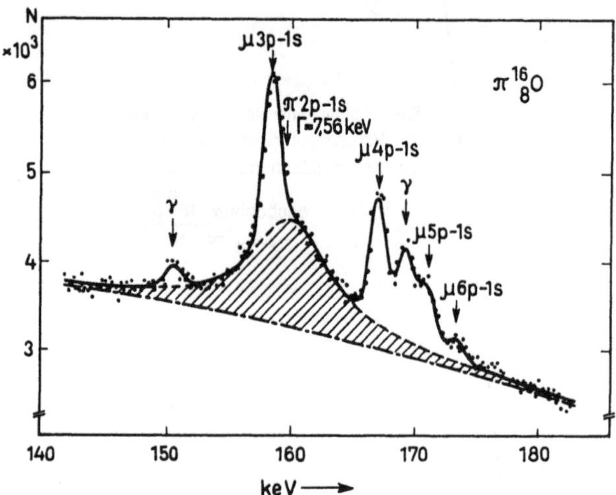

Fig. 116 Gemessenes Spektrum des pionischen 2p → 1s Übergangs in ^{16}O (schraffiert). Gleichzeitig wurden myonische Übergänge beobachtet (nach Backenstoss et al., Phys. Lett. **25 B** (1967) 365)

Energie ΔE_{st} aufgrund der starken Wechselwirkung. Da die starke Wechselwirkung viel schlechter verstanden ist als die elektromagnetische, kann man die beobachteten Verschiebungen ΔE_{st} benutzen, um etwas über die π-Kern-Wechselwirkung zu lernen. Das setzt voraus, daß alle anderen Beiträge zur Linienenergie gut genug verstanden sind, z. B. aus dem Vergleich mit myonischen Atomen, um aus der gemessenen Gesamtenergie die Größe ΔE_{st} abzuleiten. Die entsprechenden Werte für ^{16}O sind in Fig. 115 eingetragen.

Nun kann aber das Pion außerdem durch starke Wechselwirkung mit dem Kern r e - a g i e r e n und überhaupt verlorengehen, z. B. durch den Prozeß

$$\pi^- + (np) \to n + n \tag{11.18}$$

Das Pion kann dabei nur mit zwei nahe beieinander befindlichen Nukleonen gleichzeitig reagieren, da der Impuls des Systems vor dem Einfang gleich Null ist und beim Verschwinden des Pions seine Masse als kinetische Energie von 140 MeV frei wird. Wegen der Impulserhaltung geht das nur, wenn nachher zwei Nukleonen in entgegengesetzter Richtung davonfliegen. Die Lebensdauer eines Pions in Kernmaterie ist sehr klein, in der Größenordnung von 10^{-24} s. Sobald also die π-Wellenfunktion mit dem Kern merklich überlappt, treten Absorptionsprozesse ein. Sie verkürzen die Lebensdauer des atomaren Zustands und führen daher nach $\tau \approx \hbar/\Gamma$ zu einer Verbreiterung Γ_{st} des Niveaus. Auch diese Linienverbreiterung ist eine Größe, deren Beobachtung Schlüsse auf die π-Kernwechselwirkung erlaubt. Diese Verbreiterungen sind in Fig. 115 angedeutet. Wir ergänzen die Figur durch ein Röntgenspektrum gemessen beim Einfang von Myonen und Pionen in Sauerstoff. Man erkennt neben den myonischen Linien die sehr breite Verteilung, die zum pionischen $2p - 1s$ Übergang gehört. Verschiebungen und Linienbreiten lassen sich im allgemeinen nur für wenige Niveaus messen, da einerseits für höheres Z bei kleineren n die Absorption so stark wird, daß der Übergang nicht mehr beobachtbar ist und andererseits bei größerem n die starken Kräfte keine Rolle mehr spielen. Die Ergebnisse an pionischen Atomen zeigen, daß im allgemeinen der 1s-Grundzustand angehoben wird, also ein repulsives Potential wirkt, alle anderen Niveaus aber durch ein attraktives Potential abgesenkt werden (vgl. Fig. 115).

Außer mit dem Pion lassen sich Atome bilden mit anderen stark wechselwirkenden Teilchen. Es sind dies insbesondere

$$K^- \quad (965\ m_0; \quad 1,2 \cdot 10^{-8}\ s; \quad \text{Spin } 0)$$

$$\Sigma^- \left(2342\ m_0; \quad 1,5 \cdot 10^{-10}\ s; \quad \text{Spin } \frac{1}{2}\right)$$

$$\bar{p} \left(1836\ m_0; \quad >10^{30}\ a; \quad \text{Spin } \frac{1}{2}\right)$$

Für alle hadronischen Atome gilt, daß sich aus den Linienenergien im mittleren Bereich des Termschemas die Teilchenmassen sehr genau bestimmen lassen (richtige QED-Korrekturen vorausgesetzt) und daß für die Spin-1/2-Teilchen aus der Hyperfeinstruktur die magnetischen Momente abgeleitet werden können. Daher stammen die genausten

Werte für die Massen von π^-, K^-, Σ^- und $\bar{p}$ aus solchen Messungen ebenso wie die Werte für die magnetischen Momente von Σ^- und $\bar{p}$. Und natürlich lassen sich wiederum die Effekte der starken Wechselwirkung studieren.

Wir erwähnen als letztes, aber besonders interessantes Beispiel den antiprotonischen Wasserstoff ($p\bar{p}$), auch Protonium genannt. Seine Untersuchung ist naturgemäß schwierig, da man hinreichende Mengen langsamer Antiprotonen zu seiner Erzeugung braucht. Sie stehen insbesondere am Speicherring LEAR (= Low Energy Antiproton Ring) des CERN zur Verfügung. Erste Messungen an 200 Quanten des $2p \rightarrow 1s$ Übergangs im Jahre 1984 haben gezeigt, daß die Linienenergie statt 9,3 keV (s. Fig. 110) nur 8,8 keV beträgt, d. h. der 1s-Zustand ist durch ein repulsives Potential um ca. 0,5 keV angehoben. Weniger als 5% der 2p-Zustände gehen in den Grundzustand über, der Rest zerstrahlt. Für die Zerstrahlungsprozesse aus dem Grundzustand, der als Spin-Singulett oder als Spin-Triplett vorliegen kann, gelten die gleichen Symmetriebetrachtungen wie beim Positronium. Wir haben hier vom Grundzustand des a t o m a r e n Systems gesprochen. Es gibt Anzeichen, daß es außerdem viel stärker gebundene n u k l e a r e Zustände gibt (Bindungsenergie rund 250 MeV), für die nicht die elektrische Anziehung, sondern die Kernkräfte verantwortlich sind.

Hiermit beschließen wir unsere kurze Beschreibung exotischer Atome. Dies sind Objekte, die in unserer natürlichen Umgebung nicht vorkommen, sondern auf recht komplizierte Weise hergestellt werden. Der Vorwurf jedoch, die Physiker beschäftigten sich mit Problemen, die sie vorher künstlich geschaffen haben, ist nicht stichhaltig. Wie wir gesehen haben, verschafft uns das Studium exotischer Atome wesentliche Einblicke in das Wirken der fundamentalen Naturgesetze.

12 Gebundene Atome

12.1 Übersicht

Freie, einzelne Atome, wie sie Gegenstand der bisherigen Betrachtung waren, kommen auf der Erde äußerst selten vor. Will man sie studieren, muß man sie im Laboratorium in geeigneter Weise präparieren. Abgesehen von den Edelgasen besteht unsere irdische Umgebung aus Gasen mit zwei- oder mehratomigen Molekülen sowie aus kondensierter Materie in Form von Flüssigkeiten und Festkörpern. Die Bindungskräfte zwischen den Atomen, die hier auftreten, können von sehr verschiedener Natur sein. Sie führen zu der ungeheuren Vielfalt der Erscheinungen, die Gegenstand der Chemie und der Physik der kondensierten Materie sind. In diesem Kapitel soll ein erster, mehr qualitativer Überblick über einige der den gebundenen Systemen zugrunde liegenden physikalischen Prinzipien gegeben werden, gewissermaßen als Brücke zur Physik der kondensierten Materie.

Erst sollten wir überlegen, bei welchen Fragen klassische Betrachtungsweisen hinreichend Auskunft geben kann und bei welchen die quantenmechanische Behandlung unerläßlich ist. Ein einfaches Kriterium hierfür bietet das Verhältnis der de Broglie-Wellenlänge der Konstituenten eines Moleküls oder einer Kristallzelle zur Gesamtdimension des Systems. Da die Wellenlänge von Elektronen mit einer typischen Bindungsenergie von 10 eV in der Größenordnung von 1 Å liegt (Tabelle 2 von S. 33) und dies mit der Molekülgröße vergleichbar ist, müssen Elektronen bei Bindungsvorgängen sicherlich quantenmechanisch behandelt werden. Anders ist es bei den Atomkernen. Wegen ihrer gegenüber den Elektronen um den Faktor $A \cdot 1836$ größeren Masse ist ihre Wellenlänge um den Faktor $1/\sqrt{A \cdot 1836} = (1/\sqrt{A}) \cdot 2,3 \cdot 10^{-2}$ kleiner. Sie können daher gut in klassischer Näherung behandelt werden.

Man könnte bei der Beschreibung etwa eines Moleküls zunächst an den allgemeineren Ansatz denken, dieses als eine stabile Anordnung von Kernen und Elektronen zu behandeln. Wegen der guten Lokalisierbarkeit der Kerne und der inneren Elektronenschalen ist es aber erlaubt und einfacher, die Individualität der einzelnen Atome beizubehalten und nur die schwächer gebundenen Valenzelektronen am Gesamtsystem teilnehmen zu lassen. Das ist allerdings auch nötig, denn die Bindungskräfte kommen gerade dadurch zustande, daß die Valenzelektronen nicht bei den einzelnen Atomen lokalisiert sind.

Die Bindungskräfte innerhalb einzelner Moleküle und innerhalb von kristallinen Strukturen sind im wesentlichen von gleichem Ursprung. Unter diesem Gesichtspunkt können wir einen Kristall als ein großes Molekül von periodischer Bauart auffassen. Hier folgt zunächst eine kurze Übersicht über die wichtigsten Bindungskräfte.

1. Ionenbindung. Die Ionenbindung entsteht durch elektrostatische Anziehung zwischen positiven und negativen Ionen. Typisch sind Salze aus Metallen und Nichtmetallen, z. B. Natriumchlorid. Da die Bindung zwischen ungleichnamigen Ladungen erfolgt, heißt sie **heteropolar**. Sie kann in angemessener Weise klassisch beschrieben werden (siehe den nächsten Abschnitt 12.2). Da bei der Ionenbindung eine edelgasähnliche Elektronenkonfiguration entsteht, sind die Bindungskräfte nicht räumlich gerichtet. Bei Kristallen mit Ionenbindung ist die Packung der Atome sehr dicht und die Zahl der nächsten Nachbarn, die **Koordinationszahl**, ist groß. Außerdem gibt es bei Ionenkristallen keine freien Elektronen, sie sind „quasigebunden". Das bedeutet schlechte Stromleitung und schlechte Wärmeleitung. Die Bindungsenergie in der Gegend von etwa 8 eV/Atom ist relativ hoch und deshalb liegen auch die Schmelzpunkte hoch.

2. Kovalente Bindung. Ursache der kovalenten Bindung sind Austauschkräfte, die durch Elektronenaustausch zwischen den Partnern zustande kommen. In Abschnitt 12.3 wird das anhand des H_2-Moleküls näher erläutert. Dabei wird auch klar, daß die kovalente Bindung nur quantenmechanisch zu verstehen ist. Da die elektrische Anziehung hier keine Rolle spielt, spricht man von **homöopolarer** Bindung. Sie dominiert bei organischen Verbindungen, tritt aber auch z. B. im Diamantgitter oder als Bindungskraft zwischen den Ebenen des Graphitgitters auf. Die kovalente Bindung ist räumlich gerichtet. Die Struktureigenschaften von Molekülen und Kristallen hängen daher direkt von der Richtungsverteilung der Elektronendichte ab, die bei der Bindung entsteht. Die Bindungskräfte sind zwischen den Partnern absättigbar, das bedeutet kleine Koordinationszahlen. Kovalent gebundene Kristalle haben keine freien Elektronen. Die Bindungsenergie ist vergleichbar mit der von Ionenkristallen. Mit diesen teilen sie daher die Eigenschaft als schlechte Leiter für Elektrizität und Wärme, auch sie haben einen hohen Schmelzpunkt.

3. Metallische Bindung. Metallische Bindung tritt nur auf, wenn Kristalle oder mindestens größere Cluster von Metallatomen vorliegen. Atome, die metallische Bindung eingehen, haben nur wenige, schwach gebundene Valenzelektronen. Es sind nicht genügend, um gesättigte kovalente Bindungen im Kristall auszubilden. Alkalimetalle sind das typische Beispiel. Wenn der Kristall sich bildet, werden auf Kosten der Bindungsenergie einzelne schwach gebundene Valenzelektronen freigesetzt, die sich quasifrei im ganzen Kristallgitter bewegen können. Im Gitter befindet sich dann ein **Elektronengas**. Die kovalenten Bindungen sind daher nicht mehr räumlich gebunden, sondern delokalisiert. Die freien Elektronen üben Anziehungskräfte auf alle Atome des Gitters aus, die zur Bindung führen. Diese Kräfte sind ungerichtet und die Koordinationszahlen sind groß. Es entsteht eine regelmäßige Anordnung kugelsymmetrischer positiver Ionen die dicht gepackt sind und zwischen denen sich die quasifreien Elektronen bewegen. Naturgemäß handelt es sich um gute Strom- und Wärmeleiter. Die Bindungsenergien sind nicht so groß, wie bei der Ionenbindung und der kovalenten Bindung, sie liegen in der Größenordnung von 1 eV. In Abschnitt 12.5 wird mehr im Detail gezeigt, wie die quasifreien Elektronen entstehen.

4. Van der Waals-Kräfte. Dies sind Kräfte, die zwischen ganzen Molekülen auftreten, aber auch z. B. zwischen Edelgasatomen, wenn diese kondensieren. In beiden Fällen

ist wegen der abgeschlossenen Elektronenkonfiguration weder Ionenbindung noch
kovalente Bindung möglich. Es handelt sich vielmehr um elektrische Dipol-Dipol-
Kräfte. Zwei klassische Dipole ziehen sich immer an mit einem Potential

$$V(r) = \text{const} \cdot r^{-6} \tag{12.1}$$

Bei Molekülen, die wegen ihrer inneren Ladungsverteilung von Natur aus ein elektrisches Dipolmoment haben, ist eine Dipol-Dipol-Wechselwirkung unmittelbar verständlich. Aber auch Atome und Moleküle ohne permanentes Dipolmoment sind in
einem elektrischen Feld im allgemeinen polarisierbar. Ein Molekül mit Dipolmoment wird daher durch sein Dipolfeld ein anderes ohne permanentes Dipolmoment
polarisieren können, so daß eine Wechselwirkung mit dem induzierten Moment entsteht. Aber auch zwischen zwei Molekülen ohne permanentes Dipolmoment tritt
diese Wechselwirkung auf. Das kommt daher, daß infolge der Elektronenbewegung
ständige Fluktuationen in der atomaren Ladungsverteilung auftreten, die ein mo-
mentanes Dipolmoment bewirken können, auch wenn das Zeitmittel Null ist. Bei
einer größeren Fluktuation wird im Nachbarn ein Dipolmoment induziert und dann
setzt gegenseitige Ausrichtung und Wechselwirkung ein. Die Van der Waals-Kräfte
sind sehr schwach, die Bindungsenergie pro Partner liegt unterhalb 0,1 eV. Demge-
mäß haben Molekülkristalle niedrige Schmelz- und Siedepunkte und das gleiche gilt
natürlich für Edelgase, aber auch für viele gewöhnliche Gase, wie Stickstoff oder
Wasserstoff. Van der Waals-Kräfte zwischen Atomen und Molekülen sind prinzipiell immer vorhanden, aber dort, wo stärkere Bindungskräfte auftreten, spielen sie
keine Rolle.

Diese Aufzählung der verschiedenen Bindungskräfte mag den Eindruck erwecken,
daß sich in jedem Einzelfall die Natur der Bindung spezifizieren lasse. Das ist keineswegs der Fall. Es treten vielmehr häufig Mischformen mit verschiedenen Bindungen auf, z. B. Mischungen von Ionenbindung und kovalenter Bindung. Dem werden
wir nicht nachgehen, hier soll es nur auf das prinzipielle Verständnis der Bindungskräfte ankommen.

12.2 Die Ionenbindung

Das typische Beispiel für eine Ionenbindung ist das Molekül des Salzes Natriumchlorid. Betrachten wir zunächst anhand von Fig. 117 die Elektronenkonfigurationen der Atome von Natrium und von Chlor. Natrium hat ein 3s-Elektron außerhalb
einer abgeschlossenen Neon-Konfiguration (siehe Fig. 75). Beim Chlor hingegen
fehlt gerade ein 3p-Elektron zum Abschluß der Argon-Schale. Daher entsteht eine
energetisch günstige Situation, wenn das Natrium sein Elektron an das Chloratom
abgibt.

Allgemein gilt, daß für die chemische Bindung immer die Elektronen maßgebend
sind, die sich am weitesten außen befinden. Wie Fig. 71 zeigt, ist dafür die Hauptquantenzahl n maßgebend. Als Valenzelektronen fungieren daher bei Chlor sowohl

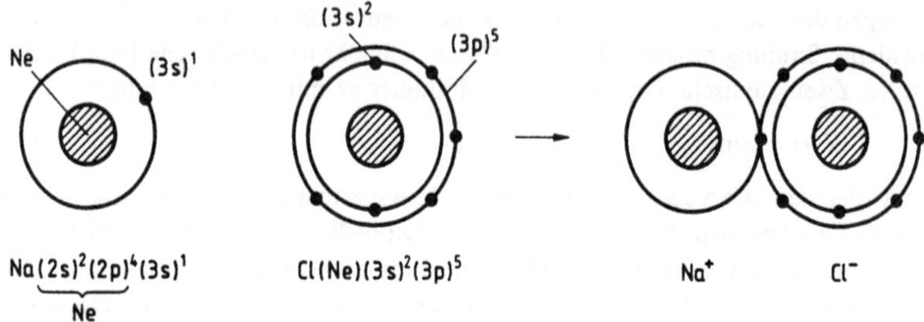

Fig. 117 Elektronenkonfigurationen von Natrium, Chlor und von Na⁺Cl⁻

die 3s- als auch die 3p-Elektronen. Fig. 75 zeigt auch die allgemeine Regel, daß bei Edelgasen durchweg die s- und die p-Elektronen diejenigen mit der höchsten Hauptquantenzahl sind. Dazwischenliegende Niveaus mit höherem Drehimpuls haben kleinere n, diese Elektronen liegen also weiter innen. Daher bilden hinsichtlich der chemischen Valenz je zwei s- und sechs p-Elektronen, also insgesamt acht, eine Edelgaskonfiguration. Durch Anlagern eines Elektrons an das Chloratom wird gerade eine solche Achterkonfiguration erreicht. Das ist die Grundlage der in der Chemie bekannten „Oktett-Regel" für besonders stabile Verbindungen.

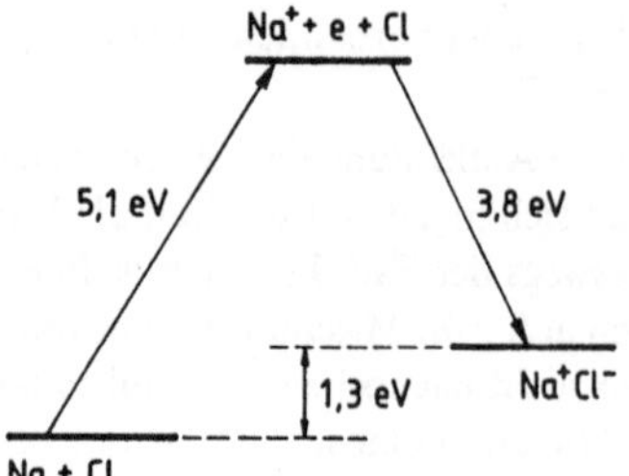

Fig. 118
Energieverhältnisse bei der Bindung von Na⁺Cl⁻

Betrachten wir nun die Bindungsenergien der beteiligten Elektronen etwas näher, siehe Fig. 118. Als Grundzustand (links) wählen wir ein neutrales Natriumatom und ein neutrales Chloratom. Man braucht die Ionisationsenergie von 5,1 eV um ein Elektron vom Natrium abzulösen. Andererseits gewinnt man 3,8 eV, wenn ein Elektron am Chlor angefügt wird. Insgesamt bedarf es also nur einer Energie von 1,3 eV, um das Ionenpaar Na⁺Cl⁻ herzustellen. Zwischen den Ionen wirkt aber nun die elektrostatische Anziehung, und die Coulombenergie, die man gewinnt, wenn sich beide Ionen gerade berühren, ist weit größer als 1,3 eV. Das ist das Prinzip der Ionenbindung.

Wie sich die Bindungsenergie als Funktion des Abstandes der beiden Ionen verhält, ist in Fig. 119 dargestellt. Bei großem Abstand gibt es keine Bindung zwischen den beiden Ionen, zu deren Erzeugung aus den neutralen Atomen ja 1,3 eV erforderlich war. Bei Annäherung wirkt aber das anziehende Coulomb-Potential, das rasch zur

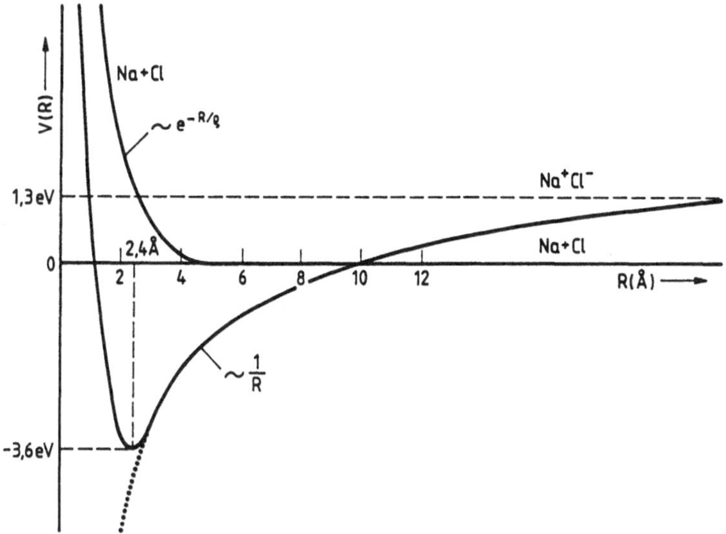

Fig. 119 Potentialverlauf bei der Bindung von Na und Cl zu Na⁺Cl⁻

Bindung führt. Wenn die Ionen sich berühren, setzt Abstoßung ein, einerseits, weil die gegenseitige Abstoßung der Atomkerne zu wirken beginnt, vor allem aber, weil die Elektronenhüllen der Atome eine Durchdringung wegen des Pauliprinzips nicht gestatten. Die Abstoßung wird gewöhnlich mit einem Potentialansatz $\sim \exp(-r/\varrho)$ parameterisiert, wo ϱ die Reichweite charakterisiert (Born-Mayer-Potential). Es entsteht also ein Minimum in der potentiellen Energie, das in diesem Fall bei einem Abstand von 2,4 Å und einer Bindungsenergie von 3,6 eV liegt.

Was hier für die Bindung eines NaCl-Moleküls beschrieben wurde, gilt im wesentlichen auch bei der Bildung eines Ionenkristalls. Da die beiden Ionen mit ihren Edelgaskonfigruationen kugelsymmetrische Ladungsverteilungen haben, sind die Coulombkräfte zwischen ihnen nicht gerichtet. Die Coulombenergie des i-ten Ions im Feld aller anderen ist daher gegeben durch

$$V_i^{coul} = \sum_j \frac{\pm e^2}{p_{ij}} \tag{12.2}$$

wo $p_{ij} = r_{ij}/r_0$ der Abstand der Ionen in Einheiten des Abstands r_0 zwischen nächsten Nachbarn ist. Die gesamte Coulombenergie eines Kristalls mit N Ionenpaaren ist dann

$$V^{coul} = Ne^2 \sum \pm \frac{1}{p_{ij}} = Ne^2 \alpha \tag{12.3}$$

Mit α ist der Summenterm abgekürzt, der für jede spezielle Gitterstruktur eine Konstante ist (Madelung-Konstante). Nimmt man ein abstoßendes Born-Mayer-

Potential hinzu, ergibt sich bei Variation des Abstands ein Energieminimum ganz ähnlich wie in Fig. 119. Bei NaCl erhält man für den Abstand r_0 zum nächsten Nachbarn $r_0 = 2,82$ Å.

12.3 Das Wasserstoffmolekül, die kovalente Bindung

Im Wasserstoffmolekül werden die Atome durch kovalente Bindung zusammengehalten. Noch einfacher ist das ionisierte Wasserstoffmolekül H_2^+. Es besteht nur aus zwei Protonen und einem Elektron. Wir versuchen zunächst zu verstehen, wie hier die Bindung zustande kommt.

Wir stellen uns zunächst vor, daß sich die beiden Protonen in großer Entfernung voneinander aufhalten. Dann kann sich das Elektron nur bei einem von ihnen befinden und die gesamte Bindungsenergie ist die des Wasserstoffatoms von 13,6 eV. Nun nähern wir die beiden Partner aneinander an, bis das Elektron das Coulombpotential des anderen Protons zu spüren bekommt. Das Elektron befindet sich jetzt in einem gemeinsamen doppelten Potentialtopf, der durch die Protonen, die den Abstand R haben, hervorgerufen wird. Das ist in Fig. 121 oben gezeichnet. Die Gesamtenergie des Moleküls besteht jetzt aus der Bindungsenergie des Elektrons in diesem Doppelpotential berichtigt um die Coulombenergie, die aus der Abstoßung zwischen den Protonen resultiert. Findet man ein Minimum der Gesamtenergie, wenn man den Abstand R variiert?

Nach dem früher gesagten müssen wir die Elektronen sicher quantenmechanisch behandeln, während wir die Protonen als klassische Feldquellen ansehen dürfen. Hier handelt es sich um ein Beispiel für eine außerordentliche wichtige Situation, die sehr häufig auftritt, nämlich um ein System mit genau zwei Zuständen. Das Grundmuster, um das es sich handelt, soll deshalb zunnächst kurz in Erinnerung gerufen werden.

In Fig. 120a sind zwei identische getrennte Potentialtöpfe 1 und 2 dargestellt. Um die Allgemeinheit der Betrachtung zu betonen, ist kein Coulombpotential gezeichnet, sondern ein Oszillatorpotential. Wir betrachten nur die energetisch jeweils tief-

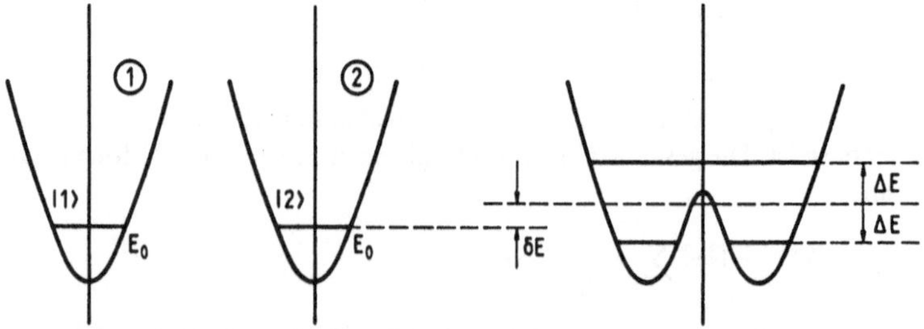

Fig. 120 Beim Überlapp zweier Potentiale spaltet jedes Niveau durch die Kopplungsenergie in jeweils zwei Niveaus auf. Das klassische Analogon ist ein System gekoppelter Pendel

sten Zustände. Ihre Eigenwerte ergeben sich aus dem Hamiltonoperator H_0 für die Potentialtöpfe 1 und 2

$$H_0|1\rangle = E_0|1\rangle \qquad H_0|2\rangle = E_0|2\rangle \tag{12.4}$$

Für die getrennten Potentiale sind die beiden Zustände $|1\rangle$ und $|2\rangle$ orthogonal. Nähern wir die beiden Potentialtöpfe gegenseitig so weit an, daß sich die Potentiale überlappen (Fig. 120b), entsteht eine neue Situation. Es tritt eine Kopplung zwischen den Potentialen auf, die einer Wechselwirkungsenergie H_W entspricht. Das Ganze verhält sich jetzt wie ein System gekoppelter Pendel. Die Eigenzustände ψ ergeben sich aus

$$(H_0 + H_W)|\psi\rangle = E|\psi\rangle \tag{12.5}$$

Um diese neuen Eigenwerte zu berechnen, können wir auf die stationäre Störungsrechnung zurückgreifen. Die beiden Zustände $|1\rangle$ und $|2\rangle$ sind aber energetisch entartet, so daß der Formalismus der Störungsrechnung zunächst nicht funktioniert. Man kann sich aber leicht zwei geeignete orthogonale Basiszustände verschaffen, wenn man die Symmetrie des Systems beachtet. Offenbar läßt sich das Potential am Nullpunkt spiegeln. Der Hamiltonoperator ist daher invariant unter Reflexion, was sich formal mit dem Paritätsoperator P aus Gl. (2.59) ausdrücken läßt. Simultane Eigenfunktionen von H und P lassen sich leicht angeben in Form der symmetrischen und der antisymmetrischen Kombination der ursprünglichen Basiszustände $|1\rangle$ und $|2\rangle$

$$|s\rangle = \frac{1}{\sqrt{2}}(|1\rangle + |2\rangle) \qquad |a\rangle = \frac{1}{\sqrt{2}}(|1\rangle - |2\rangle) \tag{12.6}$$

Darauf können nun die Vorschriften der Störungsrechnung von Abschnit 5.2 angewendet werden. Man erhält für die durch H_W verschobenen Energien

$$\langle s|H_W|s\rangle = \delta E + \Delta E \qquad \langle a|H_W|a\rangle = \delta E - \Delta E \tag{12.7}$$

wobei $\quad \delta E = \langle 1|H_W|1\rangle = \langle 2|H_W|2\rangle \qquad \Delta E = \langle 1|H_W|2\rangle = \langle 2|H_W|1\rangle$.

ist. Die Wechselwirkung spaltet also das ursprüngliche Energieniveau um den Betrag ΔE auf und verschiebt gleichzeitig das Zentrum um δE, wie es in Fig. 120 gezeichnet ist.

Wir wenden nun diese allgemeine Regel auf den Fall eines Elektrons im Coulombpotential zweier Protonen an. Wir erwarten, daß sich der ursprüngliche Grundzustand von $-13{,}6\,\text{eV}$ aufspaltet und fragen, ob es einen Abstand R zwischen den Protonen gibt, bei dem einer der beiden neuen Zustände zur Bindung des Elektrons führt.

Wie die Wellenfunktion im Doppelpotential aussieht, kann man sich leicht qualitativ anhand von Fig. 121 klarmachen. Wegen der Symmetrie des Potentials kann nur entweder $\psi(r) = \psi(-r)$ oder $\psi(r) = -\psi(-r)$ sein, d. h. die Wellenfunktion hat entweder gerade oder ungerade Parität. Die Wellenfunktion ungerader Parität ψ^- muß notwendigerweise für $R = 0$ durch Null gehen. Wenn sich das Elektron in der Nähe

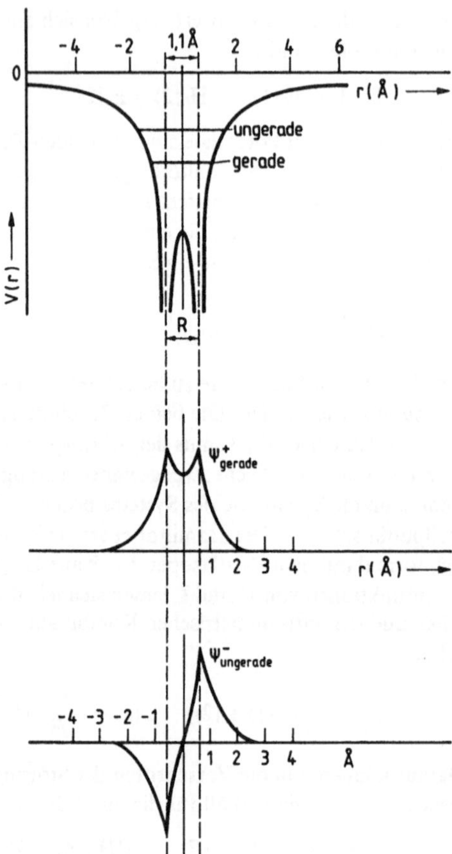

Fig. 121
Oben: das von zwei Protonen verursachte Doppelpotential des Wasserstoffmoleküls. Unten: Dieses Potential erlaubt zwei Wellenfunktionen,
ψ^+ mit gerader und ψ^- mit ungerader
Parität

eines der beiden Protonen aufhält, spürt es ein Potential, das dem Coulombpotential sehr ähnlich ist. Dort erwarten wir für die Wellenfunktion einen Verlauf, wie
beim Grundzustand des Wasserstoffs, also exponentiell wie R_{10} in Fig. 34. Die Wellenfunktionen müssen also aussehen, wie in Fig. 121 unten gezeichnet. Man erkennt,
daß sich die Elektronen, die zum Zustand gerader Parität gehören, mit einer großen
Wahrscheinlichkeit zwischen den beiden Protonen aufhalten, wo sie bindend wirken
können. Anders die Elektronen, die zur ungeraden Funktion gehören. Sie werden
nach außen abgedrängt und haben in der Mitte eine geringe Dichte, so daß dort die
Coulombabstoßung stärker wirken kann. Es ist also zu erwarten, daß der gerade
Zustand am ehesten zur Bindung führen wird.

Zur konkreten Berechnung müßten wir die Schrödinger-Gleichung lösen. Da wir
uns die Kerne im Abstand R als klassische Feldquellen festgehalten denken (das
nennt man Born-Oppenheimer Näherung), reduziert sich der Potentialterm im

Hamiltonoperator zu

$$V = -e^2 \left(\frac{1}{r_1} + \frac{1}{r_2} \right) \tag{12.8}$$

wo r_1 und r_2 die Abstände des Elektrons zu den beiden Protonen sind. Zu den berechneten Eigenwerten muß dann noch die Coulombenergie e^2/R der Protonen addiert werden. Schließlich variiert man R, um ein Minimum zu finden. Das Problem läßt sich algebraisch lösen, aber selbst bei Formulierung in den offensichtlich angemessenen konfokalen elliptischen Koordinaten nur mit erheblichem Aufwand. Das Ergebnis ist in Fig. 122 dargestellt. Bei großem R ist die Bindungsenergie natürlich $-13,6$ eV. Wird der Abstand kleiner, spaltet die Energie auf und es zeigt sich, daß der Zustand ungerader Parität zu keiner Bindung führt[1]). Der andere Zustand führt zu einer Bindungsenergie, die ihr Maximum bei einem Abstand von 1,1 Å erreicht. Bei noch kleinerem Abstand gewinnt schließlich die Abstoßung der Protonen die Oberhand.

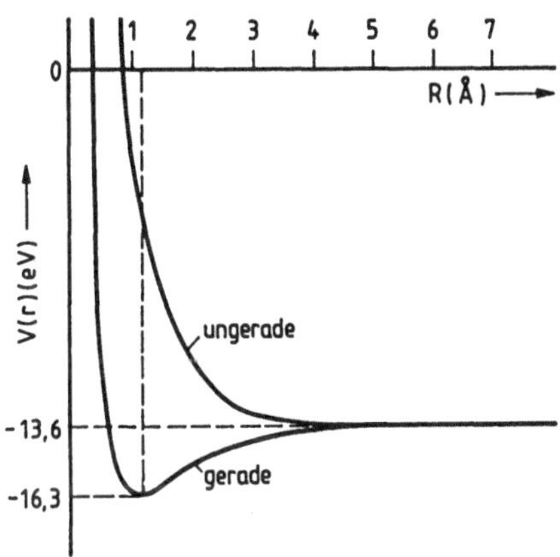

Fig. 122
Gesamtenergie des H_2^+-Moleküls als Funktion des Protonenabstands. Nur der Zustand mit gerader Parität der Wellenfunktion führt zur Bindung als Molekül. Bei großem Abstand gibt es ein H-Atom und ein freies Proton. Daher die Bindungsenergie von 13,6 eV

In komplizierteren Fällen sind geschlossene Lösungen nicht mehr möglich. Man behilft sich durch Näherungen, die Ein-Elektron-Wellenfunktionen als Basis für geeignete Linearkombinationen verwenden (LCAO = Linear Combination of Atomic Orbitals).

Um ein komplettes Wasserstoffmolekül zu erhalten, müssen wir ein zweites Elektron hinzufügen. Durch die größere Elektronendichte verstärkt sich die Bindung auf 4,7 eV und der Abstand schrumpft auf 0,7 Å. Die Abstoßung der beiden Elektronen spielt eine untergeordnete Rolle. Da der bindende Zustand eine symmetrische Raumfunktion hat muß die Spinfunktion ungerade sein, um dem Pauliprinzip genü-

---

[1]) Dieser Zustand wird häufig mit dem mysteriösen Wort „antibindend" bezeichnet.

ge zu tun. Die Elektronen binden also nur im antiparallelen Singulettzustand. Der qualitative Verlauf der Bindungsenergie mit dem Abstand sieht dann ganz ähnlich aus, wie in Fig. 122, nur gehört eben zum bindenden Zustand immer ein antiparalleles Elektronenpaar. Das ist der Prototyp einer kovalenten Bindung: sie wird immer von zwei antiparallelen Elektronen erzeugt, deren Wellenfunktionen sich gut überlappen können. Bei komplizierteren Molekülbindungen muß man beachten, daß nur solche Valenzelektronen eine kovalente Bindung eingehen können, die nicht schon aufgrund des Pauliprinzips gepaart sind. Man macht sich das am besten anhand von Fig. 74 klar. Stickstoff hat drei ungepaarte Elektronen, kann also drei kovalente Bindungen eingehen. Bei Kohlenstoff und Sauerstoff sind es nur zwei, es sei denn, im Kohlenstoff wird ein 2s-Elektron auf Kosten der Bindungsenergie in den 2p-Zustand angehoben. Das führt dann zu der bekannten Vierwertigkeit des Kohlenstoffs.

Da sich für das Entstehen einer kovalenten Bindung die Elektronendichteverteilung der beiden Partner gut überlappen muß, spielt die Form der Dichteverteilung beim Aufbau von Molekülen eine wichtige Rolle. Eine räumliche Vorstellung ist hier hilfreich. Man kann sich die Dichteverteilung eines Valenzelektrons als räumliches Gebilde vorstellen, das durch die Fläche gegeben ist, bei der die Wahrscheinlichkeitsdichte beispielsweise auf 10% abgesunken ist. Für das Wasserstoffatom entspricht das Figuren, wie sie entstehen, wenn die Verteilungen von Fig. 35 um die senkrechte Achse rotieren. In der Chemie und in der Molekülphysik werden solche Verteilungen für Ein-Elektron-Wellenfunktionen als Orbitale bezeichnet.

Da in einem Molekül im allgemeinen mehrere Richtungen physikalisch ausgezeichnet sind, ist es nötig, eine Einschränkung aufzugeben, die wir bei der Separation der Schrödingergleichung im Zentralpotential gemacht haben. Wir hatten dort die Lösung der Azimutalgleichung (3.13) auf höchstens eine physikalisch ausgezeichnete Richtung eingeschränkt, so daß die Wellenfunktion keine Abhängigkeit vom Azimutwinkel ϕ mehr hatte. Diese Einschränkung war für ein freies Atom angemessen, muß aber bei Molekülen aufgegeben werden. Man erhält die allgemeinere Lösung durch reelle Linearkombinationen entsprechend Gl. (3.12), d. h. es tauchen Sinus- oder Cosinusfunktionen des Azimutwinkels ϕ in der Wellenfunktion auf. Die Lösungen ψ_{nlm} für ein Wasserstoffelektron werden dann modifiziert. So erhält etwa die Eigenfunktion ψ_{211} die Winkelabhängigkeit

$$\psi_{21+1} \sim \sin \theta \cos \phi \qquad \psi_{21-1} \sim \sin \theta \sin \phi \tag{12.9}$$

und entsprechend z. B.

$$\psi_{32+1} \sim \sin \theta \cos \theta \cos \phi \qquad \psi_{32-1} \sim \sin \theta \cos \theta \sin \phi \tag{12.10}$$

Man vergleiche das mit den Wasserstoffwellenfunktionen aus Tab. 4 von Seite 70. Diese neuen Lösungen sind nicht mehr rotationssymmetrisch, vielmehr sind alle drei Achsen, x, y und z ausgezeichnet. Die z-Achse war ursprünglich dadurch gegeben, daß sie identisch war mit der Drehimpulsachse (siehe die Diskussion auf S. 79ff). Die allgemeinere Lösung sieht so aus, als ob alle drei Komponenten des Drehimpulses gleichzeitig scharf bestimmt wären, was natürlich nicht der Fall sein

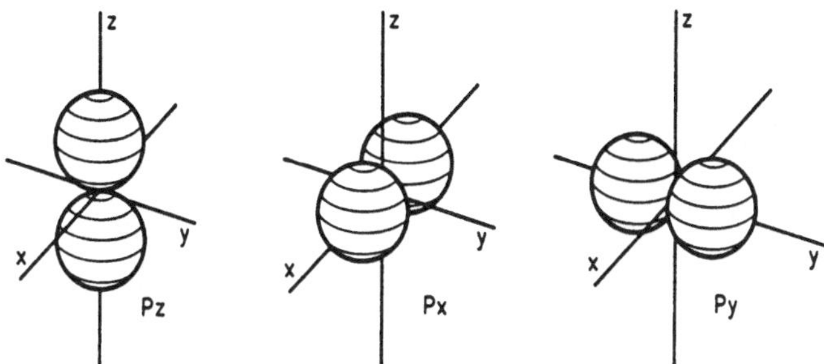

Fig. 123 Räumliche Orientierung der drei p-Orbitale p_x, p_y und p_z. Die Dichteverteilungen sind nicht kugelsymmetrisch, sondern etwas abgeplattet (vgl die 210-Verteilung in Fig. 35)

kann. Der Bahndrehimpuls der Elektronen ist hier keine gute Quantenzahl mehr. Um eine Vorstellung von den Lösungen zu geben, sind in Fig. 123 die p-Orbitale gemäß Gl. (12.9) dargestellt. Sie gehen in folgender Weise aus dem rotationssymmetrischen 2p-Orbital von Fig. 35 hervor. Der Zustand 210 bleibt ungeändert. Der Zustand 211 erhält eine Azimutabhängigkeit mit $\cos \phi$ für $m = +1$ und mit $\sin \phi$ für $m = -1$. In der in der Figur angedeuteten Weise werden die drei Orbitale als p_z-, p_x- und p_y-Orbital bezeichnet.

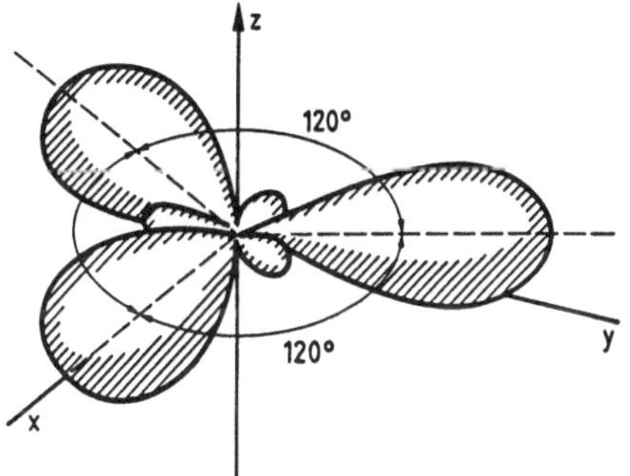

Fig. 124
Das sp^2-Orbital, kombiniert aus einem s-Orbital und zwei p-Orbitalen. Die drei Keulen liegen in einer Ebene und bilden Winkel von 120°

Wenn sich mehrere Valenzelektronen im gleichen p-Zustand befinden, kann man durch keinerlei Beobachtung entscheiden, welches der Elektronen zu welcher Eigenfunktion gehört. Man muß also die Amplituden kohärent addieren. Eine solche Addition der Wellenfunktionen führt zu interessanten räumlichen Verteilungen der Orbitale. Durch Kombination eines s-Orbitals mit den Orbitalen p_x und p_y erhält man beispielsweise die in Fig. 124 dargestellte Verteilung. Sie spielt besonders bei Kohlenstoff eine große Rolle. Das Kohlenstoffatom hat 4 Valenzelektronen, die eine kovalente Bindung eingehen können, wie im Zusammenhang mit Fig. 74 erläutert wurde. Das hier s- und p-Valenzelektronen mit fast der gleichen Bindungsenergie vorliegen, lassen sich ein s- und zwei p-Orbitale in der in Fig. 124 dargestellten Weise

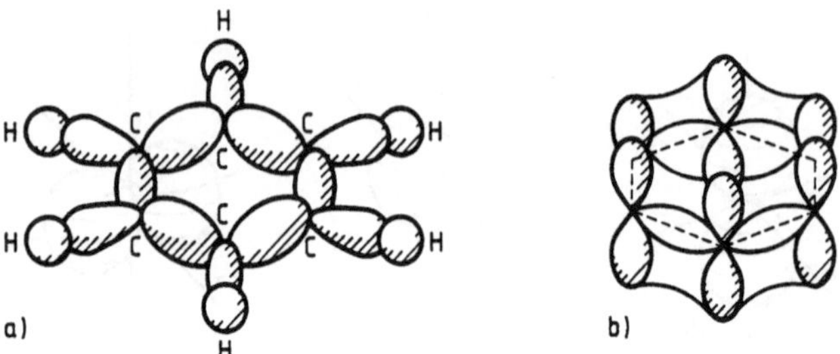

Fig. 125 Orbitalstruktur des Bennzolmoleküls. a) Die sp^2-Orbitale des Kohlenstoffs (Fig. 124) bilden die Ringstruktur mit lokalisierten Elektronen (σ-Elektronen) in kovalenter Bindung.
b) Die Kohlenstoffatome tragen noch je ein weiteres Elektron in einem p_z-Orbital bei. Diese Orbitale überlappen sich. Die Elektronen sind daher nicht mehr einem festen C-Atom zuzuordnen. Die sechs delokalisierten Elektronen (π-Elektronen) bauen insgesamt drei zusätzliche kovalente Bindungen auf

kombinieren. Aus diesem Bild wird verständlich, wie sich ein Benzolring bildet (Fig. 125). Die drei keulenförmigen unter 120° zueinander stehenden Orbitale werden für die kovalente Bindung zu den beiden benachbarten Kohlenstoffatomen und zum Wasserstoffatom in Anspruch genommen. Diese Bindungen sind gesättigt. Es verbleibt noch je ein ungenutztes p_z-Orbital, das senkrecht zur Ringebene steht. Diese Orbitale überlappen sich, so daß ein Elektron von einem in das andere springen kann, wo ein Partner für eine kovalente Bindung zur Verfügung steht. Es können so insgesamt drei Doppelbindungen entstehen, aber auf zwei verschiedene Weisen (Fig. 126). Beide Zustände haben die gleiche Energie und sind offensichtlich miteinander gekoppelt. Es liegt daher wieder die gleiche Situation mit zwei Zuständen vor, die wir oben besprochen haben. Das Benzolmolekül befindet sich mit der Amplitude $1/\sqrt{2}$ in jedem der beiden Zustände. Die Kopplung bewirkt wieder eine Aufspaltung der Bindungsenergie. Der tiefere Zustand trägt zur außerordentlichen Stabilität der Ringstruktur bei.

Fig. 126
Die zwei Basiszustände des Benzolmoleküls

Kovalente Bindungen liegen nicht nur bei Molekülen, sondern auch bei ausgedehnten periodischen Strukturen vor. Es bilden sich Valenzkristalle, in denen je zwei benachbarte Atome einander durch kovalente Bindung fest zugeordnet sind. Ihre Eigenschaften sind bereit in Abschnitt 12.1 kurz dargestellt worden. Das Diamantgitter ist ein typisches Beispiel. Eine andere Klasse von Strukturen mit kovalenten Bindungen, die der Kohlenstoff bilden kann, sind die Fullerene, von denen Fig. 127 das bekannteste wiedergibt. Es handelt sich um ein Molekül mit Fußball-

Anordnung von 60 Kohlenstoffatomen. Die Struktur besteht aus 12 Sechsecken und 12 Fünfecken. Für die Bindung ist wieder die in Fig. 124 gezeigte Orbitalkonfiguration verantwortlich. Auch Fullerene sind sehr stabile Gebilde.

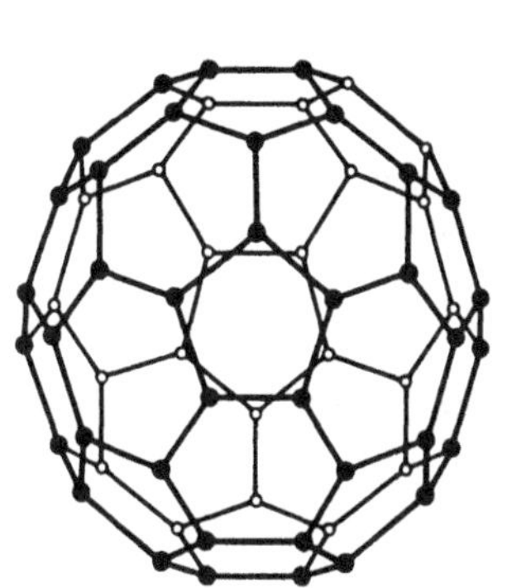

Fig. 127 Fulleren-Struktur des Moleküls C_{60}

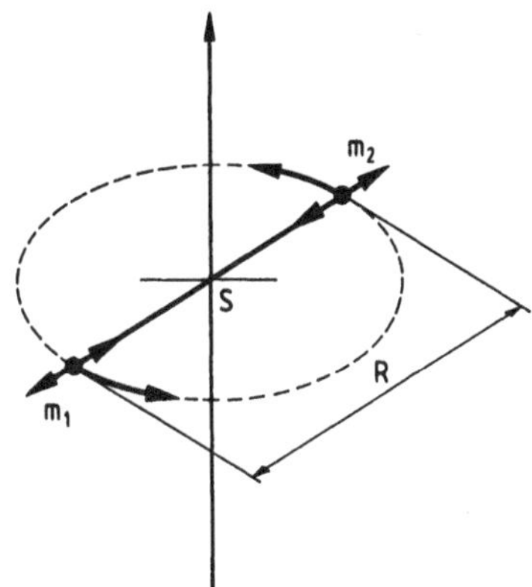

Fig. 128 Klassisches Modell für ein zweiatomiges Molekül. Die beiden Kerne mit den Massen m_1 und m_2 können um den Schwerpunkt S rotieren und längs ihrer Verbindungsachse schwingen

12.4 Molekülanregungen

Moleküle haben mehr Freiheitsgrade als ein einzelnes Atom. Diese Freiheitsgrade können angeregt werden und führen zu Energieniveaus mit bestimmten Quantenzahlen. Das Wasserstoffmolekül kann wieder als Ausgangspunkt der Betrachtungen dienen. Seine Masse ist im Wesentlichen in den beiden Protonen konzentriert, die im Abstand R_0 ihre Ruhelage finden. Denkt man sich eine Achse durch die beiden Protonen gezogen, erhält man ein hantelförmiges Gebilde (Fig. 128). Als Objekt der klassischen Physik könnte es um die Achse des größten Trägheitsmoments rotieren. Das gleiche dürfen wir für ein Molekül erwarten. Ebenso dürfen wir erwarten, daß die Protonen gegeneinander längs ihrer Verbindungslinie schwingen können, denn wenn man sich in Fig. 122 den Gleichgewichtszustand etwas verändert denkt, so sieht man, daß eine rücktreibende Kraft auftritt. Das führt zu Dehnungsschwingungen, die bei Molekülen allgemein als Vibration bezeichnet wird.

Dies alles aus einer Schrödingergleichung für das gesamte Molekül mit seinen Elektronen abzuleiten, wäre sehr kompliziert. Es empfiehlt sich daher, die einzelnen Freiheitsgrade zunächst als voneinander unabhängig zu betrachten, d. h. sich die Wellenfunktion des Moleküls als separiert in drei Anteile für die elektronische Anregung sowie für Vibrationen und für Rotationen vorzustellen. Diese Näherung wird durch die Beobachtung als weitgehend richtig gerechtfertigt. In Wirklichkeit koppeln die einzelnen Freiheitsgrade zwar miteinander, aber das läßt sich als nächste Näherung betrachten.

Im Gegensatz zum einzelnen Atom ist bei Molekülen keine Klassifikation nach Bahndrehimpulsen L der Elektronenhülle möglich, da immer mehrere Potentialzentren vorliegen, im einfachsten Fall zwei. Deshalb ist der Bahndrehimpuls der Elektronen keine Konstante der Bewegung mehr. Aber Moleküle weisen neue Symmetrien auf. Beim zweiatomigen Molekül ist die Verbindungsachse der Atomkerne eine ausgezeichnete Achse (Fig. 128) und eignet sich als Quantisierungsachse für Bewegungen der Kerne in Bezug auf den Schwerpunkt.

Betrachten wir zunächst Rotationen. Sie haben die niedrigsten Anregungsenergien. Für eine klassische Rotationsbewegung ist des Trägheitsmoment $\mathscr{I}$ der Hantel

$$\mathscr{I} = \mu R_0^2 \tag{12.11}$$

wo μ die reduzierte Masse ist. Die Rotationsenergie ist gegeben durch

$$E^{rot} = 1/2\,\mathscr{I}\,\omega^2 \tag{12.12}$$

(ω Winkelgeschwindigkeit) und der Bahndrehimpuls durch

$$L = \mathscr{I}\,\omega \tag{12.13}$$

Aus beiden Gleichungen folgt für Rotationsenergie

$$E^{rot} = L^2/2\mathscr{I} \tag{12.14}$$

Bei der Quantisierung müssen wir das klassische L^2 ersetzen durch $L(L+1)\hbar^2$, so daß herauskommt

$$E_L^{rot} = \frac{L(L+1)\hbar^2}{2\mathscr{I}} \tag{12.15}$$

L ist jetzt die Bahndrehimpulsquantenzahl für die Rotation. Benutzen wir dies, um noch die Energiedifferenz zwischen zwei Rotationsniveaus mit Quantenzahlen L und $L-1$ zu betrachten. Wir erhalten

$$\Delta E^{rot} = E_L - E_{L-1} = \frac{L\hbar^2}{\mathscr{I}} \tag{12.16}$$

Der Abstand der Niveaus ist also zu L proportional. Die Energie $\hbar^2/\mathscr{I}$ ist für die meisten Moleküle relativ klein, sie liegt zwischen 10^{-4} eV und 10^{-3} eV. Da bei Zimmertemperatur die kinetische Energie von Gasmolekülen bereits $2{,}5 \cdot 10^{-2}$ eV beträgt, sind Moleküle durch thermische Stöße sehr leicht in Rotationszustände anzuregen.

Wenn das rotierende Molekül ein permanentes elektrisches Dipolmoment hat, was für alle Moleküle mit voneinander verschiedenen Atomen der Fall ist, können elektromagnetische Emissions- und Absorptionsspektren beobachtet werden. Für elektrische Dipolstrahlung gilt wieder die Auswahlregel $\Delta L = \pm 1$. Mit (12.16) erhalten wir für die Wellenlänge eines Übergangs $L \rightarrow L - 1$

$$\Delta E = \hbar\omega = \frac{hc}{\lambda} = \hbar^2 \frac{L}{\mathscr{I}} \qquad \lambda = \frac{2\pi c \mathscr{I}}{\hbar L} \qquad (12.17)$$

Die Wellenlängen für Rotationen liegen im langwelligen Infrarot und im Mikrowellenbereich und betragen typischerweise zwischen 1 mm und 1 cm.

Wir wenden uns jetzt den Vibrationen zu. Beim Studium des Wasserstoffmoleküls hatten wir gesehen, daß es einen stabilen Gleichgewichtsabstand R_0 der beiden Atomkerne gibt (Fig. 122). Jede Änderung des Abstands erfordert Energie und bewirkt daher eine rücktreibende Kraft, die wie eine Feder wirkt. Daraus resultieren die Längsschwingungen im Molekül. In der Gleichgewichtslage wird der Potentialtopf in der Nähe des Minimums nicht sehr verschieden von einer Parabelform sein. Dann liegt ein harmonischer Oszillator vor und die Energieeigenwerte für die Vibrationszustände sind gegeben durch (siehe Gl. 2.88)

$$E_n^{vib} = (n + 1/2)\hbar\omega \qquad n = 0, 1, 2, 3 \dots . \qquad (12.18)$$

Die Energieniveaus sind äquidistant und die Frequenz $\omega = \sqrt{D/\mu}$ enthält die „Federkonstante" D, die von der Form des Potentials abhängt:

$$D = \frac{\partial^2 V}{\partial r^2} \qquad (12.19)$$

μ ist wieder die reduzierte Masse.

In Wirklichkeit ist das bindende Potential natürlich nicht parabelförmig. Eine oft benutzte Parameterisierung ist das Morse-Potential von der Form

$$V(r) = C(1 - e^{-ar})^2 \qquad (12.20)$$

C ist hier eine molekülspezifische Konstante. Das Morse-Potential sieht ungefähr so aus, wie in Fig. 122. Es hat den Vorteil, daß die zugehörige Radialgleichung für $L = 0$ in geschlossener Form lösbar ist. Der molekulare Oszillator ist daher nicht wirklich harmonisch, ebensowenig wie der Rotator ganz starr ist.

Vibrationsanregungen haben größere Energien als Rotationsanregungen. Für Moleküle mit Dipolmoment sind die elektromagnetischen Übergänge im Spektrum zu beobachten. Sie liegen im nahen Infrarot. So vibriert beispielsweise das HCl-Molekül mit einer Frequenz von $9 \cdot 10^{13}$ Hz, was einer Wellenlänge von $3{,}3\,\mu$m entspricht. Die Auswahlregel ist wieder $\Delta n = \pm 1$.

Schließlich können bei einem Molekül auch die Elektronen der Hülle angeregt werden. Die charakteristischen Energien sind die gleichen wie bei den Atomen, d. h. sie liegen in der Größenordnung von 1 eV bis 10 eV. Die zugehörigen Wellenlängen liegen im Sichtbaren oder im Ultravioletten. Wenn wir die Quantenzahlen für eine elektronische Wellenfunktion im Symbol k zusammenfassen, können wir die Anregungsenergien eines Moleküls schließlich schreiben

$$E_{k,n,L} = E_k^{el} + E_n^{vib} + E_L^{rot} \qquad (12.21)$$

Die Energien für die einzelnen Anregungen sind dabei größenordnungsmäßig verschieden $E^{rot} < E^{vib} < E^{el}$. Für die Näherung mit harmonischem Bindungspotential und starrem Rotator ist E^{vib} durch Gl. (12.18) und E^{rot} durch Gl. (12.15) gegeben. Die Niveaustruktur eines Moleküls sieht im Prinzip daher aus, wie in Fig. 129 skizziert. Zu jedem Zustand k der Elektronenhülle gehört eine Reihe von Vibrationsanregungen und auf jeder Vibrationsanregung baut sich ein System von Rotationsanregungen auf. Daraus resultiert das typische Erscheinungsbild der Molekülspektren mit Ihrer Bandenstruktur.

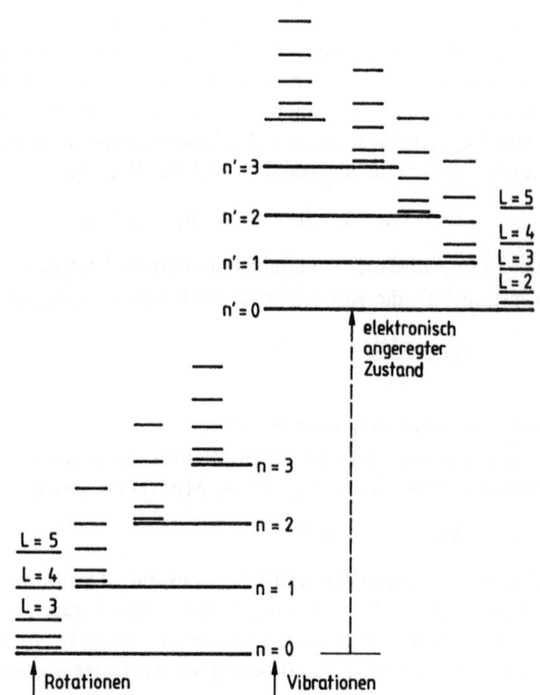

Fig. 129
Angeregte Zustände eines
Moleküls, schematisch

Form und Tiefe des bindenden Potentials zwischen zwei Atomen, dessen Zustandekommen wir beim H_2-Molekül betrachtet haben, hängen empfindlich von der Elektronendichte zwischen den Atomkernen ab. In höheren elektronischen Anregungszuständen greift die Wellenfunktion weiter nach außen, die Elektronendichte zwischen den Kernen wird dadurch verringert. Das hat zur Folge, daß einerseits der Potentialtopf flacher wird und sich andererseits der Gleichgewichtsabstand vergrößert. Damit verändern sich auch die Parameter für die Rotations- und die Vibrationsanregungen. Dieser Zusammenhang ist in Fig. 130 veranschaulicht, wo die Anregungsstufen ähnlich wie in Fig. 129 aufgetragen sind, aber nun in Abhängigkeit vom Kernabstand R. Aus der Figur kann man eine wichtige Gesetzmäßigkeit ablesen. Da ein Übergang in der Elektronenhülle in etwa 10^{-16} s erfolgt, während die

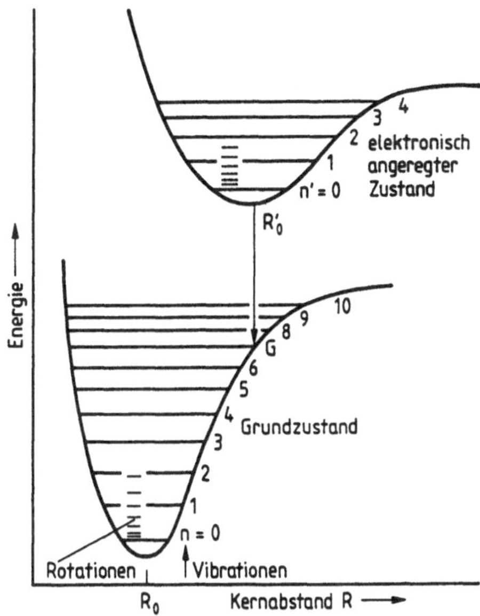

Fig. 130
Zwei Potentialtöpfe eines Moleküls, für Grundzustand und einen elektronisch angeregten Zustand. Ein elektromagnetischer Übergang vom oberen Zustand mit n = 0 führt unten zu einem hoch angeregten Vibrationszustand, weil sich während des Übergangs der Kernabstand nicht spontan ändert (Frank-Condon-Prinzip)

Vibrationszeiten für die Schwingung zwischen den Kernen in der Größenordnung von 10^{-12} s liegen, kann sich bei Übergängen zwischen elektronischen Anregungen die Kerndistanz nicht spontan ändern. In dem Diagramm von Fig. 130 müssen daher solche Übergänge durch senkrechte Linien dargestellt werden. Das führt zu zusätzlichen Auswahlregeln. Ein elektronischer Übergang aus dem Vibrationszustand n = 0 beispielsweise, also vom Minimum der oberen Kurve, führt zum Punkt G der unteren Potentialkurve, d. h. in einen hohen Vibrationszustand. In beiden Fällen haben die Kerne im klassischen Bild geringe kinetische Energie. Oben, weil sie sich im Minimalabstand im Gleichgewicht befinden, unten, weil es sich um den Umkehrpunkt der Schwingung handelt. Das ist auch quantenmechanisch unmittelbar verständlich, wenn man die Oszillator-Wellenfunktionen von Fig. 25 betrachtet. Im Zustand n = 0 ist die Amplitude für x = 0 am größten, für hohes n dagegen ist die Amplitude besonders groß am Potentialrand. Da das Matrixelement für Dipolübergänge (6.46) nur bei gutem Überlapp der Wellenfunktionen groß wird, kann man einen elektrischen Dipolübergang nur unter den vorhin geschilderten Umständen erwarten. Das ist der Inhalt des sogenannten **Frank-Condon-Prinzips**.

12.5 Elektronenzustände im Festkörper

Bei der Kondensation von Atomen zu Festkörpern tritt in der Regel eine kristalline Struktur auf. Die Anordnung der Atome im Kristall ist periodisch in dem Sinn, daß sich eine Elementarzelle finden läßt, aus der durch Aneinanderreihung der ganze

Kristall hervorgeht. Es handelt sich gewissermaßen um ein Molekül mit sehr vielen, streng periodisch angeordneten Atomkernen. Die Wellenfunktionen der Valenzelektronen überlappen sich dabei stark. Eine ganz fundamentale Frage der Festkörperphysik ist, welche Eigenzustände die Elektronen in einer kristallinen Struktur einnehmen können. Einen ersten Überblick über das wichtigste können wir uns verschaffen, wenn wir von den Betrachtungen in Abschnitt 12.3 über Potential und Wellenfunktion des Wasserstoffmoleküls ausgehen.

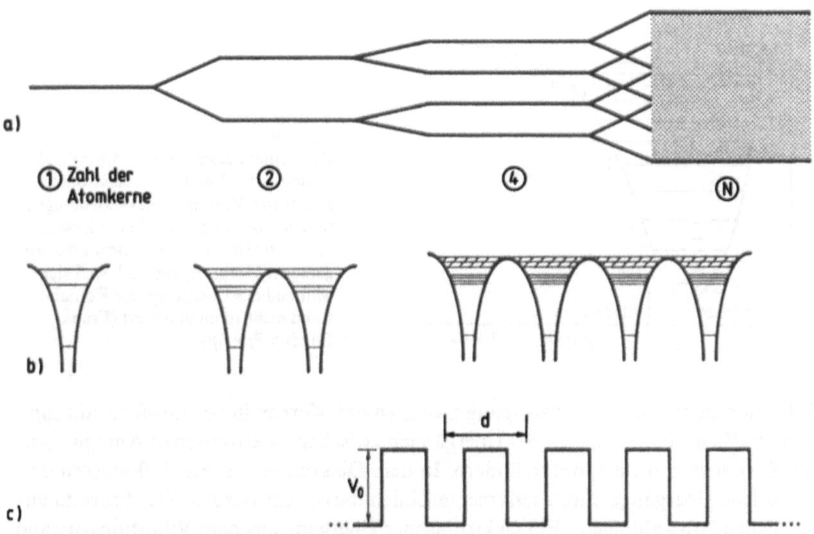

Fig. 131 Wenn Atome aneinander gereiht werden, spalten alle Niveaus entsprechend der Zahl N der miteinander wechselwirkenden Potentiale auf (b). Bei sehr großem N entstehen aus den überlappenden Niveaus Energiebänder (a). Die tiefsten Niveaus haben wenig Wechselwirkung und spalten daher nicht nennenswert auf. Unten ist das Kronig-Penney Modell-Potential gezeichnet (c)

Wie in den Fig. 120 und 121 dargestellt, spaltet ein Teilchenzustand auf, wenn aus dem Potential, in dem er sich befindet, durch Annäherung eines zweiten Potentials ein Doppelpotential wird. Was geschieht, wenn wir ein drittes Zentrum hinzufügen? Wir können an eine Kette von drei Atomen denken, die ein lineares Molekül bilden. Eine zum früheren Fall analoge Betrachtung ergibt, daß für alle Zustände, die räumlich gut überlappen können, nun eine dreifache Aufspaltung auftritt. Dies Verfahren können wir uns fortgesetzt denken. In Fig. 131 ist skizziert, was sich ereignet. Je mehr Atome angereiht werden, desto mehr Niveaus entstehen durch die Aufspaltung. Bei festem Abstand d der Atome fallen sie alle in etwa denselben Energiebereich, denn die Größe der Aufspaltung hängt zwar von der Distanz der Atome ab, nicht aber von ihrer Zahl. Die Zahl N der Atome in einem Festkörper ist von der Größenordnung 10^{23}. Wenn sich innerhalb eines begrenzten Energiebereichs so viele Niveaus überlappen, entsteht ein kontinuierliches Band von Energiewerten, die ein

Valenzelektron einnehmen kann. Nun gibt es aber nicht nur einen Ausgangszustand, der in dieser Weise aufspaltet, sondern im allgemeinen mehrere. Sie führen alle zu entsprechenden Energiebändern. Die Gesamtheit aller erlaubten Energiewerte der Elektronen im Festkörper bezeichnet man als Bandstruktur. Sie nimmt die Stelle der Termstruktur von Atomen und Molekülen ein.

Die von einzelnen Valenzzuständen der Atome herrührenden Bänder können völlig getrennt sein, oder sich ganz oder auch nur teilweise überlappen, – das hängt außer von der Elektronenstruktur der Atome von der Geometrie des Kristallgitters ab. Energiewerte, die zwischen den Bändern liegen, können von den Elektronen nicht eingenommen werden. Wir werden gleich genauer sehen, wie diese verbotenen Energiebereiche zustande kommen.

Bänder, die aus voll besetzten Unterschalen hervorgehen, sind immer voll besetzt. Valenzbänder, die aus Valenzzuständen hervorgehen, können voll besetzt sein oder auch nicht. Wenn sie nicht voll besetzt sind, kann ein Elektron innerhalb der zur Verfügung stehenden Bandbreite kontinuierlich Energie aufnehmen, es kann also durch ein elektrisches Feld beschleunigt werden, so daß es sich um einen Leiter handelt. Diesen Energiebereich bezeichnet man als Leitungsband. Umgekehrt sind Festkörper, bei denen das Valenzband voll besetzt ist, Isolatoren. Bei den Halbleitern befindet sich ein unbesetztes Band dicht oberhalb eines besetzten Valenzbands. Bei tiefer Temperatur sind sie Isolatoren. Bei höherer Temperatur kann durch thermische Anregung ein Elektron des Valenzbands in das Leitungsband springen, wodurch Leitfähigkeit entsteht („intrinsische" Leitfähigkeit, im Gegensatz zu der durch Dotierung verursachten). Beim Halbleiter nimmt daher, im Gegensatz zu den Metallen, die Leitfähigkeit mit der Temperatur zu.

Die Vorstellung, daß die Leitungselektronen im Leitungsband völlig frei beweglich sind, führt zum Modell des freien Elektronengases, das von der Voraussetzung ausgeht, daß sich die Leitungselektronen eines Metalls frei in einem Rechteckpotential bewegen, das durch die Berandung des Körpers begrenzt ist. Die Energiezustände, die unter diesen Bedingungen auftreten, haben wir in Abschnitt 2.4 bereits aufgeschrieben. Wenn sich viele unabhängige Elektronen im Potentialtopf befinden, muß man die Energieniveaus, dem Pauliprinzip entsprechend, der Reihe nach mit je zwei Elektronen auffüllen (Fermigas-Modell, da es sich um ein Gas aus Fermionen handelt). Das Modell eignet sich unter anderem zur Behandlung der spezifischen Wärme der Metallelektronen und der Wärmeleitung in Metallen.

Wir können die Lösungen von Abschnitt 2.4 benutzen, um etwas über die Breite des Leitungsbands zu erfahren. Die Lösungen sind Sinus- und Cosinusfunktionen, Gl. (2.37). Sie müssen am Potentialrand verschwinden, d. h. es muß sein $(n\lambda/2) = a$, wo a die Breite des Potentials ist. Wenn es N Ionen in unserem eindimensionalen Modellkristall gibt, müssen insgesamt N/2 Niveaus besetzt werden, denn wir rechnen mit einer N-fachen Aufspaltung. Ist d der Abstand zwischen den Atomen, gilt offenbar Nd = a. Das oberste Niveau gehört zu $\mu = N/2 = a/2d$, wenn wir die Quantenzahl μ aus Gl. (2.67) benutzen. Mit (2.69) ergibt sich damit für die höchste Energie der Zustände

$$E_{max} = \pi^2 \hbar^2 \frac{a^2}{2ma^2 4d^2} = \pi^2 \frac{\hbar^2}{8md^2} \tag{12.22}$$

Wie oben behauptet, hängt die Breite des Energiebands daher von der Gitterkonstante d, nicht aber von der Zahl N der Atome ab.

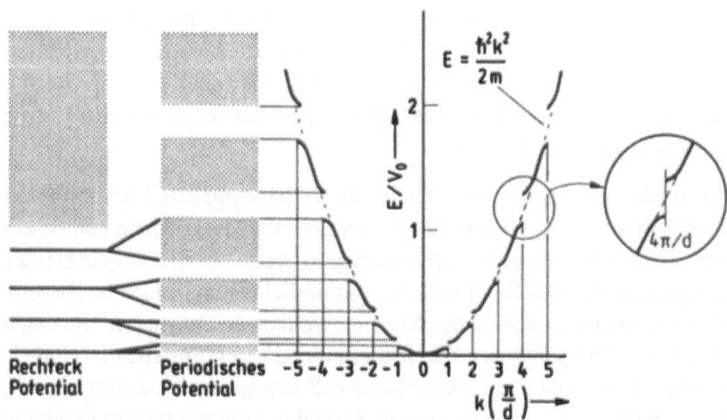

Fig. 132 Energiewerte im periodischen Modellpotential von Fig. 131c. Es entstehen diskrete Energiebänder. Für Werte der Wellenzahl k = nπ/d gibt es jeweils zwei Energien, zwischen denen eine Energielücke auftritt

Um etwas tiefere Einsicht in die Wirkung eines periodischen Potential zu erhalten, kann man ein einfaches Modell für einen eindimensionalen Kristall zugrunde legen. Es führt den Namen Kronig-Penney-Modell und besteht aus einer Reihe von Rechteckpotentialen, die das wirkliche Potential ersetzen. Dieses Modellpotential ist in Fig. 131 unten eingezeichnet. Die Lösungen sind nicht so einfach anzugeben, wie für das einfache Rechteckpotential, deshalb wird hier nur das Ergebnis wiedergegeben. Das Wesentliche ist, daß bei jeder Potentialstufe die Bedingungen für den stetigen Anschluß der Wellenfunktion erfüllt werden müssen. Das hat die Folge, daß sich eine Bandstruktur der Energiewerte ergibt, wie in Fig. 132 gezeichnet. Die Energielücken treten immer auf, wenn k die Werte

$$k = \pm n\pi/d \tag{12.23}$$

einnimmt, wo d wieder die Gitterkonstante ist. Auf der rechten Seite der Figur ist der Zusammenhang zwischen Elektronenenergie und Impuls k dargestellt, der einfach gegeben ist durch

$$E = p^2/2m = \hbar^2 k^2/2m$$

Bei den durch (12.23) festgelegten k-Werten tritt jeweils eine Unterbrechung dieses einfachen Zusammenhangs auf, die, wie dargestellt, die verbotenen Energiebereiche zur Folge hat. Das läßt sich folgendermaßen deuten. Die Amplitude eines freien, sich im Impuls $p = \hbar k$ im Gitter bewegenden Elektrons kann als ebene Welle $\sim \exp(ikr)$ aufgefaßt werden. An jedem Potentialsprung wird ein Teil der Amplitude reflektiert. Die reflektierten Wellen interferieren mit der einlaufenden Welle vor allem dann wirkungsvoll, wenn sie richtig in Phase sind, d. h. wenn ihre Wellenlänge λ die Bedingung

$$2d = n\lambda \tag{12.24}$$

erfüllt. Das ist die eindimensionale Form der Bragg-Bedingung von S. 176. Da $\lambda = 2\pi/k$, entspricht das gerade der Bedingung (12.23). Wir können so die verbotenen Bänder als destruktiven Interferenzeffekt mit den vom Gitter kohärent gestreuten Amplituden der Elektronenwelle verstehen. Daß für jeden der ausgezeichneten k-Werte in Fig. 132 zwei erlaubte Energien auftreten, liegt daran, daß die reflektierte Welle zur einlaufenden Welle sowohl addiert, als auch von ihr subtrahiert werden kann:

Auf diese Art bilden sich zwei stehende Wellen:

$$e^{i\pi r/d} + e^{-i\pi r/d} \sim \cos \pi \frac{r}{d} \qquad e^{i\pi r/d} - e^{-i\pi r/d} \sim \sin \pi \frac{r}{d}$$

Diejenige, deren Knoten am Ort der Ionen liegen, entspricht einer niedrigeren Elektronenenergie als die andere, deren Knotenpunkte an der Potentialbarriere liegen.

Dieses Modell macht die Ursache der Bandstruktur der Elektronzustände etwas verständlicher. Sie ist in der Festkörperphysik von allergrößter Bedeutung.

Anhang A 1 Komplexe Zahlen; Beschreibung der ebenen Welle

a) Komplexe Zahlen

Komplexe Zahlen werden in der Quantenmechanik außerordentlich häufig gebraucht. Daher seien einige Grundformeln hier zusammengestellt. Komplexe Zahlen lassen sich als Vektoren in der Gaußschen Zahlenebene darstellen (s. Fig. 133). Eine komplexe Zahl z ist gegeben durch

$$z = a + ib,$$
$$a = \text{Re } z, \quad b = \text{Im } z. \tag{A 1.1}$$

Die konjugiert komplexe Zahl z* ist definiert durch

$$z^* = a - ib. \tag{A 1.2}$$

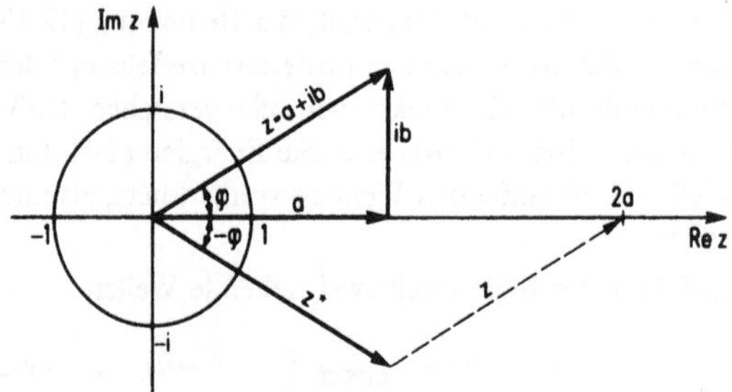

Fig. 133 Komplexe Zahlenebene

Die Länge des Vektors in der Zahlenebene heißt B e t r a g der komplexen Zahl. Aus der Figur ergibt sich

$$|z|^2 = a^2 + b^2.$$

Es ist daher

$$|z|^2 = zz^* = (a + ib)(a - ib) = a^2 + b^2 \tag{A 1.3}$$
$$|z| = \sqrt{a^2 + b^2} \equiv r. \tag{A 1.4}$$

Wir haben für die Länge des Vektors hier zusätzlich die Bezeichnung r eingeführt. Weiter gilt offenbar

$$z + z^* = 2a, \qquad z - z^* = 2ib. \tag{A 1.5}$$

Wichtig ist der Zusammenhang mit den trigonometrischen Funktionen. Vergleich der Reihenentwicklungen

$$e^{\varphi} = 1 + \varphi + \frac{\varphi^2}{2!} + \frac{\varphi^3}{3!} + \dots \tag{A 1.6}$$

$$\cos \varphi = 1 - \frac{\varphi^2}{2!} + \frac{\varphi^4}{4!} - \dots \tag{A 1.7}$$

$$\sin \varphi = \varphi - \frac{\varphi^3}{3!} + \frac{\varphi^5}{5!} - \dots \tag{A 1.8}$$

zeigt, daß gilt

$$e^{i\varphi} = \cos\varphi + i\sin\varphi$$
$$e^{-i\varphi} = \cos\varphi - i\sin\varphi. \qquad\text{(A 1.9)}$$

Daher läßt sich z darstellen als

$$z = r(\cos\varphi + i\sin\varphi) = r\,e^{i\varphi}, \qquad\text{(A 1.10)}$$

da nach Figur $a = r\cos\varphi$ und $b = r\sin\varphi$ ist. Für z* gilt

$$z^* = r(\cos\varphi - i\sin\varphi) = r\,e^{-i\varphi} \qquad\text{(A 1.11)}$$

Natürlich ist wieder

$$|z|^2 = zz^* = r^2\,e^{i\varphi - i\varphi} = r^2.$$

Aus (A 1.9) ergeben sich unmittelbar die wichtigen Eulerschen Formeln

$$\cos\varphi = \frac{1}{2}(e^{i\varphi} + e^{-i\varphi}), \qquad \sin\varphi = \frac{1}{2i}(e^{i\varphi} - e^{-i\varphi}). \qquad\text{(A 1.12)}$$

Durch Einsetzen der entsprechenden Werte für φ ergeben sich weiter aus (A 1.9) Ausdrücke der Art

$$e^{i\pi} = -1, \quad e^{2i\pi} = 1, \quad e^{\frac{i\pi}{2}} = i, \quad e^{\frac{3}{2}i\pi} = -i \text{ usw.} \qquad\text{(A 1.13)}$$

Die Bildung des Betrages von Größen, die reelle und komplexe Anteile enthalten, erfolgt sinngemäß. Z. B. ist

$$|1 - z|^2 = (1 - a - ib)(1 - a + ib) = 1 - 2a + a^2 + b^2 = 1 - 2\,\mathrm{Re}\,z + |z|^2. \qquad\text{(A 1.14)}$$

b) Beschreibung der ebenen Welle

Die durchgezogene Kurve in Fig. 134 stellt die „Momentaufnahme" einer Wellenbewegung zu einer Zeit $t = 0$ dar. Die Amplitude ändert sich periodisch mit der Ortskoordinate x. Es gilt

$$\psi(x) = A\cos\frac{2\pi}{\lambda}x = A\cos kx = A\,\mathrm{Re}\,e^{ikx} \qquad\text{(A 1.15)}$$

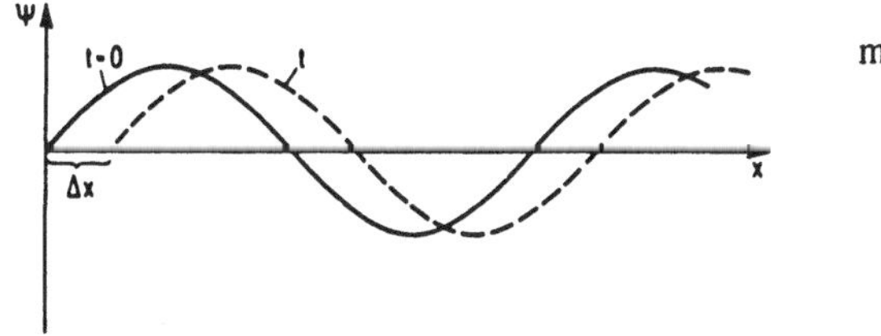

mit der W e l l e n z a h l

$$k = \frac{2\pi}{\lambda}. \qquad\text{(A 1.16)}$$

Fig. 134 Fortschreitende ebene Welle

Zu einem späteren Zeitpunkt t sei die Welle in x-Richtung um Δx fortgeschritten (gestrichelt in Fig. 134. Jetzt soll $\psi(x, t)$ von Orts- und Zeitkoordinate abhängen. Für $t = 0$ war

$$\psi(x, 0) = A \cos kx.$$

Wie die Figur zeigt, gilt für $\psi(x, t)$ dann

$$\psi(x, t) = \psi(x - \Delta x, 0) = A \cos k(x - \Delta x) = A \cos k(x - v_\varphi t), \qquad \text{(A 1.17)}$$

worin $\quad v_\varphi = \dfrac{\Delta x}{t} \qquad\qquad\qquad\qquad\qquad$ (A 1.18)

gesetzt wurde. Die Geschwindigkeit v_φ, mit der die Welle fortschreitet, heißt P h a s e n - g e s c h w i n d i g k e i t. Da

$$v_\varphi = \lambda \nu = \frac{\lambda}{T} \qquad \text{(T Schwingungsdauer)} \qquad\qquad \text{(A 1.19)}$$

ist, gilt

$$k v_\varphi = \frac{2\pi}{\lambda} \frac{\lambda}{T} = \omega \qquad v_\varphi = \frac{\omega}{k}, \qquad\qquad \text{(A 1.20)}$$

so daß wir schreiben können

$$\psi(x, t) = A \cos(kx - \omega t) = \mathrm{Re}\, e^{i(kx - \omega t)}. \qquad\qquad \text{(A 1.21)}$$

Als Lösung von Wellengleichungen erhält man oft $\psi \sim \exp i(kx - \omega t)$, so daß die Beschränkung auf den Realteil entfällt.

Das Ergebnis läßt sich leicht auf eine räumliche ebene Welle in drei Dimensionen verallgemeinern.

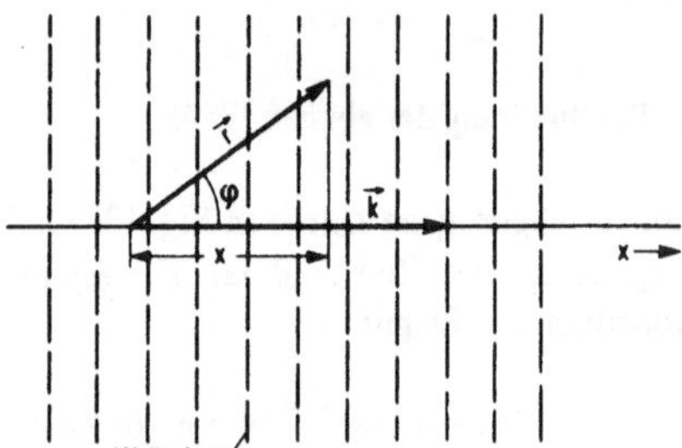

Fig. 135
Zur räumlichen ebenen Welle

Wir führen den Wellenvektor $\vec{k}$ ein, der in Richtung der Normalen zur Wellenfront stehe und die Länge k habe. Wie Fig. 135, bei der wir $\vec{k}$ in x-Richtung gelegt haben, zeigt, gilt für einen beliebigen Punkt der Wellenfront beim Radiusvektor $\vec{r}$

$$\vec{k} \cdot \vec{r} = kr \cos \varphi = kr \frac{x}{r} = kx.$$

Statt (A 1.21) können wir daher schreiben

$$\psi(\vec{r}, t) = A\, e^{i(\vec{k} \cdot \vec{r} - \omega t)}. \qquad\qquad \text{(A 1.22)}$$

Anhang A 2 Vergleich verschiedener Darstellungsformen quantenmechanischer Größen

In diesem Buch wird für quantenmechanische Größen hauptsächlich die Schreibweise mit Wellenfunktionen $\psi(x, t)$ benutzt. Daneben ist jedoch auch die Schreibweise mit Zustandsvektoren $|\psi\rangle$ üblich. Diese Darstellung soll anhand von Tab. 7 erläutert werden.

Tab. 7

	a Wellenfunktionen	b gewöhnliche Vektoren	c Quantenmechanische Zustandvektoren
1	$\psi(x) = \sum_\lambda a_\lambda u_\lambda(x)$	$\vec{A} = \sum_\lambda a_\lambda \vec{e}_\lambda$	
2	$a_\lambda = \int u_\lambda^* \psi \, dx$	$a_\lambda = \vec{e}_\lambda \cdot \vec{A}$	$a_\lambda = \langle u_\lambda | \psi \rangle$
3	$\psi = \sum_\lambda u_\lambda \int u_\lambda^* \psi \, dx$	$\vec{A} = \sum_\lambda \vec{e}_\lambda (\vec{e}_\lambda \cdot \vec{A})$	$\psi = \sum_\lambda u_\lambda \langle u_\lambda | \psi \rangle$
4	$\int \phi^* \psi \, dx =$ $\int (\sum_\lambda b_\lambda u_\lambda)^* (\sum_\mu a_\mu u_\mu) \, dx$ $= \sum_\lambda b_\lambda^* a_\lambda$	$\vec{B} \cdot \vec{A} =$ $\sum_\lambda (\vec{B} \cdot \vec{e}_\lambda)(\vec{e}_\lambda \cdot \vec{A})$ $= \sum_\lambda b_\lambda a_\lambda$	$\langle \phi | \psi \rangle =$ $\sum_\lambda \langle \phi | u_\lambda \rangle \langle u_\lambda | \psi \rangle$ $= \sum_\lambda b_\lambda^* a_\lambda$
5		$\vec{A} = (a_1, a_2, \ldots a_n)$ $\vec{B} = (b_1, b_2, \ldots b_n)$ $\vec{A} \cdot \vec{B} = a_1 b_1 + a_2 b_2 +$ $\ldots a_n b_n$	$|\psi\rangle = \begin{pmatrix} a_1 \\ a_2 \\ \vdots \\ a_n \end{pmatrix} \quad \langle \psi | = (a_1^*, a_2^*, \ldots a_n^*)$ $\langle \phi | = (b_1^*, b_2^*, \ldots b_n^*)$ $\langle \phi | \psi \rangle = b_1^* a_1 + b_2^* a_2 +$ $\ldots b_n^* a_n$
6		$\vec{A} = \sum_\lambda \vec{e}_\lambda (\vec{e}_\lambda \cdot \vec{A})$	$|\psi\rangle = \sum_\lambda |u_\lambda\rangle \langle u_\lambda | \psi \rangle$ $= \sum_\lambda |u_\lambda\rangle a_\lambda$
7	$\int u_\lambda^* u_\mu \, dx = \delta_{\mu\nu}$	$\vec{e}_\lambda \cdot \vec{e}_\mu = \delta_{\mu\nu}$	$\langle u_\lambda | u_\mu \rangle = \delta_{\mu\nu}$

Dabei vergleichen wir Wellenfunktionen (Spalte a) mit gewöhnlichen Vektoren (Spalte b) und quantenmechanischen Zustandsvektoren (Spalte c). Wir gehen aus vom Entwicklungssatz (2.76), der unter 1a in der Tabelle aufgeführt ist. Unter 1b ist ein gewöhnlicher Vektor $\vec{A}$ als Summe seiner Komponenten unter Benutzung der Einheitsvektoren $\vec{e}_\lambda$ angeschrieben. Offensichtlich haben die Koeffizienten a_λ in beiden Fällen ähnliche Bedeutung. Sie charakterisieren die Zerlegung einer Größe in ihre Komponenten. Beim Vektor $\vec{A}$ sind die a_λ reelle Zahlen und die $\vec{e}_\lambda$ Basisvektoren. Bei ψ sind dagegen die a_λ komplex und an Stelle der Basisvektoren treten die Basisfunktionen u_λ. In 2a steht der

Ausdruck (2.77) für die quantenmechanischen a_λ, daneben unter 2b der analoge Vektorausdruck. Unter 2c findet sich die durch Definition eingeführte Kurzschreibweise für den Ausdruck 2a (vgl. Gl. 2.79). Eintragen von a_λ aus Zeile 2 in die jeweiligen Gleichungen von Zeile 1 liefert Zeile 3. Der Ausdruck in der Schreibweise 3c zeigt deutlich eine zu 3b analoge Struktur. Wir bilden nun in 4a das Skalarprodukt von ψ mit einer zweiten Wellenfunktion ϕ, die nach den gleichen Basisfunktionen mit Koeffizienten b_λ entwickelt sei, also $\phi = \Sigma\, b_\lambda u_\lambda$. Das Resultat, das sich unter Beachtung der Orthogonalität ergibt, ist bei der Kurzschreibweise unter 4c wiederholt. Es ist mit dem Vektorausdruck 4b zu vergleichen. Der Unterschied besteht hauptsächlich darin, daß beim quantenmechanischen Skalarprodukt die konjugiert komplexen Koeffizienten b^* auftreten. Wir können aber leicht 2 Vektorgrößen $|\psi\rangle$ und $\langle\phi|$ in der unter 5c gezeigten Art definieren, die, nach den Regeln der Matrixmultiplikation miteinander multipliziert, das richtige quantenmechanische Skalarprodukt ergeben. Es ist $|\psi\rangle$ ein Spaltenvektor, der die Entwicklungskoeffizienten a_λ nach der Basis u_λ enthält. Daneben werden Zeilenvektoren $\langle\psi|$ benötigt mit den konjugiert komplexen Komponenten. Bei dieser von Dirac eingeführten Notation bezeichnet man oft die Größen $\langle\psi|$ als B r a - V e k t o r e n und die Größen $|\psi\rangle$ als K e t - V e k t o r e n. Dies ist vom englischen Wort Bra-cket (Klammer) abgeleitet. Die Vektorschreibweise kommt dem mathematischen Charakter der quantenmechanischen Zustandsgrößen sehr entgegen. Die $|\psi\rangle$ sind Vektoren in einem linearen Raum. Da sie komplexe Komponenten haben, sind sie nicht im normalen Ortsraum sondern im sogenannten H i l b e r t - R a u m definiert.

Da Gl. 4b für jeden Vektor $\vec{B}$ gilt, können wir uns $\vec{B}$ aus der Gleichung fortgelassen denken. Dann entsteht wieder 3b. Das gleiche gilt hinsichtlich $\langle\phi|$ bei 4c. Läßt man es weg, so entsteht die „offene" Gleichung 6c in Zeile 6. Dies ist der Entwicklungssatz in Vektorschreibweise. Man kann natürlich nun auch $|\psi\rangle$ fortlassen und einfach schreiben

$$1 = \sum_\lambda |u_\lambda\rangle\langle u_\lambda|. \tag{A 2.1}$$

Diese ebenfalls von Dirac herrührende Kurzform besagt, daß man die Gleichungen 4c bzw. 6c erhält, wenn man von links mit $\langle\phi|$ bzw. von rechts mit $|\psi\rangle$ multipliziert. In Zeile 7 sind noch die Orthogonalitäts- und Normierungsbedingungen für die drei betrachteten Fälle a, b, c aufgeführt. Der Basisvektor $|u_\lambda\rangle$ ist ein Spaltenvektor mit dem Entwicklungskoeffizienten

$$\langle u_\mu | u_\lambda\rangle = \delta_{\mu\nu}$$

$$|u_1\rangle = \begin{pmatrix} 1 \\ 0 \\ 0 \\ \vdots \\ 0 \end{pmatrix}, \quad |u_2\rangle = \begin{pmatrix} 0 \\ 1 \\ 0 \\ \vdots \\ 0 \end{pmatrix} \text{usw.} \tag{A 2.2}$$

Ein Operator A erzeugt aus einem Zustand $|\psi\rangle$ einen neuen Zustand $|\psi'\rangle = A|\psi\rangle$. Wenn ein System von Basisvektoren $|u_\lambda\rangle$ gegeben ist, so ist A völlig definiert durch alle Zahlen

$$\langle u_\lambda | A | u_\mu\rangle = \langle u_\lambda | u'_\mu\rangle = A_{\lambda\mu}. \tag{A 2.3}$$

Der Operator wird daher durch die M a t r i x $(A_{\lambda\mu})$ repräsentiert. Sei nun u_α eine Eigenfunktion von A mit dem Eigenwert α, so ist

$$A|u_\alpha\rangle = \alpha|u_\alpha\rangle$$

$$\langle u_\alpha|A|u_\alpha\rangle = \alpha\langle u_\alpha|u_\alpha\rangle = \alpha. \tag{A 2.4}$$

Benutzt man daher als Basis zur Darstellung von A ein System von Eigenfunktionen zu A, so gilt

$$\langle u_\lambda|A|u_\mu\rangle = \alpha_\mu\langle u_\lambda|u_\mu\rangle = \alpha_\mu\delta_{\lambda\mu} \tag{A 2.5}$$

und die Matrix wird diagonal

$$(A_{\lambda\mu}) = \begin{pmatrix} \alpha_1 & & & 0 \\ & \alpha_2 & & \\ & & \ddots & \\ 0 & & & \alpha_n \end{pmatrix} \tag{A 2.6}$$

Man kann daher die Eigenwerte bestimmen, wenn man die Matrix durch eine geeignete Transformation auf Diagonalgestalt bringt.

Wir betrachten jetzt noch die Schrödinger-Gleichung für eine nicht-zeitabhängige Hamilton-Funktion

$$i\hbar\frac{\partial}{\partial t}\psi = H\psi.$$

Durch die Entwicklung $\psi = \Sigma a_\lambda u_\lambda$ wird hieraus

$$i\hbar\frac{\partial}{\partial t}\sum_\lambda a_\lambda u_\lambda = \sum_\lambda a_\lambda H u_\lambda. \tag{A 2.7}$$

Bildung des Skalarprodukts mit $\int u_\mu^* \ldots dx$ führt zu

$$i\hbar\frac{\partial}{\partial t}\sum_\lambda \int u_\mu^* u_\lambda a_\lambda dx = \sum_\lambda a_\lambda \int u_\mu^* H u_\lambda dx$$

oder

$$i\hbar\frac{\partial}{\partial t}a_\lambda = \sum_\lambda a_\lambda\langle u_\mu|H|u_\lambda\rangle = \sum_\lambda a_\lambda H_{\mu\lambda}. \tag{A 2.8}$$

Die Matrix $H_{\mu\lambda}$ heißt H a m i l t o n - M a t r i x. Dieses lineare Gleichungssystem können wir an Stelle der Schrödinger-Gleichung benutzen. Unsere Darstellung hat sich auf den Fall diskreter Eigenwerte beschränkt. Die Beschreibung von Kontinuumszuständen ungebundener Teilchen erfordert eine Ergänzung durch entsprechende Integralausdrücke.

Literaturverzeichnis

Auswahl ergänzender und weiterführender Bücher

Lehrbücher allgemeinen Charakters

A l o n s o , M.; F i n n , E. J.: Fundamental University Physics, Vol. III: Quantum and Statistical Physics. Reading 1972. Deutsche Ausgabe: Quantenphysik und statistische Physik. Amsterdam 1974

B e r k e l e y P h y s i k K u r s , Bd. 4: W i c h m a n n , H.: Quantenphysik. Braunschweig 1975

E i s b e r g , R.; R e s n i c k , R.: Quantum Physics of Atoms, Molecules, Solids, Nuclei, and Particles. New York 1974

Lehrbücher der Atomphysik

B e t h g e , K.: Quantenphysik. Mannheim 1978

D ö r i n g , W.: Atomphysik und Quantenmechanik. Band I: Grundlagen. Berlin 1973. Band II: Die allgemeinen Gesetze. Berlin 1976

E d l é n , B.: Atomic Spectra, in: Handbuch der Physik (Hrsg. S. Flügge) 27, S. 80. Berlin 1957

E n g e , H. A.; W e h r , M. R.; R i c h a r d s , J. A.: Introduction to Atomic Physics. Reading 1973

F a n o , U.; F a n o , L.: Physics of Atoms and Molecules. Chicago 1972

F i n k e l n b u r g , W.: Einführung in die Atomphysik. 11. u. 12. Aufl. Berlin 1967

H a k e n , H.; W o l f , H. C.: Atom- und Quantenphysik. Berlin 1980

H e l l w e g e , K. H.: Einführung in die Physik der Atome. 4. Aufl. Berlin 1974

H e c k m a n n , P. H.; T r ä b e r t , E.: Einführung in die Spektroskopie der Atomhülle. Braunschweig 1980

H e r z b e r g , G.: Atomic Spectra and Atomic Structure. New York 1944

H i n d m a r s h , W. R.: Atomspektren. Berlin 1972 (Enthält Abdrucke fundamentaler Originalarbeiten).

K u h n , H. G.: Atomic Spectra. 3. Aufl. London 1964

S c h p o l s k i , E. W.: Atomphysik, Teil I, 15. Aufl., Teil II, 8. Aufl. Berlin 1973/1979

S h o r e , B. W.; M e n z e l , D. H.: Principles of Atomic Spectra. New York 1968

S o b e l m a n , I. I.: Introduction to the Theory of Atomic Spectra. Oxford 1972

W e h r , M. R.; R i c h a r d s , J. A.: Physics of the Atom. Reading 1970

W h i t e , H. E.: Introduction to Atomic Spectra. New York 1934

W i l l m o t t , J. C.: Atomic Physics. London 1975

Speziellere Werke

C o n d o n , E. U.; S h o r t l e y , G. H.: The Theory of Atomic Spectra. Cambridge 1964

K o p f e r m a n n , H.: Kernmomente. Frankfurt 1956

Z i m m e r m a n n , P.: Einführung in die Theorie der Atomspektren. Mannheim 1976

Sachverzeichnis

Absorptionskanten 178f
Alkaliatome 168, 170
Ångström 16
Anregungsenergien 10
antibindend 248
antikommutativ 92
antisymmetrische Wellenfunktion 146
äquivalente Elektronen 185
atomare Masseneinheit 13, 16
Atom|gewicht 13
–, hadronisches 236
–, myonisches 232f
– radien 16
– –, mittlere 163
Atomic Time 208
Atomstrahl-Resonanz 207
Auflösevermögen 23
Auger-Effekt 180
Austausch|entartung 145
– integral 161
– kraft 111, 241
– operator 145
– – für Ort und Spin 150
Auswahlregeln für Dipolstrahlung 118,
    128, 190
–, bei HFS-Übergängen   208
Avogadro-Konstante 13, 15
Azimutalgleichung 62

Back-Goudsmit-Effekt 204
Bahndrehimpuls 26, 66, 75
Bahnradius 28, 67, 78
Balmerserie 20, 21
Bandenstruktur 255
Bandstruktur 258
Basiszustände 57
Benzolmolekül 251
Berylliumatom 171
Besetzungs|inversion 219
– temperatur 219
– wahrscheinlichkeit 130
Bohrscher Radius 28, 39
Born-Mayer-Potential 244
Born-Oppenheimer-Näherung 247
Bose-Einstein-Statistik 149
Boson 148f, 210ff
Bragg-Bedingung 176
Bra-Vektor 227, 265
Breit-Rabi-Formel 205f

Casimir-Formel 197
Coulomb-Gesetz 111
– -Potential 26
Compton-Effekt 111
– -Wellenlänge 112
C-Parität 228

Daltonsches Gesetz 12
de Broglie-Wellenlänge 33
Dipol-|Dipol-Kräfte 242
– Strahlung 253
– Wechselwirkung 107
– matrixelement 134, 138
– moment, magnetisches 84
– strahlung 137
Dirac-Gleichung 95
Dopplerverbreiterung 142
Drehimpuls 71
–, Erhaltung 74
– des Lichts 118ff
–, resultierender 99
–, Vertauschungsrelationen 73
Druckverbreiterung 143
Dualismus 111
Dubletts 96

Edelgaskonfiguration 172
effektives Potential 164
Eigenparität 228
Eigenwerte 41
Einheiten 4
–, praktische 33
Einstein-Koeffizienten 136f, 218
Einteilchen-Wellenfunktion 164
Einzelmessung 46
Elektronen|beugung 29f
– dichteverteilung 78, 81, 166
– gas 241, 258
– -Interferenz 34
– konfiguration 170
– masse 17f
–, quasifreie 241
elektrostatische Wechselwirkung 194f
Elementar|ladung 15
– teilchen 9
– zelle 256
Entartung 68
Erhaltung der Symmetrie 147
Erhaltungsgröße 74

Erwartungswert 44f
- des Spins 94
Eulersche Formeln 224
exotische Atome 12

Fabry-Pérot-Interferometer 23
Faraday-Gesetz 15
- -Konstante 15
Feinstruktur 96, 100ff
- -Konstante 27, 105
- des Wasserstoffspektrums 106
Fermi-Dirac-Statistik 149
- -Energie 163
Fermi|-Dirac-Gas-Modell 162
- Gas-Modell 258
Fermion 148f
Feynman-Graph 111
Fluoreszenzausbeute 180
Franck-Hertz-Versuch 22
Frank-Condon-Prinzip 256
Frequenzstandard 208
Fullerene 251

g-Faktor 86
- - des Elektrons 80
- -, anomaler 112f
- - des Kerns 193
- -, Landéscher 123
- - des Protons 107
Gesamtdrehimpuls F 108, 192
Gitterspektrograph 22
goldene Regel 133
Graph 111
Gruppengeschwindigkeit 36

H_α-Linie 116, 258
Halbleiter 258
- Detektor 176f
Halbwertbreite 142
Halogene 171
Hamilton-Matrix 228
- -Operator 42
harmonischer Oszillator 57ff
Hartree-Fock-Verfahren 166
Hartree-Verfahren 165
Hauptquantenzahl 68
Heliumatom 155ff
-, Bindungsenergie 156
-, Spektrum 82
-, Termschema 159
Helium, myonisches 231
hermitesche Polynome 58

heteropolar 241
Hilbert-Raum 227, 265
homöopolare Bindung 241
Hundsche Regeln 171, 185
Hyperfeinstruktur-Aufspaltung 109, 193
- - im Magnetfeld 203
- -Effekte 234

induzierte Emission 136
Interferenzanordnung 23
Interkombinationsverbot 160
intermediäre Kopplung 188
Intervall|faktor 109, 187, 193
- regel 187, 193
Ionen|bindung 240, 242
-, heteropolare 241
- kristalle 241
Isolatoren 258
Isomerieverschiebung 235
Isotonieverschiebung 235
Isotopie 18
- verschiebung 198, 235
Ionisationsenergien 174

jj-Kopplung 188ff

Kayser 21
Kern|deformation 197
- drehimpuls 208
- g-Faktor 193
- magneton 86
- quadrupolmoment 196f
- radius 19
Ket 227, 265
kinetische Energie 26, 41
Klein-Gordon-Gleichung 95, 237
Klein-Nishina-Formel 112
Kohlenstoffatom, Grundzustand 171
-, Termschema 186
Kombinationsprinzip 21
komplexe Zahlen 223
Konfiguration 157, 183ff
Konstante der Bewegung 74
Koordinationszahl 241
Korpuskeln 31
Korrespondenzprinzip 85
kovalente Bindung 241, 245
Kronig-Penney-Modell-Potential 257, 259

LCAO 248
Ladungsdichteverteilung des Wasserstoff-
    atoms 77

Laguerresche Polynome 68
Lamb-Shift 114ff
Lambda-Viertel-Plättchen 126
Landésche Intervallregel 187
Landéscher-Faktor 123
Laplace-Operator 60
Larmor-Frequenz 87, 230f
Laser 221f
– Spektroskopie 23
LEAR 239
Lebensdauer, mittlere 140
Legendre-Polynome 63f
Legendresche Differentialgleichung 63
Leichtelektron 182
Leitungsband 258
Linienbreite 138ff
–, natürliche 141
Lithiumatom, Bindungsenergie 169
–, Termschema 117
Löcher 173
Loschmidt-Zahl 13
Lorentz-Kurve 141
Lösungsfunktionen der Schrödinger-
    Gleichung 49
LS-Kopplung 158, 182
– –, Termfolge 184

Madelung-Konstante 244
magnetisches Moment 86
– – des Elektrons 89
magnetische Quantenzahl 63
Magneton 86
–, Bohrsches 86
Masse eines Atoms 13
– – Elektrons 17
Masseneinheit u 16
–, atomare 16
Massenspektrometer 18
Maßsystem 4
Maser 219f
Matrix 228
Matrixelement 131
– für elektrische Dipolübergänge 138
Maxwell-Verteilung 142
– -Boltzmann-Statistik 149
metallische Bindung 241
Millikan-Versuch 15
mittlere Lebensdauer 140
Modell unabhängiger Teilchen 144, 162
Modelle 10
Mol 13
Molekülspektrum 255

Monopolterm 194
Monopolwechselwirkung 234
Morse-Potential 254
Moseley-Diagramm 180
multiple Proportionen 13
Multiplizität 159
–, alternierende 190
Multipol|ordnung 138
– strahlung 138
μ-Magneton 230
Myon 229
Myonium 226

Natriumatom, Grundzustand 171
natürliche Linienbreite 139, 142
Nichtunterscheidbarkeit 145
Normierung 44
Nullpunktsenergie 58

Oktupolstrahlung 138
Oktett-Regel 243
Operator 45ff
–, hermitischer 46
–, selbstkonjugierter 46
–, vertauschbarer 47
optisches Pumpen 221
Orbitale 249
Orthogonalität 55
Orthohelium 158, 160
Orthopositronium 227
Oszillator|potential 70
–, gedämpfter 139f

Parahelium 158, 160
Parapositronium 227
Parität 50
–, Auswahlregel 191
–, – bei Bahndrehimpuls 65
–, Erhaltung 74
–, Quantenzahl 74
Paschen-Back-Effekt 200
Pauli-Matrizen 93
– -Prinzip 155
Phasengeschwindigkeit 35, 225
Photoeffekt 20
Photon, virtuelles 111
π-Elektron 251
Pi-Meson 236
Plancksche Konstante 20
Polargleichung 62
Polarisation des Lichts 125f
Polarkoordinaten 60

Positronium 227f
potentielle Energie 26
Prismenspektrograph 22
Protonium 239

quadratintegrierbar 44
Quadrupol|energie 195, 235
– moment 196f
Quantenelektrodynamik 111, 234
Quantenzahl 53
–, Bahndrehimpuls 66
–, magnetische 63
–, Parität 74
–, radiale 77
Quarks 9

Rabi-Apparatur 207
Radial|gleichung 62
– quantenzahl 77
Rayleigh-Jeans-Gesetz 215
Rechteckpotential 52, 162
–, Wellenfunktion 54
Restwechselwirkungen 163
Richardson-Einstein-de Haas-Effekt 88
Ritzsches Prinzip 21
Röntgen|interferenzen 176
– spektren 177
– termschema 178
Rotations|energie 253
– zustände 253
Rubinlaser 221f
Russell-Saunders-Kopplung 182
– – -Notation 159
Rutherford-Experiment 19
Rydberg (Einheit) 28
– -Atom 225
– -Konstante 21

Schale 175
Schalenmodell 172
Schalenabschluß 172
Schrödinger-Gleichung 42
schwaches Feld 121, 199
Sechspolfeld 220
selbstkonsistentes Potential 165
Separationskonstante 43, 61
σ-Elektron 251
Singulett-Zustand 152f
Skalarprodukt 56
schwarzer Körper 217
Slater-Determinante 155

Spektralapparat 22
spektrale Energiedichte 135, 213ff
Spektralserien 20
spektroskopischer Verschiebungssatz 190
spezifische Ladung 16f
Spin 88
–, Erwartungswert 94
– des Photons 118ff
– -Matrizen 93
– -Operator 91
Spin-Bahn-Kopplung 98
– – –, Energie 104
Spinfunktion 90
–, von zwei Fermionen 153
–, Symmetrie 150ff
spontane Emission 136
Stark-Effekt 208f
– –, quadratischer 209
starkes Feld 199ff
stationäres System 48
Stefan-Boltzmann-Gesetz 216
Stern-Gerlach-Versuch 87
Stetigkeitsbedingungen 51
Stickstoffatom, Grundzustand 171
–, Termschema 191
Störungsrechnung, stationäre 101
–, zeitabhängige 129ff
Stoßverbreiterung 143
symmetrische Wellenfunktion 146
Symmetriecharakter 147
superschwere Elemente 174

Teilchengeschwindigkeit 36
Term 22
Termschema für Alkaliatome 168
– – Helium 159
– – Kohlenstoff 186
– – Lithium 117
– – Röntgenspektren 178f
– – Wasserstoff 21
Thomas-Fermi-Modell 163
Thomas-Präzession 98
Triplett-System 152f, 159

Übergangsrate 133
Übergang, strahlungsloser 232
Ultraviolett-Katastrophe 215
unabhängige Teilchen 144
Unschärferelation 37
Unterschale 173f
Uranatom, Röntgen-Termschema 179
–, Isotopieverschiebung 82

Vakuumpolarisation 112, 234
Valenz|elektron 174, 242
– kristalle 251
verbotener Übergang 137
Van der Waals-Kräfte 241
Verschiebungssatz 190
Vertauschbarkeit 47
– und Erhaltungsgröße 74
Vertauschungsklammer 47
Vibrationszustände 254

Wahrscheinlichkeitsamplitude 32
Wasserstoff|-Maser 220
– molekül 245
Wechselwirkung, hadronische 225
–, starke 236
Wellenfunktion 41ff
–, antisymmetrische 146
– des harmonischen Oszillators 59
– des Wasserstoffatoms 69, 76f

Wellenfunktion im Rechteckpotential 54
–, symmetrische 146
–, Skalarprodukt 56
Wellen|gruppen 35
– paket 36, 38
– zahl 20, 33, 224, 262
Wiensches Verschiebungsgesetz 216
Wirkungsquantum 20

Zeeman-Effekt 119ff
– – beim Natrium 124
– –, quadratischer 201
Zentralpotential 62
Zentrifugalpotential 66
Zerstrahlungsprozeß 227
Zeit-Energie-Unschärfe 38, 142
Zirkularpolarisation 126
Zustandsdichte 133
Zustandsvektor 57, 226
Zyklotronfrequenz 113

Teubner Studienbücher

Physik

Mahnke/Schmelzer/Röpke: **Nichtlineare Phänomene und Selbstorganisation.**
DM 27,80 / ÖS 217,– / SFr 27,80

Mayer-Kuckuk: **Atomphysik.** 4. Aufl. DM 36,80 / ÖS 287,– / SFr 36,80

Mayer-Kuckuk: **Kernphysik.** 5. Aufl. DM 42,– / ÖS 328,– / SFr 42,–

Mommsen: **Archäometrie.** DM 38,– / ÖS 297,– / SFr 38,–

Neuert: **Atomare Stoßprozesse.** DM 28,80 / ÖS 225,– / SFr 28,80

Nolting: **Quantentheorie des Magnetismus.**
Teil 1: Grundlagen, DM 38,– / ÖS 297,– / SFr 38,–
Teil 2: Modelle, DM 38,– / ÖS 297,– / SFr 38,–

Raeder u. a.: **Kontrollierte Kernfusion.** DM 42,– / ÖS 328,– / SFr 42,–

Renk: **Meßdatenerfassung in der Kern- und Teilchenphysik.**
DM 24,80 / ÖS 194,– / SFr 24,80

Rohe: **Elektronik für Physiker.** 3. Aufl. DM 29,80 / ÖS 233,– / SFr 29,80

Rohe/Kamke: **Digitalelektronik.** DM 28,80 / ÖS 225,– / SFr 28,80

Schatz/Weidinger: **Nukleare Festkörperphysik.** 2. Aufl. DM 34,80 / ÖS 272,– / SFr 34,80

Schlachetzki: **Halbleiter-Elektronik.** DM 44,80 / ÖS 350,– / SFr 44,80

Schmidt: **Meßelektronik in der Kernphysik.** DM 28,80 / ÖS 225,– / SFr 28,80

Spatschek: **Theoretische Plasmaphysik.** DM 44,80 / ÖS 350,– / SFr 44,80

Theis: **Grundzüge der Quantentheorie.** DM 34,– / ÖS 265,– / SFr 34,–

Walcher: **Praktikum der Physik.** 7. Aufl. DM 39,80 / ÖS 311,– / SFr 39,80

Wegener: **Physik für Hochschulanfänger.** 3. Aufl. DM 48,– / ÖS 375,– / SFr 48,–

Wiesemann: **Einführung in die Gaselektronik.** DM 34,– / ÖS 265,– / SFr 34,–

Wille: **Physik der Teilchenbeschleuniger und Synchrotronstrahlungsquellen.**
DM 34,80 / ÖS 265,– / SFr 34,80

Preisänderungen vorbehalten.

B. G. Teubner Stuttgart